全国高等职业教育规划教材

计算机网络技术实用教程

史晓建 主编

中央广播电视大学出版社

北　京

图书在版编目（CIP）数据

计算机网络技术实用教程 / 史晓建主编． —北京：中央广播电视大学出版社，2011.10
全国高等职业教育规划教材
ISBN 978-7-304-05263-8

Ⅰ．①计… Ⅱ．①史… Ⅲ．①计算机网络－高等职业教育—教材 Ⅳ．①TP393

中国版本图书馆 CIP 数据核字（2011）第 198020 号

全国高等职业教育规划教材
计算机网络技术实用教程
史晓建　主编

出版·发行：中央广播电视大学出版社
电话：营销中心：010-66490011　　总编室：010-68182524
网址：http://www.crtvup.com.cn
地址：北京市海淀区西四环中路 45 号
邮编：100039
经销：新华书店北京发行所

策划编辑：苏　醒	责任编辑：韩　峰
印刷：北京博图彩色印刷有限公司	印数：3001～4000
版本：2011 年 11 月第 1 版	2016 年 8 月第 2 次印刷
开本：787×1092　　1/16	印张：19.25　　字数：290 千字

书号：ISBN 978-7-304-05263-8
定价：35.00 元

编写人员

主　编：史晓建

编　委：（以姓氏笔画为序）

王　溧　　韦月稳　　吕秋旋　　刘建宏

孙　丽　　李　燕　　李富英　　李相君

吴一心　　陈　晨　　邹　敏　　赵世华

郭　勤　　秦义宾　　曹玉斌　　彭　博

覃琼花　　覃飞云　　蒋振宇　　曾少志

蔡洪亮　　戴湘黔

内容提要

本书采用理论结合实践的方式，以应用和实践为主、理论基础为辅，既掌握了理论知识，又丰富了实践经验，增强了动手能力，使所学的知识可以快速地投入实际的应用中——即学即用，使读者快速成为网络架设与管理的专家，进一步提高求职和岗位竞争力。

本书内容包括：计算机网络基础知识、快速组建家庭网络、打印机与文件共享、企业办公网络组建与管理、校园网络的规划、DHCP 服务器、DNS 服务器、Web 服务器、FTP 服务器以及多媒体视频点播服务器的配置、网络会议、网络安全、常用的网络诊断工具与常见故障的分析和解决等。

本书可作为高职高专院校计算机专业或非计算机相关专业的教材，并可作为计算机培训班的教材，也可供自学使用或作为成人教育的培训教材，还可供从事计算机网络应用的各类人员学习使用。

目　　录

第 1 章　计算机网络概述

第 2 章　数据通信基础

第3章 计算机网络体系结构

第4章 网络设备与传输介质

第5章　局域网技术及组建

第6章　因特网技术应用

第 7 章 网络操作系统与资源管理

第 8 章 Windows Server 2008 网络服务

第 9 章 网络安全防护

第 10 章　常见网络故障诊断与排除

预先分配线路带宽的。用户在开始通话前，先要通过拨号申请建立一条从发送端到接收端的物理通路，这样双方才能通话。在通话过程中，用户始终占有从发送端到接收端的固定传输带宽。1964 年 8 月，巴兰（Baran）提出了存储转发的概念。1962～1965 年，美国国防部高级研究计划署（Defense Advanced Research Projects Agency，DARPA）和英国的国家物理实验室（National Physics Laboratory，NPL）都在对新型的计算机通信技术进行研究。英国 NPL 戴维斯（David）于 1966 年首次提出了"分组"（Packet）这一概念。到 1969 年 12 月，DARPA 的计算机分组交换网 ARPANET 投入运行。ARPANET 连接了美国加州大学洛杉矶分校、加州大学圣巴巴拉分校、斯坦福大学和犹他大学 4 个节点的计算机。ARPANET 的成功，标志着计算机网络的发展进入了一个新纪元。

　　ARPANET 的成功运行使计算机网络的概念发生了根本性的变化。早期的面向终端的计算机网络是以单个主机为中心的星型网，各终端通过电话网共享主机的硬件和软件资源。但分组交换网则以通信子网为中心，主机和终端都处在网络的边缘，如图 1-3 所示。主机和终端构成了用户资源子网。用户不仅共享通信子网的资源，而且还可共享用户资源子网的丰富的硬件和软件资源。这种以资源子网为中心的计算机网络通常被称为第二代计算机网络。

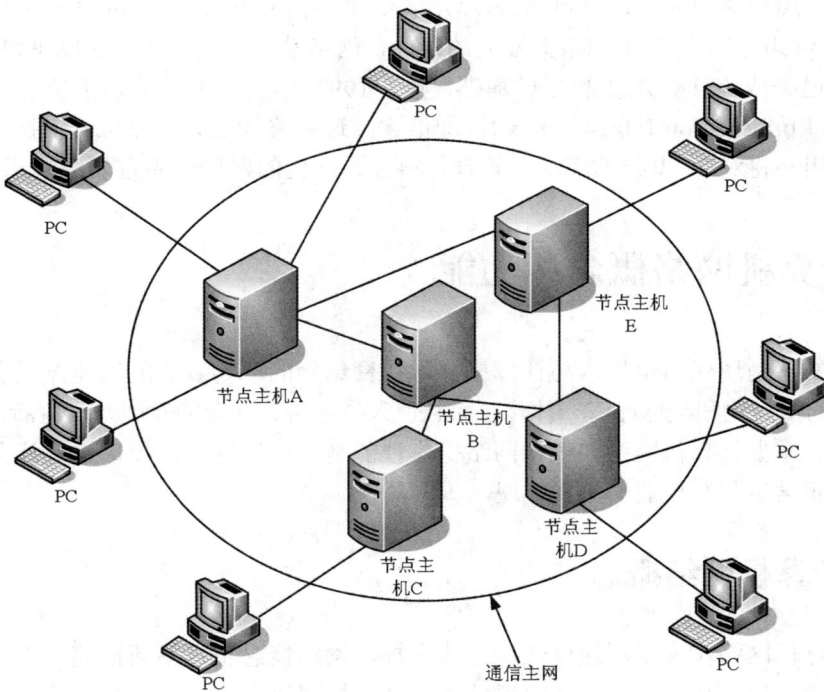

图 1-3　以分组交换网通信子网为中心的计算机网络

　　在第二代计算机网络中，多台计算机通过通信子网构成一个有机的整体，既分散又统一，从而使整个系统性能大大提高；原来单一主机的负载可以分散到全网的各个机器上，使得网络系统的响应速度加快；而且在这种系统中，单机故障也不会导致整个网络系统的全面瘫痪。

早期的计算机网络大多是由研究部门、大学、计算机公司等各自研制的，因而没有统一的系统标准。由于各生产厂家的计算机和网络产品在技术、结构等方面有着很大的差异，这给用户带来了很大的不便。

20 世纪 70 年代后期，人们认识到了这个问题的严重性，开始提出发展计算机网络的国际标准化问题。许多国际组织，如国际标准化组织（ISO）、国际电报电话咨询委员会（CCITT）、美国电气和电子工程师协会（IEEE）等都成立了专门的机构，研究计算机系统的互连、计算机网络协议标准化等问题，研究使不同的计算机系统、不同的网络系统能互连在一起，实现"开放"的通信和交换、实现资源共享和分布处理等。1984 年，ISO 正式颁布了一个称为"开放系统互连基本参考模型"（OSI/RM 模型）的国际标准 ISO7498，该模型目前已被国际社会普遍接受，并被公认为是新一代计算机网络体系结构的基础。80 年代中期，以 OSI 模型为参照，ISO 及 CCITT、IEEE 等机构开发制定了一系列协议标准，形成了一个庞大的 OSI 基本标准机制。OSI 标准确保了各厂商生产的计算机和计算机网络产品之间的互联，推动了 OSI 技术的发展和标准的制定。OSI 参考模型的出现，意味着计算机网络发展到第三代。

从 20 世纪 80 年代末开始，局域网技术发展成熟，出现光纤等高速网络技术，整个网络就像一个对用户透明的大计算机系统，ARPANET 逐渐发展成为以 Internet 为代表的因特网。20 世纪 90 年代是计算机网络大发展的年代，网络功能不断完善，速度更快、更普及，计算机网络已经成为社会重要的信息基础设施。1993 年美国正式提出国家信息基础设施 NII（National Information Infrastructure），即信息高速公路计划。计算机网络技术的迅速发展和广泛应用必将对 21 世纪的经济、教育、科技、文化的发展产生重要影响。

1.2　计算机网络概念和功能

计算机网络是现代通信技术与计算机技术紧密结合的产物。它的迅速发展不但巨大地影响着社会的信息化和全球经济一体化，而且使人类经济、社会的发展乃至生活方式产生了深刻的变革。掌握计算机网络知识和网络操作技能是时代发展的需要，也是社会进步的必然，更是高职学生职业技能的重要体现。

1.2.1　计算机网络概念

由于计算机网络技术发展速度快，形式多样，网络概念也在不断地演变中，有关书籍和文献上的说法也不尽相同。现在一般认为，计算机网络是将地理上分散的且具有独立功能的多个计算机系统，通过通信线路和设备相互连接起来，在相应软件（网络操作系统、网络协议、网络通信、管理和应用软件等）支持下实现的数据通信和资源（资源包括硬件、软件等）共享的系统。

对于这个概念可从以下几个方面进行理解。

（1）计算机网络是多台计算机的集合系统。网络中的计算机最少是两台，大型网络可容纳几千台甚至几万台主机。目前世界上最复杂的最大的网络就是国际互联网，即因特网（Internet）。网络中的各计算机具有独立功能，即没有主从关系，一台计算机的启动、运行和停止不受其他计算机的控制。

（2）网络中的各计算机进行相互通信，需要有一条通道，即网络传输介质，它可以是有线的（如双绞线、同轴电缆、光纤等），也可以是无线的（如激光、微波和通信卫星等），通信设备是在计算机与通信线路之间按照一定通信协议传输数据的设备。网络内的计算机通过一定的互连设备与通信技术连接在一起，通信技术为计算机之间的数据传递和交换提供了必要的手段。因此，网络中的计算机之间能够互相进行通信。

（3）网络中的各计算机之间交换信息和资源共享，必须在完善的网络协议和软件支持下才能实现。

（4）资源共享是指网络中的计算机都可以使用其他各计算机系统提供的资源，包括硬件、软件和数据信息等。

1.2.2　计算机网络基本组成

计算机网络是现代通信技术与计算机技术紧密结合的产物，所以网络组成一定与通信技术和计算机技术都有关系；另外，网络的组成不但有计算机和通信设备硬件系统，还必须配有网络软件系统。

根据网络的定义，无论网络在规模、结构、通信协议和通信系统、计算机硬件及软件配置方面有多大差异，也不论网络是简单还是复杂，从网络系统基本组成来讲，一个计算机网络主要分成计算机系统、数据通信设备、网络软件及协议几大部分。

1. 计算机系统

计算机系统是网络的基本模块，主要完成数据信息的收集、存储、处理和输出任务，并提供各种网络资源。

计算机系统根据在网络中的用途可分为服务器和客户机。

（1）服务器（Server）。服务器负责数据处理和网络控制，并提供网络资源。它主要由大型机、中小型机和高档微机组成，网络软件和网络的应用服务程序主要安装在服务器中。

（2）客户机（Client）。客户机是网络中数量大、分布广的设备，是用户进行网络操作、实现人—机对话的工具，是网络资源的受用者。

在因特网中，有些计算机作为信息的提供者，称为服务器；有些计算机作为信息的使用者，称为客户机。

2. 数据通信设备

数据通信设备是连接网络基本模块的桥梁，它提供各种连接技术和信息交换技术，主要由通信控制设备、传输介质、网络互连设备等组成。

（1）通信控制设备。通信控制设备主要负责服务器与网络的信息传输控制，它的主要功能是线路传输控制、差错检测与恢复、代码转换及数据帧的装配与拆装等。这些设备构成了网络的通信子网。需要说明的是，在以交互式应用为主的局域网中，一般不需要配备通信控制设备，但需要安装网络适配器，用来担任通信部分的功能，它是一个可插入微机扩展槽中的网络接口卡（又称网卡）。

（2）传输介质。传输介质是传输数据信号的物理通道，将网络中各种设备连接起来。网络中的传输介质是多种多样的，可分为有线传输介质和无线传输介质。常用的有线传输介质有双绞线、同轴电缆、光纤；无线传输介质有无线电微波信号、卫星通信等。

（3）网络互连设备。网络互连设备是用来实现网络中各计算机之间的连接、网与网之间的互连、数据信号的变换及路由选择等功能，主要包括中继器（Repeater）、集线器（Hub）、调制解调器（MODEM）、网桥（Bridge）、路由器（Router）、网关（Gateway）和交换机（Switch）等。

3. 网络软件与协议

网络软件是计算机网络中不可缺少的重要部分。正像计算机是在软件的控制下工作的一样，网络的工作也需要网络软件的控制。网络软件一方面授权用户对网络资源的访问，帮助用户方便、安全地使用网络；另一方面管理和调度网络资源，提供网络通信和用户所需的各种网络服务。网络软件一般包括网络操作系统、网络协议、通信软件及管理和服务软件等。

另外，从计算机网络的系统功能来看，主要完成两种功能，即网络通信和资源共享。把计算机网络中实现网络通信功能的设备及其软件的集合称为通信子网，而把网络中实现资源共享的设备和软件的集合称为资源子网。这样一个计算机网络就可分为资源子网和通信子网两大部分，如图 1-4 所示。

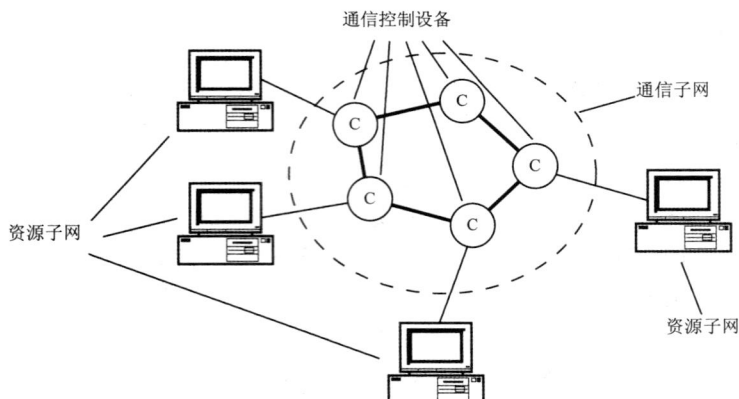

图 1-4　计算机网络的资源子网和通信子网

4. 通信子网

通信子网主要负责全网的数据通信，为网络用户提供数据传输、转接、加工和变换等通信处理工作，它主要包括通信线路（传输介质）、网络连接设备（如网络接口设备、通信控制处理机、网桥、路由器、交换机、网关、调制解调器、卫星地面接收站等）、网络通信协议、通信控制软件等。

第1章　计算机网络概述

本章要点

- 掌握计算机网络的定义，理解计算机网络的系统组成。
- 掌握计算机网络的分类，熟悉网络拓扑结构含义与画法。

1.1　计算机网络的形成与发展

从计算机网络诞生至今，虽然只有短短的几十年时间，却给人类社会带来了深刻的影响。如今，计算机网络已经把全球每个角落的人们连接到一起，通过计算机网络人们可以足不出户地进行学习、交流、娱乐、购物，或者进行一些商务活动、召开视频会议，除了不受物理位置的限制，节约了大量的时间，并且在很大程度上提高了工作效率。

1.1.1　计算机网络的形成

1969 年 12 月第一个数据报交换计算机网络 ARPANET 出现时，很少有人会预测到 40 多年后，计算机网络在现代信息社会中扮演了如此重要的角色。ARPANET 网络已从最初的 4 个节点发展为横跨全世界的因特网（Internet）。Internet 是世界上最大的国际性计算机互连网络，直到现在，这个网络还在继续发展壮大。

1946 年，第一台数字计算机问世，但当时计算机的数量稀少而且昂贵。由于当时的计算机大多采用批处理方式，用户使用计算机首先要将程序和数据制成纸带或卡片，再送到计算中心进行处理。1954 年，出现了一种被称为收发器（Transceiver）的终端，人们利用这种终端实现了将穿孔卡片上的数据通过电话线路发送到远程计算机上。此后，电传打字机也作为远程终端和计算机相连，用户可以在电传打字机上输入自己的程序，而计算机计算出来的结果也可以传送到电传打字机上并打印出来，计算机网络的基本原型就这样诞生了。

1.1.2　计算机网络的发展

由于当时的计算机是为批处理而设计的，当计算机和远程终端相连时，需要在计算机上增加一个接口，而且要求该接口对计算机原来软件和硬件的影响尽可能小。这样就出现了如图 1-1 所示的线路控制器（Line Controller），还需要一个将计算机的数字信号与电话线路的模拟信号进行调制解调的设备，它就是图中的调制解调器（MODEM）。

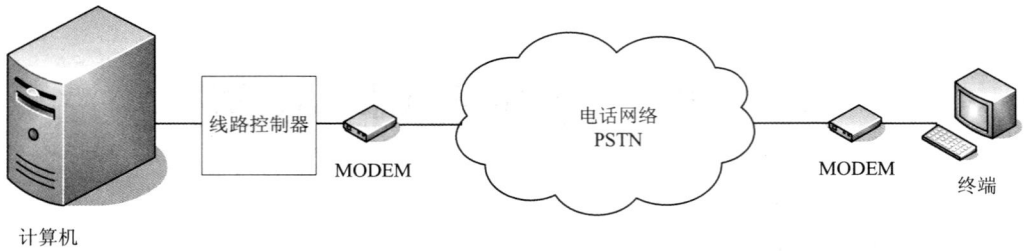

图 1-1　计算机通过线路控制器与远程终端相连

20 世纪 60 年代初期，出现了多重线路控制器（Multiple Line Controller）。它可以和多个远程终端相连接，构成面向终端的计算机通信网，如图 1-2 所示。有人将这种最简单的通信网称为第一代计算机网络。这里，计算机是网络的控制中心，终端围绕着中心分布在各处，而计算机的主要任务是进行批处理。考虑到为一个用户架设直达的通信线路是一种极大的浪费，因此在用户终端和计算机之间通过公用电话网进行通信。

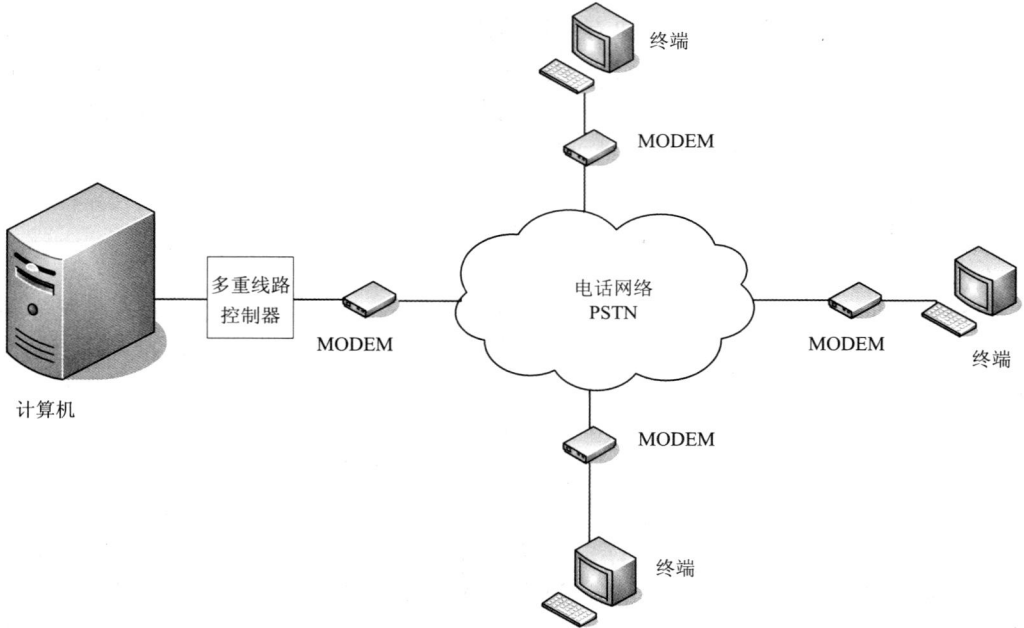

图 1-2　以计算机为中心的第一代计算机网络

面向终端的计算机网络系统极大地刺激了用户使用计算机的热情，使计算机用户的数量迅速增加。但这种网络系统也存在着一些缺点，如果计算机的负荷较重，会导致系统响应时间过长，而且单机系统的可靠性较低，一旦计算机发生故障，将导致整个网络系统的瘫痪。

为了克服第一代计算机网络的缺点，提高网络的可靠性和可用性，人们开始研究将多台计算机相互连接的方法。

能否借鉴电话系统中所采用的电路交换来解决问题呢？虽然电话交换机经过多次更新换代，但是其本质始终未变，都是采用电路交换技术。从资源分配角度来看，电路交换是

5. 资源子网

资源子网主要负责全网的信息处理，为网络用户提供网络服务和资源共享功能等，它主要包括网络中所有的主计算机、I/O 设备、终端、各种网络协议、网络软件和数据库等。

将计算机网络分为资源子网和通信子网，符合网络体系结构的分层思想，便于对网络进行研究和设计。在组网时，通信子网可以单独建立和设计，它可以是专用的数据通信网，也可以是公用的数据通信网。

1.2.3   计算机网络功能

计算机网络有很多用处，其中最重要的六个功能是：数据通信、资源共享、均衡负载、分布处理、数据信息的综合处理以及提高计算机的安全可靠性。

1. 数据通信

数据通信是计算机网络的基本功能，它使得网络中计算机与计算机之间能相互传输各种信息，对分布在不同地理位置的部门进行集中管理与控制。

2. 资源共享

资源共享是指网络上用户都可以在权限范围内共享网中各计算机所提供的共享资源，包括软件（软件包括程序、数据和文档）、硬件设备；这种共享，不受实际地理位置的限制。资源共享使得网络中分散的资源能够互通有无，大大提高了资源的利用率。它是组建计算机网络的重要目的之一。

3. 均衡负载

在计算机网络中，如果某台计算机的处理任务过重，也就是太"忙"时，可通过网络将部分工作转交给比较"空闲"的计算机来完成，均衡使用网络资源。

4. 分布处理

对于处理较大型的综合性问题，可按一定的算法将任务分配给网络中不同计算机进行分布处理，提高处理速度，有效利用设备。采用分布处理技术，往往能够将多台性能不一定很高的计算机连成具有高性能的计算机网络，使解决大型复杂问题的费用大大降低。

5. 数据信息的综合处理

通过计算机网络可将分散在各地的数据信息进行集中或分级管理，通过综合分析处理后得到有价值的数据信息资料。

6. 提高计算机的安全可靠性

计算机网络中的计算机能够彼此互为备用，一旦网络中某台计算机出现故障，故障计算机的任务就可以由其他计算机来完成，不会出现由于单机故障使整个系统瘫痪的现象，增加了计算机的可靠性。

由于计算机网络的功能特点使得计算机网络应用已经深入到社会生活的各个方面,如办公自动化、信息金融管理、网上教学、电子商务、远程医疗、网络通信等。社会的信息化、数据的分布处理、计算机资源的共享等各种应用的需求都推动了计算机技术朝着群体化方向发展,促使计算机技术与通信技术更紧密结合,它是当前计算机网络技术发展的重要方向。

1.3　计算机网络分类与拓扑结构

1.3.1　计算机网络分类

1. 按覆盖范围分类

计算机网络分类的方法很多,按照计算机网络覆盖的地理范围来进行分类一般可分为局域网、城域网和广域网。

(1)局域网(Local Area Network,LAN)。局域网的覆盖范围一般为几千米以内,属于一个部门、单位或学校组建的小范围网。通信线路一般采用有线传输介质,如光纤、电缆和双绞线。其主要特点是信号的传输速度快、误码率低,网络的建造周期短、使用灵活。局域网可以专为一个企业、学校或公司服务,即属于某个组织完全拥有。局域网一般无须租用电话线,而使用专门建立的数据通信线路。局域网易于建立、管理方便,可以随时扩充,因此发展很快,得到了广泛的应用。

(2)城域网(Metropolitan Area Network,MAN)。城域网通常覆盖一个地区或城市,地域范围可从几十千米至几百千米。宽带城域网是现代传输技术、数据通信技术和接入网技术相融合的产物,与现有的电信网体系结构有着密不可分的联系。在目前的城域网建设中,主要是以 IP 技术和 ATM 技术为骨干,以光纤为主要传输介质。

(3)广域网(Wide Area Network,WAN)。广域网一般是指分布在不同国家、地域,甚至全球范围内的各种局域网、城域网、计算机、终端等互连而成的大型计算机通信网络。由于范围极大,信道的建设费用很高,因此很少像局域网一样铺设自己的专用信道,而是租用(或借用)电信通信部门的通信线路,如长途电话线、光缆通道、微波与卫星通道等。

因特网是广域网的典型应用,是一个跨越全球的计算机互连网络。它以开放的连接方式将各个国家、各个地区、各个机构,分布在世界各地每个角落的各种局域网、城域网和广域网连接起来,组成全球最大的计算机通信网络。它遵守 TCP/IP 网络协议,以实现相互通信、资源共享。

2. 按网络传输技术进行分类

网络所采用的传输技术决定了网络的主要技术特点,因此按网络所采用的传输技术对网络进行分类是一种很重要的方法。

在通信技术中,有两种通信信道的类型:广播通信信道、点—点通信信道。

在广播通信信道中,多个节点共享一个通信信道,一个节点广播信息,其他节点都可以接收到。而在点—点通信信道中，一条通信线路只能连接一对节点，如果两个节点之间没有直接连接的线路，那么它们只能通过中间节点转接。显然，网络要通过通信信道才能完成数据传输任务。因此网络所采用的传输技术也有两类，即广播方式与点—点方式。这样，相应的计算机网络也可以分为两类：广播式网络和点—点式网络。

1.3.2　计算机网络的拓扑结构

网络的拓扑结构是指网络中计算机及其他设备的连接关系。拓扑结构隐去了网络的具体物理特性（如距离、位置等）而抽象出节点之间的关系加以研究。其中 5 种主要的拓扑结构为总线型、星型、环型、网格型及混合型。每一种拓扑类型都各有利弊，当选择安装的网络类型时应考虑以下几点。

- 费用低：不管选用什么样的传输介质，都需要进行安装。例如，挖电缆沟、安电线管道。最理想的情况是建楼的同时进行安装，并考虑今后扩展的要求。
- 灵活性：局域网中的数据处理和外围设备分布在一个区域内。计算机、电话和设备往往安装在用户附近，要考虑到设备搬动时，能容易地重新配置网络拓扑，还要考虑原有站点的删除和新站点的加入。
- 可靠性：在局域网中，有两类故障，一类是个别节点损坏，这只影响局部。另一类是网络本身无法运行。拓扑结构选择应该使故障检测和故障隔离较为方便。

下面分别介绍这 5 种拓扑结构的特征。

1. 总线型拓扑

总线型拓扑结构采用单根传输线作为传输介质，即所有的计算机都连接到一条公共传输介质（或称总线）上。任何一个站点发送的信号都可以沿着介质双向传播，而且能被其他所有站接收（广播方式）。总线型拓扑图及网络示意图如图 1-5 所示。

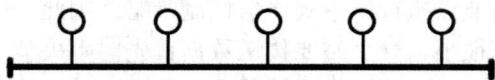

图 1-5（a）　总线型拓扑图　　　　　图 1-5（b）　总线型网络示意图

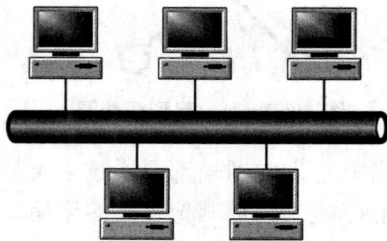

因为所有站点共享一条公用的传输链路，所以一次只能有一个设备传输信号，这就需要有一种访问控制策略来决定下一次哪一个站可以发送，通常采取分布式控制策略。

发送时，发送站将报文分成分组，然后一个一个地依次发送这些分组，有时要与其他站来的分组交替地在介质上传输。当分组经过各站时，目的站将识别分组的地址，然后复制这些分组的内容。这种拓扑结构减轻了网络的通信处理负担，它仅仅是一个无源的传输介质，而通信处理分布在各站点进行。

总线拓扑的优点如下：

- 电缆长度短，容易布线。因为所有的站点接到一个公共数据通路，因此，只需很短的电缆长度，减少了安装费用，易于布线和维护。
- 可靠性高。总线的结构简单，又是无源元件，从硬件的观点看，十分可靠。
- 易于扩充。增加新的站点，只需在总线的任何节点处接入，如需增加长度，可通过中继器扩展一个附加段。

总线拓扑的缺点如下：

- 故障诊断困难。虽然总线拓扑简单，可靠性高，但故障检测却不容易，因为总线拓扑的网络不是集中控制，故障检测需在网上各个站点进行。
- 故障隔离困难。在星型拓扑中，一旦检查出哪个站点故障，只需简单地把该连接去除。对总线拓扑，如故障发生在站点，则只需将该站点从总线上去掉，但如传输介质有故障，则整个这段总线要切断。

2. 星型拓扑

星型拓扑结构以中央节点为中心，用单独的线路使中央节点与其他各站点直接相连，如图 1-6 所示。

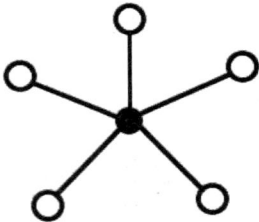

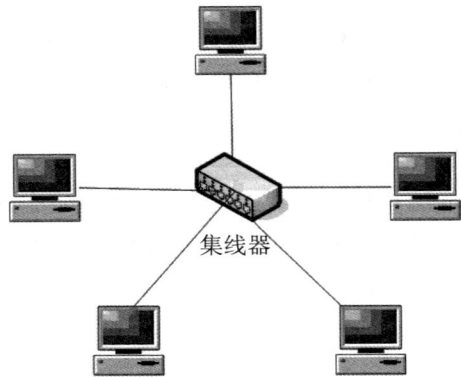

图 1-6 （a）　星型拓扑图　　　　图 1-6 （b）　星型拓扑网络示意图

各站点间的通信都要通过中央节点，中央节点执行集中式通信控制策略。因此，中央节点相当复杂，而其他各站的通信处理负担都很小。一个站要传送数据首先向中央节点发出请求，要求与目的站建立连接，连接建立后，该站才向目的站发送数据，这种拓扑采用集中式通信控制策略，所有的通信均由中央节点控制，中央节点必须建立和维持许多并行数据通路。因此，中央节点的结构显得非常复杂，而每个站的通信处理负担很小，只需满足点到点链路简单的通信要求，结构很简单。

星型拓扑的优点如下：

- 配置方便。中央节点有一批集中点，可方便地提供服务和网络重新配置。
- 每个连接点只连接一个设备。在网络中，连接点往往容易产生故障，在星型拓扑中，单个连接点的故障只影响一个设备，不会影响全网。

- 集中控制和故障诊断容易。由于每个站点直接连到中央节点，因此容易检测和隔离故障，可方便地将有故障的节点从系统中删除。
- 简单的访问协议。在星型网络中，任何一个连接只涉及中央节点和一个站点，因此，控制介质访问的方法很简单，访问协议也十分简单。

星型拓扑的缺点如下：

- 电缆长度和安装费用高。因为每个站点直接和中央节点相连，这种拓扑结构需要大量电缆。电缆维护、安装等会产生一系列问题，因而增加的费用相当可观。
- 扩展困难。要增加新的站点，就要增加到中央节点的连接，这就需要在初始安装时，放置大量冗余的电缆，配置更多的连接点。
- 依赖于中央节点。若中央节点产生故障，则全网不能工作，所以中央节点的可靠性和冗余度要求很高。

3. 环型拓扑

环型拓扑结构的特点是计算机相互连接而形成一个环。实际上，参与连接的不是计算机本身而是环接口，计算机连接到环接口上，环接口又逐段连接起来而形成环，如图 1-7 所示。

环接口一般由发送器、接收器、接收缓冲器、线控制器和线接收器组成。线接收器用于接收环上的信包，并送到接收缓冲器，每个节点对信息都有地址识别能力，在进行地址识别时，如果本节点为该信包的目标地址时，则将信包在缓冲区中暂存，然后送到节点处理机或终端进行处理。若地址不符合，信包继续向下传送，对于已经接收的信包是继续转发还是终止该信包的传送，决定于环控制策略。线驱动器是向环路发送信包的部件，具有再生放大作用。

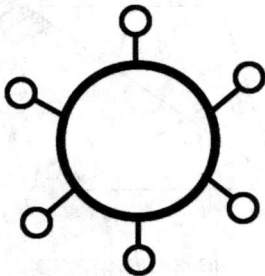

图 1-7（a）　环型拓扑图　　　　图 1-7（b）　　环型网络示意图

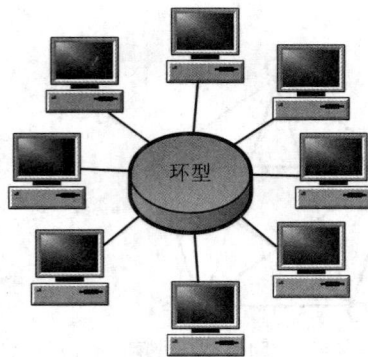

由于多个设备共享一个环，因此需要对此进行控制，以便确定每个站在什么时候可以把分组放在环上。这种功能是用分布控制的形式完成的，每个站都有控制发送和接收的访问逻辑。

环型拓扑的优点如下：

- 电缆长度短。环型拓扑所需电缆长度和总线拓扑相似，但比星型拓扑要短得多。

- 可用光纤。光纤传输速度高，环型拓扑是单方向传输，光纤传输介质十分适用。因为环型网是点到点的连接，可以在网上使用各种传输介质。例如，用于工厂的网络，在办公室大楼内可用同轴电缆，而在生产车间可用光纤，以解决电磁干扰问题。

- 无须接线盒。因为环型拓扑是点到点连接，所以无须像星型拓扑那样配置接线盒。

环型拓扑的缺点如下：

- 节点故障引起全网故障。在环上的数据要通过接在环上的每一个节点，如果环中某一节点故障会引起全网故障。

- 诊断故障困难。因为某一节点故障会使全网不能工作，因此难于诊断故障，需要对每个节点进行检测。

- 不易重新配置网络。要扩充环的配置较困难。同样，要关掉一部分已接入网的站点也不容易。

- 拓扑结构影响访问协议。环上每个站点接到数据后，要负责将它发送到环上，这意味着要同时考虑访问控制协议。站点发送数据前，必须事先知道它可用的传输介质。

4. 网格型拓扑

真正的网格型网络使用单独的电缆将网络上的设备两两相接，从而提供了直接的通信途径，不采用路由，报文直接从发送端送到接收端，如图 1-8 所示。

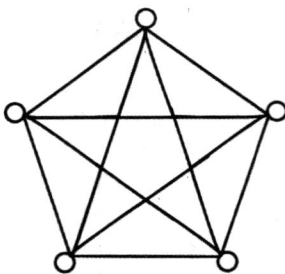

图 1-8（a）　网格型拓扑图　　　　图 1-8（b）　网格型网络示意图

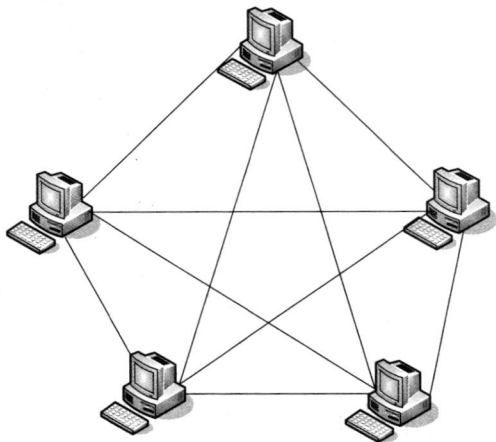

网格型网络的优点如下：

- 冗余的链路增强了容错能力。冗余的链路使得某电缆的中断只影响连接到该电缆的两台设备。

- 易于诊断故障。网格型网络中的每个系统之间都有专用的链路，诊断电缆故障比较容易。如果两台设备不能进行通信，根本无须猜测哪一条电缆损坏，只要检查连接这两台设备的电缆即可。

- 混合网络。可以充分利用各个子拓扑结构的优点，并且相互补充，从而获得较高的拓扑性能。

网格型网络的缺点如下：

- 安装和维护困难。大量的电缆和冗余的链路给安装和维护增加了难度。
- 提供冗余链路增加了成本。

5. 混合型拓扑

真正的网格型网络需要大量的电缆，随着站点的增加，可能很快变得混乱起来。很少有网格型网络是真正的网格，实际上，许多网络使用混合网格拓扑。这些混合网格使用具有冗余链路的星型、环型或总线型拓扑，以提高容错能力，如图 1-9 所示。

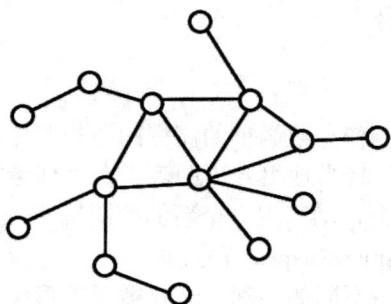

图 1-9（a） 混合网格型拓扑图

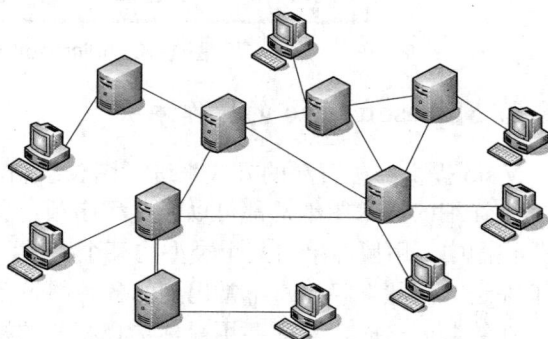

图 1-9（b） 混合网格型网络示意图

1.3.3 网络拓扑图的绘制工具

绘制网络拓扑结构图是网络技术学习中的一项重要内容，对于理解知识和提高动手能力非常必要。绘制网络拓扑结构图有多种方法，通过对目前市场中的各种绘图软件的比较、筛选，在众多的绘图工具中，Microsoft Visio 软件是绘制网络图比较理想的软件，该软件易学、易懂、易用，使用十分方便，是一款对综合布线工程设计人员非常合适的好工具。

1. Microsoft Visio 集成环境

Microsoft Visio 拥有简单易用的集成环境，同时在操作使用上沿袭了微软公司软件的一贯风格，即简单易用、用户友好性强的特点，是完成综合布线设计图纸绘制的绝佳工具。与许多提供有限绘图功能的捆绑程序不同，Visio 提供了一个专用、熟悉的 Microsoft 绘图环境，配有一整套范围广泛的模板、形状和先进工具（见图 1-10）。利用它，可以轻松自如地创建各式各样的业务图表和技术图表。

> 📢 提示　Visio 2008 中包含有"图示库"，它提供了 Visio 中各种图表类型的图表示例，并说明了哪些用户可以使用它们及如何使用它们。要浏览这些图表示例，请选择"帮助"菜单上的"图示库"。

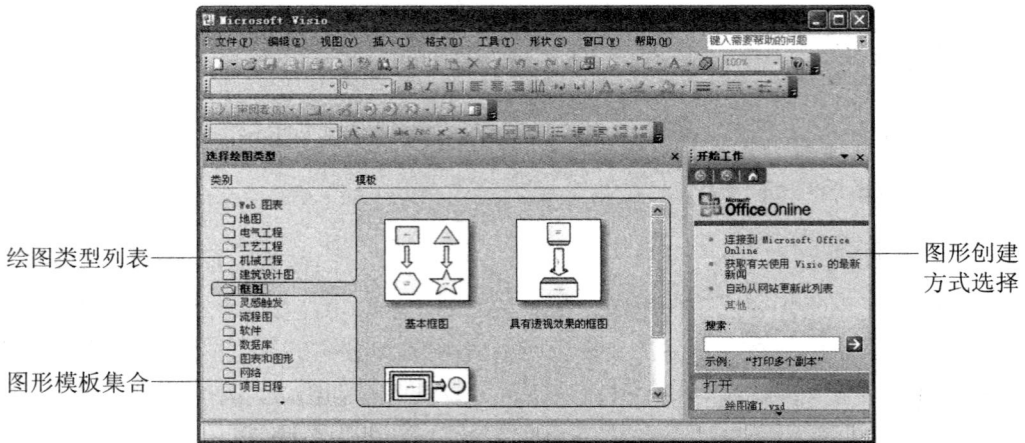

图 1-10　Microsoft Visio 集成环境

2. Microsoft Visio 的操作方法

Visio 提供一种直观的方式来进行图表绘制，不论是制作一幅简单的流程图还是制作一幅非常详细的技术图纸，都可以通过程序预定义的图形，轻易地组合出图表。在"任务窗格"视图中，用鼠标单击某个类型的某个模板，Visio 即会自动产生一个新的绘图文档，文档的左边"形状"栏显示出常用到的各种图表元素——SmartShapes 符号。

在绘制图表时，只需要用鼠标选择相应的模板，单击不同的类别，选择需要的形状，拖动 SmartShapes 符号到绘图文档上，加上一定的连接线，进行空间组合与图形排列对齐，再加上引入的边框、背景和颜色方案，步骤简单，实现迅速、快捷方便。也可以对图形进行修改或者创建自己的图形，以适应不同的业务和不同的需求，这也是 SmartShapes 技术带来的便利，体现了 Visio 的灵活。甚至，还可以为图形添加一些智能，如通过在电子表格（像 ShapeSheet 窗口）中编写公式，使图形意识到数据的存在或以其他的方式来修改图形的行为。例如：一个代表门的图形"知道"它被放到了一个代表墙的图形上，就会自动地、适当地进行一定角度的旋转，互相嵌合。

另外，Visio 2008 包括以下可以帮助用户更迅速、更巧妙地工作的任务窗格。

（1）"开始工作"窗格。帮助用户快速打开图表，创建新图表，在计算机或 Office Online 上搜索特定的形状、模板和图表信息。

（2）"Visio 帮助"窗格。获得针对用户提出的 Visio 疑问的详细、最新解答，以便用户有效地创建图表。

（3）"剪贴画"。在计算机或 Microsoft Office Online 上搜索剪贴画，然后将这些剪贴画合理地安排并插入用户的 Visio 图表中。

（4）"信息检索"。使用包含百科全书、字典和辞典的 Microsoft 信息咨询库在 Microsoft 网站上搜索和检索图表特定的或与工作相关的主题。

（5）"搜索结果"。在 Microsoft 网站上搜索 Microsoft 产品信息。

在网络技术学习中，常用 Visio 绘制网络拓扑结构图和参考模型图。图 1-11 所示为用 Visio 绘制校园网络拓扑图。

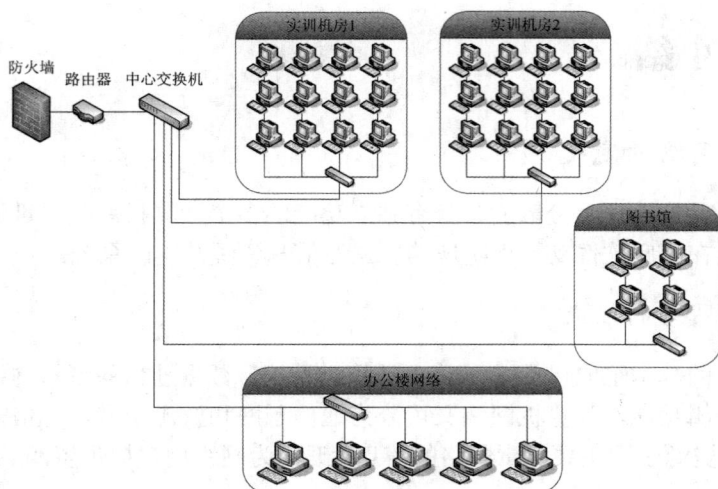

图 1-11　校园网络拓扑图

　　经过微软公司绘图软件 Visio 的学习，并结合校园网络拓扑图的绘制，我们学会了如何根据任务利用 Visio 绘图软件制作出相应的网络拓扑结构图和层次模型图，这为今后深入理解网络技术知识打下了良好的基础。

1.4　基于工作过程的实训任务

实训　绘制校园网络拓扑结构图

1. 实训目的

　　根据校园网的实际情况，熟悉各连接节点的物理位置与逻辑连接方式，掌握使用 Microsoft Visio 软件绘制校园网络拓扑图的方法。

2. 实训内容

　　勘查校园网络实际现场，确定各节点的位置与连接方式，绘制完成校园网络拓扑结构图。

3. 实训方法

　　（1）了解网络的规模、结构和任务需求。
　　（2）确定节点的位置与连接方式。
　　（3）确定连接设备名称和连接线型（双绞线和光纤）。
　　（4）绘制网络拓扑结构图。

4. 实训总结

　　总结写出实训报告。

1.5　本章小结

1. 计算机网络的定义

计算机网络是把地理上分散的且具有独立功能的多个计算机系统通过通信线路和设备相互连接起来，在相应软件支持下实现的数据通信和资源共享的系统。

2. 计算机网络的组成

计算机网络的基本组成包括 3 部分：计算机系统、数据通信系统、网络软件与协议；如果按网络的逻辑功能，计算机网络又可分为通信子网和资源子网。通信子网主要完成网络的数据通信，资源子网主要负责网络的信息处理，为网络用户提供资源共享和网络服务。

3. 计算机网络的功能和分类

网络的主要功能是通信和资源共享，即完成用户之间的信息交换和硬件、软件、信息资源的共享。网络按覆盖范围可分为局域网、城域网和广域网。

4. 计算机网络的拓扑结构

网络的拓扑结构是指网络中计算机及其他设备的连接关系。拓扑结构隐去了网络的具体物理特性（如距离、位置等）而抽象出节点之间的关系加以研究。其中 5 种主要的拓扑结构为总线型、星型、环型、网格型及混合型。

本章习题

1. 填空题

（1）一般把网络按覆盖的＿＿＿＿＿分为 3 类：＿＿＿＿＿、＿＿＿＿＿和＿＿＿＿＿；按网络传输技术进行分类，可分为＿＿＿＿＿网络和＿＿＿＿＿网络。

（2）网络的拓扑结构一般分为＿＿＿＿＿、＿＿＿＿＿、＿＿＿＿＿、＿＿＿＿＿和＿＿＿＿＿。

（3）可以满足几十千米范围内的大量企业、机关、公司的多个局域网互连的需要，并能实现大量用户与数据、语音、图像等多种信息传输的网络是＿＿＿＿＿。

2. 问答题

（1）简述计算机网络功能。

（2）计算机网络如何分类？

（3）最常用的计算机网络拓扑图绘制工具是什么？试用它画出大家熟悉的网络拓扑结构。

第2章 数据通信基础

本章要点

- 了解数字数据的模拟信号编码。
- 了解数字数据的数字信号编码。

数据通信是网络技术发展的基础，学习数据通信知识可帮助读者理解网络中数据传输的原理与实现方法。

2.1 数据通信基本概念

数据通信是指两个实体间数据的传输和交换。数据传输是传播处理信号的数据通信，将源站的数据编码成信号，沿传输介质传播至目的站。数据传输的品质取决于被传输信号的品质和传输介质的特性。

图 2-1（a）是一个简单的通信模型，通信系统的基本作用是在两个实体间交换数据。图 2-1（b）是通信系统的一个实例，工作站通过公共电话网和一个服务器通信。在图 2-1（a）这个模型中的各部分功能如下。

- 源站：产生要发送的数据的设备。
- 发送器：对信号进行转换或编码以产生能在特定传输系统中传输的电磁信号。
- 传输系统：连接源和目的地的传输线或复杂的网络。
- 接收器：从传输系统接收信号并转换成目的站设备能处理的信号。
- 目的站：从接收器输入数据的设备。

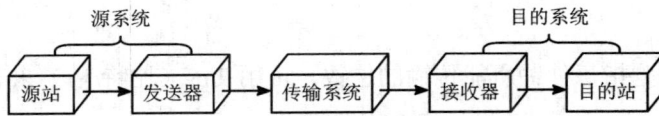

（a）通信模型

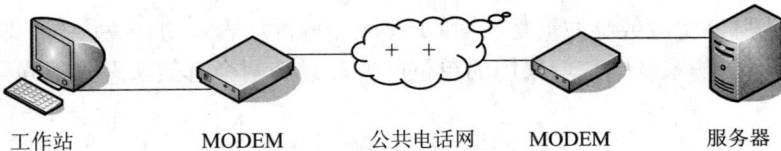

（b）通信系统实例

图 2-1 简单的通信模型

数据通信的过程中涉及的基本概念。

1. 数据

数据是对客观事物的符号表示，用来记录事物的属性值。数据分为模拟数据和数字数据。

模拟数据是指在某个区间产生的连续的值。例如，声音、视频、温度和压力等都是连续变化的值。

数字数据是指在某个区间产生的离散的值。例如，文本信息和整数。

2. 信号

信号是数据的表示形式，或称为数据的电磁编码或电子编码。它使数据能以适当的形式在通信介质上传输。

信号有模拟信号和数字信号两种基本形式。模拟信号是在一定的数值范围内可以连续取值的信号，是一种连续变化的电信号。这种电信号可以按照不同频率在各种通信介质上传输；数字信号是一种离散的脉冲序列。它用恒定的正电压和负电压来表示二进制的 0 和 1，这种脉冲序列可以按照不同的速率在通信介质上传输。

3. 数据传输

数据传输是指用电信号把数据从发送端传送到接收端的过程。传输信道为数据信号从发送端传送到接收端提供了电通路。传输信道可以是由同轴电缆、光纤、双绞线等构成的有线线路，也可以是由地面微波接力或卫星中继等构成的无线线路，还可以是有线线路和无线线路的结合。

- 模拟数据和数字数据都可以用模拟信号和数字信号来表示。
- 模拟信号和数字信号都可在合适的传输介质上传输。
- 模拟传输是一种不考虑信号内容的信号传输方法，而数字传输与信号的内容有关。

在局域网中，主要采用数字传输技术。在广域网中则以模拟传输为主。随着光纤通信技术的发展，广域网中越来越多地开始用数字传输技术，它在价格和传输质量上优于模拟传输。

4. 传输速率

数据传输速率是指每秒钟所能传输的位数，可用 bps（比特/秒）来表示，它可按下式计算：

$$S = (1/T) \log_2 n$$

其中，T 为脉冲宽度或脉冲重复周期；n 是一个脉冲所表示的有效状态，即调制电平数。

对于在数据传输系统中普遍采用的单位脉冲，只有两个有效状态，即 $n=2$。这时，其传输速率为

$$S = (1/T) \log_2 2 = 1/T$$

该式表示每秒位数等于单位脉冲的重复频率。

另一种度量传输速度的单位是波特，也称调制速率。它反映了数据经过调制后的传输

速率，也就是数据在调制过程中调制状态的每秒转换次数。其调制速率为

$$B=1/T$$

该式与传输速率的关系为

$$S= B \log_2 n \quad 。$$

在二元制调制方式中，$S=B=1/T$。习惯上两者可以通用。在多元制调制方式中，S 与 B 两者是有区别的。

2.2　数据编码技术

编码是将模拟数据或数字数据变换成数字信号，以便于数据的传输和处理。信号必须进行编码，使得与传输介质相适应。

解码是在接收端，将数字信号变换成原来形式。

在数据传输系统中，主要采用 3 种数据编码技术：即数字数据的模拟信号编码、数字数据的数字信号编码和模拟数据的数字信号编码。

2.2.1　数字数据的模拟信号编码

这种编码方式是将数字数据调制成模拟信号进行传输。通常调制数字数据用 3 种载波特性（振幅、频率和相位）之一来表示，并由此产生 3 种基本调制方式，如图 2-2 所示。

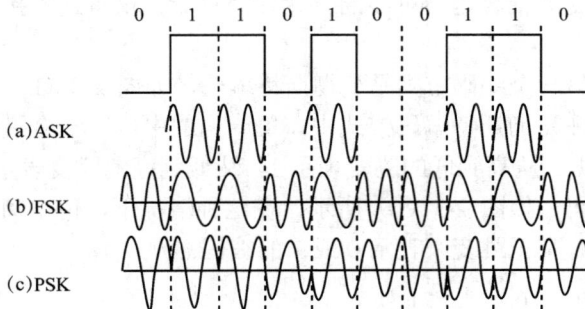

图 2-2　基本调制方式

1. 移幅键控法

移幅键控法 ASK（Amplitude Shift Keying）是用载波频率的两个不同振幅来表示两个二进制值。在有些情况下，用振幅恒定载波的存在与否来表示两个二进制值。ASK 方式易受增益变化的影响，是一种效率较低的调制技术。在音频电话线路上，通常只能达到 1200bps 的传输速率。

2. 移频键控法

移频键控法 FSK（Frequency Shift Keying）是用载波频率附近的两个不同频率来表示

两个二进制值。这种调制方式不易受干扰的影响，比 ASK 方式的编码效率高。在音频电话线路上，其传输速率为 1200bps 或更高。

3. 移相键控法

移相键控法 PSK（Phase Shift Keying）是用载波信号的相位移动来表示二进制数据。在图 2-2（c）中，信号相位与前面信号串同相位的信号表示 0，信号相位与前面信号串反相位的信号表示 1。PSK 方式也可以用于多相反调制，如在四相调制中可把每个信号串编码为两位。PSK 方式具有较强的抗干扰能力，而且比 FSK 方式编码效率更高。在音频线路上，传输速率可达 9600bps。

这些基本调制技术也可以组合起来使用。常见的组合是 PSK 和 FSK 方式的组合及 PSK 和 ASK 方式的组合。

2.2.2 数字数据的数字信号编码

传输数字信号最普遍而且最容易的办法是用两个电压电平来表示两个二进制数字。例如，无电压（也就是无电流）常用来表示 0，而恒定的正电压用来表示 1。使用正电压（高）表示 1 也是很普遍的，称为不归零制（NRZ，Non-return to zero）编码，如图 2-3（a）所示。

不归零制（NRZ）传输也有若干缺点，它难以决定一位的结束和另一位的开始，需要有某种方法来使发送器和接收器进行定时或同步。另外，如果传输中 1 或 0 占优势，那么在每位时间内将有累积的直流分量。这样，使用变压器，并在数据通信设备和所处环境之间提供良好的绝缘的交流耦合是不可能的。此外，直流分量可使连接点产生电腐蚀或其他损坏。

克服上述缺点的另一个编码方案是曼彻斯特编码，如图 2-3（b）所示，这种编码通常用于局部网络传输。在曼彻斯特编码方式中，每一位的中间有一个跳变。位中间的跳变既作为时钟，又作为数据；从高到低的跳变表示 1，从低到高的跳变表示 0。还有一种编码称其为差动曼彻斯特编码，如图 2-3（c）所示，在这种情况下，位中间的跳变仅提供时钟定时，用每位周期开始时有无跳变来表示 0 或 1 的编码。

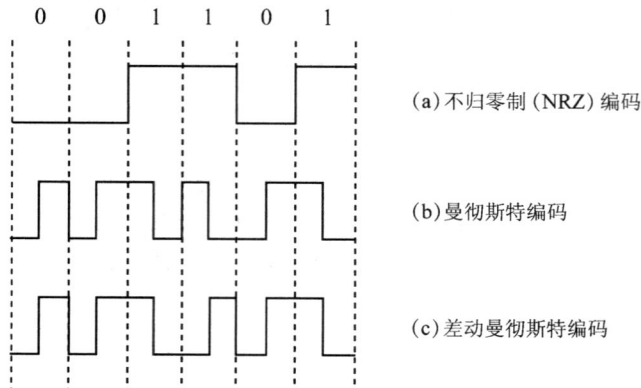

图 2-3 数字信号编码

2.2.3　模拟数据的数字信号编码

利用数字信号来对模拟数据进行编码的最常见的例子是脉冲编码调制（PCM，Pulse Code Modulation），它是概念上最简单、理论上最完善的编码系统，是最早研制成功、使用最为广泛的编码系统，也是数据量最大的编码系统，它常用于对声音信号进行编码。脉冲编码调制是以采样定理为基础的，其操作包括采样、量化与编码 3 部分。

（1）采样。根据采样定理：如果在规则的时间间隔内，以两倍高于最高有效信号频率的速率对信号 f(t)进行采样，那么这些采样值就包含了原始信号的全部信息。利用低通滤波器，可以从这些采样中重新构造出函数 f(t)。

如果声音数据限于 4000Hz 以下的频率，那么每秒钟 8000 次的采样就可以完整地表示声音信号的特征。然而，值得注意的是，这只是模拟采样。为了转换成数字采样，必须给每一个模拟采样值指定一个二进制代码。

（2）量化。量化是采样样本幅度按量化级决定取值的过程。经过量化后的样本幅度为离散的量值，已不是连续值了。

（3）编码。编码是将相应的二进制位数代码量化表示后的采样样本的量级。

2.3　数据传输与交换技术

2.3.1　数据传输类型

在数据传输过程中，可以用数字信号和模拟信号两种方式进行。因此，数据在信道中也分为基带传输和频带传输。

1. 基带传输

在数据通信中，表示二进制数据信号是典型的矩形脉冲。我们把矩形脉冲信号的固有频带称做基本频带（简称基带）。矩形脉冲信号就称做基带信号。在通道上直接传输基带的方法称为基带传输。

在发送端基带传输的信源数据经过编码器变换，变为直接传输的基带信号。在接收端由解码器恢复成与发送端相同的数据。基带传输是一种最基本的数据传输方式。

2. 频带传输

频带传输是指利用模拟通信信道传输数字信号的方法。由于电话网是用于传输语音信号的模拟通信信道，并且是目前覆盖面最广的一种通信方式，因此利用模拟通信信道进行数据通信也是最普通的通信方式之一。为利用电话交换网实现计算机之间的数字信号传输，必须将数字信号转换成模拟信号。为此，要在发送端选取音频范围的某一频率的正（余）弦模拟信号作为载波，用它运载所要传输的信号，通过电话信道将其送到另一端；在接收端再将数字信号从载波上取出来，恢复为原来的信号波形。其中，由发送端将数字数据信号转换成模拟数据信号的过程称为"调制"，相应的调制设备称为"调制器"；在接收端把模拟信号还原为数字数据信号的过程称为"解调"，相应的解调设备称为"解调器"。同时具备调制和解调功能的设备称为"调制解调器"。

2.3.2 数据传输方式

在数字数据通信中，一个最基本的要求是发送端和接收端之间以某种方式保持同步，接收端必须知道它所接收的数据流每一位的开始时间和结束时间，以确保数据接收的正确性。为此，通信双方必须遵循同一通信规程，使用相同的同步方式进行数据传输。根据通信规程所定义的同步方式，可分为异步传输和同步传输两大类。

1. 异步传输

异步传输是以字符为单位的数据传输，其数据格式如图 2-4（a）所示。每个字符都要附加 1 位起始位和 1 位停止位，以标记字符的开始和结束。此外，还要附加 1 位奇偶校验位，可以选择奇校验或偶校验方式对该字符进行简单的差错控制。起始位对应于二进制值 0，以低电平表示，占用 1 位的宽度。停止位对应于二进制值 1，以高电平表示，占用 1~2 位宽度。一个字符占用 5~8 位，具体取决于数据所采用的字符集。例如，电报码字符为 5 位、ASCII 码字符为 7 位、汉字码则为 8 位。起始位和结束位（停止位）结合起来，便可实现字符的同步。

发送端与接收端除了采用相同的数据格式（如字符的位数、停止位的位数、有无校验位及校验方式等）外，还必须采用相同的传输速率。典型的标准速率为 300bps、600bps、1200bps、2400bps、4800bps、9600bps 和 19200bps。

异步传输又称为起止式异步通信方式。其优点是简单、可靠、常用于面向字符传输的、低速的异步通信场合。例如，主计算机与终端之间的交互式通信通常采用这种方式。

2. 同步传输

同步传输是以数据块为单位的数据传输。每个数据的头部和尾部都要附加一个特殊的字符或比特序列，标记一个数据块的开始和结束，如图 2-4（b）所示。

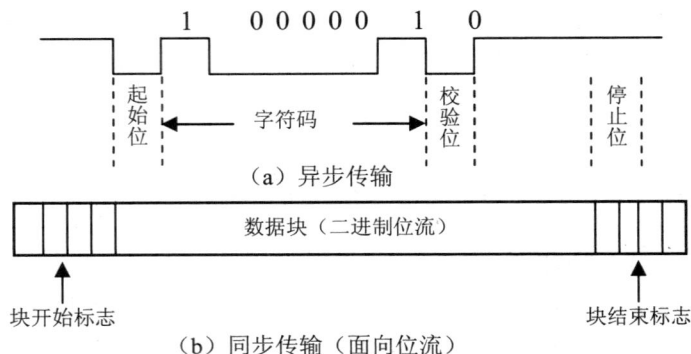

图 2-4 异步传输和同步传输的数据格式

根据同步通信规程，同步传输又分为面向字符的同步传输和面向位流的同步传输。

（1）面向字符的同步传输。在面向字符的同步传输中，每个数据块的头部用一个或多个同步字符 SYN 来标记数据块的开始；尾部用另一个唯一的字符 ETX 来标记数据块的结束。其中，这些特殊字符的位模式与传输的任何普通字符都有显著的差别。典型的面向字符的同步通信规程是 IBM 公司的二进制同步通信规程 BISYNC。

（2）面向位流的同步传输。在面向位流的同步传输中，每个数据块的头部和尾部用一个特殊的比特序列（如 01111110）来标记数据块的开始和结束。数据块将作为位流来处理，而不是作为字符流来处理。为了避免在数据流中出现标记块开始和结束的特殊位模式，通常采用位插入的方法，即发送端总是在所发送的数据流中，每当出现连续的 5 个 1 后便插入一个 0，接收端在接收数据流时，如果检测到连续 5 个 1 的序列，就检查其后的一位数据，若该位是 0，则删除它；若该位为 1，则表示数据块的结束，转入结束处理。

2.3.3　数据交换技术

交换又称转接，是在多节点网络中利用交换机等转接设备，在节点间建立临时连接，完成通信的一种技术。交换技术按照其原理划分，可分为线路交换和存储转发交换两种技术。其中存储转发交换又可按照转发的信息单位不同，分为报文交换和分组交换。

1. 线路交换

线路交换（Circuit Exchanging）方式与电话交换方式的工作过程很类似，两台计算机通过通信子网进行数据交换前，首先要在通信子网中建立一个实际的物理线路连接。

线路交换的通信过程包括 3 个过程：建立连接、传输数据和拆除连接。

（1）建立连接。

如果主机 A 要向主机 C 传输数据，首先要通过通信子网在 A 和 C 之间建立线路连接。主机 A 先向通信子网中节点 1 发出欲与主机 C 连接的请求，该请求中含有需要建立线路连接的源主机地址与目的主机地址。节点 1 根据目的主机地址，需要在节点 1 到节点 4 之间建立一条专用线路。从图 2-5 中我们可以看到，从 1 到 4 的通路有多条，可根据一定的路线算法，从中选择一条，如 1—2—4，至此完成了 A~C 之间的线路建立。

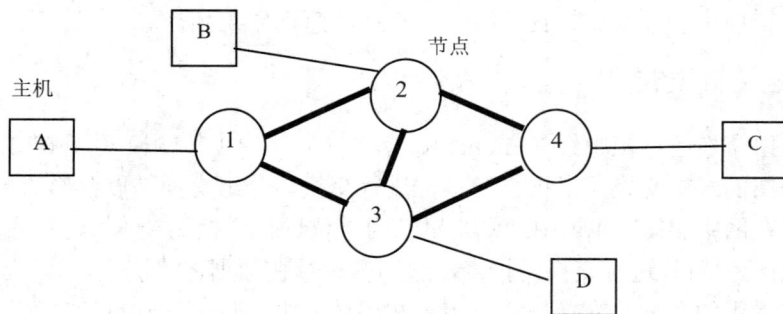

图 2-5　线路交换

（2）数据传送阶段。一旦线路连接建立起来后，就可以通过这条专用的线路来传输数据。数据可以是数字的，也可以是模拟的。传输的信号形式可以采用数字信号，也可以采用模拟信号。这种连接通常是全双工方式，即数据在传输过程中，允许信号双向传输。

（3）线路拆除阶段。当数据传输结束后，应拆除连接，以释放该连接所占用的专用资源。两个工作站中的任意一个工作站都可以发出拆除连接的请求。

线路交换通信实时性强，适用于交互式会话类通信，如电话和实况转播等。但对突发性通信不适应，线路的利用率低；系统不具有存储数据和差错控制能力。

2. 存储转发交换

（1）报文交换。报文交换（Message Switching）是网络通信的另一种完全不同的方法。在这种交换方式中，两个工作站之间无须建立专用的通路。相反，如果一个工作站想要发送报文，就把目的地址添加在报文中一起发送出去。该报文将在网络上从一个节点被传送到另一个节点。在每个节点中，要接收整个报文并进行暂时存储，然后经过路由选择再发送到下一个节点。

报文交换方式中的节点一般是小型通用计算机，报文输入时，它有足够的存储空间用于缓冲报文的接收。报文在一个节点的延迟时间等于接收全部报文信息的时间加上排队等待发送到下一个节点的时间。这种方式也称为存储转发报文方式。在某种情况下，与工作站相连的节点和某些中央节点还可以将报文存档，生成永久记录。

在传送报文时，同时只占一段通道；在交换节点中需要缓冲存储，报文需要排队。因此，报文交换不能满足实时通信的要求。

（2）分组交换。分组交换（Packet Switching）与报文交换十分相似。形式上的主要区别在于：在分组交换网络中，要限制所传输的数据单位的长度，典型的长度限制范围为一千到数千比特。而报文交换网络中的报文长度则要长得多。此外，从工作站的情况来看，超过最大长度的报文必须分成较小的传输单元方可发送，每次只能发送一个单元。为了区别这两种交换技术，分组交换中的数据单元称为分组。在每个分组中都包含数据和目的地址，其传输过程与报文交换方式类似，只是分组一般不存档，暂存的副本主要为了纠错。从表面上看，分组交换与报文交换相比没有什么特别的优点。但事实上，限制数据单元的最大长度对改善网络性能将产生显著的效果。在分组交换网中，通常采用数据报和虚电路两种方式来管理这些分组流。具体讲解见 OSI 模型网络层内容。

3. 快速分组交换

快速分组交换包括帧中继（Frame Relay，FR）和异步传输模式（ATM）。

前面介绍的报文交换是以报文为单位进行交换，分组交换是以分组为单位进行交换，两者都运行在网络层上。而帧中继则是以帧为单位进行交换的技术，运行在数据链路层上。ATM 是以信元为单位进行交换的技术，它同样运行在数据链路层上。

局域网采用的是分组交换技术。由于在局域网中，从源站到目的站之间只有一条单一的直接通路，因此，不需要具有像公共数据网中那样的路由选择和交换功能。

2.3.4　多路复用技术

多路复用技术（Multiplexing）是指为充分利用传输介质在一条物理线路上建立多条通信信道的技术。常见有 4 种：频分多路复用（FDM）、波分多路复用（WDM）、时分多路复用（TDM）和码分多路复用 （CDMA）。

1．频分多路复用

频分多路复用是以信道频带作为分割对象，在发送端把要传输的多路信号用互不重叠的频率分割开，用不同中心频率调制不同的信号，发送时在各自的信道中被传送到接收端，由解调器恢复成原来的波形。为防止相互干扰，各信道之间由保护频带隔开。

2．波分多路复用

波分复用（WDM，Wavelength Division Multiplexing）其本质上是频分复用而已。WDM是在 1 根光纤上承载多个波长（信道）系统，将 1 根光纤转换为多条"虚拟"纤，当然每条虚拟纤独立工作在不同波长上，这样极大地提高了光纤的传输容量。由于 WDM 系统技术的经济性与有效性，使其成为当前光纤通信网络扩容的主要手段。

3．时分多路复用

时分多路复用是以信道传输时间作为分隔对象，通过为多个信道分配互不重叠的时间片的方法来实现多路复用，每个用户分得一个时间片，用户使用信道的所有带宽。

4．码分多路复用

码分多路复用（CDMA）是频分复用与时分复用两种技术的复合，频分复用是按频域正交来划分信号，时分复用是按时域正交来划分信号。同样可利用码间的正交性来划分信号。利用正交编码来实现多路通信的方式称为码分复用。码分复用技术已在扩频移动无线电通信中得到应用。

CDMA 是采用数字技术的分支——扩频通信技术发展起来的一种崭新而成熟的无线通信技术，它是在 FDM 和 TDM 的基础上发展起来的。

2.4　本章小结

1．数据通信的基本概念

数据通信是两个实体间数据的传输和交换，通信系统的作用是在两个实体间交换数据。数据传输中要有数据源系统、传输系统和目的系统，因此要理解数据、信号、传输和传输速率等基本概念。

2. 数据编码技术

编码是将模拟数据或数字数据变换成数字信号，以便于数据的传输和处理。数据要传输必须要编码，数据要接收必须要解码。数据编码包括数字数据的模拟信号编码和数字数据的数字信号编码和模拟数据的数字信号编码 3 种技术。

3. 数据传输类型

在数据传输过程中，可以用数字信号和模拟信号两种方式进行。因此，数据在信道中也分为基带传输和频带传输。

4. 数据传输方式

数据传输时发送端和接收端必须密切配合，必须遵循同一通信规程，常用的数据传输方式有异步传输和同步传输两大类。

5. 数据交换技术

交换技术只是把数据从源站点发送到目的站点，中间节点不关心数据内容。网络中常使用的交换技术是线路交换和存储转发交换，其中存储转发交换又可分为报文交换和分组交换。

6. 多路复用技术

多路复用技术是为了充分利用传输介质，在一条物理线路上建立多条通信信道的技术。常用方法有：频分多路复用（FDM）、时分多路复用（TDM）、波分多路复用（WDM）和码分多路复用（CDMA）。

本章习题

1. 名词解释

数据　　　　　信号　　　　　传输

2. 填空

（1）编码是将模拟数据或数字数据变换成＿＿＿＿＿＿，以便于数据的传输和处理。信号必须进行＿＿＿＿，使得与传输介质相适应。

（2）在数据传输系统中，主要采用 3 种数据编码技术，即＿＿＿＿＿＿＿＿＿＿＿＿＿＿＿＿＿＿＿＿＿＿＿＿＿＿＿＿＿。

（3）在数字数据通信中，一个最基本的要求是＿＿＿＿＿以某种方式保持同步，接收端必须知道它所接收的数据流每一位的开始时间和结束时间，以确保数据接收的正确性。

（4）网络中通常使用 3 种交换技术：＿＿＿＿＿＿＿＿＿＿＿＿＿＿＿＿。

第3章　计算机网络体系结构

本章要点

- 了解网络体系结构分类、功能特点。
- 掌握 OSI 参考模型的结构和各层功能。
- 掌握 TCP/IP 体系结构的层次和功能。
- 掌握 IP 地址管理和子网划分的方法。

计算机网络是一种复杂而庞大的系统，对付这种复杂系统的常规方法就是把系统组织分成分层的体系结构，即把很多相关的功能分解成一层层子功能，逐个给予解释与实现。

3.1　基本概念

网络体系结构与网络协议是网络技术中最基本的两个概念，学习这些概念可以帮助读者完整理解分层、功能、协议与接口的含义。

3.1.1　网络协议

协议对于计算机网络而言是非常重要的，可以说没有协议，就没有计算机网络。每一种计算机网络，都有一套协议支持着。在不同类型的网络中，应用的网络协议也不相同，而且由于现有的计算机网络种类很多，所以网络通信协议的种类也很多。典型的网络通信协议有开放系统互连 OSI 协议和 TCP/IP 等，其中，TCP/IP 是为了 Internet 互连的各种网络之间能够互相通信而专门设计的协议。虽然这些协议各不相同，各有优点和缺点，但是所有协议的设计目的和基本功能是一样的，都是为了保证网络上的信息能畅通无阻、准确无误地传输到目的地。

为了在计算机网络中正确地传输信息，必须在有关信息格式、信息内容和信息传输顺序等方面有一组约定或规则，这也就决定了协议的 3 要素：语法、语义和同步。

- 语法（Syntax）：规定通信双方"如何讲"，确定数据与控制信息的结构、格式、信号的平等，一般以二进制形式表示。
- 语义（Semantics）：规定通信双方"讲什么"，确定协议元素的种类，即需要发出何种控制信息，完成何种动作及做出何种应答。
- 同步（Timing）：包括速度匹配和排序等，即事件实现顺序的详细说明。

3.1.2 协议的分层结构

1. 协议分层结构

网络系统中两个实体间的通信是一个十分复杂的过程。协议分层结构的思想是用一个模块的集合来完成不同的通信功能，以简化设计的复杂性。因此，为了减少协议设计和调试过程的复杂性，大多数网络都按照层或级的方式来组织，把层或级当做完成特定功能的模块，每一层完成一定的功能，每一层都建立在它的下层之上。不同的网络中，层的数量、名称、内容和功能都不尽相同。然而，在所有的网络中，每一层都通过层间接口，向它的上一层提供一定的服务，而把该层如何实现这一服务的细节对上一层加以屏蔽。位于不同计算机上进行对话的第 N 层通信双方可分别看做是一个进程，称为对等进程，对等进程之间进行虚通信。计算机网络的对等层次，即一台机器上的第 N 层与另一台机器上的第 N 层进行信息交换时必须遵守该层的规则，这个规则就是第 N 层协议。

每一对相邻层之间都有一个接口，接口定义下层向上层提供的原语操作和服务。网络体系结构只是层和协议的集合，而协议实现的细节和接口的描述都不是体系结构的内容，因为它们对外部来说都是不可见的。只要机器都能正确地使用全部协议，网络上所有机器的接口不需要完全相同。协议分层中的较低层次常常以硬件或固件的方式实现。层、协议和接口的关系如图 3-1 所示，N 层中的实体在实现自身定义的功能时，通过与下层的层间接口可直接使用 N-1 层提供的服务，由于 N-1 层使用了 N-2 层的服务，所以 N 层间接利用了 N-2 层的服务。N 层将以下各层的功能增值，加上自己的功能，为 N+1 层提供更完善的服务，同时屏蔽具体实现这些功能的细节。最低层是只提供服务、不使用其他层所提供的服务的基本层；最高层是应用，它只使用相邻下层提供的服务，而不提供新的服务。

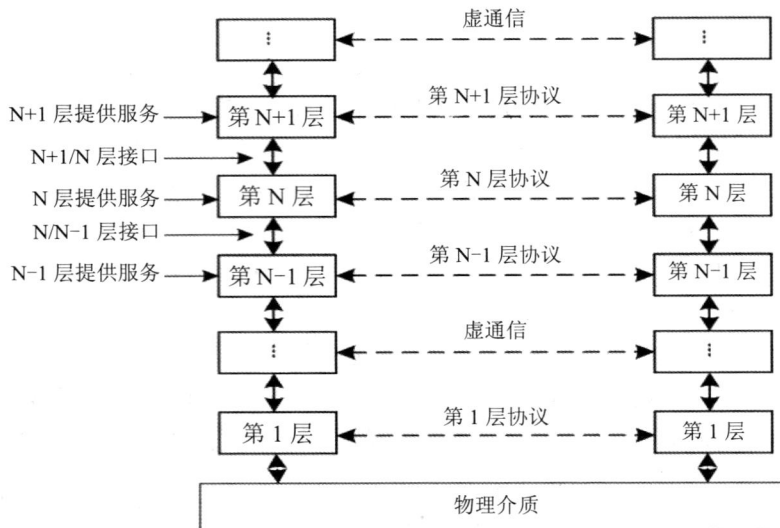

图 3-1 层、协议和接口

由上述分析可知，对于复杂的网络协议，其结构采用层次结构。

2. 层次结构的优点

层次结构的优点如下：

- 各层之间相互独立。一个层次并不需要了解其下的一层是如何实现功能的，而只需了解该层通过层间接口所提供的服务，以及调用该服务所需要的格式和参数。
- 结构上可分隔开。由于每一层只实现一种相对独立的功能，因此，可将一个复杂问题分解为若干个相对容易处理的小问题，降低了处理整个问题的难度。
- 易于实现和维护。由于分层把整体结构分割开，各层都可以采用最合适的技术来实现，某层技术上的改变不会对其他层有太大的影响；而且，系统可以分解为若干个相对独立的子系统，使得实现和调试一个庞大而又复杂的系统变得容易，便于模块划分和分工协作开发。
- 灵活性好。当对任何一层进行修改时，只要层间接口关系保持不变，其他层次都不会受到影响，即这层以上或以下的各层都不会受到影响。每个层次模块内部结构对上下层模块都是不可见的，是一个黑匣子。此外，对某一层提供的服务也可以进行修改，当不再需要某一层提供的服务时，甚至可以将该层取消。
- 能促进标准化工作。每一层的功能及其向上层所提供的服务都可以有精确的说明，这一点对于标准化工作是十分有利的。

当然，协议的分层结构也有一些缺点，例如有些功能难免在不同的层次中重复出现，因而会产生额外的开销。因此，分层时应该遵守一些原则，尽量使每一层的功能明确，层数适中。如果层数太少，就会使每一层的协议过于复杂；但层数太多又会在描述和综合各层功能时遇到太多的困难。

3.1.3　选择通信协议的原则

在选择通信协议时一般应遵循以下的原则：
- 所选择的协议要与网络结构和功能相一致。
- 除特殊情况外，一个网络应该尽量只选择一种通信协议。因为每个协议都要占用计算机的内存，选择的协议越多，占用计算机的内存资源就越多，一方面影响了计算机的运行速度，另一方面不利于网络的管理。事实上，一般情况下，一个网络中有一种通信协议就可以满足需要。
- 协议的版本。每个协议都有它的发展和完善过程，因而出现了不同的版本，每个版本的协议都有它最适合的网络环境。从整体来看，高版本协议的功能和性能要比低版本好。在选择时，在满足网络功能要求的前提下，应该尽量选择高版本的通信协议。
- 协议的一致性。如果要让两台实现互连的计算机之间进行通信，它们使用的通信协议必须相同，否则中间就需要进行不同协议的转换，这不仅影响通信速度，也不利于网络的安全和稳定运行。

3.1.4 接口和服务

接口和服务是分层体系结构中十分重要的概念。事实上，正是通过接口和服务将各层的协议连接为整体，完成网络通信的全部功能。

对于一个层次化的网络体系结构，每一层中活动的元素被称为实体。实体可以是软件，如一个进程；也可以是硬件，如芯片等。不同系统的同一层实体称为对等实体。同一系统中的下层实体向上层实体提供服务。

服务是通过接口完成的。接口就是上层实体和下层实体交换数据的地方，通常称为服务访问点（Service Access Point，SAP）。如 n 层实体和 n-1 层实体之间的接口就是 n 层实体和 n-1 层实体之间交换数据的 SAP。为了找到这个 SAP，每一个 SAP 都有一个标识，称为端口（Port）或套接字（Socket）。

服务和协议是完全不同的概念，两个容易混淆的概念在此加以区别：

- 服务是各层向它的上层提供的一组原语操作，并不涉及这些操作是如何完成的。
- 协议是同层对等实体之间交换的帧、分组和报文的格式和意义的一组规则，只要不改变提供给用户的服务，实体可以任意改变它们的协议。

协议是不同系统对等层实体之间的通信规则，即协议是"水平"的。服务是同一系统中下层实体向上层实体通过层间的接口提供的，即服务是"垂直"的。协议是实现不同系统对等层之间的逻辑连接，而服务则是通过接口实现同一个系统中不同层之间的物理连接，并最终通过物理介质实现不同系统之间的物理传输过程。

3.1.5 数据单元

上下层实体之间交换的数据传输单元称为数据单元，在各个层次（除第一层外）中，都由通信双方协商来规定数据单元格式。数据单元有几种类型：协议数据单元、接口数据单元和服务数据单元。

协议数据单元（Protocol Data Unit，PDU）是在不同系统的对等层实体之间根据协议所交换的数据单位，n 层的 PDU 通常表示为（n）PDU，包括该层用户数据和该层的协议控制信息（Protocol Control Information，PCI）。为了将（n）PDU 从 n 层实体传送到其他系统的对等层实体，必须将（n）PDU 通过（n-1）SAP 传送给（n-1）层实体。这时（n-1）层实体就把整个（n）PDU 当做第（n-1）层的用户数据，然后再加上（n-1）层的 PCI，组成（n-1）PDU。

接口数据单元（Interface Data Unit，IDU）是在同一系统的相邻两层实体通过接口所交换的数据单元。IDU 由两部分组成：一部分是经过层间接口的 PDU 本身，另外一部分是接口控制信息（Interface Control Information，ICI）。ICI 是对 PDU 怎样通过接口的说明，仅 PDU 通过接口时有用，而对构成下一层的 PDU 没有直接的用处。所以当 IDU 通过接口以后，便立即将加上的 ICI 去掉。

服务数据单元（Service Data Unit，SDU），为实现（n+1）实体所请求的功能，（n）实体服务所需设置的数据单元称为服务数据单元。一个 SDU 就是一个服务所要传送的逻辑数据单位。在实际应用中，不同层的数据单元有不同的单位和名称以示区别。

3.1.6　网络体系结构

1. 网络体系结构的概念

为了完成计算机间的通信合作，把各个计算机互连的功能划分成定义明确的层次，规定了同层次进程通信的协议和相邻层之间的接口服务，这些层、对等进程通信的协议的集合统称为网络体系结构。因此可以说，计算机网络的分层及其协议的集合称为计算机网络的体系结构（Computer Network Architecture，CNA）。

网络的体系结构是对计算机网络及其部件所完成功能的比较精确的定义，即从功能的角度描述计算机网络的结构。网络体系结构是抽象的，而体系结构的硬件和软件实现则是具体的。体系结构只定义了网络及其部件通过协议应当完成的功能；不定义协议的实现细节和各层协议之间的接口关系。具体地说，网络的体系结构是关于计算机网络应当设置哪几层，每个层次又能提供哪些功能的精确定义，至于这些功能应如何实现，则不属于网络体系结构部分。

2. 网络体系结构的功能

网络体系结构定义了计算机设备和其他设备如何连接在一起以形成一个允许用户共享信息和资源的网络系统。计算机网络系统的基本功能是为地理位置分散的计算机用户之间提供互相访问和通信的路径。因此，在网络体系结构中，必须提供下列功能：

- 连接源节点和目的节点的物理传输线路，可以经过中间节点。
- 每条线路两端的节点应当进行二进制通信。
- 保证无差错的信息传送。
- 多个用户共享一条物理线路。
- 按照地址信息，可以进行路由选择。
- 进行流量控制。
- 满足各种用户的访问要求。

上述功能必须同时满足一对用户之间的通信功能是相互的，而且这些功能是分散在各个网络设备和用户设备中。

3. 网络体系结构的特点

分层次的网络体系结构的特点如下：

- 以功能作为划分层次的基础。
- 第 N 层的实体在实现自身定义的功能时，只能使用第 N-1 层提供的服务。
- 第 N 层在向第 N+1 层提供的服务时，所提供的服务不仅包含第 N 层本身的功能，还包含由下层服务提供的功能。
- 仅在相邻层间有接口，而且所提供服务的具体实现细节对上一层完全屏蔽。

4. 网络体系结构的种类

目前流行的网络体系结构有 ISO 的开放系统互连体系结构参考模型 OSI/RM、美国国防部的 TCP/IP、IBM 的系统网络体系结构 SNA、DEC 的数字网络体系结构 DNA 和 CCITT 的公共数据网 X.25 等。网络体系结构可分为开放式和专用网络体系结构两种，ISO 定义的 OSI/RM 模型属于开放式体系结构，IBM 的 SNA 和 DEC 的 DNA 等是专用网络体系结构。开放式网络体系标准向厂商们提供了设计与其他厂商产品具有协作能力的软件和硬件的途径。OSI 模型只是和所有其他网络体系结构和协议进行比较的一个模型，OSI 模型的目的是协调不同厂商之间的通信标准。然而，OSI 模型还保持在模型阶段，并不是一个已经被完全接受的国际标准。

3.2   OSI 模型

1984 年，国际标准化组织（ISO）公布了一个作为未来网络协议指南的模型。该模型被称为开放系统互连参考模型，又称为 ISO/OSI 参考模型。OSI 是 Open Systems Interconnection 的缩写。这里的"开放"表示任何两个遵守 OSI 参考模型的系统都可以互连，当一个系统能按照 OSI 参考模型与另一个系统进行通信时，就称该系统为互连系统。

OSI 参考模型并不是一个真正具体的网络，它将整个网络的功能划分 7 个层次，分别为物理层、数据链路层、网络层、传输层、会话层、表示层和应用层，如图 3-2 所示。

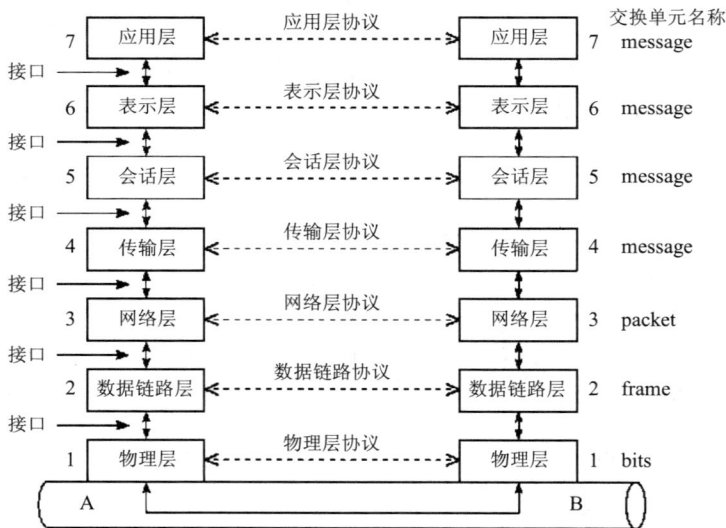

图 3-2   ISO/OSI 参考模型及协议

3.2.1   OSI 参考模型的主要特性

OSI 参考模型的主要特性如下：

- 它是一种将异构系统互连的分层结构，提供了控制互连系统交互规则的标准框架，定义抽象结构，并非具体实现的描述。
- 对等层之间的虚通信必须遵循相应层的协议，如应用层协议、传输层协议、数据链路层协议等。
- 相邻层间接口定义了基本（原语）操作和低层向上层提供服务。
- 所有提供的公共服务是面向连接的或无连接的数据通信服务。

3.2.2　OSI 参考模型的信息流动

在 OSI 参考模型中，系统 A 的用户向系统 B 的用户传送数据时，首先系统 A 的用户把需要传输的信息告诉系统 A 的应用层，并发布命令，然后再由应用层加上应用层的头信息送到表示层，表示层再加上表示层的控制信息送往会话层，会话层再加上会话层的控制信息送往传输层。依此类推，最后送往物理层，物理层不考虑信息的实际含义，以比特流（0、1 代码）传送到物理信道，然后到达系统 B 的物理层，接着把 B 系统的物理层所接收的比特流送往网络层，以此向上层传送，直到传送到应用层，告诉系统 B 的用户。这样看起来好像是对方应用层直接发送来的信息，但实际上相应层之间的通信是虚通信，这个过程就像邮政信件的传送，加信封、加邮袋、上邮车等，在各个邮送环节加封、传送，收件时再层层去掉封装。

3.2.3　OSI 参考模型各层功能

1. 物理层

物理层（Physical Layer）是参考模型的最低层。它直接与物理信道相连，起到数据链路层和传输媒体之间的逻辑接口的作用，并提供一些建立、维护和释放物理连接的功能，在物理层数据交换的单元为二进制位，为此要定义有关位（bit）在传输过程中的信息电平大小、线路传输中所采用的电气接口等。

物理层的功能是实现原始数据在通信信道上的传输，它直接面向实际承担数据传输的物理媒体，即通信信道。物理层的传输单位为比特，实际的比特传输必须依赖于传输设备和物理媒体，但物理层不是指具体的物理设备，也不是指信号传输的物理媒体，而是指在物理媒体上，为数据链路层提供一个能传输原始比特流的物理连接。物理层负责保证数据在目标设备以与源设备发送它的同样方式进行读取。

物理层的基本功能具体表现在以下几个方面：
- 在数据终端设备和数据电路端接设备之间提供数据传输访问接口。
- 在通信设备之间提供有关的控制信号。
- 为同步数据流提供时钟信号，并管理比特传输率。
- 提供电平地。
- 提供机械的电缆连接器（如连接器的插头、插座等）。

物理层特性表现在以下几个方面：

- 机械特性。机械特性规定了物理连接时的接插件的规格尺寸、引脚数量和排列情况等。如 ISO4093 为 15 芯连接器的标准。
- 电气特性。电气特性规定了在物理信道上传输比特流时信号电平的大小，数据的编码方式、阻抗匹配、传输速率和距离限制等。电气特性标准有新平衡电气标准 V.11/X.27，非平衡接口标准 V.28 和 EIA 标准 RS－232C、RS－422 等。
- 功能特性。功能特性是各种各样的，包括有关规定、目的要求、数据类型、控制方式等。功能特性说明接口信号引脚的功能和作用，以反映电路功能。如公用数据网 DTE/DCE（数据终端设备/数据通信设备）电路交换标准 V.24、X.24 和 EIA 标准 RS－232C、RS－266A。
- 规程特性。规程特性定义了利用信号线进行比特流传输的一组操作规程，是指在物理连接建立、维护、交换信息拆除连接时，DTE 和 DCE 双方应答关系的动作顺序和数据交换的控制步骤。如公用数据网的 DTE/DCE 接口标准 X.21、X.24、RS－232C、RS－499 等。

在实际的网络通信中，被广泛使用的物理层接口标准有 EIA RS－232C、EIA RS－499 及 CCITT（国际电报电话咨询委员会）建议的 X.21 等标准，这里 EIA 是美国电子工业协会（Electronic Industries Association）的英文缩写，RS（Recommended Standard）表示推荐标准，后面的 232、499 等为标识号码，而后缀（例如 RS－232C 中的 C）表示该推荐标准被修改过的次数。另外，CCITT 也是一些相应的标准，如与 EIA RS－232C 兼容的 CCITT V.24 建议，与 EIA RS－422 兼容的 CCITT V.10 等。如表 3-1 所示 RS－232C 和 CCITT V.24 主要接口连线功能。

表 3-1　RS－232C 和 CCITT V.24 主要接口连线功能

引脚号	电路名	V.24 等价电路	信 号 名 称	说　　　明
1	AA	101	保护地（SHG）	屏蔽地线
7	AB	102	信号地（SIG）	公共地线
2	BA	103	发送数据（TXD）	DTE 将数据传送给 DCE
3	BB	104	接收数据（RXD）	DTE 从 DCE 接收数据
4	CA	105	请求发送（RTS）	DTE→DCE 表示发送数据准备就绪
5	CB	106	允许发送（CTS）	DCE→DTE 表示准备接收要发送的数据
6	CC	107	数据传输设备就绪（DSR）	通知 DTE，DCE 已连到线路上准备发送
20	CD	108	数据终端就绪（DTR）	DTE 就绪，通知 DCE 连接到传输线路
22	CE	125	振铃指示（RI）	DCE 收到呼叫信号向 DTE 发 RI 信号
8	CF	109	接收线载波检测（DCD）	DCE 向 DTE 表示收到远端来的载波信号
21	CG	110	信号质量检测	DCE 向 DTE 报告误码率太高时为"OFF"
23	CH	111	数据信号速率选择器	DTE→DCE，DTE 选择数据速率
23	CI	112	数据信号速率选择器	DCE→DTE，DCE 选择数据速率
24	DA	113	发送器码元信号定时（TC）	DTE 提供给 DCE 的定时信号
15	DB	114	发送器码元信号定时（TC）	DCE 发出，作为发送数据时钟
17	DC	115	接收器码元信号定时（RC）	DCE 提供的接收时钟

该接口机械方面的技术指标：宽（47.04±.13）mm（螺丝中心间的距离），每个插座有25 针插头，顶上一排针（从左到右）分别编号为 1—13，下面一排针（也是从左到右）编号为 14—15，还有其他一些严格的尺寸说明。

电气指标：用低于-3V 的电压表示二进制 1，用高于+4V 的电压表示二进制 0；允许的最大数据传输率为 20kbps；最长可驱动电缆 15m。

功能性指标规定了 25 针各与哪些电路连接，以及每个信号的含义。

过程性说明就是协议，即事件的合法顺序。协议是基于"行为——反馈"关系对的。例如，当终端请求发送时，如果调制解调器能够接收数据，则它设置允许发送标志。在其他的电路之间也存在相似的"行为——反馈"关系。

2. 数据链路层

数据链路层（Data Link Layer）是 OSI 的第二层，它通过物理层提供的比特流服务。这一层的主要任务是在发送节点和接收节点之间进行可靠的、透明的数据传输，为网络层提供连接服务。数据链路层的传输单位是帧。一般地，帧是由地址段、数据段、标志段及校验段等字段组成的具有一定格式的数据传输单元。我们以帧为单位来考察数据的传输，就能解决以"位"为单位传输数据时出现的问题。数据链路层就是以帧为单位来实现数据传输问题的。

数据链路层的基本服务是将源机器的网络层数据传输到目的地机器的网络层。

数据链路层被分为两个子层：介质访问控制 MAC（Media Access Control）子层和逻辑链路控制 LLC（Logic Link Control）子层。

MAC 子层负责物理寻址和对网络介质的物理访问。每次只能有一台设备可以在任一类型的介质上传输数据。如果多台设备试图传输数据，它们将会互相搅乱对方的信号。MAC 子层的具体功能包括以下主要内容：

- 链路管理。在物理连接的基础上，当有数据传输时，建立数据链路连接；在结束数据传输时，及时释放数据链路的连接。
- 成帧。将要发送的数据按照一定的格式进行分割后形成的一定大小数据块称为一帧，以此作为数据传输单元进行数据的发送、接收、应答和校验。数据一帧一帧地传送，就可以在出现差错时，将有差错的帧再重传一次，从而避免了将全部数据都重传。
- 差错控制。如果发送方只是不断地发出帧而不考虑它们是否能正确到达，这对可靠的、面向连接的服务来说肯定是不行的。

传送帧时可能出现的差错包括：位出错、帧丢失、帧重复、帧顺序错。为了保证可靠地传送，协议要求在接收端要对收到的数据帧进行差错校验，接收方向发送方提供有关接收情况的反馈信息。如发现差错，则必须重新发送出错的数据帧。

- 流量控制。当发送方是在一个相对快速或负载较轻的机器上运行，而接收方是在一个相对慢速和负载较重的机器上运行时，怎样处理发送方的传送能力比接收方的接收能力大的问题？如果数据帧的发送速度不加控制，最终会"淹没"接收方。通常的解决办法是引入流量控制来限制发送方所发出的数据流量，使其发送速率不要超过接收方能处理的速率。这种限制通常需要某种反馈机制，使发送方能了解接收方是否能接收到。

大部分已知流量控制方案的基本原理都是相同的。比如，发送等待方法、预约缓冲法、滑动窗口控制方法、许可证法和限制管道容量方法等。协议中包括了一些定义完整的规则，这些规则描述了发送方在什么时候发送下一帧，在未获得接收方直接或间接允许前，禁止发出帧。

LLC 子层建立和维护网络设备间的数据链路连接。它负责本层中的流量控制和错误纠正。根据数据链路层向网络层提供的服务质量、应用环境及是否有连接，LLC 子层提供的服务可分为以下 3 种。

（1）无确认的无连接服务

在这种服务下，源主机可在任何时候发送独立的信息帧，而无须事先建立数据链路连接；接收主机的数据链路层将收到的数据直接送到网络层，并且不进行差错控制和流量控制，对于接收的有关情况也不作应答处理。此种服务的质量较低，适合于线路误码率很低及传送实时性要求较高的信息（如话音等）。大多数局域网的数据链路层采用这种服务。

（2）有确认的无连接服务

这种服务和无确认的无连接服务相比较在接收端要对接收的数据帧进行差错检验，并向发送端给出接收情况的应答；发送端收到应答或在发出数据后的一段规定时间内没有收到应答信息时，根据情况作出相应的处理（如重发等）。此种服务适合于传输不可靠（误码率高）的信道，例如无线电通信信道。

（3）有确认的面向连接的服务

这种服务的质量最好，是 OSI/RM 的主要服务方式。在这种服务下，一次数据传输的过程由 3 个阶段组成。第一阶段是进行数据链路的连接，通过询问和应答使通信双方都同意并做好传送数据和接收数据的准备；第二阶段是进行数据传输，在双方之间发送、接收数据，进行差错控制并做出相应的应答；第三阶段是数据链路的拆除，数据传输完毕后，由任一方发出传输结束信号，经双方确认后，拆除连接，这一过程总是动态进行的。

1）面向字符型数据链路规程

面向字符协议曾经是传统的数据链路层协议，至今在某些场合仍被使用。它主要是利用已定义的一种代码字符集的一个子集来执行通信控制功能。常用字符集有 ASCII 码和 EBCDIC 码等，面向字符的典型协议有 ISO1745——数据通信系统的基本型控制规程等，IBM 的二进制同步通信 BSC（Binary Synchronous Communication）协议。

面向字符协议常用的控制字符和功能如表 3-2 所示。

表 3-2　面向字符协议的控制字符

控制字符	ASCII 码	功　　能	英文名称	EBCDIC 码
SOH	01	表示报头开始	Start of Head	01
STX	02	表示正文开始	Start of Text	02
ETX	03	表示正文结束	End of Text	03
EOT	04	通知对方，传输结束	End of Transmission	37
ENQ	05	询问对方，要求回答	Enquiry	2D
ACK	06	肯定应答	Acknowledge	2E

续表

控制字符	ASCII 码	功　　能	英文名称	EBCDIC 码
NAK	15	否定应答	Negative Acknowledge	3D
DLE	10	转义字符，与后继字符一起组成控制功能	Data Link Escape	10
SYN	16	同步字符	Synchronous Idle	32
ETB	17	正文信息组结束	End of Transmission Block	26

其中，各传输控制字符的功能如下。

- SOH：标题开始，用于表示报文（块）的标题信息或报头的开始。
- STX：文始，标志标题信息的结束和报文（块）文本的开始。
- ETX：文终，标志报文（块）文本的结束。
- EOT：送毕，用以表示一个或多个文本块的结束，并拆除链路。
- ENQ：询问，用以请求远程站给出响应，响应可能包括远程站的身份或状态。
- ACK：确认，由接收方发出一个肯定确认，作为对正文接收来自发送方的报文（块）的响应。
- NAK：否认，由接收方发出的否定确认，作为对未正确接收来自发送方的报文（块）的响应。
- DLE：转义，用以修改紧跟其后的有限个字符的意义。用于在 BSC 中实现透明方式的数据传输，或者当 10 个传输控制字符不够用时提供新的转义传输控制字符。
- SYN：同步字符，在同步协议中，用以实现节点之间的字符同步，或用于在无数据传输时保持该同步。
- ETB：块终或组终，用以表示当报文分成多个数据块时，一个数据块的结束。

面向字符协议的报文有数据报文和控制报文。模式如图 3-3 所示。

由于面向字符协议与通信双方所选用的字符集有密切的关系，面向字符协议存在一定的缺点。比如，在正文信息中可能会出现一些控制字符，而且在控制字符上都要加转义字符，形成双字符序列，以便与数据字符相区别，为此增加了硬件和软件实现时的负担，同时也减少了传输的信息。

| SYN | SYN | SOH | 报头 | STX | 正文 | ETX（ETB） | BCC |

（a）数据报文格式

SYN	SYN	ENQ	建立数据链路连接
SYN	SYN	EOT	结束数据链路连接
SYN	SYN	ACK	肯定应答（表示正确接收）
SYN	SYN	NAK	否定应答（表示错误接收）

（b）控制报文格式

图 3-3　面向字符协议的报文格式

2）面向比特型数据链路规程

20 世纪的 70 年代初，出现了面向比特型数据链路规程，它比面向字符协议有更大的灵活性和更高的效率，成为链路层的主要协议。其特点是以位来定位各个字段，而不是用控制字符，各字段内均由 bit 组成，并以帧为统一的传输单位。高级数据链路控制规程 HDLC（High-level Data Link Control）协议是 IBM 公司研制的面向比特型数据链路层协议。为了能适应不同配置、不同操作方式和不同传输距离的数据通信链路，HDLC 定义了 3 种类型的通信站、两种链路结构和 3 种操作模式。

3 种类型的通信站分别是主站、从站和复合站。主站负责链路的控制，包括对次站的恢复、组织传送数据及恢复链路差错。从站在主站控制下进行操作，接收主站发来的命令帧，并发回响应帧，配合主站控制链路。复合站同时具有主站和从站的双重功能。

两种链路结构分别是平衡链路结构和非平衡链路结构。平衡链路结构中链路两端的通信站均是组合站，则链路结构是一个平衡系统；若链路两端均具有主站和从站功能，且配对通信，则称为对称平衡链路结构。非平衡链路结构中链路的一端为主站，另一端为一个或多个从站，它适应点到点连接和多点连接的链路。

这 3 种操作模式分别是正常响应模式、异步响应模型和异步平衡模式。正常响应模式适用于非平衡多点链路结构，特点是当从站收到主站询问后，才能发送信息。异步响应模式适用于平衡和非平衡的点到点链路结构，特点是从站不必等主站询问即可发送信息。异步平衡模式适用于通信双方均为组合站的平衡链路结构，特点是链路两端的组合站是平等的，任一组合站无须取得另一组合站的同意即可发送信息。

HDLC 协议使用统一结构的帧进行同步传输。HDLC 帧结构如图 3-4 所示。每个字段占的 bit 数由协议规定。

所有的帧都必须以标志字段开头和结尾。地址字段用于标识站的地址。控制字段主要是一些控制信息，包括帧的类型、接收和发送帧的序号、命令和响应等。信息字段包含要发送的数据，其长度没有规定，但实际应用时往往规定了最大长度。校验字段含有对除标志 F 以外的所有字段进行 CRC 校验的有关信息。

8	8×n	8	≥0	16	8
F	A	C	I	FCS	F
开始字段	地址字段	控制字段	信息字段	校验字段	结束字段

图 3-4　HDLC 的帧结构

HDLC 协议规定了 3 种类型的帧，即信息帧、管理帧和无编号帧。

信息帧用于数据传输，还可以同时用来对已收到的数据进行确认和执行轮询等功能。管理帧用于数据流控制，帧本身不包含数据，但可执行对信息帧确认、请求重发信息帧和请求暂停发送信息帧等功能。无编号帧主要用于控制链路本身，它不使用发送或接收帧序号。某些无编号帧可以包含数据。

3. 网络层

OSI 模型的第三层是网络层（Network Layer）。网络层是通信子网与网络高层的界面。

它主要负责控制通信子网的操作，实现网络上不相邻的数据终端设备之间在穿过通信子网逻辑信道上的准确数据运输。网络层协议决定了主机与子网间的接口，并向传输层提供两种类型服务，即数据报服务和虚电路服务，以及从源节点出发选择一条通路通过中间的节点，将报文分组运输到目标节点。其中涉及路由选择、流量控制和拥塞控制等。

网络层从源主机接收报文，将报文转换成数据报，并确保这些数据报直接发往目标设备。网络层还负责决定数据报通过网络的最佳途径，它通过查看目标设备是否在另一个网络中来完成这一任务。如果目标设备在另一个网络中，网络层必须决定数据报将发送至何处，以使到达最终目的地。另外，如果网络中同时存在太多功能数据报，它们会互相争抢通路，形成瓶颈。网络层可控制这样的阻塞。

（1）网络层的功能和提供的服务

网络层的功能是在数据链路层提供的若干相邻节点间数据链路连接的基础上，支持网络连接的实现并向传输层提供各种服务，具体实现包括如下功能：

- 路由选择和中继功能。利用路由选择算法从源节点通过具有中继功能的中间节点到目标节点建立网络连接。
- 对数据运输过程实施流量控制、差错控制、顺序控制和多路复用。
- 根据传输层的要求来选择网络服务质量。
- 对于非正常情况的恢复处理及向传输层报告未恢复的差错。

在通信子网中，网络层向传输层提供与网络无关的逻辑信道通信服务，即提供透明的数据运输，其提供的服务包括以下几项：

- 地址服务。它是网络层向传输层提供服务的接口标志，传输层实体就是通过网络地址向网络层提出请求网络连接服务。网络地址由网络层提供，它与数据链路层的寻址无关。
- 网络连接。它为运输实体之间进行数据运输提供了网络连接，并为此连接提供建立、维持和释放连接的各种手段，网络连接是逻辑上的点到点的连接。

（2）数据交换原理

通信子网的构成基本上有两种不同的思想，一种是采用连接的，另一种是无连接的，在通信子网内部操作范畴中，连接通常称为虚电路（Virtual Circuit），类似于电话系统建立的物理电路。无连接组织结构中的独立分组称为数据报（Datagram），与电报类似。

端点之间的通信是依靠通信子网中节点之间的通信来实现的，在 OSI 模型中，网络层是网络节点中的最高层，所以网络层将体现通信子网向端系统所提供的网络服务。

在分组交换网中，通信子网向端系统提供虚电路和数据报两种网络服务，而通信子网内部的操作方式也有虚电路和数据报两种。

第一种是数据报。在数据报（Datagram）方式中，每个分组独立地进行处理，如同报文交换网络中每个报文独立地处理那样。但是，由于网络的中间交换节点对每个分组可能选择不同的路由，因而到达目的地时，这些分组可能不是按发送的顺序到达，因此目的站必须设法把它们按顺序重新排列。在这种技术中，独立处理的每个分组称为"数据报"。

在数据报服务中，网络层接到传输层来的信息后，将该信息分成一个个报文分组并作为孤立的信息单元独立运输至目标节点，再递交给目标主机。运输过程中，通信子网不对信息作差错处理和顺序控制，即允许信息丢失和不按原顺序递交主机。因此，通信子网提供数据报服务时，主机传输层就必须进行差错的检测和恢复，并对收到的报文分组进行再排序。数据报服务没有建立连接和释放连接的过程，报文分组仍采用存储—转发运输方式，只要存储它的转发节点有空闲的输出线，即可转发，直至目的节点，每个报文分组头上含有完整的目的地址，所以开销较大。数据报服务类似于邮政系统中的信件投递，信件是一封封单独发出和投递的，丢失与否，邮政局也是无法知道的，收件人收到信件的次序也不一定和发信的次序相同。

第二种是虚电路。在虚电路（Virtual Circuit）方式中，在发送任何分组前，需要先建立一条逻辑连接。即在源站点和目的站点之间的各个节点上事先选定一条网络路由，然后，两个站点便可以在这条逻辑连接上，即虚电路上交换数据。每个分组除了包含数据外还得包含一个虚电路标识符。在预先建立好的路由上每个节点都必须按照既定的路由传输这些分组，无须重新选择路由。当数据传输完毕后，由其中的任意一个站点发出拆除连接的请示分组，终止本地连接。虚电路方式的传输过程与线路交换方式类似，也是分成 3 个阶段进行的。但无论何时，每个站点都能与任何站点建立多个虚电路，也能同时和多个工作站建立虚电路。

因此，虚电路方式的主要特点是在传输数据前建立工作站之间的路由。应当注意，这并不像线路交换那样有一条专用的通路。分组信息还要暂存于每个节点进行排队，等待转发。与数据报方式不同之处在于节点无须为每个分组进行路由选择，每个连接只需进行一次路由选择。

在虚电路服务中，网络层向传输层提供一条无差错且按顺序运输的较理想的信道。为了建立端系统之间的虚电路，源端系统的传输层首先向网络层发出连接请求，网络层则通过虚电路网络访问协议向网络节点发出呼叫分组；在目的端，网络节点向端系统的网络层传送呼叫分组，网络层再向传输层发出连接指示；最后，接收方传输层向发送方发回连接响应，从而使虚电路建立起来。以后，两个端系统之间就可以传送数据，数据由网络层拆成若干个分组送给通信子网，由通信子网将分组传送到数据接收方。虚电路服务很像公共电话系统，用户通话时必须先拨号（建立虚电路），然后通话（运输数据），最后挂断电话（释放虚电路）。

网络层向传输层提供虚电路服务还是数据报服务，或者是两者兼有，一般由通信子网与主机接口决定。当通信子网提供相对简单的数据报服务时，传输层则要增加对报文分组的差错控制和顺序控制功能，以便给高层的用户进程提供虚电路服务。如表 3-3 所示虚电路和数据报的特点比较。

表 3-3 虚电路和数据报的特点比较

比较项目	虚 电 路	数 据 报
目的地址	开始建立时需要	每个信息包都要
错误处理	对主机透明（由通信子网负责）	由主机负责
端—端流量控制	由通信子网负责	不由通信子网负责
报文分组顺序	按发送顺序递交主机	按到达顺序（与发送顺序无关）交给主机
建立和释放连接	需要	不需要
其他	若节点损坏，则虚电路被破坏，适合传送较长信息	节点的影响小，适合传送较短的信息

（3）路径选择算法

通信子网为网络源节点和目标节点的数据传送提供了多条运输路径的可能性。网络节点在收到一个分组后，要确定向一下节点传送的路径，这就是路由选择。在数据报方式中，网络节点要为每个分组路由作出选择；而在虚电路方式中，只需在连接建立时确定路由。确定路由选择的策略称为路由选择算法。

设计路由选择算法时要考虑诸多技术要素。首先是路由算法所基于的性能指标，一种是选择最短路由，另一种是选择最优路由；其次要考虑通信子网是采用虚电路还是数据报方式；其三，是采用分布式路由算法，即每节点均为到达的分组选择下一步的路由，还是采用集中式路由算法，即由中央节点或始发节点决定整个路由；其四，要考虑关于网络拓扑、流量和延迟等网络信息的来源；最后，确定是采用动态路由选择策略，还是选择静态路由选择策略。

静态路由选择策略不用测量也无须利用网络信息，这种策略按某种固定规则进行路由选择。静态路由选择策略可分为泛射路由选择、固定路由选择和随机路由选择 3 种算法。

节点的路由选择要依靠网络当前状态信息来决定的策略称动态路由选择策略，这种策略能较好地适应网络流量、拓扑结构的变化，有利于改善网络的性能。但由于算法复杂，会增加网络的负担，有时会因反应太快引起振荡或反应太慢不起作用。动态路由选择策略可分为独立路由选择、集中路由选择和分布路由选择 3 种算法。

4. 传输层

传输层（Transport Layer）是资源子网与通信子网的界面和桥梁，负责完成资源子网中两节点间的直接逻辑通信，实现通信子网端到端的可靠运输。传输层的下面 3 层（物理层、数据链路层和网络层）属于通信子网，完成有关的通信处理，向传输层提供网络服务；传输层的上面 3 层完成面向数据处理的功能。传输层在 7 层网络模型中起到承上启下的作用，是整个网络体系结构中的关键部分。

由于通信子网向传输层提供通信服务的可靠性有差异（例如，可靠的虚电路服务或不可靠的数据报服务），所以无论通信子网提供的服务可靠性如何，经传输层处理后都应向上层提交可靠的、透明的数据运输。为此，传输层协议要复杂得多。也就是说，如果通信子网的功能完善、可靠性高，则传输层的任务就比较简单；若通信子网提供的质量很差，则传输层的任务就复杂，以填补会话层所要求的服务质量和网络层所能提供的服务质量之间的差别，如图 3-5 所示。

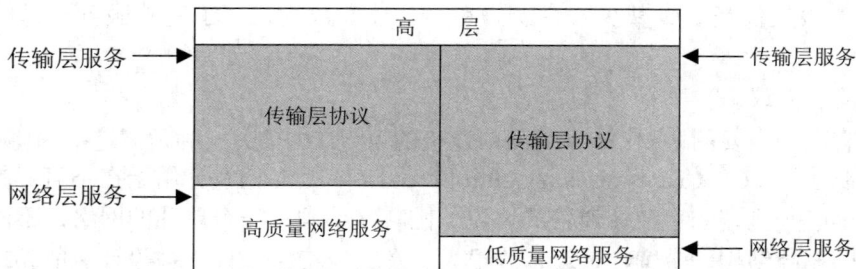

图 3-5　传输层协议对网络服务的依赖关系

（1）传输层的基本功能和提供的服务

传输层的基本功能是从会话层接收数据，并且必要时把它分成较小单位，传递给网络层，并确保到达对方的各段信息正确无误，而且这些任务都必须高效率地完成。从某种意义上讲，传输层使会话层不受硬件技术变化的影响。

通常，会话层每请求建立一个连接，传输层就为其创建一个独立的网络连接。如果传输连接需要较高的信息吞吐量，传输层也可以为之创建多个网络连接，让数据在这些网络连接上分流，以提高吞吐量。另一方面，如果创建或维持一个网络连接不合算，传输层可以将几个传输连接复用到一个网络连接上，以降低费用。然而，在任何情况下，都要求传输层能使多路复用对会话层透明。具体地说，传输层的主要功能有如下几项：

● 建立、维护和拆除传输层连接。
● 传输层地址到网络层地址的映射。
● 多个传输层连接对网络层连接的复用。
● 在单一连接上端到端的顺序控制和流量控制。
● 端到端的差错控制及恢复。

传输层也要决定向会话层提供什么样的服务。正如存在两种类型的网络服务（面向连接的和无连接的）一样，传输服务也有两种类型。面向连接的传输服务在很多方面类似于面向连接的网络服务。两者的连接都包括 3 个阶段：建立连接、数据传输和释放连接。两层的寻址和流量控制方式也类似。无连接的传输服务与无连接的网络服务也很类似。虽然看起来传输层与网络层的服务很相似，但实质上，传输层的存在使传输服务远比其低层的网络服务更可靠。分组丢失、数据残缺均会被传输层检测到并采取相应的补救措施。另外，网络层原语的设计是随网络不同而不同，而传输层是采用一个标准的原语集来编写，不必担心不同的子网接口和不可靠的数据传输。从另一个角度来看，可以将传输层的主要功能看做是增强网络层提供的服务质量。如果网络服务很完备，传输层的工作就很容易。但是，如果网络服务质量很差，那么传输层就必须弥补传输用户的要求与网络层所提供的服务之间的差别。

服务质量可以由一些特定的参数来描述。传输服务允许用户在建立连接时对各种服务参数指定希望的、可以接受的最低限度的值。有些参数还用于无连接的传输服务。传输层根据网络服务的种类或它能够获得的服务来检查这些参数，决定能否提供所要求的服务。传输层服务质量的典型参数：连接建立延迟、连接建立失败的概率、吞吐率、传输延迟、残余误码率、安全保护、优先级、恢复功能。并非所有的网络和协议都提供所有这些参数。大多数参数仅仅是尽量减少残余误码率，其他参数则是为了完善服务质量结构而设置的。

（2）传输层协议。

传输层有两种主要的协议：一种是面向连接的协议 TCP，另一种是无连接的协议 UDP。

传输控制协议 TCP（Transmission Control Protocol）是专门设计用于在不可靠的因特网上提供可靠的、端到端的字节流通信的协议。因特网不同于一个单独的网络，不同部分可能具有不同的拓扑结构、带宽、延迟、分组大小及其他特性。TCP 被设计成能动态地满足因特网的要求，并且能面对多种出错。

每台支持 TCP 的机器均有一个 TCP 传输实体，或者是用户进程，或者负责管理 TCP 流及与 IP（网络）层接口的核心。TCP 实体从本地进程接收用户的数据流，并将其分为不超过 64K 字节的数据片段，并将每个数据片段作为单独的 IP 数据报发出去。当包含 TCP 数据的 IP 数据报到达某台相连的机器后，它们又被送给该机器内的 TCP 实体，被重新组合为原来的字节流。

IP 层并不能保证将数据报正确地传送到目的端，因此 TCP 实体需要判定是否超时并且根据需要重发数据报。到达的数据报也可能是按错误的顺序传到的，这也需要由 TCP 实体按正确的顺序重新将这些数据报组装为报文。简单地说，协议 TCP 提供了用户所要的可靠性，而这是 IP 层所未提供的。

UDP 是在传输层上与 TCP 并行的一个独立协议。UDP 建立在 IP 协议上，它除了增加多端口外，几乎没有增加其他新的功能。因此，UDP 也是一个不可靠的无连接协议。

TCP/IP 在传输层上另外建立一个协议 UDP 是由于 UDP 传输效率高，适合于某些应用程序服务的场合。在一些简单的交互应用场合，如应用层的简单文件传送 TFTP，便是建立在 UDP 上的。TFTP 不验证用户而且只用于传送单个文件，它只是两主机间一对一的复制，没有更多的交互。对这类来回只有一次或有限次的交互建立一个连接开销太大，即使出错重传也比面向连接的方式效率高。

5. 会话层

会话层（Session Layer）是利用传输层提供的端到端的服务，向表示层或会话用户提供会话服务。在 ISO/OSI 环境中，所谓一次会话，就是两个用户进程之间完成一次完整的数据交换的过程，包括建立、维护和结束会话连接。为了提供这种会话服务，会话协议的主要目的就是提供一个面向用户的连接服务，并对会话活动提供有效的组织和同步所必须的手段，对数据传送提供控制和管理。

会话层服务之一是为两用户进程之间的会话提供建立会话连接、进行数据传送和释放会话连接的功能。当两用户希望建立会话连接时，通过会话连接服务建立一个会话连接并协商好本次会话期间所选用的会话参数。数据传送期间要维护连接、交换数据和控制信息，在此期间的服务有常规数据传送、加速数据传送、特权数据传送等。释放会话连接根据会话中出现的具体情况，有正常结束会话的有序释放和由于某种故障而引起的异常释放。

另一种会话服务是同步。如果网络平均每小时出现一次大故障，而两台计算机之间要进行长达两小时的文件传输时该怎么办？每一次传输中途失败后，都不得不重新传输这个文件。而当网络再次出现故障时，又可能半途而废了。为了解决这个问题，会话层提供了一种方法，即在数据流中插入检查点。每次网络崩溃后，仅需要重传最后一个检查点以后的数据。

会话服务用户之间的交互作用称为"对话"，用户的会话由对话单元组成，一个对话单元是基本的交换单位且每个对话单元都是单向、连续的。会话用户可按对话单元交互传送，不同的对话单元可以不是一个方向，主同步点就是在数据流中标出对话单元，一个主同步点表示前一个对话单元的结束和下一个对话单元的开始。在一个对话单元内部即两个主同步点之间可以设置次同步点，用于对话单元数据的结构化。主次同步点的区别有两点：其一，是它们对数据交换过程的影响不同，当会话用户发出一个主同步点请求时，在发送实体收到对这个主同步点的确认前不能再发出协议数据单元（PDU），与此相反，次同步点不等待确认可以继续发出 PDU，直到受下层流量控制的限制而不得不暂停发送；其二，是对退回过程的影响不同，发送方决不会退回到最近确认过的主同步点前，而对次同步点就没有这个限制，后退一个不行，就再后退一个，直到重新取得同步。

会话服务中所涉及的还有一种会话管理手段——令牌（Token）管理。令牌是某种权力的代表，也是会话连接的某种属性，它只能每次动态地分配给一个会话用户。拥有该令牌的用户才能调用与该属性相关的会话服务。可以说，令牌是互斥使用会话服务的手段。

会话用户之间信息流动的方向对应有 3 种对话模式，即单方向对话、双向交替对话和双向同时对话。单方向对话模式比较简单，不需要特别的管理，数据只在一个方向流动。在会话的建立连接中，需要会话双方同时进行协商以建立会话连接，这时需要双向同时对话，在数据传送期间接收方也同时要发送应答和其他控制信息。双向同时对话模式就是通常的全双工操作，这种模式在会话期间也不需要特别的管理。

6. 表示层

表示层（Presentation Layer）主体是标准的例行程序，其工作与用户数据的表示和格式有关，而且与程序所使用的数据结构有关。该层涉及的主要问题是数据的格式和结构。

表示层完成数据格式转换，确保一个主机系统应用层发送的信息能被另外一个系统的应用层识别，另外还负责文件的加密和压缩。

表示层以下的各层只关心可靠地传输比特流，而表示层关心的是所传输的信息的语法和语义。

表示层服务的一个典型的例子是用一种大家一致同意的标准方法对数据编码。大多数用户程序之间并不是交换随机的比特流，而是诸如人名、日期、货币数量和发票之类的信息。这些对象是用字符串、整型、浮点数的形式，以及由几种简单类型组成的数据结构来表示的。不同的机器用不同的代码来表示字符串（如 ASCII 和 Unicode）和整型（如二进制反码和二进制补码）等。为了让采用不同表示法的计算机之间能进行通信，交换中使用的数据结构可以用抽象的方式来定义，并且使用标准的编码方式。表示层管理这些抽象数据结构，并且在计算机内部表示法和网络的标准表示法之间进行转换。

表示层的功能如下：

（1）语法变换。不同的计算机有不同的数据内部表示，用户传送数据时，应用层实体需将数据按一定表现形式交给其表示层实体，这一定的表现形式为抽象语法。抽象语法不规定数据值的位级表示，像自然语言、数学语言就是抽象语法。表示层接收到其应用层实体以抽象语法形式送来的数据后，要对每层实体间传送的数据提供公共语法表示，在表示层实体间传送的这种公共语法表示称为传送语法。表示层实体实现了抽象语法间的转换，如代码转换、字符集转换、数据格式转换等。

（2）传送语法的选择。应用层中存在多种应用协议，相应的存在多种传送语法，即使是一种应用协议，也可能有多种传送语法对应。因此必须对传送语法进行选择，并提供选择和修改的手段。

（3）常规的功能。常规的一些功能，如表示层对等实体间的连接建立、传送、释放等。

7. 应用层

应用层（Application layer）是 OSI/RM 的最高层，是直接面向用户的一层，是计算机网络与最终用户间的界面，它包含系统管理员管理网络服务涉及的所有基本功能。应用层以下各层提供可靠的传输，但对用户来说，它们并没有提供实际的应用。应用层是在其下六层提供的数据运输和数据表示等各种服务的基础上，为网络用户或应用程序提供完成特定网络服务功能所需的各种应用协议的。应用层仅包含允许用户软件使用网络服务的技术，而不包括用户软件包本身。

应用层包含两类不同性质的协议。第一类是一般用户能直接调用或使用的协议，如超文本传输协议 HTTP，远程登录协议 TELNET，文件传输协议 FTP 和简单邮件传输协议 SMTP。第二类是为系统本身服务的协议，如域名系统 DNS 协议等。

以上介绍了 OSI 模型的 7 层结构，下面我们用一个两台设备间连接的例子说明这 7 层的工作过程。

假设一位用户在其计算机上运行某聊天程序，该程序使他能够与另一个用户的计算机相连，并通过网络与该用户聊天。如图 3-6 所示为该例子中使用的协议栈。用户将消息 "Good morning" 输入聊天程序。应用层将该数据从用户的应用程序传递至表示层。在表示层数据被转换并加密。然后数据被传递至会话层，在这一层建立一个全双工通信方式的对话。传输层将数据分割成数据段。接收设备的名称被解析成相应的 IP 地址。添加校验和，以进行差错校验。

网络层将数据打包成数据报。在检查完 IP 地址后，发现目标设备在远程网络中。然后，中间设备的 IP 地址作为下一个目标设备被添加。数据被传递至数据链路层，在这一层数据被打包成帧格式，设备的物理地址在这一层被解析。该地址实际上属于中间设备，该设备把数据发送到真正的目的地。于是，可以判断网络的访问类型为以太网。

接着，数据被传递到物理层，在本层数据被打包成位，并通过传输介质从网络适配器发送出去，中间设备在物理层读取网络介质上传送的位；数据链路层将数据打包成帧，目标设备的物理地址被解析成它的 IP 地址；网络层将数据打包成数据报，可以确定数据到达了其最终目的地，在那里数据以正确的顺序被记录下来。

然后数据被传递到传输层，数据被编译成数据段，并进行差错检验如比较校验和以确定数据之间是否没有错误；在会话层，确认已接收到数据；在表示层，数据被转换和解密；在应用层，将数据由表示层传递至用户的聊天应用程序中。于是，消息 "Good morning" 就出现在接收用户的屏幕上了。

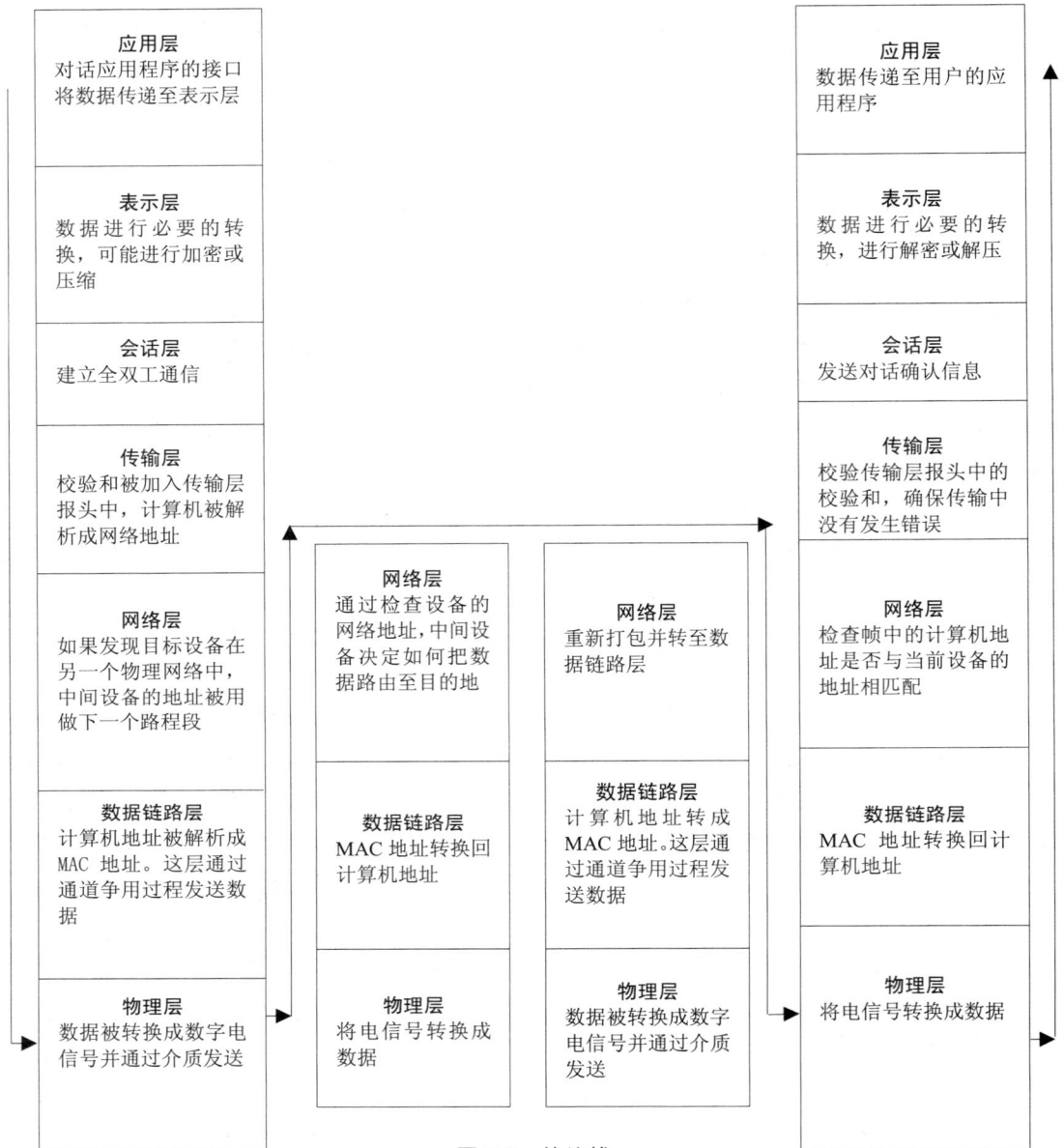

图 3-6 协议栈

3.3 TCP/IP 模型

3.3.1 TCP/IP 简介

TCP/IP 协议族是一个工业标准协议套件，是为大型互连网络而设计的，其拥有一套完整而系统的协议标准。虽然协议 TCP、IP 都不是 OSI 标准，但它们是目前最流行的商业化的协议，并被公认为当前的工业标准或"事实上的标准"。在协议 TCP/IP 出现后，出现了 TCP/IP 参考模型。TCP/IP 参考模型最早是由 Kahn 在 1974 年定义的，1985 年 Leiner 等人进一步对它开展了研究，1988 年 Clark 在参考模型出现后对其设计思想进行了讨论。

TCP/IP 参考模型是将多个网络进行无缝连接的体系结构，将协议分成 4 个概念层，由下向上依次是网络接口层、网络互连层、传输层、应用层，如图 3-7 所示。

TCP/IP 作为一种模型实际是一组协议的代名词，TCP/IP 协议族包括上百个协议，不同功能的协议分布在不同的协议层，如表 3-4 所示。其中，TCP（传输控制协议，Transmission Control Protocol）和 IP（网际协议，Internet Protocol）是该协议族中最重要的两个协议。

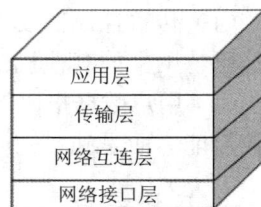

图 3-7　TCP/IP 参考模型

表 3-4　TCP 各层使用的协议

TCP/IP	
应用层	SMTP 、DNS、NSP、FTP、TELNET、HTTP
传输层	TCP、UDP
网络互连层	IP、ICMP、ARP、RARP
网络接口层	ARPANET、X.25、Ethernet、IEEE 802 标准局域网

3.3.2　TCP/IP 参考模型的结构

TCP/IP 的开发研制人员将 Internet 分为 4 个层次，也称为互连网分层模型或互连网分层参考模型。

1. 网络接口层

对应于网络的基本硬件设备，如 PC、互联网服务器、网络设备等，网络接口层必须对这些硬件设备的电气特性进行规范，使这些设备能够互相连接并兼容使用。TCP/IP 参考模型没有真正描述这一部分，只是指出主机必须使用某种协议与网络连接，使其能够在其上传递 IP 分组，这个协议没有被定义，并且协议随主机和网络的不同而不同。

2. 网络互连层

网络互连层定义了将数据组成帧的规程和在网络中传输帧的规程。数据帧是指一串数据，是数据在网络中传输的单位。互连层还定义了因特网中传输的信息包的格式，以及从一个用户通过一个或多个路由器到最终目的地的信息包的转发机制。互连层是整个体系结构的关键，它提供了无连接的分组交换服务，其主要功能是使主机可以把 IP 分组经由不同网络发往任何其他网络，并使分组独立地传向目的地。分组路由和拥塞控制也是这一层的主要工作。互连层定义了正式的分组格式和协议，即协议 IP。

3. 传输层

传输层为两个用户进程之间建立、管理和拆除可靠而又有效的端到端连接，它的功能是使源端和目的端的主机上的对等实体可以进行会话。它定义了两个端到端的协议：

（1）传输控制协议 TCP。一个面向连接的协议，允许从一台机器发出的字节无差错地发往因特网上的其他机器，除此以外，TCP 还要进行处理流量控制。

（2）用户数据报协议 UDP。一个不可靠的、无连接协议，用于不需要 TCP 的排序和流量控制能力而是独自完成相应功能的应用程序。

4. 应用层

TCP/IP 模型没有会话层和表示层，传输层的上面直接就是应用层。它定义了应用程序所使用因特网的规程。

3.3.3 TCP/IP 协议族的内容

TCP/IP 协议族由许多协议组成，而不只是 TCP 和 IP，由于其大量的开放标准协议，它拥有广泛的特性集。这些年来，协议里面的各个组件已经发展为几乎能够处理网络用户可能具有的任何需要。

除了 TCP 和 IP 以外，网际协议中还包括很多其他的协议，TCP/IP 参考模型与协议组中的关系见图 3-8。

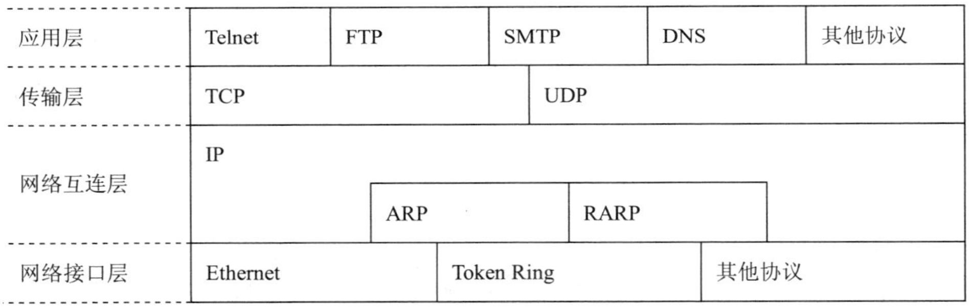

应用层	Telnet	FTP	SMTP	DNS	其他协议
传输层	TCP		UDP		
网络互连层	IP				
		ARP		RARP	
网络接口层	Ethernet		Token Ring		其他协议

图 3-8　TCP/IP 参考模型与协议组的关系

1. 网际协议 (IP)

它是一种无连接协议，处于 OSI 模型的网络层。IP 协议的任务是对数据报进行相应的寻址和路由，使其通过网络。IP 报头附加在每个数据报上，并加入源地址、目标地址和接收主机使用的其他信息。IP 协议的另一项工作是分段和重编那些在传输层被分割的数据报。一些类型的网络比另一些类型的网络支持较大的数据报，数据报被传送到不支持当前数据报大小的网络时，可以被分段。数据报被分割，然后每一段得到一个新的 IP 报头，并被传送至最终目的地。最终的主机接收到数据报后，IP 协议将所有的片段组合起来形成原始的数据。

2. 因特网控制报文协议（ICMP）

它为 IP 协议提供差错报告。由于 IP 是无连接的，且不进行差错检验，当网络上发生错误时它不能检测错误。向发送 IP 数据报的主机汇报错误就是 ICMP 责任。例如，如果某台设备不能将一个 IP 数据报送至其下一个网络，它向数据报的来源发送一个报文，并用 ICMP 解释这个错误。ICMP 能够报告的一些普通错误类型，包括目标无法到达、阻塞、回波请求和回波应答。

3. 传输控制协议（TCP）

它是一种面向连接的协议，对应于 OSI 模型的传输层。TCP 打开并维护网络上两个通信主机间的连接。当在两者之间传送 IP 数据报时，一个包含流量控制、排序和差错校验的 TCP 报头被附加在数据报上。到主机的每一个虚拟连接皆被赋予一个端口号，使发送至主机的数据报能够传送至正确的虚拟连接。

端口类似于一个邮箱。数据通过网络传输至一台计算机时，它必须被发送给该计算机中的一个进程。一台计算机上可以执行多个进程，如因特网 Web 服务器、邮件服务器和文件共享服务等。每一个需要从网络中获得数据的服务都需要将本身登录至一个端口号。网络数据报的报头中含有数据要到达的端口号。

4. 用户数据报协议（UDP）

它是一种无连接传输协议，在无须 TCP 开销时使用这种协议。UDP 仅负责传输数据报。类似于 TCP，UDP 也使用端口号，但不需要对应一个虚拟连接，而只是对应其他主机的一个进程。例如，一个数据报可能被送至远端主机的 53 号端口。由于 UDP 是无连接的，不需建立虚拟连接，但是在远端主机确实存在一个进程，在 53 号端口进行"监听"。

5. 地址解析协议（ARP）

它是当有一台计算机需要与网络上的另一台计算机进行通信，源计算机有了目标计算机的 IP 地址，但不是在 OSI 模型的物理层通信所需的 MAC 地址时，通过发出一个发现数据报来处理这种地址转换。ARP 的对立面是 RARP（逆向地址解析协议）。

6. 域名系统（DNS）

它是一种将 IP 地址转换成用户易于理解的名称。DNS 是一个分布式数据库，由不同的组织分层维护。

7. 文件传输协议（FTP）

它是 TCP/IP 环境中最常用的文件共享协议。这个协议允许用户从远端登录至网络中的其他计算机上，并浏览、下载和上载文件。FTP 仍然十分流行的一个主要原因是它是独立于操作平台的。

8. 简单邮件传输协议（SMTP）

它负责保证交付邮件。SMTP 仅处理邮件至服务器和服务器之间的交付。它不处理将邮件交付至电子邮件的最终客户应用程序。

9. 动态主机配置协议（DHCP）

它接管了网络中分配地址和配置计算机的工作。系统管理员在 DHCP 服务器上一次为整个网络进行配置，而不是手工配置每一台设备。DHCP 被指定一个 IP 地址范围，并将这些地址分发给网络设备；还应为网络配置 IP 地址的范围，不然它们也会被用完。当一台计算机出现在网络中时，它发出一个 DHCP 请求。最近的 DHCP 服务器用所有这些信息来答复这台计算机，以便在这台新的客户机上设置 TCP/IP。

3.3.4 IP 地址管理和子网划分

理解 IP 地址结构是理解 IP 互连网络的前提条件，本节将介绍 IP 地址管理和子网划分的基础知识。

1. MAC 地址

MAC（Media Access Control，介质访问控制）地址是指网络上每个设备所对应的一个唯一的物理地址。MAC 地址是与网络硬件相关联的固定序列号，通常由网卡生产厂家烧入网卡的 EPROM（一种闪存芯片，通常可以通过程序擦写）。

MAC 地址与网络无关。无论将这个地址的硬件（如网卡、路由器等）接入到网络的何处，该硬件都有相同的 MAC 地址，且在全球是唯一的。

对于网络硬件而言，MAC 地址通常被编码到网络的接口中。例如，著名的以太网卡，其物理地址是 48 位（bit）的整数，如：44-45-53-54-00-00，以机器可读的方式存入主机接口中。这 48 位都有其规定的意义，前 24 位由以太网地址管理机构（IEEE）分配，称为独一无二的机构标识符 OUI，后 24 位由生产以太网网卡的厂家自行分配。在生产时，逐个将唯一地址赋予以太网卡。这样 MAC 地址就如同身份证号码，具有全球唯一性。

正是由于 MAC 地址的唯一性，在组建局域网时，可以将 MAC 地址与 IP 地址绑定，然后由管理中心统一管理。这样既可以防止 IP 地址冲突，又能用 MAC 地址来标志用户，防止发生混乱，明确责任（如网络犯罪）。

我们可以通过在命令窗口中输入命令来查看本机的 MAC 地址，其具体操作步骤如下：

（1）单击"开始"菜单按钮，选择"运行"命令，打开"运行"窗口。在"打开"文本框中输入命令 cmd，按回车键，打开命令窗口。

（2）在命令窗口中输入 ipconfig/all，然后按回车键，即可查看到 MAC 地址，如图 3-9 所示。

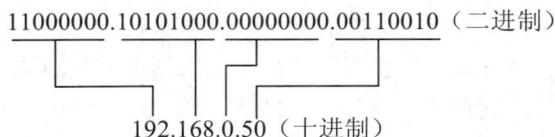

图 3-9　查看本机 MAC 地址

可见，图 3-9 中的"Physical　Address"就是 MAC 地址。

2. IP 编址技术

IP 地址（网际协议地址）是网络上每个设备所对应的唯一的逻辑地址。在 TCP/IP 环境中，是通过 IP 地址来访问所对应的计算机的。IP 地址可以通过操作系统软件进行定义和更改。

（1）IP 地址的分类

目前应用最广泛的 IP 地址（IPv4）是由网络地址和网络中的主机地址两部分组成，用 32 位无符号二进制表示。为了简化地址的管理，常用 4 个十进制数值来表示 IP 地址，每个数值表示一个 8 位二进制数的值，均小于等于 255，并用小数点"."分隔，形如 192.168.0.50，如图 3-10 所示。

11000000.10101000.00000000.00110010（二进制）

192.168.0.50（十进制）

图 3-10　IP 地址的表示方式

与网络体系结构一样，IP 地址也采用层次化的结构，由网络号和网络中的主机号两个层次组成。

网络号用来标识因特网中的一个特定网络，而主机地址则用来表示网络主机的一个特定连接。这样，IP 地址的编址方式携带位置信息，为因特网的路由选择带来了很大好处。在同一网络内的主机具有相同的网络号，可以直接通信；对于不同网络内的主机，由于其网络号不同，需要通过其他网络设备（如路由器）进行转发才能进行通信。

网络号长度决定 Internet 上网络个数，主机号长度决定每个网络能容纳的主机数量。根据因特网的网络数、每个网络的主机数和网络的规模等，可将 IP 地址分为 5 大类：A、B、

C、D、E 类，其中常用的为 A、B、C 类。

① A 类。A 类地址的最高位为"0"，接下来的 7 位表示网络号，最后 24 位表示网络中主机号。A 类地址允许有 27 - 2=126 个网络，其中 0 和 127 这两个地址用于特殊用途。每个网络允许有 224 - 2=16 777 214 台主机。因此，A 类地址被分配给拥有大量主机的网络。

② B 类。B 类地址的最高位为二进制数"10"，接下来的 14 位表示网络号，剩余的 16 位表示网络中主机号。B 类地址允许有 214 - 1=16 383 个网络，每个网络允许有 216 - 2=65 534 台主机。因此，B 类地址用于中型到大型的网络。

③ C 类。C 类地址的最高位为二进制数"110"，接下来的 21 位表示网络号，剩余的 8 位二进制位表示网络中主机号。C 类地址有 221 - 1=2 097 152 个网络，每个网络有 28 - 2= 254 台主机。因此，C 类地址用于小型本地网络。

如表 3-5 所示是 A、B、C 三类 IP 地址的区别。

表 3-5　A、B、C 三类 IP 地址的区别

类别	第一字节范围	网络地址位数	主机地址位数	适用的网络规模
A	1～126	7	24	大型网络
B	128～191	14	16	中型网络
C	192～223	21	8	小型网络

④ D 类。D 类地址的最高位为二进制数"1110"，用于因特网多播。

⑤ E 类。E 类地址的最高位为二进制数"11110"，保留为今后扩展使用。

（2）保留和限制地址

当给网络或子网上的设备分配地址时，有一些地址是不能使用的。在网络或子网中，我们保留了两个地址用来唯一识别两个特殊功能。

第一个保留地址是网络或子网地址。网络地址包括网络号及全部填充二进制 0 的主机域。例如，211.100.254.0、162.100.0.0 和 120.0.0.0 都是网络地址。这些地址用于识别网络，不能分配给一个设备。

另一个保留地址是广播地址。当使用这个地址时，网上的所有设备都会收到广播信息。网络广播地址是由网络号及随后全二进制 1 的主机域组成。下面的例子是一些网络广播地址：211.100.254.255、162.100.255.255、120.255.255.255。由于这个地址是针对所有设备的，所以它不能用在单个设备上。

我们也在子网中限制使用一些地址，每一个子网都有一个子网地址及广播地址。像网络地址和广播地址一样，这些地址也不能分配给网络设备。它包括全零的主机域、全 1 的子网地址和子网广播，如表 3-6 所示。

表 3-6　网络、广播和掩码地址

网络、广播和掩码地址	网络号		子网号	主机号
子网地址 172.16.1.0	10101100	00010000	00000001	00000000
广播地址 172.16.1.255	10101100	00010000	00000001	11111111
掩码地址 255.255.255.0	11111111	11111111	11111111	00000000

在这个例子中，有主机域为全零的子网地址；也有主机域为全 1 的广播地址。如果不管子网域或主机域的大小，则主机域为全零的位结构代表子网地址；主机域为全 1 的位结构代表子网广播地址。

网络地址、网络广播地址、子网地址、子网广播地址都不能分配给任何设备或主机。这样可以避免 IP 软件在传送 IP 数据报时产生混淆。这些地址并不能唯一确定一个特定设备。也许 IP 设备可以使用广播地址发送一个数据报，但这个广播地址代表着所有设备。由于一个设备不能代表所有设备，所以一个设备必须有唯一的地址。

3. 子网技术

在因特网中，A 类、B 类和 C 类 IP 地址是经常使用的 IP 地址。但是，每类网络的每个网络号能容纳一定数量的主机，如 A 类网络的每个网络号能容纳 800 多万台主机，B 类网络的每个网络号容纳 6 万多台主机，C 类网络的每个 IP 地址也能容纳 254 台主机，这对一些网络在一定程度上是一种浪费。因此，许多企业和单位因管理与技术等因素经常将某个网络划分成若干个子网，而不是获得一系列的 Internet 网络号。

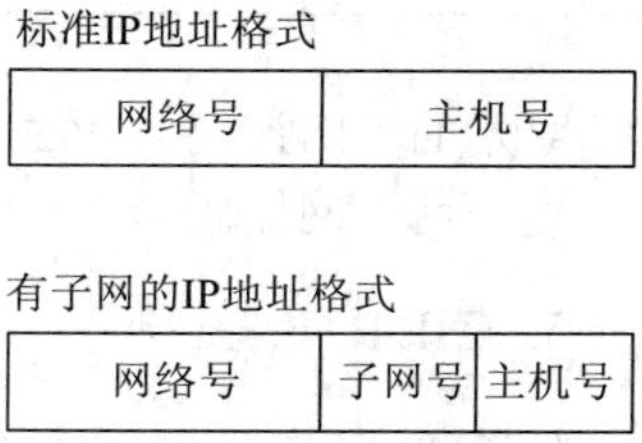

标准IP地址格式

网络号	主机号

有子网的IP地址格式

网络号	子网号	主机号

图 3-11　子网组成

（1）子网的编址方法。标准的 IP 地址由网络号和主机号两部分组成，网络号是向 IP 地址管理机构申请获得的，用户组织是不可改变的。而主机号是管理员分配的，因此要创建子网，需从主机号部分借位并把它们指定为子网号部分。子网组成格式如图 3-11 所示。

> **注意**　主机号位数借位给子网号，主机号应至少剩余 2 位。

（2）子网掩码。对于标准的 IP 地址而言，网络号和主机号可以通过网络的类别进行判断。而对于子网编址，使用子网掩码（或称子网屏蔽码）进行判断。

子网掩码采用和 IP 地址一样的 32 位二进制数值。IP 协议规定，在子网掩码中，与 IP 地址中网络号和子网号两部分相对应的位用 1 来表示；与 IP 地址中的主机号部分相对应的位用 "0" 来表示。这样，IP 地址和它相对应的子网掩码配合使用，就可以判断出 IP 地址中哪些位表示子网号，哪些位表示主机号。

如表 3-7 所示的是一张传统的（RFC950）C 类地址子网划分表。根据这张表，我们试着找到一个合适的掩码。

表 3-7　C 类子网表

子网位数	子网数量	主机位数	主机数量	掩　码
2	2	6	62	255.255.255.192
3	6	5	30	255.255.255.224
4	14	4	14	255.255.255.240
5	30	3	6	255.255.255.248
6	62	2	2	255.255.255.252

4. 子网地址

含子网号的 IP 地址由网络号、子网号和主机号 3 部分组成。下面我们以将 211.100.255.0 网络分成两个子网为例，介绍子网的编址方法。

211.100.255.0 是一个 C 类网络，主机号占 8 位（最后 1 字节）。现要将该网络分成两个子网，根据 RFC950，划分两个子网需要从主机号最左侧开始借 2 位作为子网号。具体划分方法如表 3-8 所示。

表 3-8　划分两个子网

网络号（24 位）	子网号（2 位）	主机号（6 位）	IP 地址范围	子网掩码
1: 211.100.255.0	00（二进制数）	限制子网号为"全 0"的使用		
2: 211.100.255.0	01（二进制数）	000001～1111110	211.100.255.65～126	255.255.255.192
3: 211.100.255.0	10（二进制数）	000001～1111110	211.100.255.129～190	
4: 211.100.255.0	11（二进制数）	限制子网号为"全 1"的使用		

原始的子网掩码为 255.255.255.0，二进制为 11111111. 11111111. 11111111.00000000
划分后子网掩码为 255.255.255.192，二进制为 11111111. 11111111. 11111111.11000000

5. CIDR 寻址

随着 1996 年 9 月 RFC 1918［RFC，Internet 标准（草案）］的发布，并作废了 RFC 1597，抛弃了对网络的分类（如原有的 A、B、C 类等）。相反，RFC 1918 提出使用新的 CIDR（无类域前路由）寻址。

CIDR 是传统地址分配策略的重大突破，完全抛弃了有类地址，采用网络前缀取而代之。

前缀可以任意长度，而不仅仅是 8 位，16 位或 24 位。这允许 CIDR 根据网络大小分配网络地址空间，而不是在预定义的网络地址空间中作裁剪。每一个 CIDR 网络地址和一个相关位的掩码一起广播，这个掩码识别了网络前缀的长度。

举例来说，192.168.61.8/20 标识一个 CIDR 地址，该地址有 20 位网络地址（用子网掩码表示则为 255.255.240.0）。IP 地址可以是任意有效的地址，不管那个地址以前是 A 类、B 类还是 C 类。CIDR 路由器看"/"后的数以决定网络号。为了更好地理解它的工作，下面把十进制数变成二进制数。图 3-12 是使用前面 20 位标识网络号时，这个地址被网络号和主机号分割的情况。

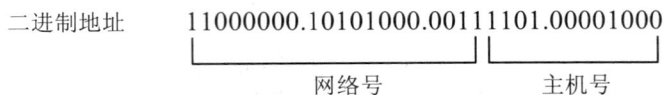

二进制地址　　　　11000000.10101000.00111101.00001000

　　　　　　　　　　　网络号　　　　　　　主机号

图 3-12　一个 20 位的 CIDR 网络号与主机号划分

注意　网络和主机部分的地址分割落在第三个 8 位位组的中间，没有分配给网络号的位用于标识主机，因此一个有 20 位网络前缀的 IPv4 地址剩下 12 位用于主机识别。

6. IPv6 技术

（1）IPv4 的不足

IPv4 自从 1981 年颁布后，为全球网络的互连及应用立下了汗马功劳。32 位 IP 地址在当时似乎足够满足 Internet 的需求，但随着网络技术的发展，Internet 用户的急速膨胀，现在已难以满足要求。IPv4 主要面临以下的问题。

- IP 地址的消耗，引起地址空间的不足。Internet 面临的最主要问题是 IP 地址的消耗，即没有足够的地址来满足全球用户的需求。原因是 IP 地址只有 32 位，可用的地址有限，最多接入的主机数不超过 2^{32}。

- IPv4 缺乏安全性。IPv4 源于早期的互连网，对安全性考虑并不多，在参考模型的低层没有考虑安全性，因此协议安全性选项不多，当今多媒体和视频的应用、便携式计算机和卫星技术的出现等，都使设备的任意连接出现问题，IPv4 不能满足当今网络发展的安全性要求。

- IPv4 协议配置复杂。早期的配置基本上是静态的，需要用户对计算机网络协议进行频繁的配置，而对于一般用户，迫切需要增强即插即用的自动配置功能。

（2）IPv6 的特点

IPv6 具有如下特点。

- 扩大了地址空间。IP 地址的长度由 32 位扩充为 16 字节（128 位），理论上能够提供 $2^{128} \approx 3.4 \times 10^{38}$ 个地址。其表示方法采用十六进制数加 ":"，":" 是网络号和主机号等的分隔符。IPv6 支持单地址、多地址和广播地址。

- 增加了安全认证机制。为了防止机密被窃，系统不能向未被批准的用户显示任何数据；为了使数据不被破坏，系统不允许未经批准而随意更改数据；为了确保服务质量，系统不允许任意改变用户的级别。

- 提高了路由器的转发效率。IPv6 规定，仅由源端系统进行数据的分段，途经的所有路由器不必再对数据进行分段，提高了路由器的工作效率。

- 增强了协议的可扩充性。

（3）IPv6 的表示方法

IPv4 地址以 "." 分隔的十进制格式表示，32 位地址每 8 位一组，再将每组的 8 位转换成等价的十进制数，并用 "." 分隔。而对于 IPv6，128 位地址采用每 16 位一组，再将每个 16 位块转换成 4 位十六进制数字，每组间用 ":" 分隔。结果用所谓的 "冒号十六进制数字" 来表示。

例如，二进制格式的 IPv6 地址按每 16 位分为一组：

0011010100011010 0000010000100000 0001001111100100 1010101000011110
0010000011111111 0100101000101100 0101110010011010 0100001000000001

将每个 16 位块转换成十六进制数字，用 ":" 分隔，结果如下：

351A:0420:13E4:AA1E:20FF:4A2C:5C9A:4201

（4）IPv6 对 IPv4 兼容

全球有难以计数的计算机正在使用 IPv4，这使 IPv4 到 IPv6 的转变不可能在短期内完成。因此，IPv4 和 IPv6 必须在相当一段时间内共存，IPv6 协议还设计成能够识别 IPv4 协议。IPv6 对 IPv4 的兼容至关重要。为了解决这些问题，IPv6 地址结构允许覆盖 IPv4 的地址类型。

3.3.5 OSI 模型与 TCP/IP 模型比较

图 3-13 给出了 TCP/IP 的分层结构及其与 OSI 协议模型的对应关系。

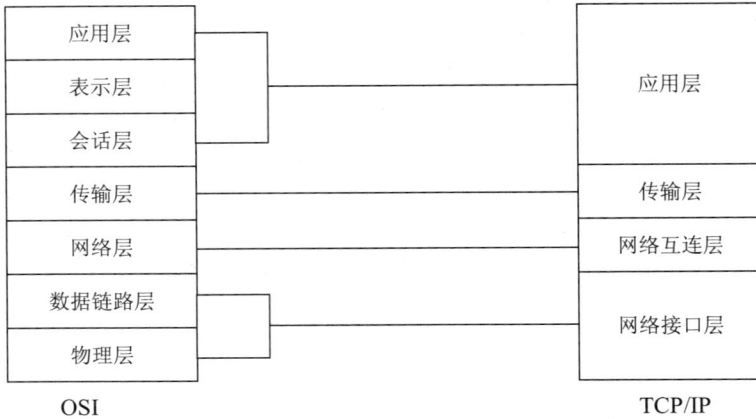

图 3-13 OSI RM 与 TCP/IP

1. 结构的比较

OSI 模型有 7 层，而 TCP/IP 模型只有 4 层。两者都有网络层、传输层和应用层，但其他层是不同的。两者的另外一个差别是有关服务类型方面。OSI 模型的网络层提供面向连接和无连接两种服务，而传输层只提供面向连接服务。TCP/IP 模型在网络层只提供无连接服务，但在传输层却提供两种服务。

2. 对两种模型的评价

OSI 模型层次数量与内容选择不是很好，会话层很少用到，表示层几乎是空的；寻址、流量控制与差错控制在每一层都重复出现，降低了系统效率；数据安全性、加密与网络管理在模型设计初期被忽略了；模型的设计更多是被通信的思想所支配，不适合计算机与软件的工作方式。

TCP/IP 模型在服务、接口与协议上区别不是很清楚；没有划分出物理层与数据链路层，这个划分是有必要的。

3.4 IEEE 802 局域网参考标准

1980 年 2 月，IEEE 成立 IEEE 802 委员会，专门研究局域网的体系结构和相关标准，在此基础上产生了局域网的参考模型。

IEEE 802 局域网参考模型如图 3-14 所示，它说明了局域网的体系结构，以及与 OSI 模型的关系。IEEE 802 参考模型主要涉及 OSI 模型的物理层和数据链路层。

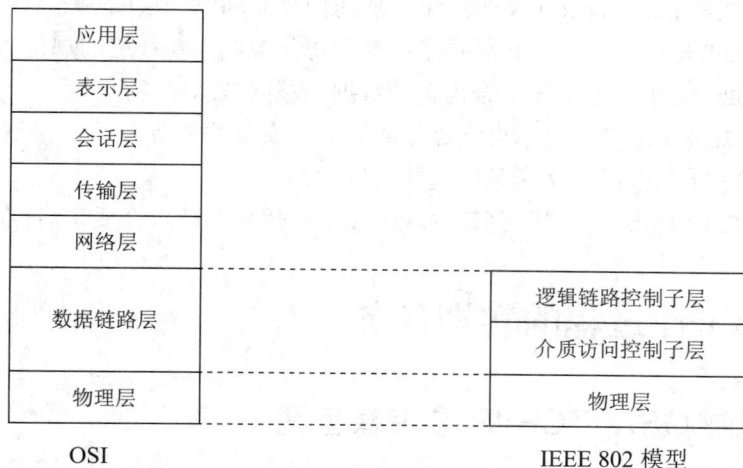

图 3-14　OSI RM 与 IEEE 802 模型对比图

和 OSI 参考模型相比，IEEE 802 局域网的参考模型就只相当于 OSI 的最低的两层。

（1）物理层主要功能。物理连接及按位在媒体上传输数据。

（2）数据链路层主要功能。与接入各种传输媒体有关的问题都放在 MAC 子层。MAC 的主要功能如下：

- 将上层交下来的数据封装成帧进行发送。
- 实现和维护 MAC 协议。
- 位差错检测。
- 寻址。

数据链路层中与媒体接入无关的部分都集中在逻辑链路 LLC 子层。LLC 的主要功能如下：

- 建立和释放数据链路层的逻辑连接。
- 提供与高层的接口。
- 差错控制。
- 给帧加上序号。

所有的高层协议要和各种局域网的 MAC 交换信息，必须通过同样的一个 LLC 子层。

（3）IEEE 802 标准，其具体内容包括以下几项。

- IEEE 802.1a 标准：定义了系统结构。
- IEEE 802.1b 标准：定义了网络管理和网际互连。
- IEEE 802.2 标准：定义了逻辑链路控制 LLC 协议。
- IEEE 802.3 标准：定义了 CSMA/CD 总线访问控制方法及物理层技术规范。
- IEEE 802.4 标准：定义了令牌总线访问控制方法及物理层技术规范。

- IEEE 802.5 标准：定义了令牌环网访问控制方法及物理层规范。
- IEEE 802.6 标准：定义了城域网访问控制方法及物理层技术规范
- IEEE 802.7 标准：定义了宽带网络介质访问控制和物理层的规范。
- IEEE 802.8 标准：定义了光纤技术的介质访问控制和物理层的规范。
- IEEE 802.9 标准：定义了综合语音与数据局域网技术。
- IEEE 802.10 标准：定义了可互操作的局域网安全性规范。
- IEEE 802.11 标准：定义了无线局域网技术。
- IEEE 802.12 标准：定义了高速局域网技术、优先级请求介质访问控制。

3.5 基于工作过程的实训任务

实训一 绘制 OSI、TCP/IP 参考模型图

1. 实训目的

根据教材所介绍的内容，理解各参考模型层的意义和作用，掌握使用 Microsoft Visio 软件绘制 OSI、TCP/IP 参考模型图的方法。

2. 实训内容

分析 OSI、TCP/IP 参考模型的设计思想，确定各层的意义和作用，分别绘制 OSI 和 TCP/IP 参考模型图。

3. 实训方法

（1）理解 OSI、TCP/IP 参考模型的分层方式，找出相同与不同点。
（2）确定各层的名称与作用。
（3）绘制 OSI 和 TCP/IP 参考模型图。
（4）比较两种参考模型的相同与异同之处。

4. 实训总结

总结写出实训报告。

实训二 网络规划与子网划分

1. 实训目的

本节将通过实验练习 ICMP 协议的设置、网络规划和分配子网 IP 地址的步骤，掌握 IP 地址的设置及子网划分的方法。

2．实训内容

（1）网络协议的安装。
（2）IP 地址的规划与配置。
（3）网络连通性测试。

3．实训方法

（1）IP 地址的配置
① 用鼠标右键单击桌面上的"网上邻居"，选择快捷菜单中的"属性"命令，打开"网络连接"窗口。
② 鼠标右键单击"网络连接"窗口中的"本地连接"，选择"属性"命令，进入"本地连接属性"对话框。
③ 选中"此连接使用下列项目"列表框中的"Internet 协议（TCP/IP）"复选框，单击"属性"按钮，在弹出的"Internet 协议（TCP/IP）属性"对话框中，选中"使用下面的 IP 地址"复选框。
④ 按照指定的 IP 地址配置 IP 地址和子网掩码。
⑤ 单击"确定"按钮完成 IP 地址的修改和配置。
（2）子网的划分
某企业获得网络地址为 211.100.255.0，拥有 220 台计算机，将该网络划分成两个子网，求子网掩码和每个子网的 IP 地址。
（3）求子网掩码
① 根据 IP 地址 211.100.255.0 确定该网是 C 类网络，主机地址是低 8 位，子网数是两个，则子网的位数是 1，即 0 和 1。
② 根据上述分析计算出子网掩码是 255.255.255.128。
（4）分配 IP 地址
① 子网 1 的 IP 地址范围应是 211.100.255.1~211.100.255.126，子网 2 的 IP 地址范围应是 211.100.1.129~211.100.255.254。
② 所以前 110 台计算机为子网 1 的 IP 地址为 211.100.255.2~211.100.255.112，后 110 台计算机为子网 2 的 IP 地址为 211.100.255.129~211.100.255.239。
（5）设置各子网中计算机的 IP 地址和子网掩码
① 按前述步骤打开 TCP/IP 属性对话框。
② 输入 IP 地址和子网掩码。
③ 单击"确定"按钮完成子网配置。
（6）使用 ping 命令测试子网的连通性
① 使用 ping 命令可以测试 TCP/IP 的连通性，选择"开始"→"所有程序"→"附件"→"命令提示符"命令，进入"命令提示符"窗口，输入"ping /?"可以获得帮助。
② 输入"ping 211.100.255.100"，该地址为同一子网中的 IP 地址，则可以 ping 通。如图 3-15 所示。

③ 输入"ping 211.100.255.230",如该地址不在同一子网中,则 ping 不通(见图 3-16)。

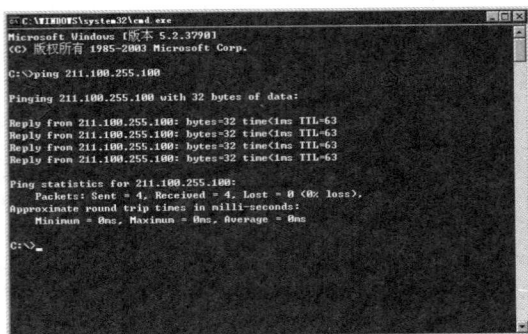

图 3-15　测试相同子网 IP 的连通性　　　　图 3-16　测试不同子网 IP 的连通性

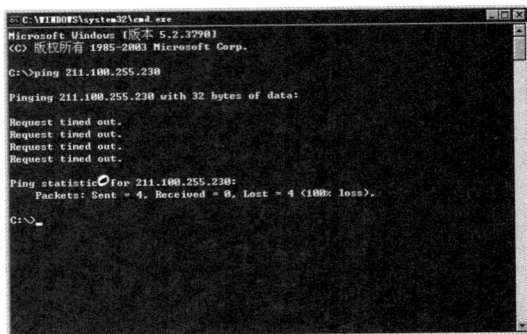

4. 实训总结

(1)通过网络协议的添加、IP 地址的配置、子网划分和网络连通性的测试,掌握网络的规划和操作。

(2)写出实训报告。

3.6　本章小结

1. 网络体系结构

协议是指实现计算机网络中数据通信和资源共享的规则的集合。它包括语义、语法和交换规则 3 要素。

大多数网络的实现都按层次的方式来组织,每一层完成一定的功能,每一层又都建立在它的下层之上。

分层结构和协议的集合被称为网络体系结构。

2. OSI 参考模型

OSI 参考模型将整个网络的功能划分 7 个层次,从低到高分别为物理层、数据链路层、网络层、传输层、会话层、表示层和应用层。

3. TCP/IP 参考模型

设计目的在于让各种各样的计算机都可以在一个共同的网络环境中运行。分 4 个层次,从低到高分别为网络接口层、网络互连层、传输层和应用层。

4. IP 地址

IP 地址是一个逻辑地址。它是一个 4 字节的数字,由网络号和主机号两部分合成。IP 地址可分成 5 类,即 A 类、B 类、C 类、D 类和 E 类。使用 A 类、B 类或 C 类 IP 地址的单位，可以把它们的网络划分成几个部分，每个部分称为一个子网。

5. TCP/IP 协议族

其主要包括网际协议（IP）、因特网控制报文协议（ICMP）、路由信息协议（RIP）、用户数据报协议（UDP）、传输控制协议（TCP）、地址解析协议（ARP）、域名系统（DNS）、文件传输协议（FTP）、简单邮件传输协议（SMTP）、动态主机配置协议（DHCP）等。

6. IEEE 802 局域网参考模型

该模型分为物理层、媒体访问 MAC 子层和逻辑链路 LLC 子层。

本章习题

1. 填空题

（1）协议有 3 个要素，分别为_____、_____和_____。
（2）TCP/IP 协议族最主要的两个协议是_____和_____。
（3）物理层的传输单位为_____。
（4）传输层的基本功能是从_____层接收数据，并且必要时把它分成较小单位，传递给_____层。

2. 简答题

（1）什么是网络的体系结构？
（2）网络的体系结构为什么要采用分层的结构？
（3）什么是网络通信协议？简述服务与协议的关系。
（4）试画出 OSI 的层次模型，并简述各层的基本功能。
（5）TCP/IP 参考模型在传输层同时设计了 TCP 和 UDP 两个协议，说明这两个协议的作用。

第4章 网络设备与传输介质

![本章要点图标] **本章要点**

- 掌握网卡的功能及安装步骤，熟悉选购网卡时的注意事项。
- 掌握交换机的工作原理，理解二层交换和三层交换的含义。
- 掌握路由器的定义、功能及选购标准。
- 了解网桥和网关的含义、功能及适用场合。
- 掌握双绞线和光缆的组成、特点、性能及分类。
- 了解无线传输介质的特性。

4.1 网络设备

进行网络组建前的首要任务当然是硬件采购，下面将介绍一些网络硬件设备的基本知识和选购技巧。

4.1.1 网卡

网卡（Network Interface Card）又称为网络接口卡或网络适配器，是局域网组网的核心设备，它提供接入 LAN 的电缆接头，每一台接入 LAN 的工作站和服务器，都必须使用一个网卡连入网络。

1. 网卡的功能

网卡的功能是将工作站或服务器连接到网络上，实现网络资源共享和相互通信。具体来说，网卡作用于 LAN 的物理层和数据链路层的介质访问控制子层（MAC），一方面网卡要完成计算机与电缆系统的物理连接；另一方面它根据所采用的 MAC 协议实现数据帧的封装和拆封，并进行相应的差错校验和数据通信管理。另外，每块网卡都有一个网卡地址，这个地址将作为局域网工作站的地址。以太网网卡的地址是 12 位十六进制数，这个地址在国际上统一分配，不会重复。

2. 网卡的种类

根据接入网络的计算机类型及网络拓扑结构的不同，网卡的种类可分为如下几种。

（1）按总线接口类型划分。

按网卡的总线接口类型来分一般可分为早期的 ISA 接口网卡、PCI 接口网卡。目前在服务器上 PCI-X 总线接口类型的网卡也开始得到应用，笔记本电脑所使用的网卡是 PCMCIA 接口类型的。

- ISA 总线网卡。这是早期的一种接口类型网卡，在 20 世纪 80 年代末，90 年代初期几乎所有内置板板卡都是采用 ISA 总线接口类型，一直到上世纪 90 年代末期还有部分这类接口类型的网卡。当然这种总线接口不仅用于网卡，像现在的 PCI 接口一样，当时也普遍应用于包括网卡、显卡、声卡等在内所有内置板卡。

  ISA 总线接口由于 I/O 速度较慢，随着上世纪 90 年代初 PCI 总线技术的出现，很快被淘汰了。目前在市面上基本上看不到有 ISA 总线类型的网卡。图 4-1 是一款 ISA 总线型网卡示意图。从图中可以看出，它的金手指比较长，与 PCI 接口同样，也只有一个缺口位，但这一缺口位离两端的距离比 PCI 接口金手指缺口位要长许多。

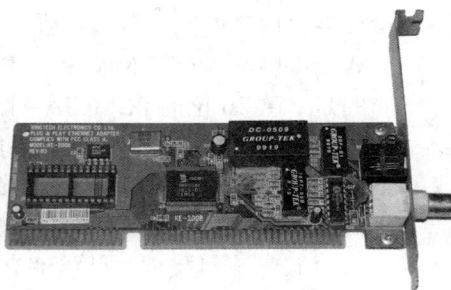

图 4-1　ISA 总线网卡

- PCI 总线网卡。这种总线类型的网卡在当前的台式机上相当普遍，也是目前最主流的一种网卡接口类型。因为它的 I/O 速度远比 ISA 总线型的网卡快（ISA 最高仅为 33Mbps，而目前的 PCI 2.2 标准 32 位的 PCI 接口数据传输速度率最高可达 133Mbps），所以在这种总线技术出现后很快就替代了原来老式的 ISA 总线。它通过网卡所带的两个指示灯颜色初步判断网卡的工作状态。目前主流的 PCI 规范有 PCI 2.0、PCI 2.1 和 PCI 2.2 三种，PC 上用的 32 位 PCI 网卡，三种接口规范的网卡外观基本上差不多，如图 4-2 所示。服务器上用的 64 位 PCI 网卡外观就与 32 位的有较大差别，如图 4-3 所示。

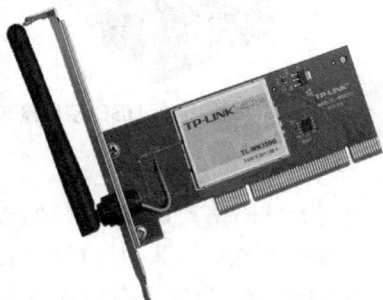

图 4-2　32 位 PCI 总线网卡

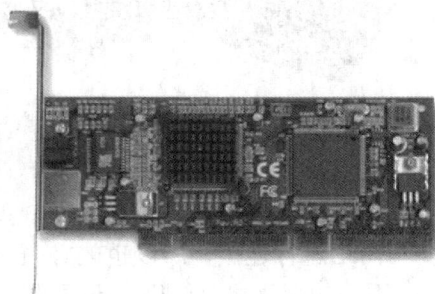

图 4-3　64 位 PCI 总线网卡

- PCMCIA 总线网卡。这种类型的网卡是笔记本电脑专用的，它受笔记本电脑的空间限制，体积远不可能像 PCI 接口网卡那么大。随着笔记本电脑的日益普及，这种总线类型的网卡目前在市面上较为常见，很容易找到，而且现在生产这种总线型的网卡的厂商也较原来多了许多。PCMCIA 总线分为两类，一类为 16 位的 PCMCIA，另一类为 32 位的 CardBus。

CardBus 是一种用于笔记本计算机的新的高性能 PC 卡总线接口标准，就像广泛地应用在台式计算机中的 PCI 总线一样。该总线标准与原来的 PC 卡标准相比，具有的优势：第一，32 位数据传输和 33MHz 操作。CardBus 快速以太网 PC 卡的最大吞吐量接近 90 Mbps，而 16 位快速以太网 PC 卡仅能达到 20~30 Mbps。第二，总线自主。使 PC 卡可以独立于主 CPU，与计算机内存间直接交换数据，这样 CPU 就可以处理其他的任务。第三，3.3V 供电，低功耗。提高了电池的寿命，降低了计算机内部的热扩散，增强了系统的可靠性。第四，后向兼容 16 位的 PC 卡。老式以太网和 MODEM 设备的 PC 卡仍然可以插在 CardBus 插槽上使用。图 4-4 所示的是一款 16 位的 PCMCIA 网卡和一款 32 位的 CardBus 笔记本电脑网卡示意图。

- USB 接口网卡。作为一种新型的总线技术，USB（Universal Serial Bus，通用串行总线）已经被广泛应用于鼠标、键盘、打印机、扫描仪、MODEM、音箱等各种设备。由于其传输速率远远大于传统的并行口和串行口，设备安装简单并且支持热插拔。USB 设备一旦接入，就能够立即被计算机所承认，并装入任何所需要的驱动程序，而且不必重新启动系统就可立即投入使用。当不再需要某台设备时，可以随时将其拔除，并可再在该端口上插入另一台新的设备，然后，这台新的设备也同样能够立即得到确认并马上开始工作，所以越来越受到厂商和用户的喜爱。USB 这种通用接口技术不仅在一些外置设备中得到广泛的应用，如 MODEM、打印机、数码相机等，在网卡中也不例外。图 4-5 所示为 D-Link DSB-650TX USB 接口的网卡示意图。

图 4-4　PCMCIA 总线网卡　　　　　　　图 4-5　USB 接口网卡

（2）按网络接口划分。

除了按网卡的总线接口类型划分外，我们还可以按网卡的网络接口类型来划分。网卡最终是要与网络进行连接，所以也就必须有一个接口使网线通过它与其他计算机网络设备连接起来。不同的网络接口适用于不同的网络类型，目前常见的接口主要有以太网的 RJ-45 接口、细同轴电缆的 BNC 接口和粗同轴电缆的 AUI 接口、FDDI 接口、ATM 接口等。而且有的网卡为了适用于更广泛的应用环境，提供了两种或多种类型的接口，如有的网卡会同时提供 RJ-45、BNC 接口或 AUI 接口。

- RJ-45 接口网卡。这是最为常见的一种网卡，也是应用最广的一种接口类型网卡，这主要得益于双绞线以太网应用的普及。因为这种 RJ-45 接口类型的网卡就是应用于以双绞线为传输介质的以太网中，它的接口类似于常见的电话接口 RJ-11，但 RJ-45 是 8 芯线，而电话线的接口是 4 芯的，通常只接两芯线（ISDN 的电话线接 4

芯线）。在网卡上还自带两个状态批示灯，通过这两个指示灯颜色可初步判断网卡的工作状态，如图 4-6 所示的是 RJ-45 接口的网卡示意图。

- BNC 接口网卡。这种接口网卡应用于用细同轴电缆为传输介质的以太网或令牌网中，目前这种接口类型的网卡较少见，主要因为用细同轴电缆作为传输介质的网络比较少。图 4-7 所示的是 BNC 接口网卡。

图 4-6　RJ-45 接口网卡

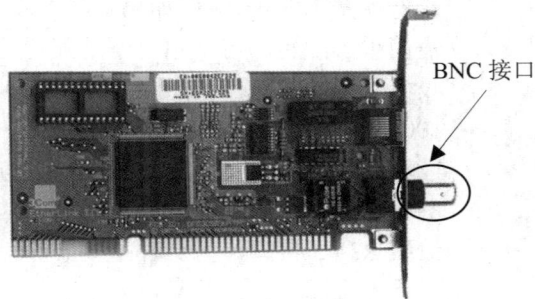

图 4-7　BNC 接口网卡

- AUI 接口网卡。这种接口类型的网卡对应用于以粗同轴电缆为传输介质的以太网或令牌网中，这种接口类型的网卡目前更是很少见，因为用粗同轴电缆作为传输介质的网络更是少上加少。
- FDDI 接口网卡。这种接口的网卡是适应于 FDDI 网络中，这种网络具有 100Mbps 的带宽，但它所使用的传输介质是光纤，所以这种 FDDI 接口网卡的接口也是光模接口的。随着快速以太网的出现，它的速度优越性已不复存在，但它须采用昂贵的光纤作为传输介质的缺点并没有改变，所以目前也非常少见。
- ATM 接口网卡。这种接口类型的网卡是应用于 ATM 光纤（或双绞线）网络中，它能提供物理的传输速率达 155Mbps。

（3）按带宽划分。

随着网络技术的发展，网络带宽也在不断提高，但是不同带宽的网卡所应用的环境也有所不同，当然价格也完全不一样了，为此我们有必要对网卡的带宽作进一步了解。

目前主流的网卡主要有 10Mbps 网卡、100Mbps 以太网卡、10Mbps/100Mbps 自适应网卡和 1000Mbps 千兆以太网卡 4 种。

- 10Mbps 网卡。10Mbps 网卡主要是比较老式、低档的网卡。它的带宽限制在 10Mbps，这在当时的 ISA 总线类型的网卡中较为常见，目前 PCI 总线接口类型的网卡中也有一些是 10Mbps 网卡，不过目前这种网卡已不是主流。这类带宽的网卡仅适应于一些小型局域网或家庭需求，中型以上网络一般不选用，但它的价格比较便宜，一般仅几十元。
- 100Mbps 网卡。目前来说，100Mbps 网卡是一种技术比较先进的网卡，它的传输 I/O 带宽可达到 100Mbps，这种网卡一般用于骨干网络中。目前这种带宽的网卡在市面上已逐渐得到普及，但它的价格稍贵，一些名牌的此带宽网卡一般都要几百元以上，而一些杂牌的 100Mbps 网卡不能向下兼容 10Mbps 网络。

- 10Mbps/100Mbps 网卡。这是一种 10Mbps 和 100Mbps 两种带宽自适应的网卡，也是目前应用最为普及的一种网卡类型，最主要是因为它能自动适应两种不同带宽的网络需求，保护了用户的网络投资。它既可以与老式的 10Mbps 网络设备相连，又可应用于较新的 100Mbps 网络设备连接，所以得到了用户普遍的认同。这种带宽的网卡会自动根据所用环境选择适当的带宽，如与老式的 10Mbps 旧设备相连，其带宽就是 10Mbps，但如果是与 100Mbps 网络设备相连，其带宽就是 100Mbps，仅需简单的配置即可（也有不用配置的）。也就是说，它能兼容 10Mbps 的老式网络设备和新的 100Mbps 网络设备。

- 1000Mbps 以太网卡。千兆位以太网（Gigabit Ethernet）是一种高速局域网技术，它能够在铜线上提供 1Gbps 的带宽。与它对应的网卡就是千兆网卡了，同理这类网卡的带宽也可达到 1Gbps。千兆网卡的网络接口也有两种主要类型，一种是普通的双绞线 RJ-45 接口，另一种是多模 SC 型标准光纤接口，图 4-8 所示的是这两种网卡产品示意图。

图 4-8　1000Mbps 以太网卡

（4）按网卡应用领域来分。

如果根据网卡所应用的计算机类型来分，我们可以将网卡分为应用于工作站的网卡和服务器的网卡。前面所介绍的基本上都是工作站网卡，其实通常也应用于普通的服务器上。但是在大型网络中，服务器通常采用专门的网卡。它相对于工作站所用的普通网卡来说，在带宽（通常在 100Mbps 以上，主流的服务器网卡都为 64 位千兆网卡）、接口数量、稳定性、纠错等方面都有比较明显的提高。还有的服务器网卡支持冗余备份、热拔插等服务器专用功能。

另外还有一些非主流分类方式，因为现在出现一种无线连接的网络技术，如最近热门的无线网卡，如图 4-9 所示的是一款用于笔记本电脑的无线网卡；其实它还有一种是用于台式机上的 PCI 接口的无线连接网卡，如图 4-10 所示。

图 4-9　笔记本电脑无线网卡

图 4-10　台式机无线网卡

3. 网卡的选购

在组网时是否能正确选用、连接和设置网卡，往往是能否正确连通网络的前提和必要条件。一般来说，在选购网卡时要考虑以下因素。

（1）网络类型。现在比较流行的有以太网、令牌环网、FDDI 网等，选择时应根据网络的类型来选择相对应的网卡。

（2）传输速率。应根据服务器或工作站的带宽需求并结合物理传输介质所能提供的最大传输速率来选择网卡的传输速率。以以太网为例，可选择的速率就有 10Mbps，10/100Mbps，1000Mbps，甚至 10Gbps 等多种，但不是速率越高就越合适。例如，为连接在只具备 100Mbps 传输速率的双绞线上的计算机配置 1000Mbps 的网卡就是一种浪费，因为其至多也只能实现 100Mbps 的传输速率。

（3）总线类型。计算机中常见的总线插槽类型有 ISA、EISA、VESA、PCI 和 PCMCIA 等。在服务器上通常使用 PCI 或 EISA 总线的智能型网卡，工作站则采用可用 PCI 或 ISA 总线的普通网卡，在笔记本电脑上则用 PCMCIA 总线的网卡或采用并行接口的便携式网卡。目前 PC 基本上已不再支持 ISA 连接，所以当为自己的 PC 购买网卡时，千万不要选购已经过时的 ISA 网卡，而应当选购 PCI 网卡。

（4）网卡支持的电缆接口。网卡最终是要与网络进行连接，所以也就必须有一个接口使网线通过它与其他计算机网络设备连接起来。不同的网络接口适用于不同的网络类型，目前常见的接口主要有以太网的 RJ-45 接口、细同轴电缆的 BNC 接口和粗同轴电缆的 AUI 接口、FDDI 接口、ATM 接口等。而且有的网卡为了适用于更广泛的应用环境，提供了两种或多种类型的接口，如有的网卡会同时提供 RJ-45、BNC 接口或 AUI 接口。

（5）价格与品牌。不同速率、不同品牌的网卡价格差别较大。

4. 网卡的安装

网卡是网络的重要组成器件之一，网卡的好坏直接影响网络的运行状态。安装网卡包括网卡的硬件安装、连接网络线、网卡工作状态设置和网卡设备驱动程序的安装。网卡的安装步骤：首先关闭主机电源，拔下电源插头，打开机箱；从防静电袋中取出网卡，根据网卡底部的金手指长度为网卡寻找一合适的插槽（ISA 卡底部金手指略长于 PCI 卡金手指）；PCI 插槽（白色）在主板后侧中部，ISA 插槽（黑色）在主板右后侧；拧下机箱后部挡板上固定防尘片的螺丝，取下防尘片，露出条形窗口；将卡对准插槽，使有输出接口的金属接口挡板面向机箱后侧，然后适当用力平稳地将卡向下压入槽中；将卡的金属挡板用螺丝固定在条形窗口顶部的螺丝孔上。这个小螺丝既固定了卡，又能有效地防止短路和接触不良，还连通了网卡与计算机主板之间的公共地线。

当网卡插入主板，重新启动计算机后，系统报告检测到新的硬件，可按照其提示进行网卡驱动程序的安装。

网卡安装好以后，单击"开始"菜单按钮，选择"控制面板"命令，打开"控制面板"窗口；双击"系统"图标，打开"系统属性"对话框；单击该对话框中的"硬件"标签，打开"硬件"选项卡，再单击"设备管理器"按钮，打开"设备管理器"对话框；单击"网络适配器"选项前面的"+"，即可以看到已安装的网卡型号信息，出现的信息前面无"?"

表示安装成功。

　　网卡设备驱动程序安装完成，还必须进行 Windows 的设置。按提示重新启动以后，双击"控制面板"窗口中的"网络连接"图标，在打开的"网络连接"窗口中右键单击"本地连接"图标，选择快捷菜单中的"属性"命令，在打开的对话框"此连接使用下列项目"窗口中通常会有以下条目：

- Microsoft 网络客户——用于与其他 Microsoft Windows 计算机和服务器相连接的软件，以便使用其上的计算机共享文件和打印机。
- NetWare 网络客户——用于与 NetWare 服务器相连接的软件，以便使用其上的共享文件和打印机。
- Novell/Anthem NE2000——当前网络适配器（网卡），是物理上连接计算机与网络的硬件。
- IPX/SPX 兼容协议——NetWare 和 Windows NT 服务器及 Windows XP、Windows 2000 计算机使用的通信语言，两台计算机间必须用相同的协议才能相互通信。
- NetBEUI——用于连接 Windows NT、Windows for Workgroups 或 LAN Manager 服务器的协议。

　　用户使用"IPX/SPX 兼容协议"或"NetBEUI"就可以与 Windows 对等网中通信。如想通过服务器连接 Internet，必须添加"TCP/IP"协议。其实在安装网卡的过程中，Windows 操作系统已经自动安装了 TCP/IP 协议，我们只需要根据网络的要求进行一些设置，例如：设置计算机 IP 地址、网关及 DNS，计算机名称及工作组等，即可连通局域网和 Internet。

4.1.2　交换机

　　交换机（Switch），从外观上看，它是带有多个端口的长方形盒状体。交换机是按照通信两端传输信息的需要，用人工或设备自动完成的方法把要传输的信息送到符合要求的相应路由上的技术统称。广义的交换机就是一种在通信系统中完成信息交换功能的设备。

　　交换机的主要功能包括物理编址、网络拓扑结构、错误校验、帧序列及流量控制。目前一些高档交换机还具备了一些新的功能，如对 VLAN（虚拟局域网）的支持、对链路汇聚的支持，甚至有的还具有路由和防火墙的功能。

　　交换机除了能够连接同种类型的网络外，还可以在不同类型的网络（如以太网和快速以太网）之间起到互连作用。如今许多交换机都能够提供支持快速以太网或 FDDI 等的高速连接端口，用于连接网络中的其他交换机或者为带宽占用量大的关键服务器提供附加带宽。

　　1. 交换机的分类

　　由于交换机具有许多优越性，所以它的应用和发展速度远远高于集线器，出现了各种类型的交换机，主要是为了满足各种不同应用环境需求。

　　（1）从网络覆盖范围划分，可将交换机分为以下几种：

- 广域网交换机。广域网交换机主要是应用于电信城域网互连、因特网接入等领域的广域网中，提供通信用的基础平台。

- 局域网交换机。这种交换机就是最常见的交换机了。局域网交换机应用于局域网络，用于连接终端设备，如服务器、工作站、集线器、路由器、网络打印机等网络设备，提供高速独立通信通道。

（2）根据传输介质和传输速度划分，一般可将局域网交换机分为以太网交换机、快速以太网交换机、千兆以太网交换机、10 千兆以太网交换机、FDDI 交换机、ATM 交换机和令牌环交换机等。

- 以太网交换机。这里所指的"以太网交换机"是指带宽在 100Mbps 以下的以太网所用交换机，它是最普遍和便宜的，档次也比较齐全，应用领域也非常广泛，在大中小型的局域网中都可以见到它们的踪影。以太网包括 3 种网络接口：RJ-45、BNC 和 AUI，所用的传输介质分别为双绞线、细同轴电缆和粗同轴电缆。目前采用同轴电缆作为传输介质的网络已经很少见了，一般是在 RJ-45 接口的基础上为了兼顾同轴电缆介质的网络连接，配上 BNC 或 AUI 接口。如图 4-11 所示的是一款带有 RJ-45 和 AUI 接口的以太网交换机产品示意图。

图 4-11　以太网交换机

- 快速以太网交换机。这种交换机是用于 100Mbps 快速以太网。快速以太网是一种在普通双绞线或者光纤上实现 100Mbps 传输带宽的网络技术。事实上，目前基本上还是以 10/100Mbps 自适应型的为主，同样这种快速以太网交换机通常所采用的介质也是双绞线，有的快速以太网交换机为了兼顾与其他光传输介质的网络互连，会留有光纤接口"SC"。图 4-12 所示的是两款快速以太网交换机产品示意图。

图 4-12　快速以太网交换机

- 千兆以太网交换机。千兆以太网交换机的带宽可以达到 1000Mbps。它一般用于一个大型网络的骨干网段，所采用的传输介质有光纤、双绞线两种，对应的接口为"SC"和"RJ-45"接口两种。图 4-13 所示就是一款千兆以太网交换机的产品示意图。
- 10 千兆以太网交换机。10 千兆以太网交换机主要是为了适应当今 10 千兆以太网络的接入，它一般是用于骨干网段上，采用的传输介质为光纤，其接口方式也就相应于光纤接口。目前，10G 以太网技术在各用户的实际应用还不是很普遍，多数企业用户都早已采用了技术相对成熟的千兆以太网，且认为这种速度已能满足企业数据交换需求。图 4-14 所示的是一款 10 千兆以太网交换机产品示意图。从图中可以看出，它全采用光纤接口。

图 4-13　千兆以太网交换机

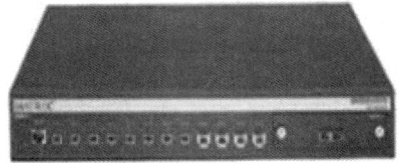

图 4-14　10 千兆以太网交换机

- ATM 交换机。ATM 交换机是用于 ATM 网络的交换机产品。ATM 网络由于其独特的技术特性，现在还只广泛用于电信、邮政网的主干网段，因此其交换机产品在市场上很少看到。如 ADSL 宽带接入方式中如果采用 PPPoA 协议，在局端（NSP 端）

就需要配置 ATM 交换机，有线电视的 Cable MODEM 接入法在局端也采用 ATM 交换机。它的传输介质一般采用光纤，接口类型同样一般有两种：以太网 RJ-45 接口和光纤接口，这两种接口适合与不同类型的网络互连。图 4-15 所示的就是一款 ATM 交换机产品示意图。它相对于物美价廉的以太网交换机而言，价格是很高的，所以也就在普通局域网中见不到它的踪迹。

图 4-15　ATM 交换机

- FDDI 交换机。FDDI 技术是在快速以太网技术还没有开发出来前开发的，它主要是为了解决当时 10Mbps 以太网和 16Mbps 令牌网速度的局限，因为它的传输速率可达到 100Mbps，这比当时的前两个速度高出许多，所以在当时还是有一定市场。但它当时是采用光纤作为传输介质的，比以双绞线为传输介质的网络成本高许多，所以随着快速以太网技术的成功开发，FDDI 技术也就失去了它应有的市场。正因如此，FDDI 交换机也就比较少见了，FDDI 交换机是用于老式中、小型企业的快速数据交换网络中的，它的接口形式都为光纤接口，图 4-16 所示的是一款 3COM 公司的 FDDI 交换机产品示意图。

（3）根据交换机所应用的网络层次，可以将网络交换机划分为企业级交换机、校园网交换机、部门级交换机、工作组交换机和桌面型交换机 5 种。

- 企业级交换机。企业级交换机属于一类高端交换机，一般采用模块化的结构，可作为企业网络骨干构建高速局域网，所以它通常用于企业网络的顶层。

  企业级交换机可以提供用户化定制、优先级队列服务和网络安全控制，并能很快适应数据增长和改变的需要，从而满足用户的需求。对于有更多需求的网络，企业级交换机不仅能传送海量数据和控制信息，更具有硬件冗余和软件可伸缩性特点，保证网络的可靠运行。这种交换机从它所处的位置可以清楚地看出它自身的要求非同一般，起码在带宽、传输速率以背板容量上要比一般交换机要高出许多，所以企业级交换机一般都是千兆以上以太网交换机。企业级交换机所采用的端口一般都为光纤接口，这主要是为了保证交换机高的传输速率。如图 4-17 所示的是友讯的一款模块化千兆以太网交换机，它属于企业级交换机范畴。

图 4-16　FDDI 交换机

图 4-17　企业级交换机

- 校园网交换机。校园网交换机应用相对较少，主要应用于较大型网络，且一般作为网络的骨干交换机。这种交换机具有快速数据交换能力和全双工能力，可提供容错等智能特性，还支持扩充选项及第三层交换中的虚拟局域网（VLAN）等多种功能。这种交换机通常用于分散的校园网而得名，但它并不表示一定要应用在校园网络中，只表示它主要应用于物理距离分散的较大型网络中。因为校园网比较分散，传输距离比较长，所以在骨干网段上，这类交换机通常采用光纤或者同轴电缆作为传输介质，交换机当然也就需提供 SC 光纤口和 BNC 或者 AUI 同轴电缆接口。

- 部门级交换机。部门级交换机是面向部门级网络使用的交换机，它较前面两种的网络规模要小许多。这类交换机可以是固定配置，也可以是模块配置，一般除了常用的 RJ-45 双绞线接口外，还带有光纤接口。部门级交换机一般具有较为突出的智能型特点，支持基于端口的 VLAN，可实现端口管理，可任意采用全双工或半双工传输模式，可对流量进行控制，有网络管理的功能，可通过 PC 的串口或经过网络对交换机进行配置、监控和测试。如果作为骨干交换机，则一般认为支持 300 个信息点以下中型企业的交换机为部门级交换机，如图 4-18 所示是一款部门级交换机产品示意图。

- 工作组交换机。工作组交换机是传统集线器的理想替代产品，一般为固定配置，配有一定数目的 10 Base－T 或 100 Base－TX 以太网口。交换机按每一个包中的 MAC 地址相对简单地决策信息转发，这种转发决策一般不考虑包中隐藏的、更深的其他信息。与集线器不同的是交换机转发延迟很小，操作接近单个局域网性能，远远超过了普通桥接互连网络之间的转发性能。

  工作组交换机一般没有网络管理的功能，如果是作为骨干交换机，则一般认为支持 100 个信息点以内的交换机为工作组级交换机。如图 4-19 所示的是一款快速以太网工作组交换机产品示意图。

图 4-18　部门级交换机

图 4-19　工作组交换机

● 桌面型交换机。桌面型交换机，这是最常见的一种低档交换机，它区别于其他交换机的一个特点是支持的每端口 MAC 地址很少，通常端口数也较少，只具备最基本的交换机特性，当然价格也是最便宜的。

这类交换机虽然在整个交换机中属于最低档的，但是其应用范围还是相当广泛的。它主要应用于小型企业或中型以上企业办公桌面。在传输速率上，目前桌面型交换机大多提供多个具有 10/100Mbps 自适应能力的端口。图 4-20 所示的是桌面型交换机产品示意图。

图 4-20　桌面型交换机

（4）如果按交换机的端口结构来分，交换机大致可分为：固定端口交换机和模块化交换机两种不同的结构。其实还有一种是两者兼顾，那就是在提供基本固定端口的基础上再配备一定的扩展插槽或模块。

● 固定端口交换机。顾名思义就是它所带有的端口是固定的，如果是 8 端口的，就只能有 8 个端口，再不能添加。16 个端口也就只能有 16 个端口，不能再扩展。目前这种固定端口的交换机比较常见，端口数量没有明确的规定，一般的端口标准是 8 端口、16 端口和 24 端口。但现在各生产厂家也是各自说了算，他们认为多少个端口有市场就生产多少个端口。交换机的端口比较杂，非标准的端口数主要有 4 端口、5 端口、10 端口、12 端口、20 端口、22 端口和 32 端口等。

固定端口交换机虽然相对来说价格便宜一些，但由于它只能提供有限的端口和固定类型的接口，因此，无论从可连接的用户数量上，还是从可使用的传输介质上来讲都具有一定的局限性，但这种交换机在工作组中应用较多，一般适用于小型网络、桌面交换环境。如图 4-21 和图 4-22 所示的分别是一款 16 端口和 24 端口的交换机产品示意图。

图 4-21　16 端口交换机

图 4-22　24 端口交换机

固定端口交换机因其安装架构又分为桌面式交换机和机架式交换机。机架式交换机更易于管理，更适用于较大规模的网络，它的结构尺寸要符合 19 英寸国际标准，它是用来与其他交换设备或者是路由器、服务器等集中安装在一个机柜中。而桌面式交换机，由于只能提供少量端口且不能安装于机柜内，所以通常只用于小型网络。如图 4-23 和图 4-24 所示的分别为一款桌面式固定端口交换机和机架式固定端口交换机。

● 模块化交换机。模块化交换机虽然在价格上要贵很多，但拥有更大的灵活性和可扩充性，用户可任意选择不同数量、不同速率和不同接口类型的模块，以适应千变万化的网络需求。而且，机箱式交换机大多有很强的容错能力，支持交换模块的冗余备份，并且往往拥有可热插拔的双电源，以保证交换机的电力供应。在选择交换机时，应按照需要和经费综合考虑选择机箱式或固定方式。一般来说，企业级交换机应考虑其扩充性、兼容性和排错性，因此应当选用机箱式交换机；而骨干交换机和工作组交换机则由于任务较为单一，故可采用简单明了的固定式交换机。图 4-25 所示为一款模块化快速以太网交换机产品示意图，在其中就具有 4 个可拔插模块，可根据实际需要灵活配置。

图 4-23　桌面式固定端口交换机

图 4-24　机架式固定端口交换机

（5）根据交换机工作的协议层划分。网络设备都是对应工作在 OSI/RM 这一开放模型的一定层次上，工作的层次越高，说明其设备的技术性越高，性能也越好，档次也就越高。交换机也一样，随着交换技术的发展，交换机由原来工作在 OSI/RM 的第二层，发展到可以工作在第四层的交换机出现，所以根据工作的协议层交换机可分为第二层交换机、第三层交换机和第四层交换机。

● 第二层交换机。第二层交换机是对应于 OSI/RM 的第二协议层来定义的，因为它只能工作在 OSI/RM 数据链路层。第二层交换机依赖于链路层中的信息（如 MAC 地址）完成不同端口数据间的线速交换，主要功能包括物理编址、错误校验、帧序列及数据流控制。目前第二层交换机应用最为普遍（主要是价格便宜，功能符合中、小企业实际应用需求），一般应用于小型企业或中型以上企业网络的桌面层次。如图 4-26 所示的是一款第二层交换机的产品示意图。要说明的是，所有的交换机在协议层次上来说都是向下兼容的，也就是，所有的交换机都能够工作在第二层。

图 4-25　模块化交换机

图 4-26　第二层交换机

● 第三层交换机。第三层同样是对应于 OSI/RM 开放体系模型的第三层——网络层来定义的，也就是说，这类交换机可以工作在网络层，它比第二层交换机更加高档，功能更加强。第三层交换机因为工作于网络层，所以它具有路由功能，能将 IP 地址信息提供给网络路径选择，并实现不同网段间数据的线速交换。当网络规模较大时，可以根据特殊应用需求划分为小面独立的 VLAN 网段，以减小广播所造成的影响。通常这类交换机是采用模块化结构，以适应灵活配置的需要。在大中型网络中，第三层交换机已经成为基本配置设备。如图 4-27 所示的 3COM 公司一款第三层交换机产品示意图。

- 第四层交换机。第四层交换机是采用第四层交换技术而开发出来的交换机产品，当然它工作于 OSI/RM 模型的第四层，即传输层，直接面对具体应用。第四层交换机支持的协议是各种各样的，如 HTTP、FTP、Telnet 等。在第四层交换中为每个供搜寻使用的服务器组设立虚 IP 地址（VIP），每组服务器支持某种应用。在域名服务器（DNS）中存储的每个应用服务器地址是 VIP，而不是真实的服务器地址。当某用户申请应用时，一个带有目标服务器组的 VIP 连接请求发给服务器交换机。服务器交换机在组中选取最好的服务器，将终端地址中的 VIP 用实际服务器的 IP 取代，并将连接请求传给服务器。这样，同一区间所有的包由服务器交换机进行映射，在用户和同一服务器间进行传输。如图 4-28 所示的是一款第四层交换机产品示意图。从图中可以看出，它也是采用模块结构的。

图 4-27　第三层交换机　　　　　　图 4-28　第四层交换机

　　第四层交换技术相对原来的第二层、第三层交换技术具有明显的优点，从操作方面来看，第四层交换是稳固的，因为它将包控制在从源端到宿端的区间中。另一方面，路由器或第三层交换，只针对单一的包进行处理，不清楚上一个包从哪来，也不知道下一个包的情况。它们只是检测包报头中的 TCP 端口数字，根据应用建立优先级队列，路由器根据链路和网络可用的节点决定包的路由；而第四层交换机则是在可用的服务器和性能基础上先确定区间。目前由于这种交换技术尚未真正成熟且价格昂贵，所以第四层交换机在实际应用中还较少见。

2. 交换机的选购

　　交换机要根据局域网组建的原则和需要进行选择，但在满足要求的情况下，还应该注意下面的要点：

　　（1）注意合适的尺寸。现在的局域网建设除了功能实用外，局域网结构的布局合理也是要考虑的问题。为此，现在局域网常常使用控制柜，对各种网络设备进行整体控制和统一管理。因此，交换机的尺寸必须和控制柜相吻合。最好选择符合机架标准的 19 英寸机架式交换机。

　　（2）交换的速度要快。交换机传输速率的选择，要根据不同用户不同的通信要求来选择。现在一般的局域网都是 100Mbps 以太网，再考虑到升级换代的需要，100Mbps/1000Mbps 自适应交换机就成为局域网交换机的主流，甚至可以成为局域网的标准交换设备。

　　（3）端口数能够升级。现在局域网对网络通信的要求越来越高，网络扩容的速度也是越来越快，因此在选购交换机时，要考虑到足够的扩展性来选择适当的端口数目。目前市场上常见的交换机端口数有 8、12、16、24、48 等几种，而且不同的端口数在价格上也有一定的差别，如果从节约成本的角度来看，选择合适端口数的交换机也是一个不可忽视的环节。

（4）根据使用要求选择合适的品牌。这就要根据各个用户的实际经济承受能力了，因为好的品牌的交换机在价格上可能要比普通品牌交换机要高出几个价位。好品牌的交换机确实质量上乘，性能稳定且功能强大。

（5）管理控制功能要强大。由于网络交换机属于较为昂贵的设备，即使投资不能一次到位，也尽量做到 3 年内不落伍，这就要求在选择交换机时，也要把交换机的管理控制技术考虑在内。

（6）其他细节要点。除了以上交换机技术、功能外，在选购时还应该注意一些外在因素，比如，产品的真伪、性价比及售后服务等方面的内容。另外还必须考虑的因素：生产厂家的公司形象及信誉、厂家的营销服务体系是否完善、厂家经营的其他产品的情况等，这些对于选择交换机时，会起到很好的借鉴作用。

4.1.3　路由器

路由器是连接异型网络的核心设备。路由器工作于网络层，它具有不同网络间的地址翻译，协议转换和数据格式转换的功能，以实现广域网之间、广域网和局域网之间的互连。图 4-29 所示为最新的路由器产品。

图 4-29　路由器

1. 路由器的基本功能

路由器的基本功能如下。

（1）实现 IP、TCP、UDP、ICMP 等协议。

（2）连接到两个或多个数据报交换的网络。对每个连接到的网络，实现该网络所要求的功能。这些功能包括：

● 将 IP 数据报封装到链路层帧或从链路层帧中取出 IP 数据报。

● 按照该网络的最大传输单元（MTU）发送或接收 IP 数据报。

● 将 IP 地址与相应网络的链路层地址相互转换。

（3）实现网络支持的流量控制和差错指示。其具体内容如下：

● 接收及转发数据报，在收发过程中实现缓冲区管理、拥塞控制及公平性处理。

● 出现差错时辨认差错并产生 ICMP 差错及必要的差错消息。

- 丢弃生存时间（TTL）域为 0 的数据报。

（4）必要时将数据报分段。

（5）按照路由表信息，为每个 IP 数据报选择下一跳目的地。

（6）支持至少一种内部网关协议（IGP）与其他同一自治域中路由器交换路由信息及可达性信息。支持外部网关协议（EGP）与其他自治域交换拓扑信息。

2. 路由器的选购

市场上路由器的价格跨度很大，如何选择合适的路由器，这实质是路由器的分类问题。弄清楚路由器的分类是正确选择合适产品的基础。通常根据路由器的性能和所适应的环境，把路由器分为低端、中端和高端 3 种，这是许多产商的划分方法。

- 低端路由器：主要适用在分级系统中最低一级的应用，或者中小企业的应用。至于具体选用哪个档次的路由器，应该根据自己的需求来决定，其中考虑的主要因素除了包交换能力外，端口数量也非常重要。
- 中端路由器：中端路由器适用于大中型企业和 Internet 服务供应商，或者行业网络中地市级网点的应用。选用的原则也是考虑端口支持能力和包交换能力。
- 高端路由器：高端路由器主要是应用在核心和骨干网络上的路由器，端口密度要求极高。选用高端路由器的时候，性能因素显得更加重要。

无论是低端、中端还是高端路由器，在进行选择时都应注意安全性、控制软件、网络扩展能力、网管系统、带电插拔能力等方面的问题。

（1）由于路由器是网络中比较关键的设备，针对网络存在的各种安全隐患，路由器必须具有如下的安全特性。

- 可靠性与线路安全：可靠性要求是针对故障恢复和负载能力而提出来的。对于路由器来说，可靠性主要体现在接口故障和网络流量增大两种情况下，为此，备份是路由器不可或缺的手段之一。当主接口出现故障时，备份接口自动投入工作，保证网络的正常运行。当网络流量增大时，备份接口又可承当负载分担的任务。
- 身份认证：路由器中的身份认证主要包括访问路由器时的身份认证、对端路由器的身份认证和路由信息的身份认证。
- 访问控制：对于路由器的访问控制，需要进行口令的分级保护。有基于 IP 地址的访问控制和基于用户的访问控制。
- 信息隐藏：与对端通信时，不一定需要用真实身份进行通信。通过地址转换，可以做到隐藏网内地址，只以公共地址的方式访问外部网络。除了由内部网络首先发起的连接，网外用户不能通过地址转换直接访问网内资源。
- 数据加密。
- 攻击探测和防范。
- 安全管理。

（2）路由器的控制软件是路由器发挥功能的一个关键环节。从软件的安装、参数自动设置，到软件版本的升级都是必不可少的。软件安装、参数设置及调试越方便，用户使用就越容易掌握，就能更好地应用。

（3）随着计算机网络应用的逐渐增加，现有的网络规模有可能不能满足实际需要，会产生扩大网络规模的要求，因此扩展能力是一个网络在设计和建设过程中必须要考虑的。扩展能力的大小主要看路由器支持的扩展槽数目或者扩展端口数目。

（4）随着网络的建设，网络规模会越来越大，网络的维护和管理就越难进行，所以网络管理显得尤为重要。

（5）在安装、调试、检修和维护或者扩展计算机网络的过程中，免不了要给网络中增减设备，也就是说可能会要插拔网络部件。那么路由器能否支持带电插拔，是路由器的一个重要的性能指标。

4.1.4　网桥和网关

在网络的实际应用中，互连已经成为网络的基本结构模式，因为互连可以使分布在不同地理位置的网络、设备相连，构成规模更大的网络系统，能更方便、更大范围地进行资源共享，网桥和网关就是网络互连使用的设备。网桥用于局域网之间的互连，属数据链路层互连；网关用于局域网与广域网之间的互连，属高层互连（传输层及以上）。

1. 网桥

网桥是一种存储转发设备，用来连接类型相似的局域网，如图 4-30 所示。

网桥工作在 OSI 模型的第二层，即数据链路层的介质访问控制（MAC）子层，它能够实现两个在物理层或数据链路层使用不同协议的网络间的连接。

（1）网桥的工作过程。

网桥接收数据帧并送到数据链路层进行差错校

图 4-30　光口网桥

验，然后送到物理层再经物理传输媒体送到另一个子网。网桥一般不对转发帧作修改。网桥应该有足够的缓冲空间，一边能满足高峰负荷的要求。另外，网桥必须具有寻址和路由选择的功能。

例如，一个使用 802.3 协议的网络中有一台主机 A 要发送一个分组，该分组被传到数据链路层的 LLC 子层并加上一个 LLC 头，随后该分组又传到 MAC 子层并加上一个 802.3 头。此信元被发送到电缆上，最后传到网桥中的 MAC 子层，在此去掉 802.3 头，然后将它（带有 LLC 头）交给网桥中的 LLC 子层。若此时网桥的 LLC 层发现数据是要发向 802.4 局域网中另一台主机 B，则将数据经过 MAC 子层加上相应控制信息送到 802.4 局域网中，再由主机 B 接收。

（2）网桥的功能。具体内容如下：

- 过滤与转发。网络上的各种设备和工作站都有一个"地址"，在信息的传输过程中，当网桥接到信息帧时，它检查信息帧的源地址和目的地址，如果目的地址与源地址不在同一网络上，则网桥将"转发"该信息到扩展的另一个网络上；如果目的地址与源地址在同一网络上，则网桥便不"转发"该信息，起到了一个"过滤"的作用。由于网桥只将该转发的信息帧编排到它的通信流量中，这样就提高了整体网络的效率。

- 学习功能。当网桥接到一个信息帧时，它查看该帧的源地址是否在其地址表中，如果不在，网桥则把该地址加到地址表中，即网桥具有"地址学习"能力。网桥可以根据学习到的地址重新配置网桥。然后对比目的地址和路径表中的源地址，进行"过滤"。

（3）网桥在实际中的应用。具体内容如下：

- 网络分段。网桥可以用来分割一个负载较重的网络，以均衡负载，增加效率。例如，可以利用网桥将财务部门和销售部门分成两段，两个部门在没有数据交换时在两段上分别运行，有数据交换时才跨过网桥，如图 4-31 所示。

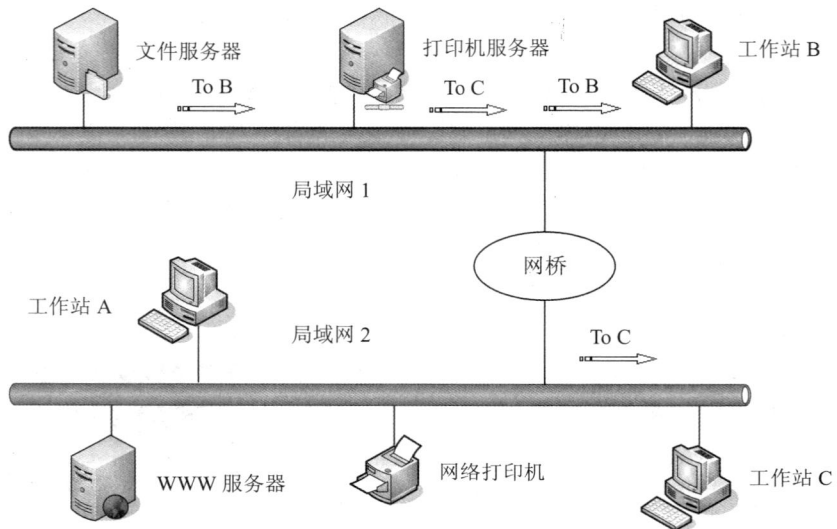

图 4-31　网桥在网络中的作用

- 扩展网络。使用中机器的网络仍然受到距离的限制。使用网桥可以进一步延伸距离，扩展网络。
- 网桥可以实现局域网之间、远程局域网和局域网之间的连接。
- 网桥可以连接使用不同传输介质的网络。

（4）网桥的分类。

从硬件配置来分，网桥可分为内部网桥和外部网桥两种。在文件服务器上安装、使用两块网卡，就可以组成网桥；而外部网桥的硬件则可以放在专用做网桥的计算机上或其他设备上。

从地理位置来分，网桥还可以分为近程网桥和远程网桥。连同两个相近的 LAN 电缆段只需一个近程网桥（或称本地网桥），但连同经过低速传输媒体间隔的两个网络是要使用两个远程网桥，注意远程网桥应该成对使用。

2. 网关

网关也称协议转换器，用于传输层及以上各层的协议转换，通常是指运行连接异构网的软件的 PC、工作站和小型机。由于网关能进行协议转换，适用于两种完全不同的网络环境的通信，因而网关是网间互连设备中最复杂的一种设备。USB 口网关如图 4-32 所示。

图 4-32　USB 口网关

使用网关可以实现局域网和广域网互连，局域网和 Internet 互连及异型局域网互连。使用路由器和网关不同的是，使用前者连接网络时，传输层及以上各层的协议应该相同，而后者却可以是完全不同的两个网络。网关在对高层协议的实际转换中，不一定要分层，从传输层到应用层可以一起进行。

网关还可以应用于使用公用电话网互连的计算机网络。通过网关可以将远程硬盘、打印机等设备映射为本地设备，实现资源的共享。

网关工作复杂，效率较低，因而经常用于针对某种特殊用途的专用连接。

4.1.5　中继器

中继器（Repeater）又称转发器，用于实现两个局域网之间物理层上的连接，是最简单，也是较常用的连接设备，如图 4-33 所示。

1. 中继器的功能

中继器的功能将网络上的一个电缆段上传输的数据信号进行复制、调整和放大，然后再发送到另一个电缆段上，以此来延长网络的长度。

图 4-33　中继器

在网络互连中，可以根据实际情况选择使用传输介质。但无论是哪种传输介质，都会有损耗的存在，这样在线路上传输的信号功率会逐渐衰减，衰减到一定程度时将造成信号失真，因此会导致接收错误。中继器就是为解决这一问题而设计的。它完成物理线路的连接，对衰减的信号进行放大，保持与原数据相同。因此，中继器实际上是一种数字信号放大器。

任何传输介质在传输信号时都会有一个距离限制。中继器可以完成传输介质的转接，它从接收信号中分离出数字资料，并存储起来，然后转发出去。再生的信号与接收的信号完全相同并可以沿着另外的网络段传送到远端，也就是扩展网络电缆的长度。从理论上讲，中继器的使用是无限的，网络也因此可以无限延长。事实上这是不可能的，因为网络标准中都对信号的延迟范围进行了具体的规定，中继器只能在此规定范围内进行有效的工作，否则会引起网络故障。

中继器也可以用来改变网络的拓扑结构，形成多分支的树型结构，以适应不同环境的布线要求。通过中继器连接起来的各种网络仍属于一个网络系统。因此，一般不认为这是网络互连，而只是将一个网络的作用范围扩大而已。

2．中继器特性

中继器具有如下特性。

- 中继器仅作用于物理层，只具有简单的放大、再生物理信号的功能。
- 中继器在网络之间实现的是物理层连接，因此只能连接同类的局域网。
- 中继器连接的同类局域网，其传输介质可以相同，也可以不同。
- 中继器将多个独立的物理网连接起来，组成一个大的物理网络。
- 中继器对物理层以上各层协议完全透明，即支持数据链路层及其以上各层的所有协议。

4.1.6　集线器

集线器（Hub）又称集中器，是一种特殊的中继器。由于集线器能够提供多端口服务，所以被称为多口的中继器。用于把多台计算机连接在一起组成网络，也是小型网络中应用最广泛的设备，如图4-34所示。

图4-34　集线器（Hub）

1．集线器的功能

依据IEEE 802.3协议，集线器功能是随机选出某一端口的设备，并让它独占全部带宽，与集线器的上级设备进行通信。

数据传输一定距离后，其信号幅度会减小，甚至会有畸变，这时就需要集线器，把它作为一个中心节点，通过集线器的多个端口连接多条传输介质。集线器把接收到的信号经过放大后转发到集线器的其他所有端口，即集线器的其他所有端口共享带宽。集线器还具有故障隔离的作用，当某条传输介质发生故障，不会影响到其他的节点。

集线器只与它的上级设备进行通信，如上层集线器、交换机或服务器，同层的各端口之间不会直接进行通信，而是先将信息上传到上级设备，再通过上级设备将信息广播到所有端口上。

2．集线器的工作原理

以太网是非常典型的广播式局域网，所以以太网集线器的基本工作原理是广播技术，即集线器从任何一个端口收到一个以太网数据报时，都将此数据报广播到集线器的其他端口。由于集线器不具有寻址功能，所以它并不记忆一个MAC地址挂在哪一个端口。

当集线器将数据报以广播方式分发后，接在集线器端口上的网卡判断这个数据报是否是发给自己的，如果是，则根据以太网数据报所要求的功能执行相应的动作；如果不是，则丢掉。集线器对这些内容并不处理，它只是把从一个端口上收到的以太网数据报广播到所有其他端口。这就好像邮递员，他是根据信封上的地址来发信，如果没有回信而导致发信人着急，与邮递员无关。但不同之处在于，邮递员在找不到该地址时还会将信退回，而集线器不管退信，只负责转发。

3. 集线器的分类

根据不同的分类标准，可以对集线器进行如下分类。

（1）按配置形式分类。根据配置形式的不同，集线器可以分为独立型集线器、模块化集线器和可堆叠式集线器。

（2）按连接速率分类。根据连接速率的不同，集线器可以分为 10Mbps 和 100Mbps 和 10/100Mbps 自适应 3 种类型。

（3）按管理方式分类。根据管理方式的不同，集线器可以分为智能型集线器和非智能型集线器。

（4）按端口数目分类。根据端口数目的不同，集线器可以分为 8 口、16 口和 24 口几种。

（5）按工作原理分类。根据工作原理的差别，集线器可以分为共享式集线器和交换式集线器。

随着技术的发展，在局域网尤其是一些大中型局域网中，集线器已逐渐退出应用，而被交换机所取代。我们可以根据实际需求选择使用。

4.2　网络数据传输介质

现在的局域网中应用最多的数据传输介质是双绞线和光纤，而同轴电缆已经逐渐淘汰，这里就不再介绍。

4.2.1　双绞线

双绞线（Twisted Pair）是局域网组建时最常用的一种数据传输介质。

1. 组成及分类

双绞线由两根具有绝缘保护层的铜导线组成，如图 4-35 所示。把两根绝缘的铜导线按一定密度互相绞在一起，可降低信号干扰的程度，每一根导线在传输中辐射的电波会被另一根线上发出的电波抵消。如果把一对或多对双绞线放在一个绝缘套管中便成了双绞线电缆。与其他传输介质相比，双绞线在传输距离、信道宽度和数据传输速率等方面均受到一定限制，但价格较为低廉。

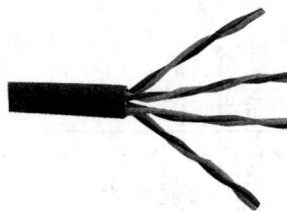

图 4-35　双绞线

虽然双绞线主要是用来传输模拟声音信息的，但同样适用于数字信号的传输，特别适用于较短距离的信息传输。在传输期间，信号的衰减比较大，并且产生波形畸变。采用双绞线的局域网的带宽取决于所用导线的质量、长度及传输技术。只要精心选择和安装双绞线，就可以在有限距离内达到每秒几百万位的可靠传输率。当距离很短，并且采用特殊的电子传输技术时，传输速率可达 100Mbps～155Mbps。由于利用双绞线传输信息时要向周围辐射，信息很容易被窃听，因此要花费额外的代价加以屏蔽。目前，双绞线可分为屏蔽双绞线（STP，Shielded Twisted Pair）和非屏蔽双绞线（UTP，Unshielded Twisted Pair）。

（1）屏蔽双绞线。如图 4-36 所示，STP 的外层由铝箔包裹，以减小辐射，但并不能完全消除辐射。但它有较高的传输速率，100m 内可达到 155Mbps。屏蔽双绞线价格相对较高，安装时要比非屏蔽双绞线电缆困难。类似于同轴电缆，它必须配有支持屏蔽功能的特殊连结器和相应的安装技术。所以除非有特殊需要，通常在综合布线系统中只采用非屏蔽双绞线。

（2）非屏蔽双绞线。如图 4-37 所示，UTP 对电磁干扰的敏感性较大，而且绝缘性不是很好，信号衰减较快，与其他传输介质相比在传输距离、带宽和数据传输速率方面均有一定的限制。它的最大优点是直径小、重量轻、易弯曲、价格便宜、易于安装，具有独立性和灵活性，适用于结构化综合布线，所以被广泛用于传输模拟信号的电话系统。

图 4-36　屏蔽双绞线　　图 4-37　非屏蔽双绞线

通常，还可以将双绞线按电气性能划分为 3 类、4 类、5 类、超 5 类、6 类、7 类双绞线等类型，数字越大、版本越新、技术越先进、带宽也越宽。网络综合布线使用第 3、4、5 类。3 类、4 类线目前在市场上几乎没有了。目前在一般局域网中常见的是 5 类、超 5 类或者 6 类非屏蔽双绞线。几种 UTP 的主要性能参数见表 4-1。

表 4-1　UTP 的主要性能参数

UTP 类别	最高工作频率（MHz）	最高数据传输速率（Mbps）	主 要 用 途
3 类	16	10	10 Base-T 的网络
4 类	20	16	10 Base-T 的网络
5 类	100	100	10 Base-T 和 100 Base-T 的网络
超 5 类	100	155	10 Base-T、100 Base-T 和 1000Mbps 的网络
6 类	250	250	1000Mbps 的以太网

2. 性能指标

对于双绞线，用户最关心的是表征其性能的几个指标。这些指标包括衰减、近端串扰、阻抗特性、分布电容、直流电阻等。其具体各指标说明如下：

（1）衰减。衰减（Attenuation）是沿链路的信号损失度量。衰减与线缆长度有关系，随着长度的增加，信号衰减也随之增加。衰减用"db"作为单位，表示源传送端信号到接收端信号强度的比率。由于衰减随频率而变化，因此应测量在应用范围内的全部频率上的衰减。

（2）近端串扰。串扰分近端串扰（NEXT）和远端串扰（FEXT），测试仪主要是测量 NEXT，由于存在线路损耗，因此 FEXT 的量值的影响较小。近端串扰损耗是测量一条 UTP

链路中从一对线到另一对线的信号耦合。对于 UTP 链路，NEXT 是一个关键的性能指标，也是最难精确测量的一个指标。随着信号频率的增加，其测量难度将加大。NEXT 并不表示在近端点所产生的串扰值，它只是表示在近端点所测量到的串扰值。这个量值会随电缆长度不同而变，电缆越长，其值变得越小。同时发送端的信号也会衰减，对其他线对的串扰也相对变小。实验证明，只有在 40m 内测量得到的 NEXT 是较真实的。如果另一端是远于 40m 的信息插座，那么它会产生一定程度的串扰，但测试仪可能无法测量到这个串扰值。因此，最好在两个端点都进行 NEXT 测量。现在的测试仪都配有相应设备，使得在链路一端就能测量出两端的 NEXT 值。

（3）直流电阻。直流环路电阻会消耗一部分信号，并将其转变成热量。它是指一对导线电阻的和，11801 规格的双绞线的直流电阻不得大于 19.2 Ω。每对间的差异不能太大（小于 0.1 Ω），否则表示接触不良，必须检查连接点。

（4）特性阻抗。与环路直流电阻不同，特性阻抗包括电阻及频率为 1～100MHz 的电感阻抗及电容阻抗，它与一对电线之间的距离及绝缘体的电气性能有关。各种电缆有不同的特性阻抗，而双绞线电缆则有 100 Ω、120 Ω 及 150 Ω 几种。

（5）衰减串扰比（ACR）。在某些频率范围，串扰与衰减量的比例关系是反映电缆性能的另一个重要参数。ACR 有时也以信噪比（SNR，Signal-Noise Ratio）表示，它由最差的衰减量与 NEXT 量值的差值计算。ACR 值较大，表示抗干扰的能力更强。一般系统要求至少大于 10dB（分贝）。

（6）电缆特性。通信信道的品质是由它的电缆特性描述的。SNR 是在考虑到干扰信号的情况下，对数据信号强度的一个度量。如果 SNR 过低，将导致数据信号在被接收时，接收器不能分辨数据信号和噪音信号，最终引起数据错误。因此，为了将数据错误限制在一定范围内，必须定义一个最小的可接收的 SNR。

3. 常用的双绞线电缆

（1）5 类 4 对非屏蔽双绞线。它是美国线缆规格为 24 的实芯裸铜导体，以氟化乙烯作为绝缘材料，传输频率达 100MHz。导线组成如表 4-2 所示。

表 4-2　导线色彩编码

线　对	色 彩 码	线　对	色 彩 码
1	白/蓝//蓝	3	白/绿//绿
2	白/橙//橙	4	白/棕//棕

电气特性如表 4-3 所示。其中，"9.38 Ω MAX. Per100m@20℃"是指在 20℃ 恒定温度下，每 100m 的双绞线的电阻为 9.38 Ω（下表中类同）。

（2）5 类 4 对 24AWG100Ω 屏蔽电缆

它是美国线规为 24 的裸铜导体，以氟化乙烯作为绝缘材料，内有一 24AWG TPG 漏电线。传输频率达 100MHz，导线组成如表 4-4 所示。表中屏蔽项 "0.002[0.051]铝/聚酯带最小交叠@20℃ 及一根 24AWG TPC 漏电线"的含义是屏蔽层厚度为 0.002cm 或 0.051 英寸。@20℃代表在 20℃ 恒定温度下。

表 4-3　5 类 4 对非屏蔽双绞线

频率需求（Hz）	阻　抗	最大衰减 （db/100m）	最小 NEXT（db） （最差线对之间）	直流阻抗
256K	-	1.1	-	
512K	-	1.5	-	
772K	-	1.8	66	
1M		2.1	64	
4M		4.3	55	
10M		6.6	49	9.38Ω
16M	85～115Ω	8.2	46	MAX. Per
20M		9.2	44	100m @ 20℃
31.25M		11.8	42	
62.50M		17.1	37	
100M		22.0	34	

表 4-4　导线色彩编码

线　对	色 彩 码	屏　蔽
1	白/蓝//蓝	
2	白/橙//橙	0.002[0.051]铝/聚酯带最小交叠@20℃及一根 24AWG TPC
3	白/绿//绿	漏电线
4	白/棕//棕	

电气特性如表 4-5 所示。

表 4-5　5 类 4 对 24AWG100 屏蔽电缆

频率需求（Hz）	阻　抗 （Ω）	最大衰减 （db/100m）	最小 NEXT（db） （最差线对之间）	直流阻抗
256K	-	1.1	-	
512K	-	1.5	-	
772K	-	1.8	66	
1M		2.1	64	
4M		4.3	55	
10M		6.6	49	
16M		8.2	46	9.38Ω
20M	85～115Ω	9.2	44	MAX.Per
31.25M		11.8	42	100m @ 20℃
62.50M		17.1	37	
100M		22.0	34	

（3）5 类 4 对 24AWG 非屏蔽软线。

它由 4 对线组成，用于高速数据传输，适合于扩展传输距离，应用于互连或跳接线。

传输频率达 100MHz。导线组成如表 4-6 所示。

表 4-6　导线色彩编码

线　对	色 彩 码	线　对	色 彩 码
1	白/蓝//蓝	3	白/绿//绿
2	白/橙//橙	4	白/棕//棕

电气特性如表 4-7 所示。

表 4-7　5 类 4 对 24AWG 非屏蔽软线

频率需求（Hz）	阻　抗（Ω）	最大衰减（db/100m）	最小 NEXT（db）（最差线对之间）	直流阻抗
256K	-	-	-	
512K	-	-	-	
772K	-	2.0	66	
1M		2.3	64	
4M		5.3	55	8.8Ω
10M		8.2	49	MAX.Per
16M	85～115Ω	10.5	46	100m @ 20℃
20M		11.8	44	
31.25M		15.4	42	
62.50M		22.3	37	
100M		28.9	34	

4. 超 5 类布线系统

超 5 类布线系统是一个非屏蔽双绞线布线系统，通过对它的"链接"和"信道"性能的测试表明，它超过 TIA/EIA568 的 5 类线要求。与普通的 5 类 UTP 比较，其衰减更小，串扰更少，同时具有更高的衰减与串扰的比值（ACR，Attenuation-to-Crosstalk Ratio）和信噪比（SRL，Structural Return Loss）、更小的时延误差，性能得到了提高。它具有 4 大优点：

（1）提供了坚实的网络基础，可以方便转移、更新网络技术。

（2）能够满足大多数应用的要求，并且满足低偏差和低串扰总和的要求。

（3）被认为是为将来网络应用提供的解决方案。

（4）充足的性能余量，给安装和测试带来方便。

与 5 类线缆相比，超 5 类在近端串扰、串扰总和、衰减和信噪比 4 个主要指标上都有较大的改进。近端串扰（NEXT）是评估性能的最重要的标准。一个高速的 LAN 在传送和接收数据时是同步的。NEXT 是当传送与接收同时进行时所产生的干扰信号。NEXT 的单位是 db，它表示传送信号与串扰信号之间的比值。

串扰总和（Power Sum NEXT）是从多个传输端产生 NEXT 的和。如果一个布线系统能够满足 5 类线在 Power Sum 下的 NEXT 要求，那么就能处理从应用共享到高速 LAN 应用的任何问题。超 5 类布线系统的 NEXT 只有 5 类线要求的 1/8。

信噪比（SRL）是衡量线缆阻抗一致性的标准，阻抗的变化引起反射。一部分信号的能量被反射到发送端，形成噪声。SRL 是测量能量变化的标准，由于线缆结构变化而导致阻抗变化，使得信号的能量发生变化。反射的能量越少，意味着传输信号越完整，在线缆上的噪声越小。比起普通 5 类双绞线，超 5 类系统在 100MHz 的频率下运行时，为用户提供 8db 近端串扰的余量，用户的设备受到的干扰只有普通 5 类线系统的 1/4，使系统具有更强的独立性和可靠性。

4.2.2　光纤

光纤是光导纤维的简称，是目前发展和应用最为迅速的信息传输介质，主要用于距离较远或网络速度要求较快的网络系统。

1．组成及分类

光纤与同轴电缆相似，只是没有网状屏蔽层。中心是传播光束的玻璃芯，它由纯净的石英玻璃经特殊工艺拉制成的粗细均匀的玻璃丝组成。它质地脆，易断裂。在多模光纤中，芯的直径是

图 4-38　室外光缆

15mm～50mm，与头发的粗细相当。而单模光纤芯的直径为 8mm～10mm。在玻璃芯的外面包裹一层折射率较低的玻璃封套，再外面是一层薄的塑料外套，用来保护光纤。光纤通常被扎成束，外面有外壳保护。其结构如图 4-38 所示。

光纤主要分为以下两大类。

（1）传输点模数类。传输点模数类光纤分为单模光纤（Single Mode Fiber）和多模光纤（Multi Mode Fiber），如图 4-39 和图 4-40 所示。

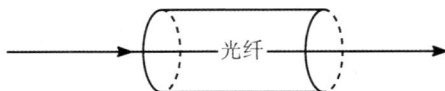

图 4-39　单模光纤

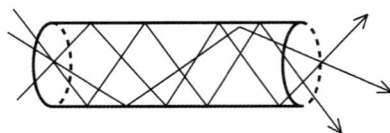

图 4-40　多模光纤

单模光纤的纤芯直径很小，中心玻璃芯的芯径一般为 9 或 10μm，只能传一种模式的光，即在给定的工作波长上只能以单一模式传输，传输频带宽，传输容量大，适用于远程通信。单模光纤对光源的谱宽和稳定性有较高的要求，即谱宽要窄，稳定性要好。

多模光纤中心玻璃芯较粗，芯径一般为 50 或 62.5μm，可传多种模式的光，即在给定的工作波长上，能以多个模式同时传输的光纤。与单模光纤相比，多模光纤的传输性能较差。传输的距离比较近，一般只有几千米。

（2）折射率分布类。折射率分布类光纤可分为跳变式光纤和渐变式光纤。

跳变式光纤纤芯的折射率和保护层的折射率都是一个常数。在纤芯和保护层的交界面，折射率呈阶梯型变化。其成本低，模间色散高。适用于短途低速通信。由于单模光纤模间色散很小，所以单模光纤都采用跳变式。

渐变式光纤纤芯的折射率随着半径的增加按一定规律减小，在纤芯与保护层交界处减小为保护层的折射率。纤芯折射率的变化近似于抛物线，这能减少模间色散，提高光纤带宽，增加传输距离，但成本较高，现在的多模光纤多为渐变式光纤。

折射率分布类光纤光束传输如图 4-41 和图 4-42 所示。

光纤的类型由模材料（玻璃或塑料纤维）及芯和外层尺寸决定，芯的尺寸大小决定光的传输质量。常用的光纤缆有：

- 8.3μm 芯、125μm 外层、单模。
- 62.5μm 芯、125μm 外层、多模。
- 50μm 芯、125μm 外层、多模。
- 100μm 芯、140μm 外层、多模。

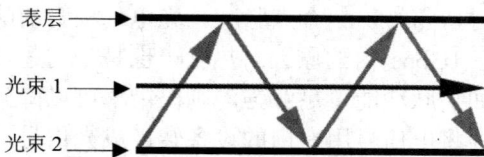

图 4-41　跳变式光纤光束传输图

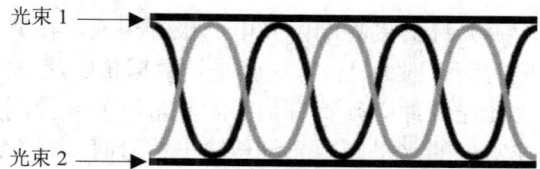

图 4-42　渐变式光纤光束传输图

2. 特点

与铜导线相比，光纤具有非凡的性能。首先，光纤能够提供比铜导线高得多的带宽，在目前技术条件下，一般传输速率可达几十 Mbps 到几百 Mbps，其带宽可达 1Gbps，而在理论上，光纤的带宽可以是无限的。其次，光纤中光的衰减很小，在长线路上每 30km 才需要一个中继器，而且光纤不受电磁干扰，不受空气中腐蚀性化学物质的侵蚀，可以在恶劣环境中正常工作。第三，光纤不漏光，而且难于拼接，使得它很难被窃听，安全性很高，是国家主干网传输的首选介质；另外，光纤还具有体积小、重量轻、韧性好等特点，其价格也会随着工程技术的发展而大大下降。

3. 连接方式

光纤有以下 3 种连接方式。

（1）将它们接入连接头并插入光纤插座。连接头要损耗 10%到 20%的光，但是它使重新配置系统很容易。

（2）用机械方法将其接合。方法是将两根小心切割好的光纤的一端放在一个套管中，然后钳起来。可以让光纤通过结合处来调整，以使信号达到最大。机械结合需要训练过的人员花大约 5 分钟的时间完成，光的损失大约为 10%。

（3）两根光纤可以被融合在一起形成坚实的连接。融合方法形成的光纤和单根光纤差不多是相同的，仅仅有一点衰减，但需要特殊的设备。

对于这 3 种连接方法，结合处都有反射，并且反射的能量会和信号交互作用。

4. 发送和接收

有两种光源可被用做信号源：发光二极管 LED（Light-Emitting Diode）和半导体激光

ILD（Injection Laser Diode）。它们有着不同的特性，如表 4-8 所示。

表 4-8　两种光源的特性对比

项　目	LED（发光二极管）	ILD（半导体激光二极管）
传输速率	低	高
模式	多模	多模或单模
距离	短	长
温度敏感度	较小	较敏感
造价	低	昂贵

　　光纤的接收端由光电二极管构成，在遇到光时，它给出一个点脉冲。光电二极管的响应时间一般为 1ns，这就是把数据传输速率限制在 1Gbps 内的原因。热噪声也是个问题，因此光脉冲必须具有足够的能量以便被检测到。如果脉冲能量足够强，则出错率可以降到非常低的水平。用光纤传输电信号时，在发送端要将电信号用专门的设备转换成光信号，接收端由光检测器将光信号转换成脉冲电信号，再经专门电路处理后形成我们接收的信息。光纤的信号传输过程如图 4-43 所示。

图 4-43　光纤的信号传输

5. 接口

　　目前使用的接口有两种。无源接口由两个接头熔于主光纤形成。接头的一端有一个发光二极管或激光二极管（用于发送）。另一端有一个光电二极管（用于接收）。接头本身是完全无源的，因而是非常可靠的。

　　另一种接口被称为有源中继器（Active Repeater）。输入光在中继器中被转变成电信号，如果信号已经减弱，则重新放大到最强度，然后转变成光再发送出去。连接计算机的是一根进入信号再生器的普通铜线。现在已有了纯粹的光中继器，这种设备不需要光电转换，因而可以以非常高的带宽运行。

6. 光纤通信系统及其构成

　　（1）光纤通信系统。

　　光纤通信系统是以光波为载体、光导纤维为传输媒体的通信方式，起主导作用的是光源、光纤、光发送机和光接收机。其中，光源是光波产生的根源；光纤是传输光波的导体；光发送机的功能是产生光束，将电信号转变成光信号，再把光信号导入光纤；光接收机的功能负责接收从光纤上传输的光信号，并将它转变成电信号，经解码后再进行相应处理。

　　（2）组成。

　　光纤通信系统的基本构成如图 4-44 所示。

光发送机		光纤		光发送机
光接收机				光接收机

图 4-44　光纤通信系统的基本构成

（3）光纤通信特点。

光纤通信的优点如下：

- 传输速率高，目前实际可达到的传输速率为几十 Mbps 至几千 Mbps。
- 抗电磁干扰能力强，重量轻，体积小，韧性好，安全保密性高等。
- 传输衰减极小，使用光纤传输时，可以达到在 6km～8km 距离内不使用中继器的高速率的数据传输。
- 传输频带宽，通信容量大。
- 线路损耗低，传输距离远。
- 抗化学腐蚀能力强。
- 光纤制造资源丰富。

光纤通信的缺点如下：

- 光纤通信多用于作为计算机网络的主干线。光纤的最大问题是与其他传输介质相比价格昂贵。
- 光纤衔接和光纤分支均较困难，而且在分支时，信号能量损失很大。

4.2.3　无线介质

双绞线和光纤属于有线介质，但有线传输并不是在任何时候都能实现的。例如，通信线路要通过一些高山、岛屿或公司临时在一个场地做宣传而需要连网时就很难施工。而我们的社会正处于一个信息时代，人们无论何时何地都需有及时的信息，这就不可避免地要用到无线传输。

1. 微波

微波的频率范围为 300MHz～300GHz，但主要是使用 2～40GHz 的频率范围。无线电微波通信在数据通信中占有重要地位，主要分为地面系统与卫星系统两种。

地面微波采用定向抛物面天线，地面微波信号一般在低 GHz 频率范围。由于微波连接不需要什么电缆，所以它比起基于电缆方式的连接，较适合跨越荒凉或难以通过的地段。一般它经常用于连接两个分开的建筑物或在建筑群中构成一个完整网络。由于微波在空间是直线传输，而地球表面是个曲面，因此其传输距离受到限制，只有 50km 左右。但若采用 100m 的天线塔，则距离可增大至 100km。为了实现远距离通信，必须在一条无线电通信信道的两个终端之间建立若干中继站。中继站把前一站送来信号经过放大后再送到下一站，所以也将地面微波通信称为"地面微波接力通信"。

卫星微波利用地面上的定向抛物天线，将视线指向地球同步卫星。通信卫星发出的电磁波覆盖范围广，跨度可达 18000km，覆盖地球表面 1/3 的面积，卫星微波传输跨越陆地或海洋，所需要的时间与费用却很少。地球站之间利用位于 36000km 高空的人造同步地球卫星作为中继器进行卫星微波通信。

2. 红外系统

红外系统采用发光二极管（LED）、激光二极管（ILD）来进行站与站之间的数据交换。红外设备发出的光，一般只包含电磁波或小范围电磁频谱中的光子。传输信号可以直接或经过墙面、天花板反射后，被接收装置收到。

红外信号没有能力穿透墙壁和一些其他固体，每一次反射都要衰减一半左右，同时红外线也容易被强光源盖住。红外系统的特性可以支持高速度的数据传输，它一般可分为点到点与广播式两类。

（1）点到点红外系统。点对点红外应用系统如图 4-45 所示。

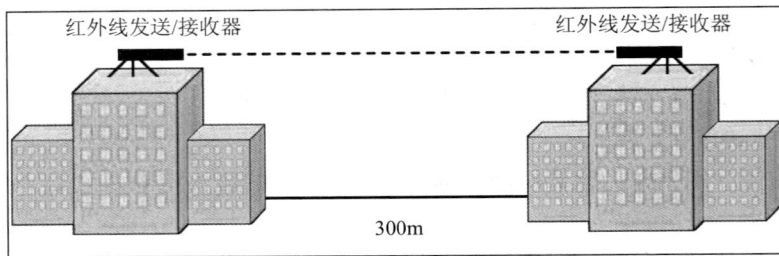

图 4-45　点对点红外应用

这是我们最熟悉的，如常用的遥控器。红外传输器使用光频（大约 100GHz～1000THz）的最低部分。除高质量的大功率激光器较贵以外，一般用于数据传输的红外装置都非常便宜。然而，它的安装必须精确到绝对点对点。目前它的传输速率一般为几 Kbps，根据发射光的强度、纯度和大气情况，衰减有较大的变化，一般距离为几米到几千米不等。聚焦传输则具有极强的抗干扰性。

（2）广播式红外系统。广播式红外系统是把集中的光束，以广播或扩散方式向四周散发。这种方法也常用于遥控和其他一些消费设备上。利用这种设备，一个收发设备可以与多个设备同时通信，如图 4-46 所示。

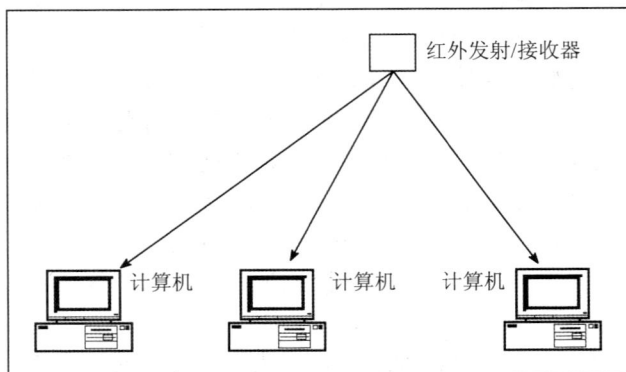

图 4-46　广播式红外传输系统

4.3　基于工作过程的实训任务

实训一　认识网络设备

1. 实训目的

通过本次实训能够熟练地辨别各种常用的网络设备，包括网卡、交换机和路由器及它们的类型，进一步地理解这些设备的功能。

2. 实训内容

根据网络设备的外形特征辨别出设备的名称、类型，并能说出该设备的用途，了解目前常用的设备型号。

3. 实训方法

（1）观察网卡的外形特征，记录其总线接口类型和网络接口类型，进一步熟悉网卡的分类及用途，了解目前常用的网卡型号。

（2）观察交换机的结构特征，记录其端口数，进一步熟悉交换机的分类及其适用场合，了解目前常用的交换机型号。

（3）观察路由器的外形特征，熟悉它的分类及适用场合，了解目前常用的路由器型号。

4. 实训总结

（1）详细记录各产品的型号和生产厂家。

（2）写出实训报告。

实训二　认识网络传输介质

1. 实训目的

通过本次实训能够熟练地辨别各种常用的网络传输介质，包括双绞线、光纤和无线传输介质，掌握各种产品的使用方法。

2. 实训内容

根据产品外形辨别出传输介质的名称、类型，并说明其用途和使用方法。

3. 实训方法

（1）辨别屏蔽双绞线和非屏蔽双绞线。

（2）辨别粗缆和细缆。

（3）辨别多模光纤和单模光纤。

（4）辨别各种无线传输介质。

4. 实训总结

（1）详细记录各产品的型号和生产厂家。
（2）写出实训报告。

实训三　网络设备与传输介质选购

1. 实训目的

通过本次实训能够进行市场调研，熟悉常用网络设备厂家和市场价格，包括网卡、交换机、路由器、双绞线、光纤及无线介质，并能够根据自身需要和投资合理选购产品。

2. 实训内容

根据网络设备及传输介质的外形特征辨别出其名称、类型，并能说出它的用途和使用方法。

3. 实训方法

（1）分组进行市场调查，了解本地网络设备与网络传输介质销售与生产厂家。
（2）观察各产品的外形特征，记录其产品类型、型号，生产厂家，进一步熟悉它的用途和使用方法。

4. 实训总结

（1）分组交流常用网络设备的特征和选购技巧。
（2）写出实训报告。

实训四　考察一个局域网现场实际连接情况

1. 实训目的

了解局域网系统的组成，并通过参观系统中的不同部分，了解局域网网络中所使用的设备与连接方法。

2. 实训内容

参观学校实际局域网系统，并根据所见内容画出局域网网络系统示意图。

3. 实训方法

（1）了解网络基本情况，包括建筑环境、结构、连接机器数。
（2）观察实际局域网机房，记录所用设备的名称、规格及连接情况。

（3）观察网络使用情况，了解网络能够完成的功能。

4. 实训总结

（1）根据参观记录，画出该网络结构示意图，标明设备的名称、型号、数量及连接情况，同时总结网络各项功能。

（2）分组讨论，说明该网络系统的特点，并指出存在问题。

（3）写出实训报告。

4.4　本章小结

1. 网卡

网卡又称为网络接口卡或网络适配器，是局域网组网的核心设备。

网卡的功能是将工作站或服务器连接到网络上，实现网络资源共享和相互通信。

网卡可以按照总线接口类型、网络接口类型、带宽、应用领域进行分类。

网卡在选购时要注意网络类型、传输速率、总线类型、网卡支持的电缆接口、价格与品牌等方面。

网卡的安装包括硬件安装、连接网络线、网卡工作状态设置和网卡设备驱动程序的安装。

2. 交换机

交换机就是一种在通信系统中完成信息交换功能的设备。

交换机的主要功能包括物理编址、网络拓扑结构、错误校验、帧序列及流量控制。

交换机采用"交换"方式进行数据传输，即独享带宽。交换机具有 MAC 地址学习功能，它会把连接到自己身上的 MAC 地址记住，形成一个节点与 MAC 地址对应表。在进行数据传递时有明确的方向，而不是通过广播方式，提高了网络质量。

交换机可以按照网络覆盖范围、传输介质和传输速度、应用层次、交换机的结构、工作的协议层来进行分类。

交换机在选购时要从尺寸、速度、端口数、品牌和管理控制功能几方面考虑。

3. 路由器

路由器是连接异型网络的核心设备。

路由器工作于网络层，它具有不同网络间的地址翻译，协议转换和数据格式转换的功能，以实现广域网之间、广域网和局域网之间的互连。

当选择路由器时，应注意安全性、控制软件、网络扩展能力、网管系统、带电插拔能力等方面的问题。

4. 网桥

网桥是一种存储转发设备，用来连接类型相似的局域网。

网桥具有过滤与转发信息帧和"地址学习"能力。

网桥可分为内部网桥和外部网桥两种。

5. 网关

网关也称协议转换器，用于传输层及以上各层的协议转换。

网关可以实现局域网和广域网互连，局域网和 Internet 互连及异型局域网互连。

6. 双绞线

双绞线由两根具有绝缘保护层的铜导线组成，把两根绝缘的铜导线按一定密度互相绞在一起，并把多对双绞线放在一个绝缘套管中便成了双绞线电缆。双绞线分为屏蔽双绞线（STP，Shielded Twisted Pair）和非屏蔽双绞线（UTP，Unshielded Twisted Pair）。主要用于短距离数据信息传输。

7. 光纤

光纤是光导纤维的简称，中心是传播光束的玻璃芯，它由纯净的石英玻璃经特殊工艺拉制成的粗细均匀的玻璃丝组成，分多模和单模。与双绞线相比，光纤具有高带宽、衰减小、抗干扰能力强、安全性能好，以及体积小、重量轻、韧性好等特点。

8. 无线传输介质

当无法使用电缆进行通信时无线介质就有了用武之地，无线传输主要包括微波和红外系统。

本章习题

1. 单选题

（1）下面网络设备用来连接异种网络的是（　　）。

    A. 集线器　　　　　B. 交换机　　　　　C. 路由器　　　　　D. 网桥

（2）下面有关网桥的说法，错误的是（　　）。

    A. 网桥工作在数据链路层，对网络进行分段，并将两个物理网络连接成一个逻辑网络

    B. 网桥可以通过对不要传递的数据进行过滤，并有效地阻止广播数据

    C. 对于不同类型的网络可以通过特殊的转换网桥进行连接

    D. 网桥要处理其接收到的数据，增加了时延

（3）路由选择协议位于（　　）。

    A. 物理层　　　　　B. 数据链路层　　　　C. 网络层　　　　　D. 应用层

（4）具有隔离广播信息能力的网络互连设备是（　　）。

A. 网桥　　　　　　B. 中继器　　　　　C. 路由器　　　　　D. L2 交换器

（5）下面不属于网卡功能的是（　　　）。

A. 实现数据缓存　　　　　　　　B. 实现某些数据链路层的功能

C. 实现物理层的功能　　　　　　D. 实现调制和解调功能

（6）一台交换机的（　　）反映了它能连接的最大节点数。

A. 接口数量　　　　　　　　　B. 网卡的数量

C. 支持的物理地址数量　　　　D. 机架插槽数

（7）第三层交换技术中，基于核心模型解决方案的设计思想是（　　　）。

A. 路由一次，随后交换　　　　B. 主要提高路由器的处理器速度

C. 主要提高关键节点处理速度　D. 主要提高计算机的速度

2. 填空题

（1）在双绞线电缆内，把两根绝缘的铜导线按一定密度互相绞在一起，这样可以＿＿＿＿＿＿＿＿＿串扰。

（2）按照绝缘层外部是否有金属屏蔽层，双绞线电缆可以分为＿＿＿＿＿＿＿＿和＿＿＿＿＿＿＿两大类。目前在综合布线系统中，除了某些特殊的场合通常都采用＿＿＿＿＿＿＿。

（3）细缆的最大传输距离为＿＿＿＿＿m，粗缆的最大传输距离为＿＿＿＿＿m。

（4）光纤由 3 部分组成，即＿＿＿＿＿、＿＿＿＿＿和＿＿＿＿＿。

（5）按传输模式分类，光纤可以分为＿＿＿＿＿和＿＿＿＿＿两类。

（6）单模光缆一般采用＿＿＿＿＿为光源，光信号可以沿着光纤的轴向传播，因此光信号的耗损很小，离散也很小，传播距离较远。多模光缆一般采用＿＿＿＿＿为光源。

3. 简答题

（1）简述交换机的优点。

（2）网桥、交换机、路由器分别应用在什么场合？它们之间有何区别？

（3）双绞线电缆有哪几类，各有什么优缺点？

（4）光缆主要有哪些类型？应如何选用？

（5）试比较双绞线电缆和光缆的优缺点？

（6）简述微波和红外线传输原理。

第5章　局域网技术及组建

![本章要点图标]**本章要点**

- 掌握局域网的主要特点和分类。
- 理解介质访问控制方法的工作原理。
- 掌握以太网的种类、原理、特点。
- 掌握交换局域网的工作原理。
- 掌握虚拟局域网工作原理和划分方法。
- 了解无线局域网的实现技术、系统结构、组建及应用。
- 了解蓝牙技术的实现技术、结构以及应用。
- 了解结构化综合布线的基本知识。

5.1　局域网技术

5.1.1　局域网概述

局域网技术是当前计算机网络技术领域中非常重要的一个分支，局域网作为一种重要的基础网络，在企业、机关、学校等各种单位和部门都得到广泛的应用。局域网还是建立互连网络的基础网络。

在较小的地理范围内，利用通信线路将多种数据设备连接起来，实现相互间的数据传输和资源共享的系统称为局域网（Local Area Networks，LAN）。

目前局域网的主要用途包括如下几项：

- 共享打印机、扫描仪等外部设备。
- 通过公共数据库共享各类信息并进行处理。
- 向用户提供诸如电子邮件之类的高级服务。

1. 局域网主要特点

（1）功能的角度。

局域网 LAN 是指在较小的地理范围内，将有限的通信设备互连起来的计算机通信网络。从功能的角度来看，局域网具有以下几个特点：

- 共享传输信道。在局域网中，多个系统连接到一个共享的通信媒体上。
- 地理范围有限，用户个数有限。通常局域网仅为一个单位服务，只在一个相对独立的局部范围内连网，如一座楼或集中的建筑群内。一般来说，局域网的覆盖范围约为 10km 内。

- 传输速率高。局域网的数据传输速率一般为 10Mbps 或 100Mbps，能支持计算机之间的高速通信，所以时延较低。
- 误码率低。因近距离传输，所以误码率很低。
- 多采用分布式控制和广播式通信。在局域网中各站是平等关系而不是主从关系，可以进行广播或组播。

（2）体系结构及传输控制角度。

从网络的体系结构和传输控制过程来看，局域网也有以下的特点：

- 低层协议简单。在局域网中，由于距离短、时延小、成本低、传输速率高、可靠性高，因此信道利用率已不是人们考虑的主要因素，所以低层协议较简单。
- 不单独设立网络层。局域网的拓扑结构多采用总线型、环型和星型等共享信道，网内一般不需要中间转接，流量控制和路由选择功能大为简化，通常在局域网不单独设立网络层。因此，局域网的体系结构仅相当于 OSI/RM 的最低两层。
- 采用多种媒体访问控制技术。由于采用共享广播信道，而信道又可用不同的传输媒体，所以局域网面对的问题是多源、多目的的链路管理。由此引发出多种媒体访问控制技术。

在 OSI 的体系结构中，一个通信子网只有最低的三层。而局域网的体系结构也只有 OSI 的下三层，没有第四层以上的层次。所以说局域网只是一种通信网。

2. 局域网分类

从不同角度观察，局域网有以下多种划分方法：

（1）按网络的拓扑结构划分，可分为星型网络、总线型网络、环型网络和树型网络等。目前常用的是星型网络和总线型网络。

（2）按线路中传输的信号形式划分，可分为基带网络和宽带网络。基带网络传输数字信号，信号占用整个频带，传输距离较短；宽带网络可传输模拟信号，距离较远，达几千米以上。目前使用最多的是基带网络。

（3）按网络的传输介质划分，可分为双绞线、同轴电缆网络、光纤网络和无线局域网等。目前使用最多的是双绞线网络和同轴电缆网络。

（4）按网络的介质访问方式划分，可分为以太网（Ethernet）、令牌环网和令牌总线网等。目前最多的是以太网。

（5）按局域网基本工作原理划分，可分为共享媒体局域网、交换局域网和虚拟局域网 3 种。

5.1.2　介质访问控制方法

所谓介质访问控制方法是指控制多个节点利用公共传输介质发送和接收数据的方法。本小节主要讨论局域网介质访问方法中几种常用的共享介质访问控制方法，包括带有冲突检测的载波侦听多路访问（CSMA/CD）控制、令牌环访问控制和令牌总线访问控制。

1. 以太网与 CSMA/CD

带有冲突检测的载波侦听多路访问（CSMA/CD）控制是目前应用最广的以太网的核心技术，用来解决多节点如何共享公用总线的问题。

在以太网中，采用的是总线型拓扑结构，所有计算机都共享同一条总线。任何节点都没有可预约的发送时间，它们的发送是随机的，并且网中不存在集中控制的节点，网中节点都必须平等地争用发送时间，这种介质访问控制属于随机争用型方法。如果一个节点要发送数据，就以"广播"方式把数据通过总线发送出去，连在总线上的所有节点都能"收听"到这个数据信号，如图 5-1 所示。由于网中所有节点都可以利用总线发送数据，并且网中没有控制中心，因此将不可避免地产生冲突。为了有效地实现分布式多节点访问公共传输介质的控制策略，以太网采用载波侦听多路访问/冲突检测（CSMA/CD）机制。

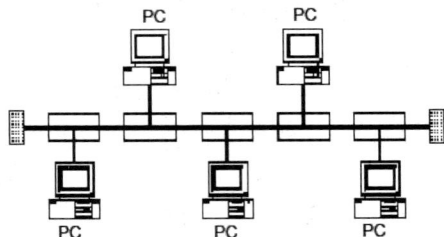

图 5-1　以太网的总线拓扑结构

（1）以太网数据的发送

发送过程可以简单地概括为"先听后发，边听边发，冲突停止，延迟重发"，其具体工作过程如下：

① 先侦听总线，如果总线空闲则发送信息。

② 如果总线忙，则继续侦听，直到总线空闲时立即发送。

③ 发送信息后进行冲突检测，如发生冲突，立即停止发送，并向总线上发出一串阻塞信号（连续几个字节全 1），通知总线上各站点冲突已发生，使各站点重新开始侦听与竞争。

④ 已发出信息的各站点收到阻塞信号后，等待一段随机时间，重新进入侦听发送阶段。

图 5-2 所示为以太网节点的发送流程。

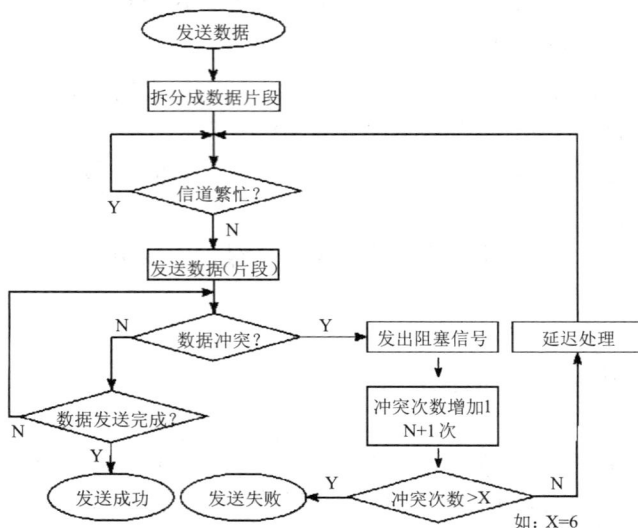

图 5-2　CSMA/CD 发送流程

（2）以太网数据的接收

在接收过程中，以太网中的各节点同样需要监测信道的状态。如果发现信号畸变，说明总线上有两个或多个节点同时发送数据，冲突发生，这时必须停止接收，并将接收到的数据废弃；如果在整个接收过程中没有发生冲突，接收节点在收到一个完整的数据后即可对数据进行接收处理。图 5-3 所示为以太网节点的接收流程。

所谓冲突检测，就是发送节点在发送数据的同时，将它发送的信号波形与从总线上收到的信号波形进行比较。如果总线上同时出现两个或两个以上节点的发送信号，那么它们叠加后的信号将不等于任何节点发送的信号波形，表明冲突已产生。

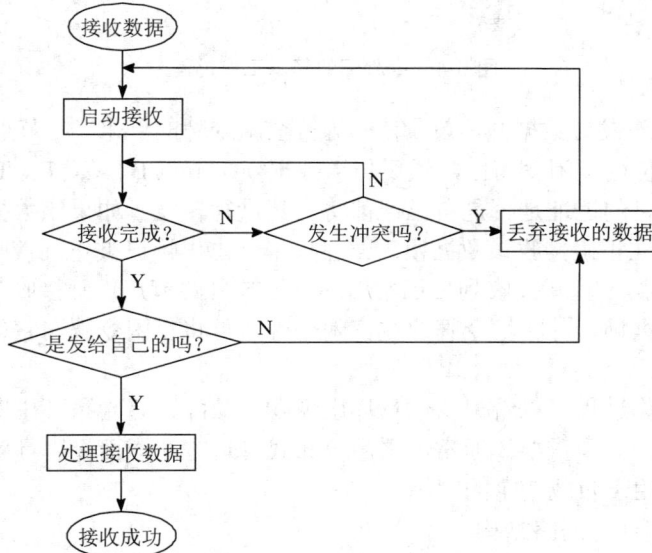

图 5-3　CSMA/CD 接收流程

从 CSMA/CD 的工作流程可以看出，其结构简单，在轻负载下延迟小，但由于需要对冲突进行检测并随机延迟后重新发送，导致其实时性较差，因此适用于负载较轻的网络。

CSMA/CD 被广泛地应用于局域网的 MAC 子层，是 IEEE 802.3 的核心协议，也是著名的以太网所采用的协议。

2. FDDI 与令牌环介质访问控制

（1）控制令牌。

令牌环介质访问控制技术最早开始于 1969 年贝尔实验室的 Newhall 环网，最具影响的令牌环网是 IBM 公司的令牌环。这一技术目前已经发展成为除以太网（Ethernet）/IEEE 802.3 外最为流行的局域网组网技术。IEEE 802.3 标准与 IBM 公司的令牌环网几乎完全相同，并且相互兼容。事实上，IEEE 802.5 标准以 IBM 公司的令牌环网为基础，并随其发展进行调整。通常情况下，所谓的令牌环网就是指 IBM 公司的令牌环网和 IEEE 802.5 网络。

令牌环网采用令牌环介质访问控制方法。在令牌环中，节点通过环接口连成物理环形。令牌是一种特殊的 MAC 控制帧，令牌帧中有一位标志令牌的忙/闲。当令牌环工作正常时，令牌总是沿着物理环单向逐站传送，传送顺序与节点在环中排列的顺序相同。基本工作过程如图 5-4 所示。

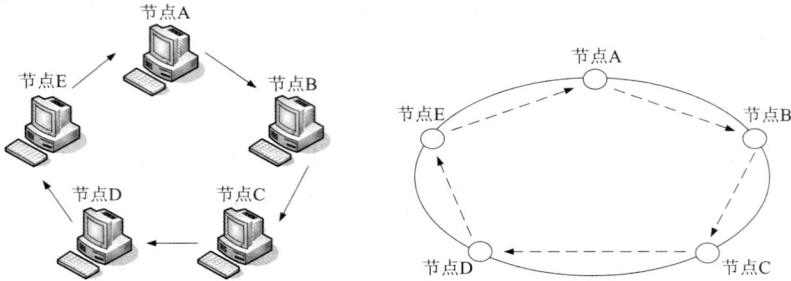

图 5-4   令牌环的基本工作过程

如果节点 A 希望发送数据帧，必须首先等待空闲令牌的到来。当节点 A 获得空闲令牌后，它将令牌标志位由空闲变为忙，然后传送数据帧。节点 B、C、D、E 依次收到数据帧后，不管数据帧的目的地址是否是自己，都将对其进行转发。如果该数据帧的目的地址是节点 C，则节点 C 在正确接收该数据帧后，在帧中标志出帧已被正确接收和复制，然后对其进行转发。当节点 A 重新接收到自己发出的、已被目的节点正确接收的数据帧时，它将回收已经发送的数据帧，并将忙令牌改成空闲令牌，再将空闲令牌向它的下一节点传送，以便其他节点使用。

从令牌环的工作过程可以看出，一旦环出现物理故障，将导致环中断或令牌丢失，因此对环的管理和维护尤为重要。通常，采用分布式管理方法。而令牌环实时性较强，节点访问延迟确定，适用于负载较重的网络。

（2）FDDI 的特性与网络结构。

光纤分布式数据接口 FDDI（Fiber Distributed Data Interface）是由 ANSI X3T9.5 委员会于 1990 年标准化的一种环形共享介质网络，它是物理层和数据链路层标准，规定了光纤媒体、光发送器和接收器、信号传送速率和编码、媒体接入协议、帧格式、分布式管理协议和允许使用的网络拓扑结构等规范。FDDI 是目前高速网络中最成熟的商品化技术之一，由于它的成本不断降低，其应用也不断地得到普及和扩展，在网络市场上，特别是在高速数字通信主干网上，占有率不断扩大。

FDDI 主要特性包括以下几项：

- 协议特性。FDDI 是使用类似于 IEEE 802.5 令牌环标准的令牌传递媒体访问控制（MAC）协议，但两者不尽相同。
- 传输介质为光纤，具有保密、抗干扰等优点。
- FDDI 网特性。FDDI 网是一个使用光纤作为传输媒体的、高速的、通用的令牌环形网。其运行速率为 100Mbps，最大距离为 200km，最多连接站数为 1000 个，网络结构采用双环结构，具有很高的可靠性和容错能力。
- 传输特性。FDDI 具有动态分配带宽的能力，带宽为 100Mbps，能同时提供同步和异步数据服务。
- FDDI 可采用树型或环树型结构，适应多种环境，容易扩展和管理。

FDDI 广泛适用于对可靠性要求较高的应用，例如作为 ISP（Internet 服务提供者）主干网等。如表 5-1 所示给出了 FDDI 的主要技术指标。

表 5-1　FDDI 技术指标

项　目	技术指标
传输速率	100Mbps（双环传输为 200Mbps）
最大环长度	100km
最大节点数	500
网络拓扑结构	环型、星型和树型
介质访问控制	定时令牌协议
应用范围	局域网、城域网、主干网

FDDI 网络的结构说明如下：

FDDI 采用的方式类似于 802.5 令牌环，站点在发送数据前必须首先得到令牌。FDDI 的帧长度在 17 字节到 4500 字节之间。FDDI 是基于双环结构的，主环传递数据，次环用于备份以提供系统容错性，这是 FDDI 和 802.5 令牌环的一个重要区别。在正常情况下，主环传输数据，次环处于空闲状态。双环设计的目的是提供高可靠性和稳定性。如图 5-5 所示，两个环路的数据传输方向是相反的，次环路在正常情况下是没有数据传输的，只有当系统有故障时才会启动。

网上设备（如工作站、网桥、路由器等）连接在环路上工作，其连接方式有两种：一种是只连在其中主环路上，如图 5-5 中的节点 B；另一种是同时跨连在两个环路上，如图 5-5 中的节点 A。

节点 A 由于同时跨连在两条环路上因而提供了很好的容错性和稳定性。环路的断裂在大多数情况下不能中止 A 类站的工作。唯一能中止 A 类站工作的情况是其两侧的两对光缆都发生了断裂，这在 FDDI 的应用环境中是非常罕见的。而节点 B 的可靠性就相对差一些。例如，由于某种原因主环发生了断裂，此时跨连在两个环路上的 A 类站采用反向的次环路仍然可以通信，而 B 类站则无法实现通信，另一种常见故障是在某一点正反向的两条光纤环路都发生了断裂，如图 5-6 所示。这种情况下节点 A 仍可以通信，它们将数据由次环绕过断裂点，从而将主环、次环结合成了一个单独环路。这被称为 FDDI 环的自愈。

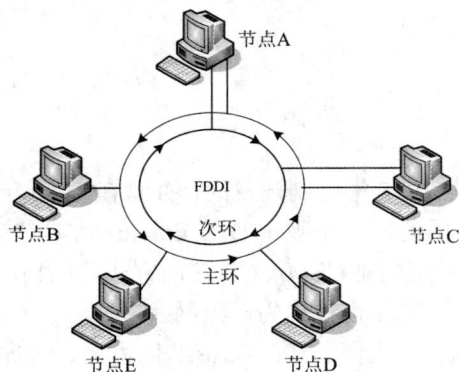

图 5-5　FDDI 双环结构图　　　　　图 5-6　FDDI 环的自愈

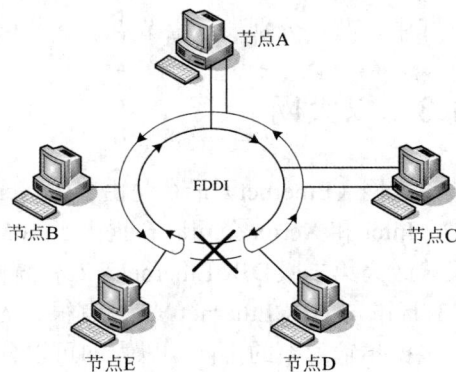

3. 令牌总线介质访问控制方法

令牌总线介质访问控制是在综合了以上两种介质访问控制优点的基础上形成的一种介质访问控制方法，IEEE 802.4 提出的就是令牌总线介质访问控制方法的标准。

在采用令牌总线访问控制的局域网中，任何一个节点只有在取得令牌后才能使用共享总线发送数据帧。令牌用来控制节点对总线的访问权。图 5-7 所示为正常的稳态操作时令牌总线的工作过程。

所谓正常的稳态操作，是指在网络已经完成初始化后，各节点进入正常传递令牌与数据帧，并且没有节点要加入或撤出，没有发生令牌丢失或网络故障。

从物理结构上看，令牌总线网是一种总线型 LAN，各工作站共享总线传输信道，但从逻辑上看，它又是一种环形 LAN。连接在总线上的各工作站组成一个逻辑环，这种逻辑环通常按工作站的地址的递减或递增顺序排列，与工作站的物理位置并无固定关系。因此，令牌总线网上每个站都设置了标识寄存器（TS、PS、NS），在正常的稳态操作时，每个节点有本站地址（TS），并且知道上一节点地址（PS）与下一节点地址（NS）。令牌传递规定由高地址向低地址，最后由最低地址向最高地址依次循环传递，从而在一个物理总线上形成一个逻辑环（图 5-7 所示的逻辑环为 A→C→B→E→D→A）。环中令牌传递顺序与节点在总线上的物理位置无关。因此，令牌总线网在物理上是总线网，而在逻辑上是环网。令牌帧含有一个目的地址，接收到令牌帧的节点可以在令牌持有最大时间内发送一个或多个数据帧。

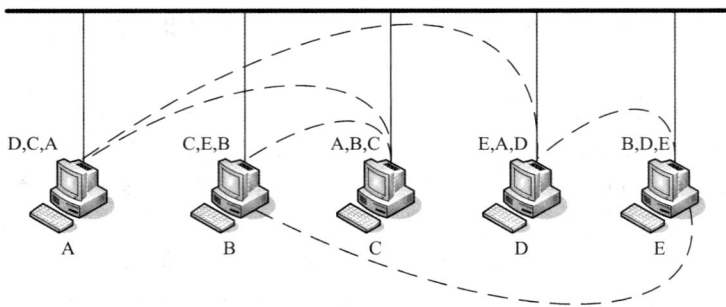

图 5-7　令牌总线工作过程

其中，节点分别表示上节点、下节点和本地节点。

5.1.3　以太网

以太网（Ethernet）最初是由美国 Xerox 公司于 1975 年研制开发的，并且在 1980 年由 DEC、Intel 和 Xerox 公司联合提出了 10Mbps 以太网的第一个版本 DIX Ethernet V1。1982 年又修改为第二版 DIX Ethernet V2。传统的以太网采用的是 CSMA/CD 访问方式，并且 IEEE 802.3 标准与 DIX Ethernet V2 只有很小的差别，故 802.3 也被称为以太网。

根据传输速率的不同，以太网可以分为 10Mbps 以太网、100 Base-T 以太网、千兆以太网和万兆以太网。

1. 10Mbps 以太网

10Mbps 以太网又称为传统以太网，遵循 IEEE 802.3 标准。常用的传输介质有 4 种，即细缆、粗缆、双绞线和光缆。因此，根据使用的传输介质不同，传统以太网可以分为 4 类，即以细缆作为主干电缆的 10 Base-2 以太网，以粗缆作为主干电缆的 10 Base-5 以太网，以双绞线作为主干电缆的 10 Base-T 以太网，以光缆作为主干电缆的 10 Base-F 以太网。

（1）10 Base-2 以太网。

10 Base-2 以太网使用总线型拓扑结构，使用细同轴电缆作为传输介质，最大传输速率为 10Mbps，最大网段长度为 185m，每个网段上的最大站点数为 30 个，连接器类型为 BNC 接头，如图 5-8 所示。

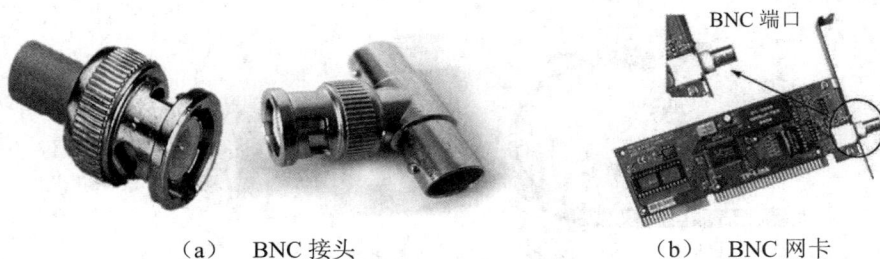

（a）　BNC 接头　　　　　　　　（b）　BNC 网卡

图 5-8　BNC 接头和网卡

10Base-2 以太网使用细同轴电缆作为主干，通过 BNC-T 型头直接连接主机网卡的 BNC 连接器插口，将主机直接接入网络。在主干的终端应加上 BNC 终端匹配器，防止因电缆裸露在外而产生游离信号，使网络无法正常工作。如果现有的细缆不够长，可以使用 BNC 的柱型头来连接两根较短的电缆。细缆与主机的连接较为容易，价钱较粗缆便宜，并且相对柔软，布线时转弯较为容易。

（2）10Base-5 以太网。

10Base-5 以太网使用总线型拓扑结构，使用粗同轴电缆作为传输介质，最大传输速率为 10Mbps，最大网段长度为 500m，每个网段上的最大站点数为 100 个，连接器类型为 DB-15 型连接器。10Base-5 以太网使用粗同轴电缆作为主干，通过收发器电缆将主机连接到主干电缆，收发器电缆又称为 AUI 电缆，一头是收发器，与主干电缆连接；另外一头连接到主机网卡的 DB-15 型连接器。

以太网 10Base-5 和 10Base-2 的共同缺点是主干电缆一旦发生故障，将使整个网络瘫痪。

（3）10Base-T 以太网。

10Base-T 以太网是选用较多的网络类型。它采用星型拓扑结构，使用无屏蔽双绞线连接，最大传输速率为 10Mbps，最大网段长度为 100m。

在 10Base-T 以太网中，通过集线器组成逻辑以太网段。每台计算机都与集线器的一个端口通过双绞线相连，双绞线与主机和集线器连接使用 RJ-45 连接器。连接器及网卡如图 5-9 所示。连接到集线器端口上的每台设备共享 10Mbps 以太网段的带宽和冲突竞争机制。多个集线器可以级联在一起，将多台物理设备组成一个逻辑以太网段。这样，某一网段或某个节点出现故障时，均不影响其他节点，简化了网络故障诊断过程，缩短了故障诊断时间，提高了网络故障检测和冲突控制效率。与前两种网络相比，10Base-T 以太网的组网、管理和维护更加容易，但传输距离更为有限。

（4）10Base-F 以太网。

10Base-F 是 802.3 标准制订的使用光纤作为传输介质的标准，F 代表光纤。由于使用了光纤作为传输介质，故传输距离长。10Base-2 和 10Base-5 能够比 10Base-T 提供更远的传输距离，但它们必须以总线型拓扑进行布线，这种结构和令牌环一样，存在一旦出现电缆故障网络就将失效的问题。10Base-T 能在容错的拓扑结构上提供一个高速的数据传输率，然而它的距离却很有限；10Base-5 能连接较远的距离，但它的数据传输率只限于 10Mbps。10Base-F 作为一个校园网络布线方案，用它进行长距离数据传输是最好的选择，但与其他几个标准相比较昂贵。

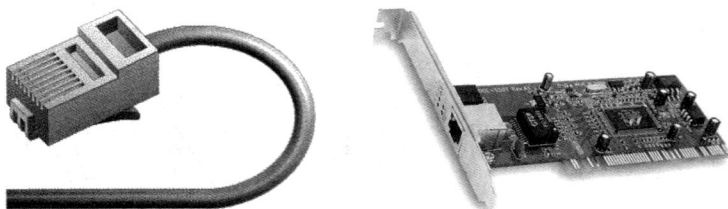

图 5-9　RJ-45 水晶头及网卡

在组建局域网时，以上几种类型的以太网具有共同的特点。如结构简单、灵活，便于扩充，易于实现；工作可靠，单个工作站发生故障不会影响整个网络；可通过总线对各工作站进行检测和诊断，便于维护和故障恢复等。正是由于这些特点使得以太网一开始就取得了很大的成功，并在以后的发展中占有很大的优势。

2. 100Base-T 以太网

100Base-T 以太网又称快速以太网，是从 10Base-T 以太网标准发展而来的。它不仅保留了相同的以太帧格式，而且还保留了用于以太网的 CSMA/CD 介质访问方式，使 10Base-T 和 100Base-T 站点间进行数据通信时不需要进行协议转换。只要更换一张网卡，再配上一个 100Mbps 的交换机，就可以很方便地由 10Base-T 以太网直接升级到 100Mbps 以太网，而不必改变网络的拓扑结构。

（1）100Base-T 的协议结构。

100Base-T 以太网采用以 100Base-T 交换机为中心的星型拓扑结构，传输 100Mbps 的基带信号，遵循 IEEE 802.3u 标准，该标准是对现行的 IEEE 802.3 标准的补充。

IEEE 802.3u 标准在 LLC 子层使用 IEEE 802.2 标准，在 MAC 子层使用 CSMA/CD 介质访问方法，只是在物理层进行了一些必要的调整，定义了新的物理层标准（100Base-T）。l00Base-T 标准定义了介质专用接口 MII（Media Independent Interface），将 MAC 子层与物理层分隔开来。这样，物理层在实现 100Mbps 速率时所使用的传输介质和信号编码方式不会影响 MAC 子层。

（2）100Base-T 的技术标准。

100Base-T 标准可以支持多种传输介质。目前，有以下 3 种传输介质的标准。

- 100Base-TX。采用两对 5 类 UTP 双绞线或两对 1 类 STP 双绞线作为传输介质，其中一对用于发送，另一对用于接收，最大网段长度为 100m。对于 5 类 UTP，使用 RJ-45 连接器；对于 1 类 STP，使用 DB-9 连接器。100Base-T 传输带宽为 125MHz。
- 100Base-FX。采用两对光纤作为传输介质，适用于高速主干网、有电磁干扰环境和要求通信保密性好、传输距离远等应用场合。100Base-FX 可选用标准 FDDIMIC 连接器、ST 连接器和 SC 连接器。100Base-FX 的传输距离为 450m，如果采用全双工方式，传输速率可达 200Mbps。
- 100Base-T4。采用 4 对 3 类、4 类和 5 类 UTP 双绞线作为传输介质。4 对线中，3 对用于传输数据，1 对用于碰撞检测的接收信道。使用 RJ-45 连接器，最大网段长度为 100m。

（3）100Base-T 的组网方法。

目前大部分以太网系统都配置了一台或多台服务器，在采用以太网/快速以太网技术升级组网时，可以将原来的以太网服务器的网卡更换为 100Base-TX 网卡，并利用 5 类非屏蔽双绞线 UTP 通过 RJ-45 端子接入 100Mbps 交换机的 100Mbps 高速端口上。对于那些对宽带要求较高的数据库服务器、工作站及打印机等，可单独直接连接到 10/100Mbps 交换机的端口上，组成多级的快速以太网，其连接方法如图 5-10 所示。

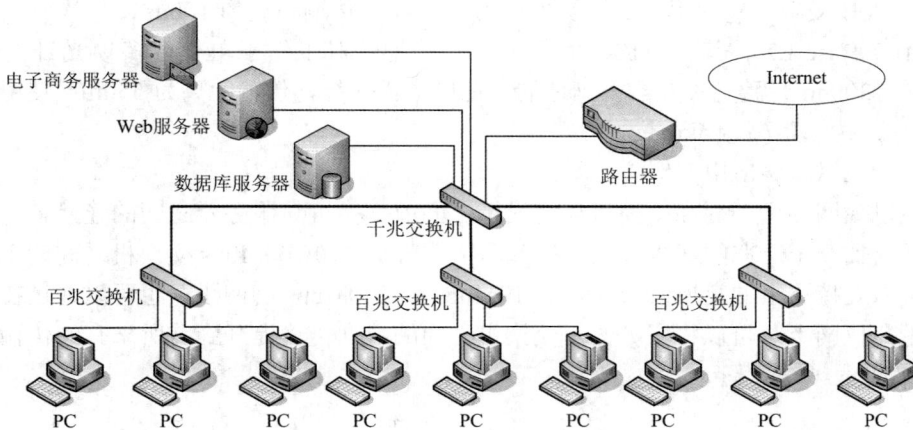

图 5-10　100Base-T 连接方法示意图

3. 千兆以太网

千兆以太网技术采用与 10Mbps 以太网相同的帧格式、全/半双工上作方式、CSMA/CD 介质访问控制方式及流量控制模式。由于该技术不改变传统以太网的帧结构、网络协议、桌面应用、操作系统及布线系统，因此具有较好的市场前景，成为主流网络技术。

千兆以太网可与现存的 10Mbps 或 100Mbps 的以太网设备及电缆基础设施很好地配合工作，并且由于它还是基于以太网技术，所以升级到千兆位以太网不必改变网络应用程序、网络管理部件和网络操作系统。采用这种自然的升级途径能够对现有网络设备投资实现最大限度的保护。

（1）千兆以太网的协议结构。

千兆以太网标准的制订工作是从 1995 年开始的。1995 年 11 月，IEEE 802.3 委员会成立了高速网研究组。1996 年 8 月，成立了 802.3 工作组，主要研究使用多模光纤和屏蔽双绞线的千兆以太网物理层标准。1997 年初，成立了 802.3ab 工作组，主要研究使用单模光纤与非屏蔽双绞线的千兆以太网物理层标准。1998 年 2 月，IEEE 802.3 委员会正式批准了千兆以太网标准——IEEE 802.3z。

IEEE 802.3z 标准在 LLC 子层使用 IEEE 802.2 标准，在 MAC 层使用 CSMA/CD 介质访问方法，只是在物理层进行了一些必要的调整，定义了新的物理层标准（1000Base-T）。1000Base-T 标准定义了千兆介质专用接口 GMII（Gigabit Media Independent Interface），将 MAC 子层与物理层分隔开来。这样，物理层在实现 1000Mbps 速率时所使用的传输介质和信号编码方式不会影响 MAC 子层。

（2）千兆以太网的技术标准

1000Base-T 标准可以支持多种传输介质。目前，有以下 4 种传输介质标准。

- 1000Base-CX。其中，CX 表示铜线。它针对低成本、优质的屏蔽双绞线或同轴电缆的短途铜线而制订的，传输距离为 25m。
- 1000Base-SX。其中，SX 表示短波。它是针对工作于多模光纤上的短波长（850nm）激光收发器而制订的，使用纤芯直径不同的多模光纤，传输距离为 275m 和 550m。
- 1000Base-T。它使用 4 对 5 类非屏蔽双绞线，传输距离为 100m。
- 1000Base-LX。其中，LX 表示长波。它是针对工作于单模或多模光纤的长波长（1300nm）激光收发器而制订的，使用多模光纤，传输距离为 550m；使用单模光纤，传输距离为 5km。

（3）千兆以太网应用实例。

千兆以太网多用于提高交换机与交换机之间或交换机与服务器之间的连接带宽。在交换机之间增加一个千兆的连接会立即提升网络的带宽，10/100Mbps 交换机之间的千兆连接使网络可以支持更多的交换或共享式的 10Mbps 或 100Mbps 的网段。也可以通过在服务器中增加千兆位网卡，可以将服务器与交换机之间的数据传输提升到前所未有的传输速率，如图 5-11 所示。

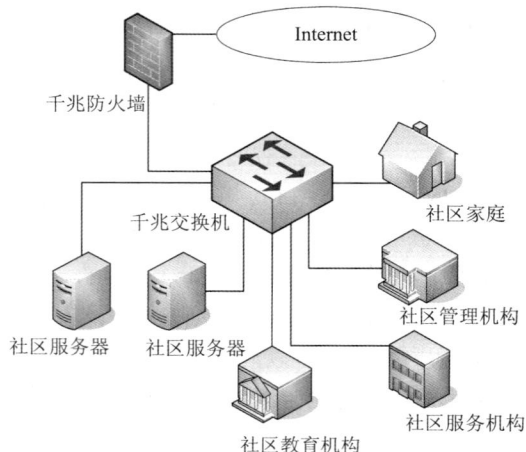

图 5-11 千兆以太网应用实例图

4. 万兆以太网

万兆以太网技术的研究始于 1999 年底，IEEE 又制订出了万兆以太网的标准 802.3ae，即 10Gbps 以太网。

万兆以太网并非将千兆以太网的速率简单地提高 10 倍，其中有许多技术上的问题要解决。使用万兆以太网技术，不用路由器，即可建立覆盖直径 80km 以内的城域网，连接多个企业网、园区网。目前，局域网这一级几乎完全是以太网，但骨干网、传输网却完全由同步光纤网和同步数字序列所占领，若在汇聚层乃至骨干层统一使用以太网技术，必能大大降低网络成本，使网络简化，提高网络可扩展性，消除网络层次，简化管理，使网络扩容变得较为容易。

（1）万兆以太网的主要技术。其具体内容如下：

- 只定义全双工通信方式，不存在争用问题，摆脱了 CSMA/CD 的距离限制。
- 定义了局域网和广域网的物理层，广域网物理层中兼容 SONET/SDH。
- 帧格式与以前的以太网相同，采用 64B/66B 编码，大大提高带宽利用率。
- 传输介质只使用光纤，在物理层定义了 5 种连接方式，见表 5-2 所示。

表 5-2 万兆以太网连接方式

接口类型	光纤类型	传输距离	应用领域
850nmLAN 接口	50/125 微米多模	65m	数据中心、存储网络
1310nm 宽频波分复用 LAN 口	62.5/125 微米多模	300m	企业网、园区网
1310nm WAN 接口	单模	1000m	城域网、园区网
1550nm LAN 接口	单模	4000m	城域网、园区网
1550nm WAN 接口	单模	4000m	城域网、广域网

（2）万兆以太网的主要特点。其具体内容如下：

- 万兆以太网的帧格式与 10Mbps、100Mbps 和 1Gbps 以太网的帧格式完全相同，并且保留了 802.3 规定的以太网最小和最大帧长。这就使用户在以太网升级后，仍然能和低速的以太网方便地通信。
- 由于数据率很高，万兆以太网使用光纤作为传输介质。它使用长距离（超过 40km）的光收发器与单模光纤接口，以便能在广域网和城域网的范围工作。
- 万兆以太网只工作在全双工方式，不存在争用问题，也不使用 CSMA/CD 协议。这就使得万兆以太网传输距离不再受碰撞检测的限制而大大提高了。

从以太网的发展可以看到，10Mbps 以太网的使用普及最终超过了 16Mbps 的令牌环网；100Mbps 的快速以太网使曾经使最快的 FDDI 局域/城域网变成历史；千兆以太网的问世，使 ATM 在城域网、广域网的地位受到威胁和挑战；万兆以太网将更加证明了以太网的实力，其速度可扩展性、灵活性、稳健性、安装方便等特性，将成为网络技术发展的基本要求。

5.1.4 交换式局域网

从介质访问控制方法的角度，可以把局域网分为共享介质局域网和交换局域网两种。

在共享介质局域网中，所有节点共享一条公共的通信传输介质，所有节点将平均分配整个带宽。随着网络规模的扩大，网中节点数的不断增加，每个节点平均分配得到的带宽将越来越少。同时，由于网络负荷的加重，冲突与重发现象将大量发生，网络性能将急剧下降。为了克服网络规模和网络性能之间的矛盾，人们提出将共享介质改为交换方式，从而促进了交换式局域网的发展。

1. 交换式局域网的结构与特点

（1）交换式局域网的基本结构

交换式局域网的核心设备是局域网交换机。交换机的每个端口都能独享带宽，所有端口能够同时进行并发通信，并且能在全双工模式下提供双倍的传输速率。示意图如图 5-12 所示。

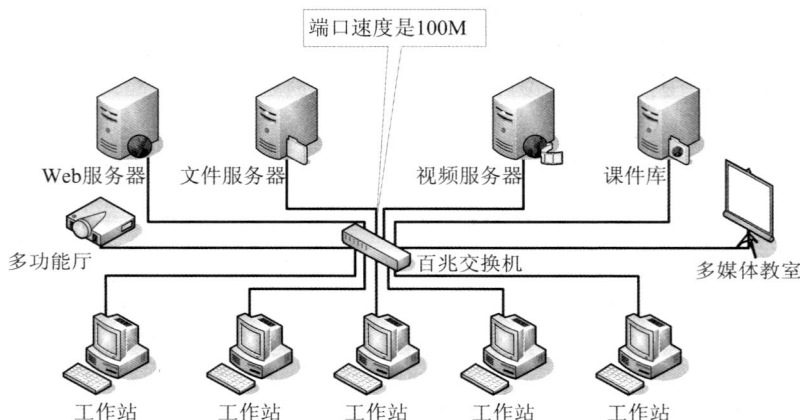

图 5-12　交换式局域网

（2）交换式局域网的特点。

与传统的共享介质局域网相比，交换式局域网具有如下特点：

* 独占信道，独享带宽。交换式局域网的总带宽通常为交换机各个端口带宽之和，其随着用户数的增多而增加，即使在网络负荷很重时一般也不会导致网络性能下降。
* 多对节点之间可以同时进行通信。在共享介质局域网中，任何时候只能一个节点占用信道，而交换式局域网允许接入的多个节点间同时建立多条链路，同时进行通信，大大提高了网络的利用率。
* 端口速度配置灵活。由于节点独占信道，用户可以按需要配置端口速度，可以配置 10Mbps、100Mbps 或 10/100Mbps 自适应的。这在共享介质局域网中是不可能实现的。
* 便于网络管理和均衡负载。使用共享介质局域网时，不同网段、不同位置的终端一般不能组成一个工作组以方便进行通信，需要通过网桥、路由器等交换数据，网络管理很不方便。在交换式局域网中，可以采用虚拟局域网 VLAN 技术将不同网段、不同位置的节点组成一个逻辑工作组，其中的节点的移动或撤离只需软件设定，可以方便地管理网络用户，合理调整网络负载的分布。

- 兼容原有网络。交换技术是基于以太网的，因此不必淘汰原有的网络设备，从而有效保护用户的投资，实现与以太网、快速以太网的无缝连接。

2. 交换式局域网工作原理

交换在通信中是至关重要的，无论是广域网还是局域网在组网时都离不开交换机。本节主要讨论的是以太网交换机的工作过程。以太网交换机可以通过交换机端口之间的多个并发连续，实现多节点之间数据的并发传输。这种并发数据传输方式与共享式以太网在某一时刻只允许一个节点占用共享信道的方式完全不同。

一个典型的交换式以太网结构和工作过程如图 5-13 所示。图中的交换机有 6 个端口，其中端口 1、5、6 分别与节点 A、节点 D 和节点 E 相连。节点 B 和节点 C 以共享式以太网连入交换机端口 3。于是，交换机"端口/MAC 地址映射表"就可以根据以上端口与节点MAC 地址的对应关系建立起来。端口/MAC 地址映射表如表 5-3 所示。

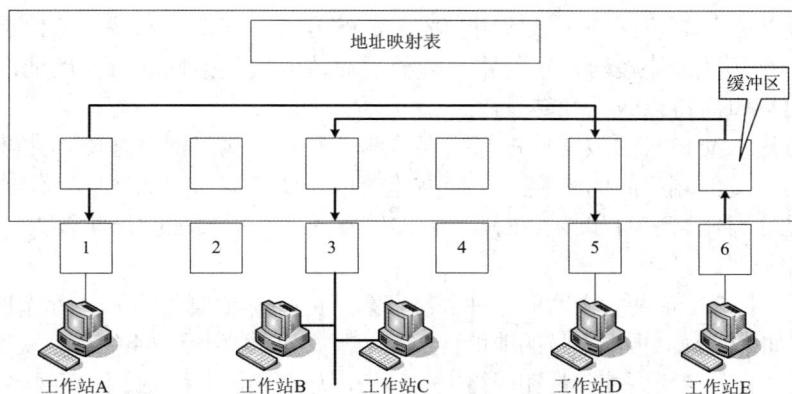

图 5-13　交换式以太网的工作过程

表 5-3　端口/MAC 地址映射表

端　　口	MAC 地址	计　　时
1	00-30-78-f3-6b-32（节点 A）	…
2	00-a3-7d-56-36-81（节点 B）	…
3	00-e0-78-9a-39-01（节点 C）	…
5	00-b0-98-ba-7c-6d（节点 D）	…
6	00-9b-3c-27-04-f9（节点 E）	…

当一个节点向另一节点发送信息时，交换机根据目的节点的 MAC 地址来查找地址映射表，找到目的节点的端口号，将信息送至相应的端口。交换机可以同时建立多条不同端口之间的连接，如图 5-13 中的端口 1 到端口 5、端口 6 到端口 3。这样，交换机建立了两条并发的连接。节点 A 和节点 E 可以同时发送信息；节点 D 和接入交换机端口 3 的以太网，可以同时接收信息。根据需要，交换机的各端口之间可以建立多条并发连接。交换机利用这些并发连接，对通过交换机的数据信息进行转发和交换。

3. 交换式局域网交换方式

交换机除了尽可能快地建立连接、进行通信外，还要进行差错检测。目前交换机通常采用的交换方式有 3 种：直通式、存储转发式和碎片隔离式。

（1）直通式。

直通式的以太网交换机可以理解为在各端口间是由纵横交叉的交换矩阵构成的。它在输入端口检测到一个数据帧时，只对帧头进行检查，获得该帧的目的地址后，启动内部的地址表找到相应的输出端口，在输入与输出交叉处接通，把数据帧直接送到相应的输出端口，实现交换功能。由于不需要存储，直通式延迟非常小，交换非常快。其缺点是因为数据帧没有被存储下来，无法提供错误检测能力，可能把错误帧转发出去。更重要的是由于没有缓存，不能将具有不同速率的输入/输出端口直接接通，而且容易丢帧。例如，以太网的数据率与 ATM 网不同，需要速率匹配，直通方式就无法实现。

（2）存储转发式。

存储转发式是计算机网络领域应用最为广泛的方式。它把输入端口的数据帧先存储起来，然后进行循环冗余码校验，在对错误帧处理后才取出数据帧的目的地址，通过查找地址表找到输出端口后将该数据帧转发出去。

它可以对进入交换机的数据帧进行错误检测，有效地改善网络性能。尤其重要的是它可以支持不同速度的端口间的转换，保持高速端口与低速端口间的协同工作。但是由于需要对数据帧进行存储、校验和转发处理，存储转发式在数据传输时延时较大。

（3）碎片隔离式。

碎片隔离式是介于前两者之间的一种解决方案。它在接收到帧的前 64 字节时就对它们进行错误检查，如果正确，再根据目的地址转发整个帧；如果帧小于 64 字节，说明是假帧，则丢弃该帧。这样有效避免碰撞碎片在网络中的传播，从而在很大程度上提高网络的传输效率。

它的数据处理速度比存储转发式快，比直通式稍慢，但由于能够避免残帧的转发，因此被广泛用于低档交换机中。

5.1.5 虚拟局域网

虚拟局域网（VLAN）并不是一种新的局域网类型，而是为用户提供的一种服务，是在交换技术基础上发展起来的。

1. 虚拟局域网概述

（1）虚拟局域网的概念

虚拟局域网（VLAN，Virtual Local Area Networks）就是建立在交换技术上，通过网络管理软件构建的、可以跨越不同网段、不同网络的逻辑型网络。

在传统的局域网中，通常一个工作组在一个网段上，每个网段可以是一个逻辑工作组或子网。多个逻辑工作组之间通过实现互连的网桥或路由器来交换数据。如果一个逻辑工作组的节点要转移到另一个逻辑工作组时，就需要将节点计算机从一个网段撤出，连接到另一个网段上，甚至需要重新布线。因此，逻辑工作组就要受到节点所在网段的物理位置限制。

虚拟局域网建立在局域网交换机上，以软件的方式来实现逻辑工作组的划分与管理。虚拟局域网把一台交换机的端口分割成为几个组，每个组就是一个逻辑工作组。同一逻辑工作组的节点可以分布在不同的物理段上，并且当一个节点从一个逻辑工作组转移到另一个逻辑工作组时，或者有新的节点加入，只需要通过软件进行简单设定即可。因此，逻辑工作组的节点组成不受物理位置限制，组建和更新方便灵活。由此可见，虚拟局域网技术是指网络中的各个节点，可以不拘泥于各自所处的物理位置，而根据需要灵活地加入不同逻辑工作组的一种网络技术。

虚拟局域网采用的协议是 IEEE 802.1Q，目前已得到众多网络设备生产厂商的广泛支持。

（2）虚拟局域网的优点。

- 控制广播风暴。一个虚拟局域网就是一个逻辑广播域，通过对虚拟局域网的创建，隔离了广播，缩小了广播范围，可以控制广播风暴的产生。
- 提高网络整体安全性。通过路由访问列表和 MAC 地址分配等虚拟局域网划分原则，可以控制用户访问权限和逻辑网段大小，将不同用户群划分在不同虚拟局域网，从而提高交换式网络的整体性能和安全性。
- 简化网络管理。对于交换式以太网，如果对某些用户重新进行网段分配，需要网络管理员对网络系统的物理结构重新进行调整，甚至需要追加网络设备，增大网络管理的工作量。而对于采用虚拟局域网技术的网络来说，一个虚拟局域网可以根据部门职能、对象组或者应用将不同地理位置的网络用户划分为一个逻辑网段。在不改动网络物理连接的情况下，可以任意地将工作站在工作组或子网之间移动。利用虚拟网络技术，大大减轻了网络管理和维护工作的负担，降低了网络维护费用。在一个交换网络中，虚拟局域网提供了网段和机构的弹性组合机制。

（3）虚拟局域网的结构。

虚拟局域网在功能、操作上与传统局域网基本相同，主要区别在于"虚拟"两字。它可以不受物理位置的束缚，将位于不同物理网段上的节点建立逻辑上的连接，使它们之间的通信如同在同一个局域网中一样。图 5-14 所示为典型的虚拟局域网示意图。

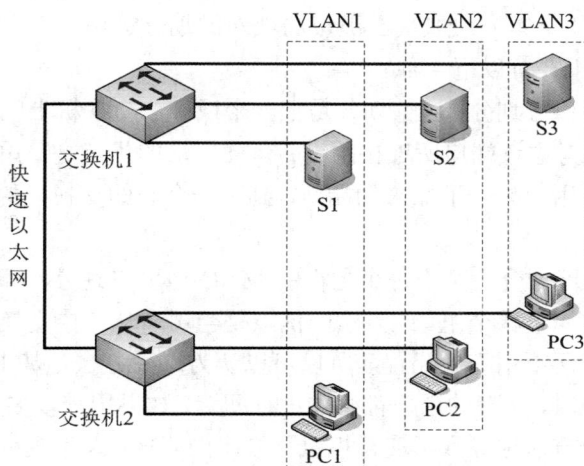

图 5-14　虚拟局域网示意图

> **提示** 在 VLAN1 中，S1 与 PC1 在同一个虚拟局域网内，可以相互通信。

2. 虚拟局域网实现

（1）虚拟局域网实现的基本原则。

- 考虑到交换机软件的兼容性，在整个局域网中应当尽量使用同一厂家的支持虚拟局域网的交换机。
- 为了实现网络的统一管理，在可以使用交换机的场合尽量使用交换机，并且尽可能多地将计算机接入交换机的端口，而不是集线器或路由器的端口。
- 在整个网络中，应尽量使用第三层以上的交换机来取代传统的路由器。这是由于实现路由功能，既可以采用路由器，也可以采用第三层交换机。只有这样，才能综合交换和路由这两种功能，这样才能既保证传统路由功能的实现，又实现了虚拟局域网的技术。
- 尽可能地使整个网络成为树型结构，以保证整个网络的层次性，以及虚拟局域网的物理连通性。

（2）虚拟局域网实现的方式。

- 静态实现。静态实现是网络管理员将交换机端口分配给某一个虚拟局域网，这是一种最经常使用的配置方式，容易实现，而且比较安全。
- 动态实现。动态实现方式中，管理员必须先建立一个较复杂的数据库，例如输入要连接的网络设备的 MAC 地址及相应的虚拟局域网号，这样当网络设备接到交换机端口时，交换机自动把这个网络设备所连接的端口分配给相应的虚拟局域网。动态虚拟局域网的配置可以基于网络设备的 MAC 地址、IP 地址、应用或者所使用的协议来配置。实现动态虚拟局域网时一般情况下使用管理软件来进行管理。

（3）虚拟局域网划分的基本方法。

划分虚拟局域网的基本方法取决于虚拟局域网的划分策略。根据不同的划分策略，划分虚拟局域网的方法主要有以下 4 种。

- 基于交换机端口号划分。这种划分是把一个或多个交换机上的几个端口划分为一个逻辑组，不用考虑该端口所连接的设备。此方法的优点是简单，缺点是如果虚拟局域网中的某一用户离开了原来的端口，到了一个新的交换机的端口，那么就必须重新定义。
- 基于 MAC 地址划分。基于每个主机的 MAC 地址来划分，即对每个 MAC 地址的主机都配置它属于哪个组。此方法的优点是当用户从一个交换机换到其他的交换机时，虚拟局域网不用重新配置，所以可以认为这种方法是基于用户的虚拟局域网。缺点是初始化时，所有的用户都必须进行配置，如果用户较多，配置工作非常繁重。而且这种划分方法也导致了交换机执行效率的降低，因为在每一个交换机的端口都可能存在很多个逻辑工作组的成员，这样就无法限制广播包了。

- 基于网络层协议或地址划分。这种划分方法是根据每个主机的网络层地址或协议类型划分的，虽然这种划分方法是根据网络地址，如 IP 地址，但它不是路由，所以没有 RIP、OSPF 等路由协议，而是根据生成树算法进行桥交换。此方法的优点是用户的物理位置改变了，不需要重新配置所属的虚拟局域网，而且可以根据协议类型来划分虚拟局域网，这对网络管理者来说很重要。缺点是效率低，因为检查每一个数据报的网络层地址是需要消耗处理时间的，一般的交换机芯片都可以自动检查网络上数据报的以太网帧头，但要让芯片能检查 IP 帧头，需要更高的技术，同时也更费时。
- 基于 IP 组播组划分。IP 组播实际上也是一种虚拟局域网的定义，即认为一个组播组就是一个虚拟局域网，这种方法将虚拟局域网扩大到了广域网，因此具有更大的灵活性，而且也很容易通过路由器进行扩展。但是此方法效率不高，不适合局域网。

综上所述，有多种方法可以用来划分虚拟局域网。每种方法的侧重点不同，所达到的效果也不尽相同。鉴于当前虚拟局域网发展的趋势，考虑到各种划分方式的优缺点，许多厂家已经开始着手在各自的网络产品中融合众多划分虚拟局域网的方法，以便网络管理员能够根据实际情况选择一种最适合当前需要的途径。

5.1.6　无线局域网

无线局域网是计算机网络与无线通信技术相结合的产物，是实现移动网络的关键技术之一。它既可以满足各类便携机的入网要求，也可以实现计算机局域网互连、远端接入等多种功能，为用户提供了方便。

1. 无线局域网概述

（1）无线局域网的概念。

无线局域网（WLAN，Wireless Local Area Network）是指以采用与有线网络同样的工作方法，通过无线信道作为传输介质，把各种主机和设备连接起来的计算机网络。

有线网络在某些场合受到布线的限制，布线和变更线路工程量大、线路容易损坏、网络中节点不可移动。特别是连接相距较远的节点时，铺设专用通信线路的布线施工难度大、费用高、耗时长。管理局域网络时，检查电缆是否断线非常耗时，也不容易在短时间内找出断线所在。原有企业网络重新布局时，需要重新安装网络线路，配线工程费用很高。而无线局域网可以很好地解决有线网络存在的上述问题。

无线局域网并不是用来取代有线局域网的，只是用来弥补有线局域网的不足。无线局域网不受电缆束缚，不必布线，可移动，省去了一般局域网中布线和变更线路费时、费力的麻烦，大幅度地降低了组网难度和成本。由于无线局域网提供了不受限制的应用，网络管理人员可以迅速而容易地将它加入到现有网络中运行。无线数据通信已逐渐成为一种重要的通信方式。

（2）无线局域网的标准。

1990 年，IEEE 802 委员会成立了 IEEE 802.11 工作组，专门从事无线局域网的研究，并开发一个介质访问 MAC 子层协议和物理介质标准。

无线局域网的最小构成模块是基本服务集，它包括使用相同 MAC 协议的站点。一个基本服务集既可以是独立的，也可以通过一个访问点连接到主干网上。MAC 协议可以是完全分布式的，也可以由访问点来控制。扩展访问集包括由一个分布式系统连接的多个基本服务集单元。典型的分布式系统是一个有线的主干局域网，扩展访问集对于逻辑控制 LLC 子层来说是一个单独的逻辑网络。

分布式协调功能子层使用了一种简单的 CSMA 算法，没有冲突检测功能。按照简单的 CSMA 的介质访问规则进行如下两项工作。

● 如果一个节点要发送帧，它需要先监听介质。如果介质空闲，节点可以发送帧；如果介质忙，节点就要推迟发送，继续监听，直到介质空闲。

● 节点延迟一个空隙时间，再次监听介质。如果发现介质忙，则节点按照二进制指数退避算法延时，并继续监听介质；如果介质空闲，节点就可以传输。二进制指数退避算法提供了一种处理重负载的方法。但是，多次发送失败，将会导致越来越长的退避时间。

（3）无线局域网的传输介质。

IEEE 802.11 标准定义了 3 种物理介质。

● 数据速率为 1Mbps 和 2Mbps，波长在 850~950nm 之间的红外线。

● 运行在 2.4GHz ISM 频带上的直接序列扩展频谱。它能够使用 7 条信道，每条信道的数据速率为 1Mbps 或 2Mbps。

● 运行在 2.4GHz ISM 频带上的跳频的扩频通信，数据速率为 1Mbps 或 2Mbps。IEEE 802.11 采用分布式基础无线网的介质访问控制算法。IEEE 802.11 协议的介质访问控制 MAC 层又分为两个子层：分布式协调功能子层与点协调功能子层。

2. 无线局域网的组建

（1）无线局域网的组网器件。

● 无线网卡。无线网卡同有线网络中的网卡一样，是接入无线局域网的重要硬件设备。从无线网卡采用的接口分类，有 PCI 无线网卡（包括 ISA 接口）、USB 无线网卡和 PCMCIA 无线网卡（包括 CF 接口）。

● 无线 Hub。无线 Hub 在功能上相当于有线网络设备中的集线器（Hub），将远程局域网连接起来形成一个大的局域网段。也可与网桥或路由器等配合使用接入因特网。通常，无线 Hub 使用以太网接口，采用半双工通信方式，即接收和发送共用同一通信信道，既可用于点对点通信连接，也可建立点对多点通信网络。

● 无线网桥。无线网桥是无线射频技术和传统的有线网桥技术相结合的产物。无线网桥可以无缝地将相隔数十千米的局域网络连接在一起，创建统一的企业或城域网络系统。在最简单的网络构架中，网桥的以太网端口连接到局域网中的某个集线器或交换机上，信号发射端口则通过电缆和天线相连接；通过这样的方式实现现有网络系统的扩展。

- 无线 MODEM。无线 MODEM 具有实现物理层连接的功能，一般需与网桥或路由器等配合使用。通常无线 MODEM 提供 RS232、X.21 和 V.35 等广域网端口，只能用于点对点通信。它采用全双工通信方式，即接收和发送使用各自的通信信道。

（2）无线局域网的组网方式。

根据拓扑结构不同，无线局域网的组网方式可以分为 3 种：对等方式、接入方式和中继方式。

- 对等方式。对等方式下的无线局域网不需要访问节点，所有的基站都能对等地相互通信。在该模式的局域网中，一个基站会自动设置为初始站，对网络进行初始化，使所有同域的基站成为一个局域网，并且设定基站协作功能，允许有多个基站同时发送信息。在 MAC 帧中，包含源地址、目的地址和初始站地址。这种模式采用了 Net BEUL 协议，不支持 TCP/IP，适合于组建临时性的网络，如野外作业、临时流动会议等。每台计算机仅需一片网卡，经济实惠。
- 接入方式。这种方式以星型拓扑为基础，以接入的访问节点为中心，所有基站的通信要通过访问节点 AP（Access Point）接转，在 MAC 帧中，包含源地址、目的地址和接入点地址。通过各基站的响应信号，访问节点能在其内部建立一个"桥连接表"，将各个基站和端口一一联系起来。当接收转发信号时，访问节点 AP 就通过查询"桥连接表"进行。
- 中继方式。中继是建立在接入原理上的，是两个访问节点之间点对点的链接，由于独享信道，比较适合于两个局域网的远距离互连（传输距离可达到 50km）。在这种模式下，MAC 帧使用 4 个地址，即源地址、目的地址、中转发送地址和中转接收地址。

在上述 3 种组网方式中，接入方式和中继方式支持 TCP/IP 和 IPX 等多种网络协议，是 IEEE 802.11 重视而且极力推广的无线网络主要的应用方式。

5.1.7 蓝牙技术

随着移动办公的发展，各种移动办公设备、非 PC 类的智能设备涌入市场。如何让功能强大的笔记本电脑、手机等移动办公设备与办公室里的计算机、打印机等固定设备连接起来，使其能快速、方便地交换信息呢？这是急需解决的问题。

蓝牙技术是解决上述问题的一种无线连接技术标准，蓝牙（Bluetooth）是该技术标准的代码名称，其目的是让用户将移动计算设备和通信设备简单、快捷地连接，取代连接这些设备的电缆。1999 年 12 月 Bluetooth SIG 发布 Bluetooth 1.0B 技术标准规范。

蓝牙技术是实现语音和数据传输的开放式全球规范，是一种低成本、短距离的无线链路，为固定和移动设备通信环境建立一个特别连接。

1. 蓝牙技术概述

蓝牙是一个开放性的、短距离无线通信技术标准，它可以用于在较小的范围内通过无线连接的方式实现固定设备及移动设备之间的网络互连，可以在各种数字设备之间实现灵活、安全、低成本、小功耗的话音和数据通信。蓝牙技术可以方便地嵌入到单一的 CMOS 芯片中，因此它特别适用于小型的移动通信设备。

（1）蓝牙系统的组成。

蓝牙系统由天线单元、链路控制（固件）单元、链路管理（软件）单元和蓝牙软件（协议栈）单元 4 个功能单元组成。

- 天线单元：蓝牙要求其天线部分体积十分小巧、重量轻，因此蓝牙天线属于微带天线。
- 链路控制（固件）单元：在目前蓝牙产品中，人们使用了 3 个 IC 分别作为连接控制器、基带处理器以及射频传输/接收器，此外还使用了 30～50 个单独调谐元件。
- 链路管理（软件）单元：链路管理软件模块携带了链路的数据设置、鉴权、链路硬件配置和其他一些协议。它能够发现其他远端管理并通过键链路管理协议与其通信。
- 软件（协议栈）单元：蓝牙的软件单元是一个独立的操作系统，不与任何操作系统捆绑，它符合已经制定好的蓝牙规范。蓝牙系统的通信协议大部分可用软件来实现，加载到 Flash RAM 中即可进行工作。蓝牙协议可分为 4 层，即核心协议层、电缆替代协议层、电话控制协议层和采纳的其他协议层。

（2）蓝牙系统的技术特点。

从目前的应用来看，由于蓝牙体积小、功率低，其应用已不局限于计算机外设，几乎可以被集成到任何数字设备中，特别是那些对数据传输速率要求不高的移动设备和便携设备。蓝牙技术的特点可归纳为如下几点。

- 全球范围适用：蓝牙工作在 2.4GHz 的 ISM 频段，全球大多数国家 ISM 频段的范围是 2.4~2.4835GHz，使用该频段无须向各国的无线电资源管理部门申请许可证。
- 同时可传输语音和数据：蓝牙采用电路交换和分组交换技术，支持异步数据信道、三路语音信道及异步数据与同步语音同时传输的信道。
- 建立临时性的对等连接：根据蓝牙设备在网络中的角色，可分为主设备（Master）与从设备（Slave）。主设备是组网连接主动发起连接请求的蓝牙设备，几个蓝牙设备连接成一个皮网（Piconet）时，其中只有一个主设备，其余的均为从设备。皮网是蓝牙最基本的一种网络形式，最简单的皮网是一个主设备和一个从设备组成的点对点的通信连接。

  通过时分复用技术，一个蓝牙设备便可以同时与几个不同的皮网保持同步，具体来说，就是该设备按照一定的时间顺序参与不同的皮网，即某一时刻参与某一皮网，而下一时刻参与另一个皮网。
- 具有很好的抗干扰能力：工作在 ISM 频段的无线电设备有很多种，如家用微波炉、无线局域网等产品，为了很好地抵抗来自这些设备的干扰，蓝牙采用了跳频（Frequency Hopping）方式来扩展频谱，将 2.40～2.48GHz 频段分成 79 个频点，相邻频点间隔 1MHz。蓝牙设备在某个频点发送数据后，再跳到另一个频点发送，而频点的排列顺序则是随机的，每秒钟频率改变 1600 次，每个频率持续 625μs。
- 蓝牙模块体积很小、便于集成：由于个人移动设备的体积较小，嵌入其内部的蓝牙模块体积就应该更小，如爱立信公司的蓝牙模块 ROK101008 的外形尺寸仅为 32.8mm×16.8mm×2.95mm。

- 低功耗：蓝牙设备在通信连接状态下，有 4 种工作模式——激活（Active）模式、呼吸（Sniff）模式、保持（Hold）模式和休眠（Park）模式。Active 模式是正常的工作状态，另外 3 种模式是为了节能所规定的低功耗模式。
- 开放的接口标准：SIG 为了推广蓝牙技术的使用，将蓝牙的技术标准全部公开，全世界范围内的任何单位和个人都可以进行蓝牙产品的开发，只要最终通过 SIG 的蓝牙产品兼容性测试，就可以推向市场。
- 成本低：随着市场需求的扩大，各个供应商纷纷推出自己的蓝牙芯片和模块，蓝牙产品价格飞速下降。

2. 蓝牙技术应用

蓝牙技术能够在短时间内在世界范围内成为了标准，其主要原因在于它不仅可以让许多种智能设备无线互连，可以传输文件、支持语音通信、建立数据链路等，它还有以下更多的作用。

（1）为局域设备提供互连。在一个皮网中，蓝牙能够对 8 个接收器进行同步互连。使用蓝牙技术通信的设备可以发送和接收 1Mbps 的数据。但是实际上当允许多个应用设备进行同步通信时，数据传输率会在某种程度上降低。目前不在皮网中的蓝牙设备，将持续听从其他蓝牙设备的动向，当它们足够接近成为皮网的一部分时，它们将确定自己，如果需要，其他的设备可以与其通信。

（3）支持多媒体终端。3G 终端将提供接口接入许多不同格式的信息和通信，例如 Web 浏览、电子邮件传输和接收、视频和语音，使它们成为真正的多媒体终端。语音仍是通信的主要形式，在蓝牙规范中对此提供了特别支持，支持 64Kbps 的高质量演说信道。随着支持分组包数据和演说的能力不断提高，蓝牙可以为这些多媒体应用提供完全的局域支持。蓝牙收发器可以支持多个数据连接并可同时达到 3 个语音连接，为 3 个手持无绳多媒体/互连系统提供完全的功能性。

（3）家庭网络。在一个典型的家庭中，有各种形式的娱乐设备（电视/VCR），不同来源的主题信息（如报纸、杂志）和厨房中的功能性设备（如烤炉、微波炉、冰箱、中央暖气系统）。虽然这些项目组目前没有办法相互连接，但可以设想将其与蓝牙设备组成宽松的连接，不管这些设备在哪里，它的控制和接入将成为用户的核心。设想一个简单的数据便签簿，与 PDA（或智能电话）类似，但是使用蓝牙收发器和轻触屏幕。它轻巧便捷，带有高级像素驱动菜单，很容易使用。无线红外遥控的应用将成为过去，你的 PDA 将控制所有的娱乐设备。

5.2　局域网组建及布线技术

5.2.1　局域网组建

在计算机网络中，局域网是最简单的网络类型，但它却是大型网络组建的基础。目前，局域网技术发展迅速，应用更加普遍，我们以常用的以太网为例，讨论局域网组建问题。

1. 基本硬件设备

在使用双绞线和光纤组建以太网时，需要使用以下几种基本硬件设备及材料。

- 网卡（带 RJ-45 接头）。
- 交换机。
- RJ-45 接头。
- 双绞线（5 类非屏蔽，最长 100m）或光纤。

2. 组网结构

使用交换机的组网方式，网络结构可分为平面式和分层式两种结构。

（1）平面式结构。

该方式使用同一型号的交换机进行组网，具有结构简单、造价低的特点。平面式结构又可分为级联、端口聚合、堆叠 3 种方式。

- 级联方式。级联方式（见图 5-15）是最常用的一种组网方式，它通过交换机上的级联口（Uplink）进行连接，就是交换机与交换机之间通过交换端口进行扩展，一方面解决了单一交换机端口数不足的问题，另一方面也快速地延伸了网络直径。无论是 10Base-T 以太网、100Base-TX 快速以太网还是 1000Base-T 千兆以太网，每级联一个交换机可扩展 100m 距离，当有 3 台交换机级联时，网络跨度就可以达到 400m。这样的距离对于位于同一座建筑物内的小型网络而言已经足够了。需要注意的是，交换机不能无限制级联，超过一定数量的交换机进行级联，会导致网络性能严重下降。所以从实际应用来看，建议最多安排三级，即核心交换机、二级交换机和三级交换机。

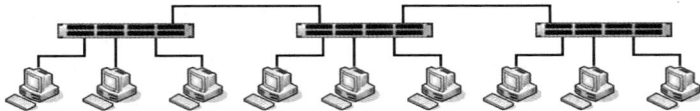

图 5-15　交换机级联方式图

- 端口聚合方式。端口聚合方式（见图 5-16）相当于用多个端口同时进行级联，它提供了更高的互连带宽和线路冗余，使网络具有一定的可靠性。
- 堆叠方式。堆叠方式（见图 5-17）是通过在交换机的扩展槽上插入堆叠模块，采用背板叠加，使用专用的堆叠链路在交换机之间交换数据。堆叠后的交换机组可被看为一台交换机，它具有更好的交换能力和更高的端口密度，增加了端口数量。需要注意的是，不同厂商生产的交换机是不能堆叠在一起的。

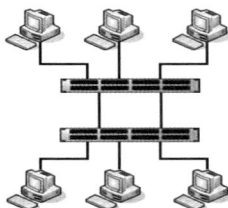

图 5-16　交换机端口聚合方式图

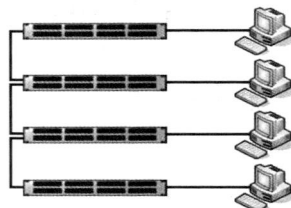

图 5-17　交换机端口堆叠方式图

（2）分层式结构

分层式组网（见图 5-18）应用于比较复杂的网络结构中，按照功能可划分为接入层、汇聚层和核心层。

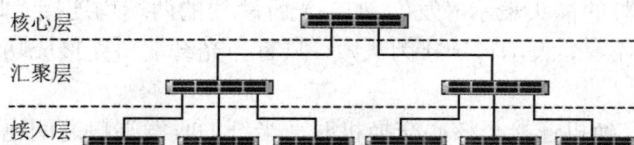

图 5-18　交换机分层式结构图

（3）配置方法。

通常是具有扩展功能的交换机才需要设置，而普通的交换机是不需要在上面进行设置的。由于不同产品的设置界面有所不同，在这里就只是简单地介绍交换机的配置方法。

首先，将串口线的一端连接到交换机的 Console 接口，另一端连接到计算机的串口。

然后，运行计算机上的超级终端程序，创建一个新连接，采用默认属性设置串口，再单击连接。按几下回车键，就会出现字符形式的菜单界面。用户可根据提示，设置一个用于管理交换机的服务器的 IP 地址和子网掩码，这样就可以通过 Telnet 和 Web 方式对交换机进行远程管理。

3．级联方法

交换机的级联主要是端口间的相互连接，主要包括以下两种。

（1）使用 Uplink 端口级联。

现在，许多交换机（Cisco 交换机除外）提供了 Uplink 端口（见图 5-19），使得交换机之间的连接变得更加简单。

Uplink 端口是专门用于与其他交换机连接的端口，可利用直通跳线将该端口连接至其他交换机的除 Uplink 端口外的任意端口（见图 5-20），这种连接方式跟计算机与交换机之间的连接完全相同。需要注意的是，有些品牌的交换机（如 3Com）使用一个普通端口兼作 Uplink 端口，并利用一个开关（MDI/MDI-X 转换开关）在两种类型间进行切换。

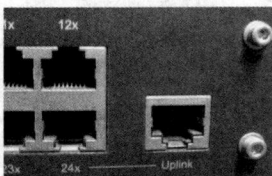

图 5-19　Uplink 端口图

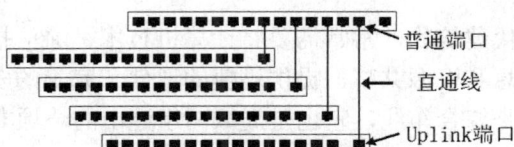

图 5-20　Uplink 端口连接图

（2）光纤端口的级联。

由于光纤端口的价格仍然非常昂贵，所以光纤主要被用于核心交换机和骨干交换机之间连接，或被用于骨干交换机之间的级联。需要注意的是，光纤端口均没有堆叠的能力，只能被用于级联。

所有交换机的光纤端口都是两个，分别是一发一收。当然，光纤跳线也必须是两根，否则端口之间将无法进行通信。当交换机通过光纤端口级联时，必须将光纤跳线两端的收发对调，当一端接"收"时，另一端接"发"。同理，当一端接"发"时，另一端接"收"（见图 5-21）。令人欣慰的是，Cisco GBIC 光纤模块都标记有收发标志，左侧向内的箭头表示"收"，右侧向外的箭头表示"发"。如果光纤跳线的两端均连接"收"或"发"，则该端口的 LED 指示灯不亮，表示该连接为失败。只有当光纤端口连接成功后，LED 指示灯才转为绿色。

同样，当骨干交换机连接至核心交换机时，光纤的收发端口之间也必须交叉连接（见图 5-22）。

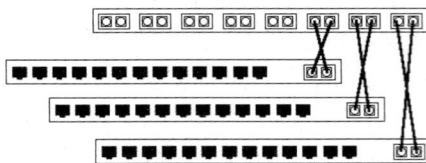

图 5-21　光纤跳线的交叉连接图　　　图 5-22　光纤跳线的交叉连接图

光纤跳线分为单模光纤和多模光纤。交换机光纤端口、跳线都必须与综合布线时使用的光纤类型相一致，也就是说，如果综合布线时使用的多模光纤，那么交换机的光纤接口就必须执行 1000Base-SX 标准，也必须使用多模光纤跳线；如果综合布线时使用的单模光纤，交换机的光纤接口就必须执行 1000Base-LX/LH 标准，也必须使用单模光纤跳线。

需要注意的是，多模光纤有两种类型，即 $62.5/125\mu m$ 和 $50/125\mu m$。虽然交换机的光纤端口完全相同，而且两者也都执行 1000Base-SX 标准，但光纤跳线的芯径必须与光缆的芯径完全相同；否则，将导致连通性故障。

另外，相互连接的光纤端口的类型必须完全相同，或者均为多模光纤端口，或者均为单模光纤端口。一端是多模光纤端口，而另一端是单模光纤端口，将无法连接在一起。

5.2.2　结构化综合布线

现代建筑物，常常需要将计算机技术、通信技术、信息技术和办公环境集成在一起，实现信息和资源共享，提供迅捷的通信和完善的安全保障，这就是智能大厦。而这一切的基础就是综合布线，它也是局域网组建中的一项非常重要的基础工作。

1. 什么是结构化综合布线

综合布线系统（Premise Distribution System）又称结构化布线系统（Structure Cabling System），是目前流行的一种新型布线方式，它采用标准化部件和模块化组合方式，把语音、数据、图像和控制信号用统一的传输媒体进行综合，形成了一套标准、实用、灵活、开放的布线系统。它既能使语音、数据、影像与其他信息系统彼此相连，也支持会议电视、监视电视等系统及多种计算机数据系统。

结构化综合布线系统解决了常规布线系统无法解决的问题，常规布线系统中的电话系统、保安监视系统、电视接受系统、消防报警系统、计算机网络系统等，各自系统互不相连，每个系统的终端插接件也不相同，当这些系统中的某一项需要改变，将是极其困难的，甚至要付出很高的代价。相比之下，综合布线系统是采用模块化插接件，垂直、水平方向的线路一经布置，只需改变接线间中的跳线，改变交换机，增加接线间的接线模块，便可满足用户对这些系统的扩展和移动。

2. 综合布线系统组成

综合布线系统采用标准化部件和模块化组合方式，主要由 6 个独立子系统（模块）组成：

- 工作区子系统（Work Area）。它由终端设备连接到信息插座之间的设备组成。其间包括信息插座、插座盒、连接跳线和适配器。
- 水平布线子系统（Horizontal Cabling）。水平区子系统应由工作区用的信息插座，楼层分配线设备至信息插座的水平电缆、楼层配线设备和跳线等组成，实现信息插座和管理子系统（配线架）间的连接，一般处在同一楼层。
- 管理子系统（Administration）。管理子系统设置在楼层分配线设备的房间内。管理间为连接其他子系统提供手段，它是连接垂直干线子系统和各楼层水平干线子系统的设备，其主要设备是配线架、色标规则、HUB、机柜和电源。
- 垂直干线子系统（Backbone Cabling）。通常是由主设备间（如计算机房、程控交换机房）提供建筑中最重要的铜线或光纤线主干线路，将主配线架与各楼层配线架系统连接起来，是整个大楼的信息交通枢纽。一般它提供位于不同楼层的设备间和布线框间的多条联接路径，也可连接单层楼的大片地区。
- 设备间子系统（Equipment Rooms）。设备间是在每一幢大楼的适当地点设置进线设备，进行网络管理的场所。设备间子系统将各种公共设备（如计算机主机、数字程控交换机、各种控制系统、网络互连设备）等与主配线架连接起来。
- 建筑群接入子系统（Premises Entrance Facilities）。建筑群子系统将一栋建筑的线缆延伸到建筑群内的其他建筑的通信设备和设施。其包括铜线、光纤，以及防止其他建筑的电缆的浪涌电压进入本建筑的保护设备。

结构化综合布线 6 个独立子系统（模块）组成如图 5-23 所示。

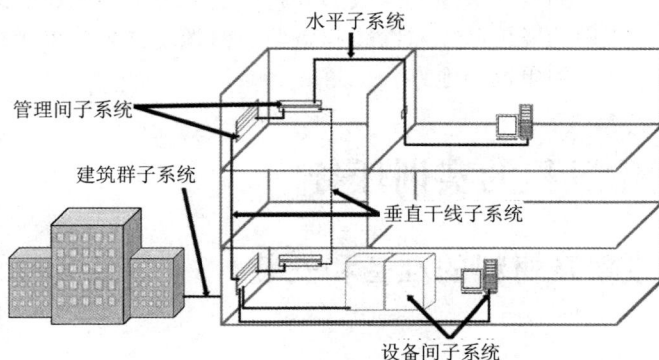

图 5-23　结构化综合布线组成图

3. 局域网布线特点

局域网技术是目前计算机网络研究的重点和热点，是发展最快的技术领域之一。局域网布线具有如下特点：

（1）局域网是覆盖有限地理范围的网络，从一间办公室、一幢大楼、一所学校、一个工厂，到几千米的范围，适用于机关、公司、校园、工厂等各种单位。局域网布线除重点强调线缆安装外，其他所有布线内容均被含盖，包含工作区子系统、水平布线子系统、垂直干线子系统、设备间子系统、管理子系统、建筑群接入子系统等。

（2）局域网是一种通信网络，主要技术体现在网络拓扑、传输介质与介质访问控制，具有高速率、高质量数据传输能力。布线标准采用 IEEE 802 协议；布线重点强调的金属电缆布线，因为它是当前占支配地位的布线方法；还有更快速度的光纤网布线，因为它是未来快速网络发展的方向。

（3）局域网属于单位自有，易于建立、维护和使用。局域网布线要根据单位自身的应用与财力情况规划使用范围、制定建设方案、满足自身需要。

4. 综合布线的发展过程与前景

综合布线的发展与建筑物自动化系统密切相关。1984 年，世界上第一座智能大厦产生；1985 年初，计算机工业协会（CCIA）提出对大楼布线系统标准化的倡议；1991 年 7 月，ANSI/EIA/TIA568 即《商业大楼电信布线标准》问世，同时，与布线通道及空间、管理、电缆性能及连接硬件性能等有关的相关标准也同时推出；1995 年底，EIA/TIA 568 标准正式更新为 EIA/TIA/568A；国际标准化组织（ISO）推出相应标准 ISO/IEC/IS11801；1997 年 TIA 出台 6 类布线系统草案，同期，基于光纤的千兆网标准推出。1999 年至今，TIA 又陆续推出了 6 类布线系统正式标准，ISO 推出 7 类布线标准。

综合布线的市场发展很快，从最快的 3 类、5 类、到超 5 类、6 类，甚至到光纤。从技术上看，综合布线正向高带宽，高速度方向发展，而另一方面，随着网络应用的深入，传统大厦布线市场也发生了的变化，除了智能大厦这种标准的综合布线的场所外，一些以前并未考虑综合布线的场所（如住宅，中小办公室等），都已经成为布线系统的用户群。但不同的用户群，对综合布线有不同的要求。因此，同样的布线系统，在不同应用市场上应该有所区别，以适应特定的用户需求。当我们现在谈论布线时，它不再是一种可有可无的系统，而应是数据通信系统的一个必须的组成部分。在选择一个面向新世纪的布线系统时，应该预计到未来网络应用的发展，以双绞线和新型多模光缆甚至单模光缆为基础的布线系统，将会使网络生命延伸到更远的地方。

5.3 基于工作过程的实训任务

实训一 组网设备及材料的准备和安装

1. 实训目的

掌握网线的制作和测试方法及网卡的安装步骤。

2. 实训内容

（1）制作双绞线（直连线、交叉线）。

（2）网线连通性的测试。

（3）网卡的安装。

3. 实训方法

（1）组网器材及工具的准备。

① 组网所需器件。

组网前，需要准备好计算机、网卡、交换机和其他网络器件。表 5-4 和表 5-5 是组建 10Mbps 以太网和 100Mbps 以太网所需设备列表。

表 5-4 组建 10Mbps 以太网所需的设备和器件设备和器件表

设备和器件名称	数 量
计算机	2 台以上
RJ-45 接口 10Mbps 或 10/100Mbps 自适应网卡	2 块以上
10Mbps 以太网交换机	1 台以上（级联实验需多台）
3 类以上非屏蔽双绞线	若干
RJ-45 水晶接头	多个

表 5-5 组建 100Mbps 以太网所需的设备和器件设备和器件表

设备和器件名称	数 量
计算机	2 台以上
RJ-45 接口 100Mbps 或 10/100Mbps 自适应网卡	2 块以上
100Mbps 以太网交换机	1 台以上（级联实验需多台）
5 类以上非屏蔽双绞线	若干
RJ-45 水晶接头	多个

② 组网工具。

除了需要准备组建以太网所需的设备和器件外，还需要准备必要的工具。最基本的工具包括制作网线的剥线或夹线钳及测试电缆连通性的电缆测试仪，如图 5-24 所示。

图 5-24 剥线或夹线钳和电缆测试仪

（2）非屏蔽双绞线的制作

① 认识 RJ-45 连接器、网卡（RJ-45 接口）和非屏蔽双绞线。

RJ-45 连接器，俗称水晶头，用于连接 UTP。共有 8 个引脚，一般只使用了第 1、2、3、6 号引脚。引脚 1 接收（Rx+）；引脚 2 接收（Rx-）；引脚 3 发送（Tx+）；引脚 6 发送（Tx-）。图 5-25 所示为直连线和交叉线的线序。

> **注意** 普通端口进行级联时应用交叉线连接，若有专用的级联口级联时用直连线即可。

② 用线钳将双绞线外皮剥去，剥线的长度为 13～15mm，不宜太长或太短。

③ 用剥线钳将线芯剪齐，保留线芯长度约为 1.5cm。

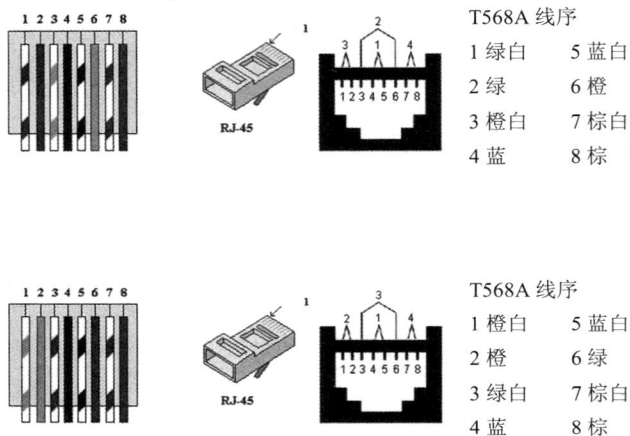

T568A 线序
1 绿白   5 蓝白
2 绿   6 橙
3 橙白   7 棕白
4 蓝   8 棕

T568A 线序
1 橙白   5 蓝白
2 橙   6 绿
3 绿白   7 棕白
4 蓝   8 棕

图 5-25　直连和交叉线序

④ 水晶头的平面朝上，将线芯插入水晶头的线槽中，所有 8 根细线应顶到水晶头的顶部（从顶部能够看到 8 种颜色），同时应当将外皮也置入 RJ-45 接头内，最后用压线钳将接头压紧，并确定无松动现象。如图 5-26 所示。

图 5-26　水晶头的制作

⑤ 将另一个水晶头以同样方式制作到双绞线的另一端。

⑥ 用网线测试仪测试水晶头上的每一路线是否连通，如图 5-27 所示。发射器和接收器两端的灯同时亮时为正常。

（3）网卡的安装

网卡是计算机与网络的接口。将网卡安装到计算机中并能正常使用，需要做两件事。首先要进行网卡的物理安装；其次是对所安装的网卡进行设备驱动程序的安装和配置。这一小节先讲网卡的物理安装，如图 5-28 所示。

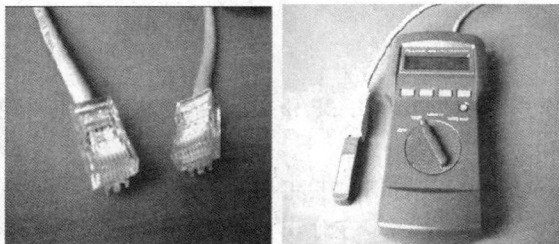

图 5-27　网线测试仪

图 5-28　网卡的安装

安装网卡的过程很简单，以目前最流行的 PCI 总线网卡为例，安装过程可按以下步骤进行：

① 断掉计算机电源，确保无电工作。

② 手触摸一下金属物体，释放静电。

③ 打开计算机主机箱，选择一个空闲的 PCI 插槽（主板上的白色插槽），并卸掉对应位置的挡板。

④ 将网卡插入槽中，并注意插牢插紧，以防松动，造成故障。

⑤ 将网卡用螺钉上紧，以保证其工作可靠。

⑥ 重新装好机箱。

> **注意** 安装过程中，不要触及主机内其他连接线、板卡或电缆，以防松动，造成计算机故障。

4. 实训总结

（1）在制作双绞线时，要将双绞线一端的外皮先剥去约 2.5cm，当芯线按连接要求的顺序排列好后，芯线剪得只留下大约 1.5cm 的长度。

（2）直通线缆水晶头两端遵循 568A 或 568B 标准；交叉线一端遵循 568A，而另一端遵循 568B 标准。

（3）制作交叉网线时，要将一头的 1、2、3、6，分别与另一头的 3、6、1、2 对应。

（4）确认所有顺序都到位后再将水晶头放入压线钳，用力捏下。

实训二　网络组件的安装和配置

1. 实训目的

掌握网卡的网络属性配置。

2. 实训内容

（1）添加通信协议（组件）。

（2）网络属性的配置。

3. 实训方法

（1）添加或卸载通信协议

在安装网卡驱动的过程中，Windows 操作系统自动安装 TCP/IP 协议，如果要添加其他协议，可以进行如下操作。

① 执行"开始"→"设置"→"控制面板"命令，打开"控制面板"窗口，在其中双击"网络连接"图标（或右击桌面上的"网上邻居"图标，在弹出的快捷菜单中选择"属性"命令），打开"网络连接"窗口。

② 在"网络连接"窗口中右键单击其中的"本地连接"图标，选择快捷菜单中的"属性"命令，打开"本地连接 属性"对话框，如图 5-29 所示。该对话框上方"连接时使用"中列出了使用的网卡名称，单击"配置"按钮可进入网卡属性对话框。

③ 在"本地连接 属性"对话框的"此连接使用下列选定的组件"列表框中列出了已安装的服务及协议。单击"卸载"按钮可将已安装的组件卸载掉；单击"属性"按钮可查看选中的组件属性，单击"安装"按钮打开"选择网络组件类型"对话框，如图 5-30 所示。

图 5-29 "本地连接 属性"对话框

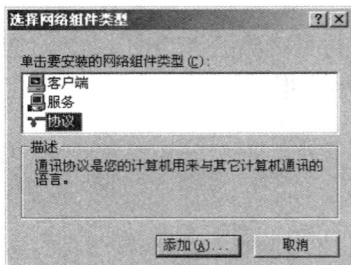

④ 选择要安装的网络组件类型，如"协议"，单击"添加"按钮，打开如图 5-31 所示"选择网络协议"对话框，在"网络协议"列表框中选中要安装的协议（例如安装 NetBEUI Protocol 协议，先用鼠标单击选中 NetBEUI Protocol 选项），然后单击"确定"按钮，所选协议安装完成，如图 5-32 所示。

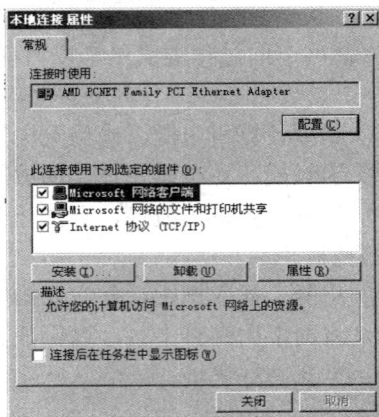

图 5-30 "选择网络组件类型"对话框

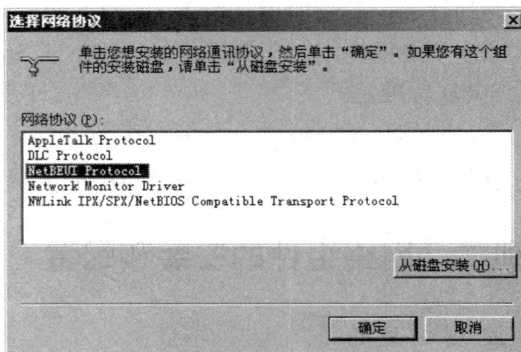

图 5-31 "选择网络协议"对话框

（2）设置计算机 IP 地址、网关以及 DNS 等

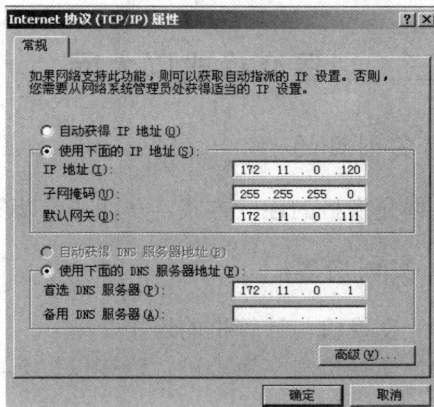

在图 5-32 中双击"Internet 协议（TCP/IP）"，打开"Internet 协议（TCP/IP）属性"对话框，如图 5-33 所示。选中"使用下面的 IP 地址"单选按钮，用户也可选择"自动获取 IP 地址"单选按钮，但一般不采用此设置，因为当选择"自动获得 IP 地址"后，计算机启动查找 DHCP 再自动分配 IP 地址会延长网络连接时间；一般使用手工定制 IP 地址方式，可根据计算机所处的局域网 IP 子网规划，完成静态 IP 地址、子网掩码、网关及 DNS 设置。

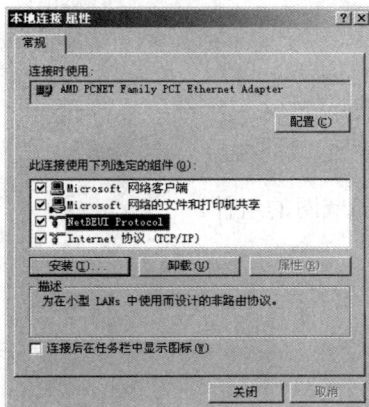

图 5-32　"本地连接 属性"对话框　　图 5-33　"Internet 协议（TCP/IP）属性"对话框

（3）更改计算机名称及工作组

① 鼠标右键单击"我的电脑"图标，在弹出的快捷菜单中选择"属性"命令，打开"系统属性"对话框，然后打开"计算机名"选项卡，如图 5-34 所示。

② "计算机名"选项卡中标出了计算机当前使用的"完整的计算机名称"及"工作组"，单击右边的"更改"按钮，即可弹出"计算机名称更改"对话框，如图 5-35 所示。

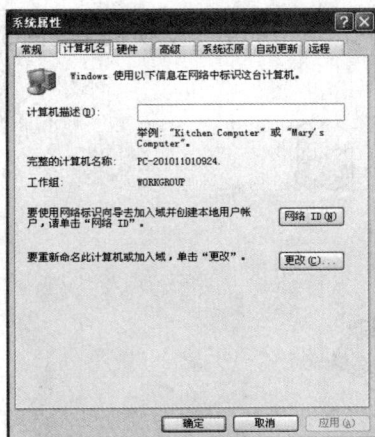

图 5-34　"计算机名"选项卡　　图 5-35　"计算机名称更改"对话框

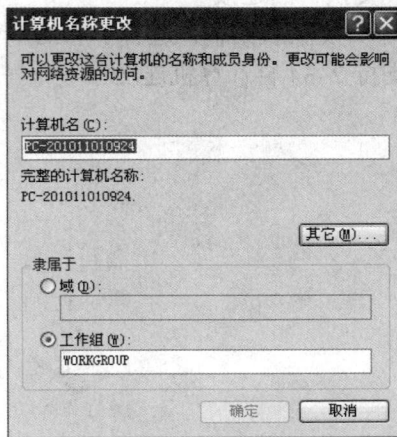

③ 在"计算机名"文本框中输入新的计算机名称，在"工作组"文本框中输入加入的网络工作组名称，修改完毕后单击"确定"按钮。

4．实训总结

（1）如果不安装 NetBEUI 协议，在"我的电脑"上设置好共享目录以后，不能在"网上邻居"中访问自己。

（2）同一个局域网中的计算机不能同名，否则系统在开机时会出现提示信息。

（3）局域网中不同的工作组中的计算机可以互相访问。

（4）修改完计算机名称及工作组名以后，必须重新启动计算机才能生效。

实训三　组建交换式以太网

1．实训目的

掌握交换机的连接方式，从而进一步完成交换式局域网的组件。

2．实训内容

（1）交换机与计算机的连接。

（2）交换机与交换机进行连接以扩充局域网络。

3．实训方法

（1）准备器件

① 4 台已安装好 Windows XP 的计算机。

② 4 块 PCI 总线插槽带 RJ-45 接口的网卡。

③ 两台 8 口交换机。

④ 5 根采用国际 EIA/TLA568B 标准制作的直连双绞线、1 根双机互连线。

（2）交换机的连接

① 单一交换机结构：适合小型工作组规模的组网。典型的单一交换机（见图 5-36）一般可以支持 2~34 台计算机连网。

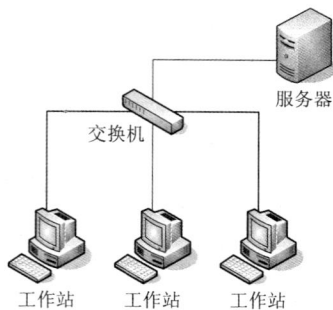

图 5-36　单一交换机结构的以太网示意图

② 多交换机级联结构：可以构成规模较大的 10Mbps 或 100Mbps 以太网。

● 有级联端口的情况（见图 5-37）。

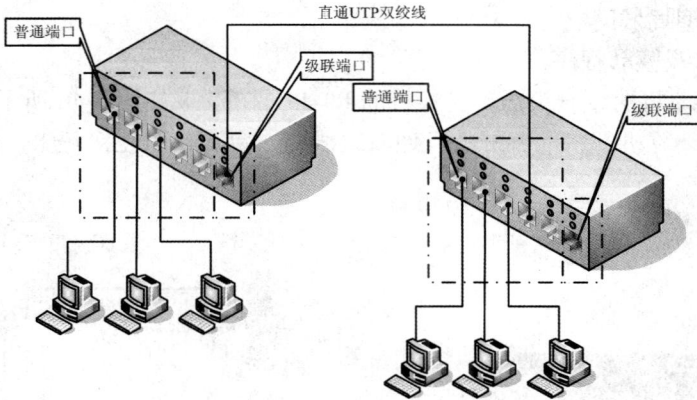

图 5-37　直通 UTP 电缆级联

- 无级联端口或级联端口被占用的情况。

如果采用这种方式进行级联，一定要将级联所使用的交叉 UTP 电缆做好标记，以免与计算机接入交换机的直通 UTP 电缆混淆。

多交换机进行级联时，一般可以采用平行级联和树型级联两种方式。平行级联方式如上图 5-37 或图 5-38 所示。树型级联方式如图 5-39 所示。

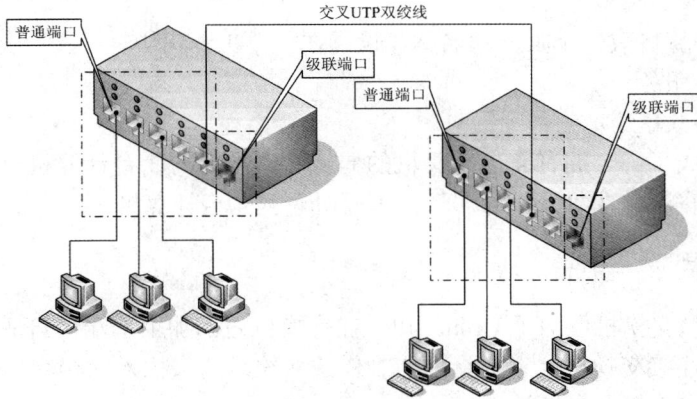

图 5-38　利用交叉 UTP 电缆级联

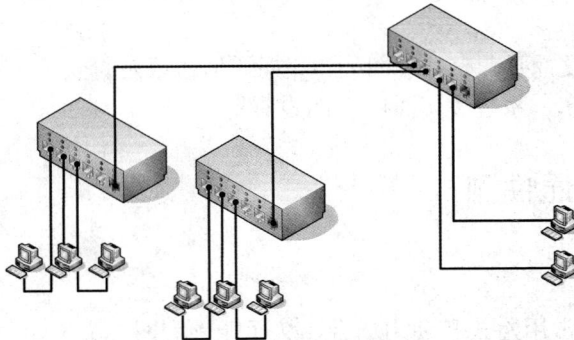

图 5-39　树型结构的多交换机级联

（3）组建小型局域网

① 安装网卡及驱动程序。

② 连接网线，将网线一头插到交换机的 RJ-45 插槽上，如图 5-40 所示。一头插在网卡接头处，将 4 台计算机都用准备好的直连双绞线与一台交换机连接起来，如图 5-41 所示。

图 5-40　交换机连接计算机的端口示意图

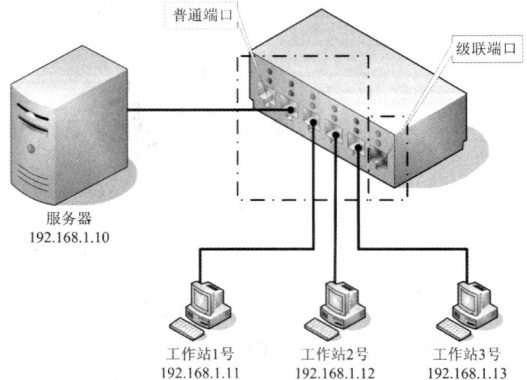

图 5-41　交换式局域网组建参照图

③ 安装必要的网络协议（TCP/IP）。将 4 台计算机的 IP 地址按图 5-41 所示的地址设置好。

④ 为每台计算机取一个唯一的名称，设置在一个工作组中。

⑤ 安装共享服务。

⑥ 实现网络共享。

至此，即建成了一个拥有 4 台计算机的局域网，网中的 3 台计算机可互相访问，服务器提供共享数据资源。在"网上邻居"中可同时看到 4 台计算机。

4. 实训总结

（1）有的新型交换机取消了 Uplink 口，在交换机内部加上了端口自适应协议，不再需要制作交叉线来连接交换机，只要将标准制作的双绞线两头插入两台交换机的任意两个端口插孔中即可，交换机会自动识别。

（2）连接在同一台交换机上的计算机，可通过划分虚网（VLAN）方式置于不同的子网内。

（3）数据共享的设置要考虑多方面因素，如通信协议是否安装，Windows XP 系统自带的防火墙是否允许共享，系统"组策略"的设置等。

实训四　网络连通性测试

1. 实训目的

掌握 ping 命令的常用格式和使用场合，从而能预测网络故障出现的位置，进一步解决问题。

2. 实训内容

常用 ping 命令的简单使用方法。

3. 实训方法

调用 ping 命令的方法：操作系统为 Windows XP/2000，执行"开始"→"运行"命令，在"打开"文本框中输入"cmd"并按回车键，在弹出的对话框内输入"ping IP 地址"，然后按回车键即可。

（1）测试本机网卡是否正常运行。

在本地网卡与交换机连接的情况下，ping 本地 IP 地址，若正常 ping 通，则表示本地网卡正常使用，如图 5-42 所示（本地 IP 为 192.168.1.11）。

如果测试成功，命令将给出测试包从发出到收到所用的时间。在以太网中，这个时间通常小于 10ms。如果执行 ping 不成功，ping 命令将给出超时提示，由此可以预测故障出现在的几个方面：网线故障，网络适配器配置不正确，IP 地址不正确。

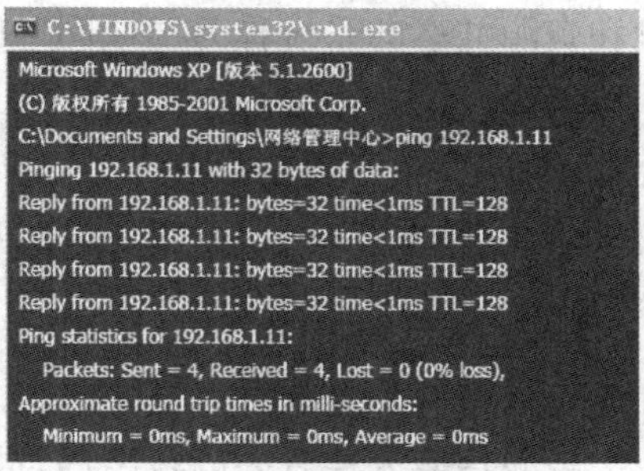

图 5-42　Ping 命令测试本机网卡

（2）测试本地 TCP/IP 协议栈是否正常。

一般地，如果 ping 127.0.0.1 可以 ping 通，就表示 TCP/IP 协议栈是正常工作的，如图 5-43 所示。

（3）测试本机的下一跳设备（网关）是否正常。

- 测试环境：本机 IP 为 192.168.1.11，网关为 192.168.1.1。
- 测试目的：用 ping 命令 ping 网关。

网关正常工作 ping 通，如图 5-44 所示。

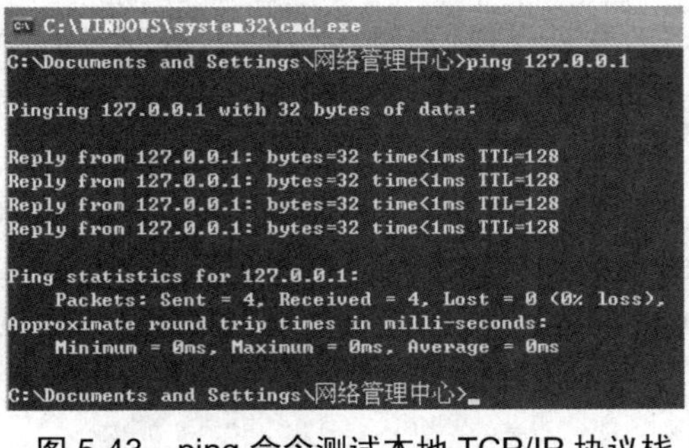

图 5-43　ping 命令测试本地 TCP/IP 协议栈

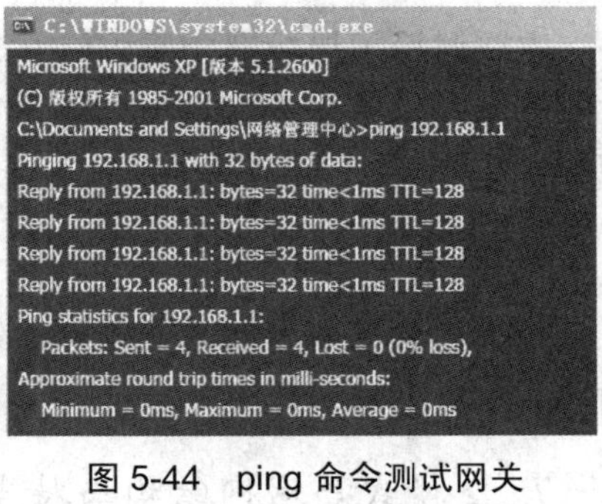

图 5-44　ping 命令测试网关

4. 实训总结

（1）ping 命令后面要有空格，否则命令出错。

（2）如果执行"ping 本机 IP"命令显示内容为"Request timed out"，则表明网卡安装或配置有问题。将网线断开再次执行此命令，如果显示正常，则说明本机使用的 IP 地址可能与另一台正在使用的机器 IP 地址重复了。如果仍然不正常，则表明本机网卡安装或配置有问题。

5.4 本章小结

1. 局域网的概念

在较小的地理范围内，利用通信线路将多种数据设备连接起来，实现相互间的数据传输和资源共享的系统称为局域网（Local Area Networks，LAN）。

2. 局域网的特点

从功能的角度看，局域网的特点包括：共享传输信道，地理范围有限，传输速率高，误码率低，采用分布式控制和广播式通信。

3. 网络传输介质

网络传输介质是在网络中信息传输的媒体，常用的有线传输介质包括双绞线和光纤。

4. 局域网分类

按网络的介质访问方式划分，可分为以太网（Ethernet）、令牌环网和令牌总线网等。目前最多的是以太网。

按局域网基本工作原理划分，局域网分为共享媒体局域网、交换局域网和虚拟局域网3种。

5. 介质访问控制方法

主要讨论了局域网介质访问方法中几种常用的共享介质访问控制方法，包括带有冲突检测的载波侦听多路访问（CSMA/CD）控制、FDDI 与令牌环访问控制和令牌总线访问控制。

6. 以太网的分类

根据传输速率的不同，以太网可以分为 10Mbps 以太网、100Base-T 以太网、千兆以太网和万兆以太网。

7. 交换式局域网结构与特点

交换式局域网的核心设备是局域网交换机。交换机的每个端口都能独享带宽，所有端口能够同时进行并发通信，并且能在全双工模式下提供双倍的传输速率。为了保护用户已有的投资，局域网交换机一般是针对某种局域网设计的。

交换式局域网具有独占信道，独享带宽；多对节点之间可以同时进行通信；端口速度配置灵活；便于网络管理和均衡负载；兼容原有网络等特点。

8. 交换式局域网交换方式

目前交换机通常采用的帧的交换方式有 3 种：直通式、存储转发式和碎片隔离方式。

9. 虚拟局域网的概念

虚拟局域网（VLAN）就是建立在交换技术上，通过网络管理软件构建的、可以跨越不同网段、不同网络的逻辑型网络。

10. 虚拟局域网实现的方式

虚拟局域网的实现方式有两种：静态实现和动态实现。

11. 无线局域网的概念

无线局域网（WLAN）是指以采用与有线网络同样的工作方法，通过无线信道作为传输介质，把各种主机和设备连接起来的计算机网络。

12. 无线局域网的传输技术

按照 802.11 标准规定的发送及接收技术，可以将无线局域网分为 3 类：红外无线局域网、扩频无线局域网和窄带无线局域网。

13. 蓝牙概念

蓝牙是无线数据和语音传输的开放式标准，它将各种通信设备、计算机及其终端设备、各种数字数据系统，甚至家用电器采用无线方式联接起来。

蓝牙技术实质：一种短距离无线通信标准。

14. 蓝牙系统的组成

蓝牙系统由天线单元、链路控制（固件）单元、链路管理（软件）单元和蓝牙软件（协议栈）单元 4 个功能单元组成。

15. 局域网组建

局域网组建主要涉及硬件组成、组网结构（包括级联、聚合、堆叠方式）、综合布线等。

本章习题

1. 选择题

（1）10 Base-T 以太网采用（   ）为传输介质。

　　A. 粗缆　　　　　B. 细缆　　　　　C. 双绞线　　　　　D. 光缆

（2）使用集线器的普通端口进行级联，必须采用（   ）UTP 方式；如果使用专用的级联端口进行级联，采用（　　）UTP 方式。

    A. 直通　　　交叉　　B. 交叉　　　直通　　C. 直通　　　直通　　D. 交叉　　　交叉

（3）交换式以太网的核心设备是（　　）。

    A. 集线器　　　　B. 交换机　　　　C. 路由器　　　　D. 网卡

（4）交换机是通过（　　）来进行数据信息的转发和交换的。

    A. 通信信道　　　B. 通信过滤　　　C. 生成树协议　　　D. 地址映射表

（5）虚拟局域网的技术基础是（　　）技术。

    A. 宽带分配　　　B. 路由　　　　C. 冲突检测　　　D. 交换

（6）在常用的传输介质中，（　　）的带宽最宽，信号传输衰减最小，抗干扰能力最强。

    A. 双绞线　　　　B. 同轴电缆　　　C. 光纤　　　　D. 微波

（7）对于两个分布在不同区域的 10 Base-T 网络，如果使用细同轴电缆互连，请问在互连后的网络中，两个相距最远的节点之间的布线距离为（　　）。

    A. 200 m　　　　B. 700 m　　　　C. 300 m　　　　D. 385 m

（8）制作交叉线时，正确的做法是（　　）。

    A. 两端的 4、5、7、8 引脚可以不用　　　B. 1-3，2-6 对换

    C. 1-2，3-6 对换　　　　　　　　　　　D. 1-2，7-8 对换

（9）双绞线可以用来传输（　　）。

    A. 只是模拟信号　　　　　　　　　　　B. 只是数字信号

    C. 数字信号和模拟信号　　　　　　　　D. 只是基带信号

（10）关于交换式局域网描述错误的是（　　）。

    A. 独占信道　　　B. 独享带宽　　　C. 单信道　　　D. 负责均衡

2. 填空题

（1）交换机通常采用的帧交换方式：_____。

（2）用_____技术能把在同一交换机设备上的 10 台计算机分成两个局域网。

（3）无线局域网的 3 种传输介质：_____。

（4）无线局域网组网的 3 种方式：_____。

（5）_____技术能把移动办公设备和非 PC 类智能设备连接起来进行数据通信。

3. 问答题

（1）局域网主要有哪些功能特点？

（2）网络传输介质有哪些，各自有什么特点？

（3）交换式局域网有哪些特点？

（4）虚拟局域网的优点有哪些？

（5）局域网组建分几种方式，各自特点是什么？

（6）级联与堆叠有何异同？

第6章　因特网技术应用

本章要点

- 掌握因特网常用术语，了解因特网各种接入方式。
- 理解因特网中信息传递方式，掌握因特网中域名系统的工作方式。
- 掌握 WWW、FTP、E-mail 服务内容，了解 BBS 服务和 IM 即时通信服务内容。

6.1　因特网概述

因特网是 Internet 的中文译名，又称国际计算机互联网，是目前世界上影响最大的国际性计算机网络。其准确的描述：因特网是一个网络的网络。它以 TCP/IP 网络协议将各种不同类型、不同规模、位于不同地理位置的物理网络连接成一个整体。它也是一个国际性的通信网络集合体，融合了现代通信技术和现代计算机技术及各个部门、领域的信息资源，从而构成网上用户共享的信息资源网。它的出现是世界由工业化走向信息化的必然和象征。

6.1.1　因特网常见术语

由于 Internet 上的术语及专有名词缩写非常多，为了让读者更好地理解 Internet，下面对这些术语进行解释。

1. ARPANET

ARPANET 是国际互联网的始祖。由美国国防部高级研究计划署设计开发，ARPANET 在洛杉矶的加利福尼亚州大学洛杉矶分校、加州大学圣巴巴拉分校、斯坦福大学、犹他州大学 4 所大学的 4 台大型计算机采用分组交换技术，通过专门的接口信号处理机（IMP）和专门的通信线路相互连接。起初，是为了便于这些学校之间互相共享资源而开发的。ARPANET 采用了包交换机制。70 年代协议成功地扩大了数据报的体积，进而组成了互联网。1986 年，美国国家科学基金会（National Science Foundation，NSF）利用 ARPANET 发展出来的 IP 的通信，在 5 个科研教育服务超级计算机中心的基础上建立了 NSFnet 广域网。由于美国国家科学基金会的鼓励和资助，很多大学、政府资助的研究机构甚至私营的研究机构纷纷把自己的局域网并入 NSFnet 中。那时，ARPANET 的军用部分已脱离母网，建立自己的网络——Milnet。ARPANET——网络之父，逐步被 NSFnet 所替代。到 1990 年，ARPANET 已退出了历史舞台。如今，NSFnet 已成为 Internet 的重要骨干网之一。ARPA 于

1971 年更名为 DARPA，因此有时用 DARPANET 来表示 ARPANET，这两个词表示同一个意思。

2. BBS

BBS（Bulletin Board System，电子公告板）。早期的 BBS 与一般街头和校园内的公告板性质相同，只不过是通过计算机来传播或获得消息而已。一直到个人计算机开始普及后，有些人尝试将苹果计算机上的 BBS 转移到个人计算机上，BBS 才开始渐渐普及开来。

目前，通过 BBS 系统可随时取得国际最新的软件及信息，也可以通过 BBS 系统来和别人讨论计算机软件、硬件、Internet、多媒体、程序设计及医学等各种有趣的话题，更可以利用 BBS 系统来刊登一些"征友""廉价转让"及"公司产品"等启事，只要拥有一台能够与 Internet 连接的计算机，就能够进入这个"超时代"的领域，进而去享用它无比的威力。

3. DNS

DNS（Domain Name System）是域名系统的缩写，该系统用于命名组织到域层次结构中的计算机和网络服务。在 Internet 上域名与 IP 地址之间是一一对应的，它们之间的转换工作称为域名解析，需要由专门的服务器来完成，DNS 就是进行域名解析的服务器。DNS 命名用于 Internet 等 TCP/IP 网络中，通过用户友好的名称查找计算机和服务。当用户在应用程序中输入 DNS 名称时，DNS 服务可以将此名称解析为与其相关的其他信息，如 IP 地址。因为，在上网时输入的网址，是通过域名解析找到相对应的 IP 地址，这样才能上网。其实，域名的最终指向是 IP。

4. FTP

FTP（File Transfer Protocal，文件传输协议），用于 Internet 上的控制文件的双向传输。同时，它也是一个应用程序。用户可以通过它把自己的 PC 与世界各地所有运行 FTP 协议的服务器相连，访问服务器上的大量程序和信息。

5. Homepage

主页，通过万维网（Web）进行信息查询的起始信息页。

6. HTML

HTML（Hyper Text Mark-up Language）即超文本标记语言或超文本链接标识语言，是 WWW 的描述语言。只需使用鼠标在某一文档中点取一个图标，Internet 就会马上转到与此图标相关的内容上，而这些信息可能存放在网络的另一台计算机中。HTML 文本是由 HTML 命令组成的描述性文本，HTML 命令可以说明文字、图形、动画、声音、表格、链接等。HTML 的结构包括头部（Head）、主体（Body）两大部分，其中头部描述浏览器所需的信息，而主体则包含所要说明的具体内容。

另外，HTML 是网络的通用语言，一种简单的全置标记语言。它允许网页制作者建立文本与图片相结合的复杂页面，这些页面可以被网上任何其他人浏览到，无论使用的是什么类型的计算机或浏览器。

7. HTTP

HTTP（Hyper Text Transfer Protocol，超文本传输协议）是用于从 WWW 服务器传输超文本到本地浏览器的传送协议。它可以使浏览器更加高效，使网络传输减少。它不仅保证计算机正确快速地传输超文本文档，还确定传输文档中的哪一部分，以及哪部分内容首先显示等。

8. Hyperlink

Hyperlink，即超链接。在浏览 WWW 时，文字下方画有底线，或图形有框线时，将鼠标移到该区域，鼠标形状会变成手指，按下鼠标后，便会连到另一个网页。这样的动作就是超链接。

9. ICP

ICP（Internet Content Provider，因特网内容提供商），即向广大用户综合提供因特网信息业务和增值业务的电信运营商。ICP 同样是经国家主管部门批准的正式运营企业，享受国家法律保护。国内知名 ICP 有新浪、搜狐、163、21CN 等等。

10. ISP

ISP（Internet Service Provider，因特网服务提供商），即向广大用户综合提供因特网接入业务、信息业务和增值业务的电信运营商。ISP 是经国家主管部门批准的正式运营企业，享受国家法律保护。

11. IM

IM（Instant Messaging，即时通信，实时传讯）是一种可以让使用者在网络上建立某种私人聊天室的实时通信服务。大部分的即时通信服务提供了状态信息的特性，如显示联络人名单，联络人是否在线及能否与联络人交谈。目前，在因特网上受欢迎的即时通信软件包括百度 hi、QQ、MSN Messenger、AOL Instant Messenger、Yahoo! Messenger、NET Messenger Service、Jabber、ICQ 等。

12. POP3 协议

POP（Post Office Protocol，邮局协议）是一种允许用户从邮件服务器收发邮件的协议。它有两种版本，即 POP2 和 POP3，都具有简单的电子邮件存储转发功能。POP2 与 POP3 本质上类似，都属于离线式工作协议，但是由于使用了不同的协议端口，两者并不兼容。POP3 是目前最常用的电子邮件服务协议。

13. PPP

PPP（Point-to-Point Protocol，点到点协议），为在点对点连接上传输多协议数据报提供了一个标准方法。PPP 最初设计是为两个对等节点之间的 IP 流量传输提供一种封装协议。在 TCP/IP 协议集中是一种用来同步调制连接的数据链路层协议，替代了原来非标准的第二层协议，即 SLIP。除了 IP 以外，PPP 还可以携带其他协议，包括 DECnet 和 Novell 的 Internet 网包交换（IPX）。

14. PPPoE

PPPoE（PPP over Ethernet）是通过以太网的点对点协议。PPP 通常通过串行通信，例如拨号 MODEM 连接。很多 DSL Internet 服务提供商现在使用通过以太网的 PPP 协议，因为它的额外的登录和安全性的特性。PPPoE 将这些功能带给不使用串行连接来连接它们的用户的 ISP。串行的 ISP 已经在 MODEM 通信中使用 PPP。另一方面，DSL 提供商使用 Ethernet 而不是串行通信。因为这样就需要 PPPoE 的额外的功能，允许通过使用用户登录来确保通信的安全和测量每个用户的数据流量。

15. SMTP

SMTP（Simple Mail Transfer Protocol，简单邮件传输协议）是一种提供可靠且有效电子邮件传输的协议。

16. Telnet

Telnet 是 TCP/IP 网络的登录和仿真程序。它最初是由 ARPANET 开发的，但是现在它主要用于 Internet 会话。基本功能是允许用户登录进入远程主机系统。以前，Telnet 是一个将所有用户输入送到远方主机进行处理的简单的终端程序。它的一些较新的版本在本地执行更多的处理，于是可以提供更好的响应，并且减少了通过链路发送到远程主机的信息数量。

17. URL

URL（Uniform Resource Locator，统一资源定位符）是用于完整地描述 Internet 上网页和其他资源的地址的一种标识方法。Internet 上的每一个网页都具有一个唯一的名称标识，通常称为 URL 地址，这种地址可以是本地磁盘，也可以是局域网上的某一台计算机，更多的是 Internet 上的站点。简单地说，URL 就是 Web 地址，俗称"网址"。

URL 的一般格式（带方括号[]的为可选项）为：

protocol：//hostname[：port]/path/[；parameters][?query]#fragment

例如：

http://www.imaile.com：80/WebApplication1/WebForm1.aspx?name=tom&age=2#resume

格式说明：

（1）protocol（协议）：用于指定使用的传输协议，下面列出了 protocol 属性的有效方案名称。最常用的是 HTTP，它也是目前 WWW 中应用最广的协议。

- file：本地计算机上的文件（格式 file://）。
- ftp：通过 FTP 访问资源（格式 FTP://）。
- gopher：通过 Gopher 协议访问该资源（格式 Gopher://）。
- http：通过 HTTP 访问该资源（格式 HTTP://）。
- https：通过安全的 HTTPS 访问该资源（格式 HTTPS://）。
- mailto：资源为电子邮件地址，通过 SMTP 访问（格式 mailto://）。
- MMS：通过支持 MMS（流媒体）协议播放该资源（代表软件：Windows Media Player，格式 MMS://）。
- Flashget：通过支持 Flashget：（专用下载链接）协议的 P2P 软件访问该资源（代表软件为快车，格式 Flashget://）

（2）hostname（主机名）：是指存放资源的服务器的域名系统（DNS）主机名或 IP 地址。有时，在主机名前也可以包含连接到服务器所需的用户名和密码（格式：username@password）。

（3）port（端口号）：整数，可选，省略时使用方案的默认端口，各种传输协议都有默认的端口号，如 http 的默认端口为 80。如果输入时省略，则使用默认端口号。有时出于安全或其他考虑，可以在服务器上对端口进行重定义，即采用非标准端口号。此时，URL 中就不能省略端口号这一项。

（4）path（路径）：由零或多个"/"符号隔开的字符串，一般用来表示主机上的一个目录或文件地址。

（5）parameters（参数）：这是用于指定特殊参数的可选项。

（6）query（查询）：可选，用于给动态网页传递参数，可有多个参数，用"&"隔开，每个参数的名和值用"="隔开。

（7）fragment：信息片断，字符串，用于指定网络资源中的片断。例如，一个网页中有多个名词解释，可使用 fragment 直接定位到某一名词解释。

注意　Windows 主机不区分 URL 大小写。

18．WWW

WWW 是 World Wide Web （环球信息网）的缩写，也可以简称为 Web，中文名字为"万维网"。WWW 是当前网上最受欢迎、最为流行、最新的信息检索服务系统。它把 Internet 上现有资源统统连接起来，使用户能在 Internet 上已经建立了 WWW 服务器的所有站点提供超文本媒体资源文档。

19．USENET

USENET（Uses Network，新闻讨论组）。它是 Internet 上信息传播的一个重要组成部分，也是 Internet 上一种高效率的交流方式，它通过由个人或公司负责维护的新闻服务器提供服务，并可管理成千上万个新闻组。

USENET 是全世界最大的电子布告栏系统，是一项通过网络交换信息的服务，它由个人向新闻服务器投递的新闻邮件组成。可以把USENET看成是一个有组织的电子邮件系统，不过在这里传送的电子邮件不再是发给某一个特定的用户，而是全世界范围内的新闻组服务器。在这个布告栏上任何人都可以贴布告，也可以下载其中的布告，USENET 用户编写的新闻被发送到新闻组后，任何访问该新闻组的人都有可能看到这个新闻。新闻组服务器由公司、群组或个人负责维护，它可以管理成千上万个新闻组，每个新闻组都有一个特殊主题。新闻组不提供其使用成员的名单，任何人都可以加入新闻组，也可以向新闻组投递新闻或阅读其中的新闻。USENET 是讨论性质的，它允许世界上任何地方的用户参与。由于新闻组的用户常常利用新闻组的公平开放和 Internet 的快速高效的特点,在新闻组上提出自己在生活、工作中的问题，发布自己的有关学术、商业及其他一切感兴趣的观点，这使新闻组就像一个世界性的聊天广场，其话题覆盖了令人难以置信的各种主题，在这里能够发现任何的聊天话题。

6.1.2　因特网接入方式

提到接入网，首先要涉及一个带宽问题，随着因特网技术的不断发展和完善，接入网的带宽被人们分为窄带和宽带，业内专家普遍认为宽带接入是未来发展方向。

宽带运营商网络结构如图 6-1 所示。整个城市网络由核心层、汇聚层、边缘汇聚层、接入层组成。社区端到末端用户接入部分就是通常所说的最后 1000 米，它在整个网络中所处位置如图 6-1 所示。

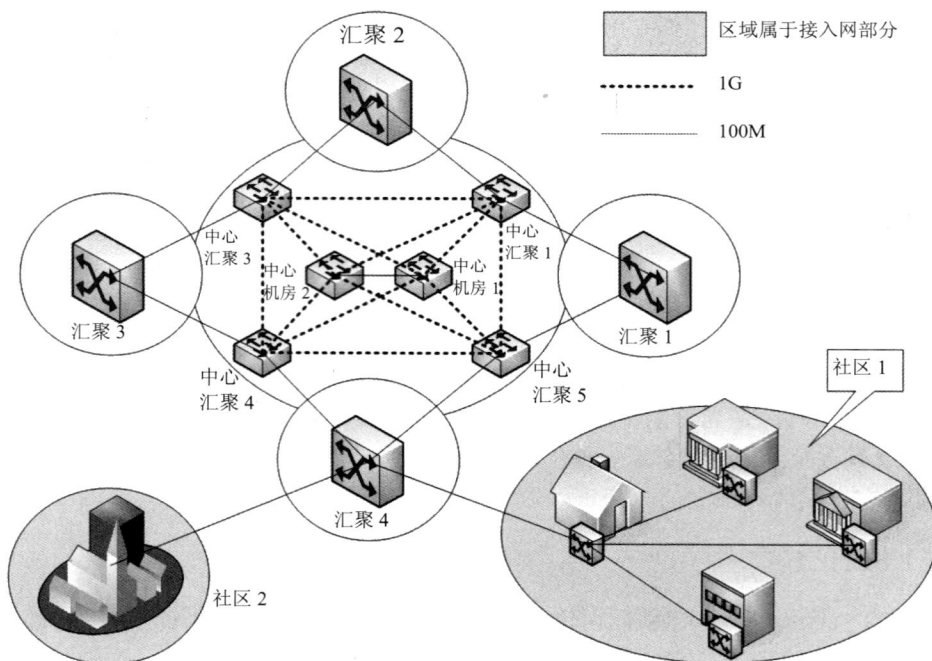

图 6-1　宽带运营商网络结构图

在接入网中，目前可供选择的接入方式主要有 PSTN、ISDN、DDN、LAN、ADSL，它们各有各的优缺点。

1. PSTN 拨号

PSTN（Published Switched Telephone Network，公用电话交换网）技术是利用 PSTN 通过调制解调器拨号实现用户接入的方式。这种接入方式是大家非常熟悉的一种接入方式，目前最高的速率为 56kbps，已经达到香农定理确定的信道容量极限，这种速率远远不能够满足宽带多媒体信息的传输需求；但由于电话网非常普及，用户终端设备 MODEM 很便宜，大约在 100～500 元之间，而且不用申请就可开户，只要家里有电脑，把电话线接入 MODEM 就可以直接上网。因此，PSTN 拨号接入方式比较经济，至今仍是网络接入的主要手段。

PSTN 接入方式如图 6-2 所示。随着宽带的发展和普及，这种接入方式由于速度原因将被逐渐淘汰。

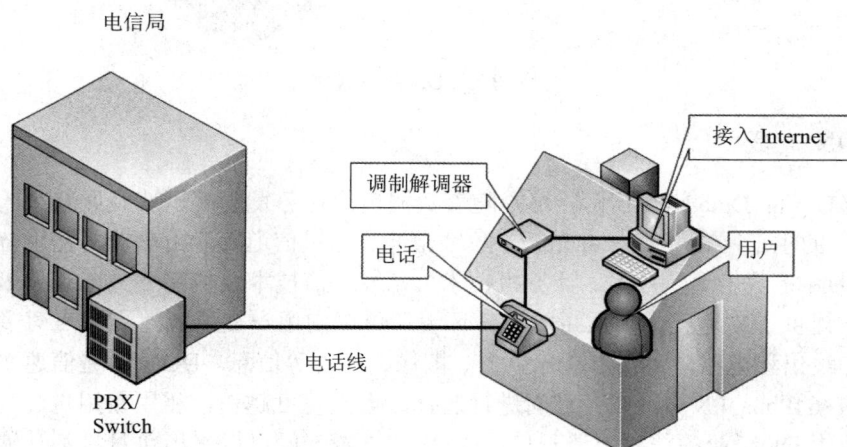

图 6-2　PSTN 接入方式

2. ISDN 拨号

ISDN（Integrated Service Digital Network，综合业务数字网）接入技术俗称"一线通"，它采用数字传输和数字交换技术，将电话、传真、数据、图像等多种业务综合在一个统一的数字网络中进行传输和处理。用户利用一条 ISDN 用户线路，可以在上网的同时拨打电话、收发传真，就像两条电话线一样。

就像普通拨号上网要使用 MODEM 一样，用户使用 ISDN 也需要专用的终端设备，主要由网络终端 NT1 和 ISDN 适配器组成。网络终端 NT1 好像有线电视上的用户接入盒一样必不可少，它为 ISDN 适配器提供接口和接入方式。ISDN 适配器和 MODEM 一样又分为内置和外置两类，内置的一般称为 ISDN 内置卡或 ISDN 适配卡；外置的 ISDN 适配器则称为 TA。ISDN 内置卡价格在 300～400 元左右，而 TA 则在 1000 元左右。

ISDN 接入技术示意如图 6-3 所示。用户采用 ISDN 拨号方式接入需要申请开户，初装费根据地区不同而不同，一般开销在几百至 1000 元不等。ISDN 的极限带宽为 128kbps，各种测试数据表明，双线上网速度并不能翻番，从发展趋势来看，窄带 ISDN 也不能满足高质量的 VOD 等宽带应用。

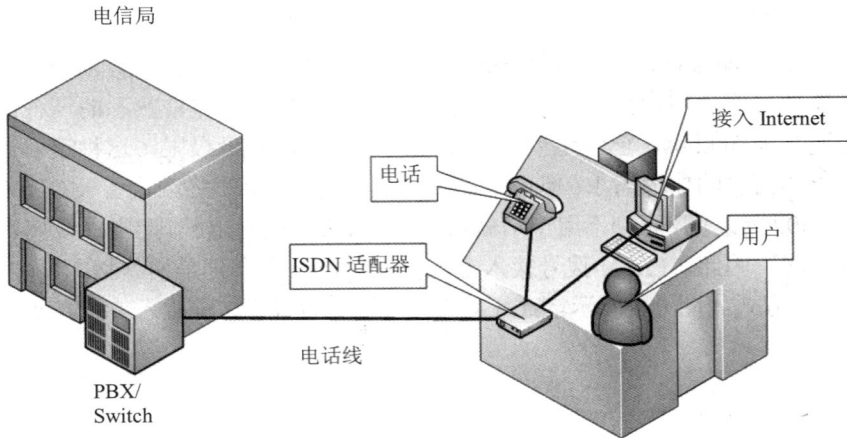

图 6-3　ISDN 接入技术

3. DDN 专线

DDN（Digital Data Network），这是随着数据通信业务发展而迅速发展起来的一种新型网络。DDN 的主干网传输媒介有光纤、数字微波、卫星信道等，用户端多使用普通电缆和双绞线。DDN 将数字通信技术、计算机技术、光纤通信技术及数字交叉连接技术有机地结合在一起，提供了高速度、高质量的通信环境，可以向用户提供点对点、点对多点透明传输的数据专线出租电路，为用户传输数据、图像、声音等信息。DDN 的通信速率可根据用户需要在 N×64kbps（N=1～32）之间进行选择，当然速度越快，租用费用也越高。

用户租用 DDN 业务需要申请开户。DDN 的收费一般可以采用包月制和计流量制，这与一般用户拨号上网的按时计费方式不同。DDN 的租用费较贵，普通个人用户负担不起，DDN 主要面向集团公司等需要综合运用的单位。DDN 按照不同的速率带宽收费也不同，例如在中国电信申请一条 128kbps 的区内 DDN 专线，月租费大约为 1000 元。因此它不适合社区住户的接入，只对社区商业用户有吸引力。

4. ADSL 接入

ADSL（Asymmetrical Digital Subscriber Line，非对称数字用户环路），是一种能够通过普通电话线提供宽带数据业务的技术，也是目前极具发展前景的一种接入技术。ADSL 素有"网络快车"之美誉，因其下行速率高、频带宽、性能优、安装方便、不需交纳电话费等特点而深受广大用户喜爱，成为继 MODEM、ISDN 后的又一种全新的高效接入方式。

ADSL 接入技术示意如图 6-4 所示。ADSL 方案的最大特点是不需要改造信号传输线路，完全可以利用普通铜质电话线作为传输介质，配上专用的 MODEM 即可实现数据高速传输。ADSL 支持上行速率为 640kbps～1Mbps，下行速率为 1Mbps～8Mbps，其有效的传输距离在 3～5km 范围以内。在 ADSL 接入方案中，每个用户都有单独的一条线路与 ADSL 局端相连，它的结构可以看做是星型结构，数据传输带宽是由每一个用户独享的。

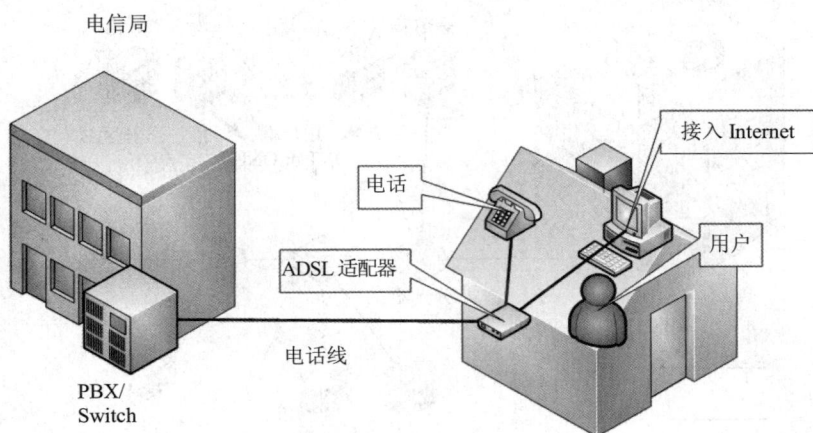

图 6-4　ADSL 接入技术

5. 无源光网络接入

PON（无源光网络）技术是一种点对多点的光纤传输和接入技术，下行采用广播方式，上行采用时分多址方式，可以灵活地组成树型、星型、总线型等拓扑结构，在光分支点不需要节点设备，只需要安装一个简单的光分支器即可，具有节省光缆资源、带宽资源共享、节省机房投资、设备安全性高、建网速度快、综合建网成本低等优点。

PON 包括 ATM-PON（基于 ATM 的无源光网络）和 Ethernet-PON（基于以太网的无源光网络）两种。APON 技术发展得比较早，它还具有综合业务接入、QoS 服务质量保证等独有的特点，ITU-T 的 G.983 建议规范了 ATM-PON 的网络结构、基本组成和物理层接口，我国信息产业部也已制定了完善的 APON 技术标准。

PON 接入设备主要由 OLT、ONT、ONU 组成，由无源光分路器件将 OLT 的光信号分到树型网络的各个 ONU。一个 OLT 可接 32 个 ONT 或 ONU，一个 ONT 可接 8 个用户，而 ONU 可接 32 个用户，因此一个 OLT 最大可负载 1024 个用户。PON 技术的传输介质采用单芯光纤，局端到用户端最大距离为 20km，接入系统总的传输容量为上行和下行各 155Mbps，每个用户使用的带宽可以从 64kbps 到 155Mbps 灵活划分，一个 OLT 上所接的用户共享 155Mbps 带宽。例如，富士通 EPON 产品 OLT 设备有 A550，ONT 设备有 A501、A550 最大有 12 个 PON 口，每个 PON 中下行至每个 A501 是 100Mbps 带宽；而每个 PON 口上所接的 A501 上行带宽是共享的。PON 接入技术见图 6-5 所示。

对采用 EPON 技术与 LAN 技术的社区成本投入分别进行测算，发现对于一个 1000 户的社区，如果上网率为 8%，采用 EPON 方案相比 LAN 方案（室内布线进行了优化）在成本上没有优势，但在以后的维护上会节省维护费用。而室内布线采用优化和没有采用优化的两种 LAN 方案，在建设成本上差距较大。出现这种差距的原因：优化方案节省了室内布线的材料，相对施工费也降低了；另外，由于采用集中管理方式，交换机的端口利用率大大增加，从而减少了楼道交换机的数量，相应也就降低了在设备上的投资。

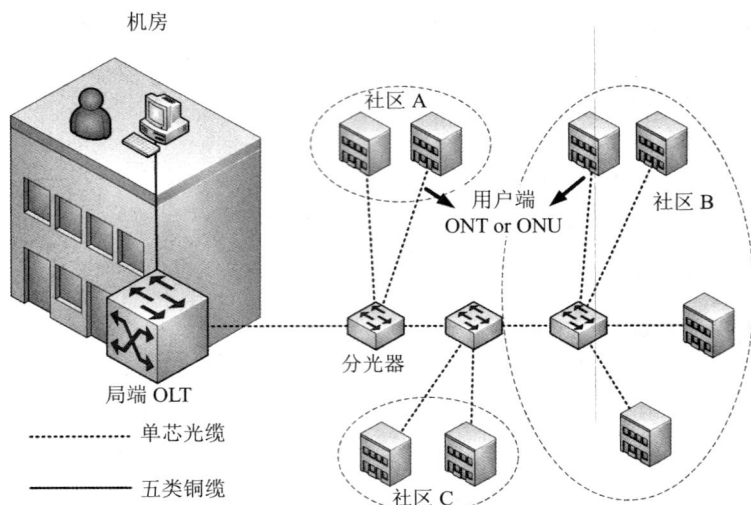

图 6-5　PON 接入技术

6. LAN

LAN 方式接入是利用以太网技术，采用光缆+双绞线的方式对社区进行综合布线。具体实施方案：从社区机房敷设光缆至住户单元楼，楼内布线采用 5 类双绞线敷设至用户家里，双绞线总长度一般不超过 100m，用户家里的计算机通过 5 类跳线接入墙上的 5 类模块就可以实现上网。社区机房的出口是通过光缆或其他介质接入城域网。LAN 方式接入示意图如图 6-6 所示。

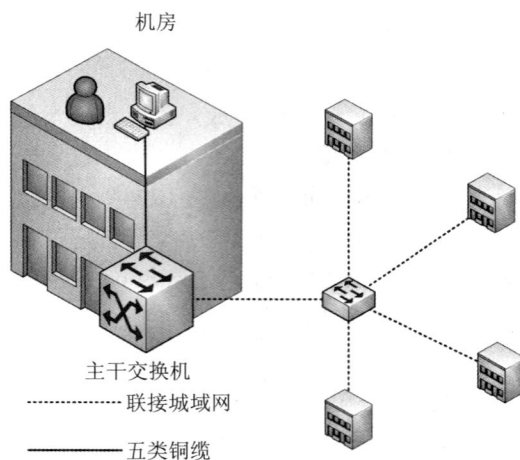

图 6-6　LAN 方式接入技术

采用 LAN 方式接入可以充分利用小区局域网的资源优势，为居民提供 10Mbps 以上的共享带宽，这比现在拨号上网速度快 180 多倍，并可根据用户的需求升级到 100Mbps 以上。

以太网技术成熟、成本低、结构简单、稳定性、可扩充性好；便于网络升级，同时可实现实时监控、智能化物业管理、小区/大楼/家庭保安、家庭自动化（如远程遥控家电、可视门铃和远程抄表等，可提供智能化、信息化的办公与家居环境，满足不同层次的人们对信息化的需求。根据统计，社区采用以太网方式接入，每户的线路成本可以控制在 200～300 元之间；而对于用户来说，开户费为 500 元，每月的上网费则在 100～150 元，这比其他的入网方式要经济许多。

7. VDSL

VDSL 比 ADSL 还要快。使用 VDSL，短距离内的最大下传速率可达 55Mbps，上传速率可达 2.3Mbps（将来可达 19.2Mbps，甚至更高）。VDSL 使用的介质是一对铜线，有效传输距离可超过 1000m。但 VDSL 技术仍处于发展初期，长距离应用仍需测试，端点设备的普及也需要时间。

目前有一种基于以太网方式的 VDSL，接入技术使用 QAM 调制方式，它的传输介质也是一对铜线，在 1.5km 的范围之内能够达到双向对称的 10Mbps 传输，即达到以太网的速率。如果这种技术用于宽带运营商社区的接入，可以大大降低成本。基于以太网的 VDSL 接入方式示意图（见图 6-7），方案是在机房端增加 VDSL 交换机，在用户端放置用户端 CPE，两者之间通过室外 5 类线连接，每栋楼只放置一个 CPE，而室内部分采用如图 6-6 所示的综合布线方案。这样做的原因是近两年宽带建设牵引得社区用户上网率较低，一般在 5%～10%左右，为了节省接入设备和提高端口利用率，故采用此方案。

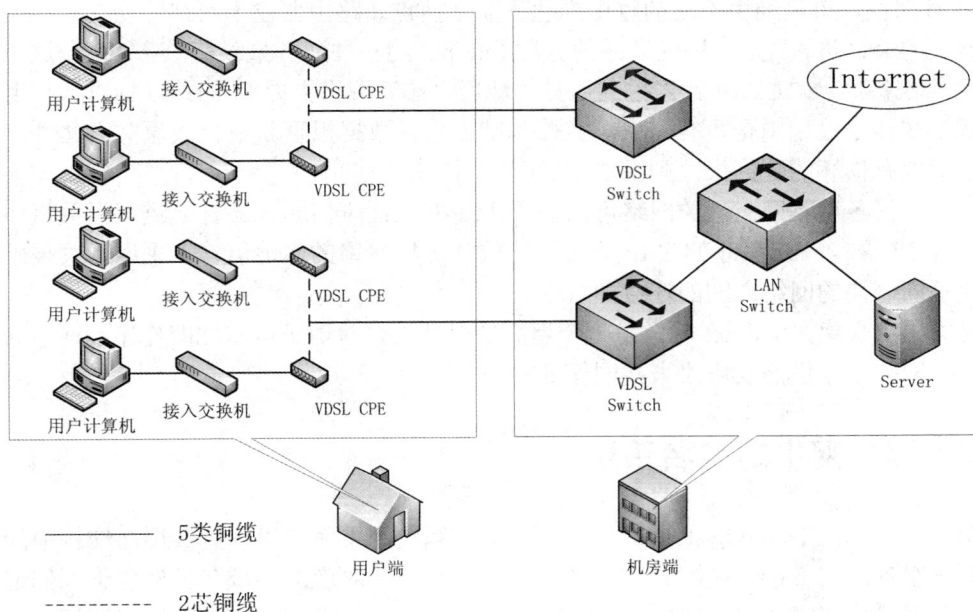

图 6-7 VDSL 接入技术

对采用 VDSL 技术与 LAN 技术的社区建设成本分别进行测算，发现对于一个 1000 户的社区而言，如果上网率为 8%，采用 VDSL 方案要比 LAN 方案节省 5 万元左右投资。从表面上看，虽然 VDSL 方案增加了 VDSL 用户端和局端设备，但它比 LAN 方案省去了光电模块，并用室外双绞线替代光缆，从而减少了建设成本。

6.2　因特网基本工作原理

Internet 是由一些通信介质，如光纤、微波、电缆、普通电话线等，将各种类型的计算机联系在一起，并统一采用 TCP/IP 协议标准，而互相连通、共享信息资源的计算机体系。对于 Internet 用户来说，这些网好像就是一个天衣无缝的整体。

6.2.1　因特网中的信息传递

计算机网是由许多计算机组成的，要在两个网上的计算机之间传输数据，必须做两件事情：保证数据传输到目的地的正确地址和保证数据迅速可靠的传输的措施，强调这两点是因为数据在传输过程中很容易传错或丢失。

Internet 使用专门的协议以保证数据能够安全可靠地到达指定的目的地，即 TCP（Transfer Control Protocol，传输控制协议）和 IP（Internet Protocol，网际协议），通常将它们放在一起，用 TCP/IP 表示。

当一个 Internet 用户给其他机器发送一个文本时，TCP 将该文本分解成若干个小数据报，再加上一些特定的信息，以便接收方的机器可以判断传输是正确无误的。连续不断的 TCP/IP 数据报，可以经由不同的路由到达同一个地点。路由器位于网络的交叉点上，它决定数据报的最佳传输途径，以便有效地分散 Internet 的各种业务量载荷，避免系统过于繁忙而发生"堵塞"。当 TCP/IP 数据报到达目的地后，计算机将去掉 IP 的地址标志，利用 TCP 检查数据在传输过程中是否有损失，在此基础上将各数据报重新组合成原文本文件。如果接收方发现有损坏的数据报，则要求发送端重新发送。

网关使得各种不同类型的网络可以使用 TCP/IP 语言同 Internet 打交道。网关将协议转化成 TCP/IP 语言，或者将 TCP/IP 语言转化成计算机网络的本地语言。采用网关技术，可以实现不同协议的网络之间的连接和共享。

对于用户来说，Internet 就像是一个巨大的全球网，对请求可以立即作出响应，这是由计算机、网关、路由器及协议来共同保证的。

6.2.2　因特网中的域名系统

DNS（Domain Name System，域名系统），该系统用于命名组织到域层次结构中的计算机和网络服务。在 Internet 上域名与 IP 地址之间是一一对应的，域名虽然便于人们记忆，但机器之间只能互相认识 IP 地址，它们之间的转换工作称为域名解析，域名解析需要由专门的域名解析服务器来完成，DNS 就是进行域名解析的服务器。DNS 命名用于 Internet 等 TCP/IP 网络中，通过用户友好的名称查找计算机和服务。当用户在应用程序中输 DNS 名称时，DNS 服务可以将此名称解析为与其相关的其他信息，如 IP 地址。其实，域名的最终指向是 IP。

IP 是由 32 位二进制数组成的，将这 32 位二进制数分成 4 组，每组 8 个二进制数，将这 8 个二进制数转化成十进制数，就是我们看到的 IP 地址，其范围是 1～255。因为 8 个二进制数转化为十进制数的最大范围就是 1～255。

大家都知道，在上网的时候，通常输入的是像 www.sina.com.cn 一样的网址，其实这就是一个域名，而网络上的计算机之间只能用 IP 地址才能相互识别。再如，到 Web 服务器中请求一 Web 页面，可以在浏览器中输入网址或者是相应的 IP 地址，如新浪网，可以在 IE 的地址栏中输入 www.sina.com.cn，也可输入 218.30.66.101 的 IP 地址，但是 IP 地址很难记住，所以有了域名的说法，这样的域名会容易记住。

1. DNS 的概念

DNS 可以解释为以下两种说法，一般指的都是前者。

第一种解释 DNS：Domain Name System，域名管理系统。域名是由圆点分开一串单词或缩写组成的，每一个域名都对应一个唯一的 IP 地址，这一命名的方法或这样管理域名的系统称做域名管理系统。域名采用层次结构的基于“域”的命令方案，每一层由一个子域名组成，子域名间用“.”分隔，其格式为机器名.网络名.机构名.顶级域名。Internet 上的域名由域名系统 DNS 统一管理，DNS 是一个分布式数据库系统，由域名空间、域名服务器和地址转换请求程序 3 部分组成，用来实现域名和 IP 地址之间的转换。

第二种解释 DNS：Domain Name Server，域名服务器。域名虽然便于记忆，但网络中的计算机之间只能相互识别其 IP 地址，它们之间的转换工作称为域名解析（如上面的 www.sina.com.cn 与 218.30.66.101 之间的转换），域名解析需要由专门的域名解析服务器来完成，DNS 就是进行域名解析的服务器。

2. DNS 的工作原理

下面以访问 www.xxx.com 为例，对 DNS 的工作原理进行说明。

（1）客户端首先检查本地 C:\windows\system32\drivers\etc\host 文件，是否有对应的 IP 地址，若有，则直接访问 Web 站点；若无，转到第 2 步。

（2）客户端检查本地缓存信息，若有，则直接访问 Web 站点；若无，转第 3 步。

（3）本地 DNS 检查缓存信息，若有，将 IP 地址返回给客户端，客户端可直接访问 Web 站点；若无，转到第 4 步。

（4）本地 DNS 检查区域文件是否有对应的 IP，若有，将 IP 地址返回给客户端，客户端可直接访问 Web 站点；若无，转到第 5 步。

（5）本地 DNS 根据 cache.dns 文件中指定的根 DNS 服务器的 IP 地址，转向根 DNS 查询。

（6）根 DNS 收到查询请求后，查看区域文件记录，若无，则将其管辖范围内.com 服务器的 IP 地址告诉本地 DNS 服务器。

（7）.com 服务器收到查询请求后，查看区域文件记录，若无，则将其管辖范围内.xxx 服务器的 IP 地址告诉本地 DNS 服务器。

（8）.xxx 服务器收到查询请求后，分析需要解析的域名，若无，则查询失败；若有，返回 www.xxx.com 的 IP 地址给本地服务器。

（9）本地 DNS 服务器将 www.xxx.com 的 IP 地址返回给客户端，客户端通过这个 IP 地址与 Web 站点建立连接。

6.3　因特网信息服务

信息服务是因特网提供的最重要的服务内容之一，遍及现代社会各行各业，成为应用广泛，使用频繁，与社会生活关系密不可分的技术，下面介绍因特网提供的几种基本服务。

6.3.1　WWW 服务

WWW 称为"环球网（World Wide Web）"，简称 3W 或 Web，中文名为"万维网"。WWW 是 Internet、超文本和超媒体技术相结合的产物，也是目前应用最广的一种基本因特网应用。通过 WWW 服务，只要用鼠标进行本地操作，就可以到达世界上的任何地方。由于 WWW 服务使用的是超文本链接（HTML），所以可以很方便地从一个信息页转换到另一个信息页。它不仅能查看文字，还可以欣赏图片、音乐、动画。最流行的 WWW 服务的程序就是微软公司的 IE 浏览器。

WWW 是由遍布在 Internet 上的无数台被称为 WWW 服务器的计算机组成的。一个服务除了提供自身的独特信息服务外，还"指引"存放在其他服务器上的信息。那些被指引的服务器又指引着更多的服务器。各服务器之间通过"链接"操作来完成相互访问。通常，这些链接在网页中是带有下划线、具有不同的色彩和亮度的词、词组或者图形等其他标记；当鼠标移到带有链接的部分时，鼠标的光标通常变成一只小手的形状。此时，单击鼠标左键，计算机会根据链接站点的内容作出相应的反应，如跳转到 Internet 上的另一个站点，或 WWW 上的一个新的网页。

下面具体讲解使用浏览器访问 WWW 站点检索信息等技术。

1. 浏览器

浏览器是指可以显示网页服务器或者文件系统的 HTML 文件内容，并让用户与这些文件交互的一种软件。网页浏览器主要通过 HTTP 协议与网页服务器交互并获取网页，这些网页由 URL 指定，文件格式通常为 HTML，并由 MIME 在 HTTP 协议中指明。一个网页中可以包括多个文档，每个文档都是分别从服务器获取的。大部分的浏览器本身支持除了 HTML 之外的广泛的格式，如 JPEG、PNG、GIF 等图像格式，并且能够扩展支持众多的插件。另外，许多浏览器还支持其他的 URL 类型及其相应的协议，如 FTP、Gopher、HTTPS（HTTP 协议的加密版本）。HTTP 内容类型和 URL 协议规范允许网页设计者在网页中嵌入图像、动画、视频、声音、流媒体等。个人电脑上常见的网页浏览器包括微软公司的 Internet Explorer、Opera，Mozilla 公司的 Firefox、Maxthon、MagicMaster（M2）等。浏览器是最经常使用到的客户端程序。

2. 搜索引擎

搜索引擎是目前 WWW 中使用最广泛的一种网络应用。面对浩如烟海的网络资源，搜索引擎就好像是航船的指南针，引领着人们在网络中冲浪。搜索引擎随因特网的出现而获得了巨大的发展，从最初的网页目录式发展为现在的全文检索型。

百度搜索引擎使用了高性能的"网络蜘蛛"程序自动地在因特网中搜索信息，可定制、高扩展性的调度算法使得搜索器能在极短的时间内收集到最大数量的因特网信息。百度搜索在中国和美国均设有服务器，搜索范围涵盖了中国大陆、香港地区、中国台湾地区、澳门地区、新加坡等华语地区，以及北美、欧洲的部分站点。百度搜索引擎目前已经拥有世界上最大的中文信息库，总量达到 6000 万页以上，并且还在以每天超过 30 万页的速度不断增长。图 6-8 所示为百度搜索引擎首页。

图 6-8　百度首页

（1）基本搜索

使用百度搜索引擎时，仅需输入查询内容并按回车键，即可得到相关资料。或者输入查询内容后，用鼠标单击"百度搜索"按钮，也可得到相关资料。输入的查询内容可以是一个词语、多个词语或一句话。

例如：可以输入"李白""mp3 下载""蓦然回首，那人却在灯火阑珊处。"

输入多个词语搜索，可以获得更精确的搜索结果，注意词语之间加入空格。例如：想了解北京暂住证相关信息，在搜索框中输入 北京 暂住证　　　　　　　百度一下 获得的搜索效果会比输入"北京暂住证"得到的结果更好。

在百度查询时不需要使用符号"AND"或"+"，百度会在多个以空格隔开的词语之间自动添加"+"。百度提供符合您全部查询条件的资料，并把最相关的网页排在前列。

有时，排除含有某些词语的资料有利于缩小查询范围。百度支持"-"功能，用于有目的地删除某些无关网页，但减号前必须留一个空格。例如，要搜寻关于"武侠小说"，但不含"古龙"的资料，可使用 武侠小说 -古龙　　　　　　百度一下 查询。

百度的统计表明，用户找不到资料的两个最常见原因，一是输入的词语中含有错别字，二是未使用多个词语搜索。搜索引擎并不理解网页上的内容，只会找出与输入的词语相关的网页。所以输入"斑竹""以德制国"搜索，是找不到跟"版主""以德治国"相关资料的；输入"铃羊车的各种图案""上海到成都列车时刻表"，也是找不到相关资料的，应该输入的是"铃羊车 图案""上海 成都 列车时刻表"。

百度搜索引擎不区分英文字母大小写。所有的字母均当做小写处理。例如：输入"oicq"，或"OICQ"，或"oIcQ"，结果都是一样的。

（2）并行搜索。

使用"A|B"来搜索"或者包含词语 A，或者包含词语 B"的网页。例如：要查询"图片"或"写真"相关资料，无须分两次查询，只要输入"图片|写真"搜索即可。百度会提供跟"|"前后任何字词相关的资料，并把最相关的网页排在前列。

（3）相关检索。

如果无法确定输入什么词语才能找到满意的资料，可以试用百度相关检索。可以先输入一个简单词语搜索，然后，百度搜索引擎会提供"其他用户搜索过的相关搜索词语"做参考。单击其中一个相关搜索词，都能得到那个相关搜索词的搜索结果。

以上是百度的最基本功能，通过单击百度首页上的更多链接，可使用百度其他搜索功能。如图 6-9 所示。

还可以通过单击百度的网站上的"帮助"链接或直接在地址栏中输入 http://www.baidu.com/search/jiqiao.html 进入百度的帮助中心，如图 6-10 所示。其有非常丰富的资料，可以提供完善的问题解决办法，这里不作详细讲解。

图 6-9　百度的更多搜索页面

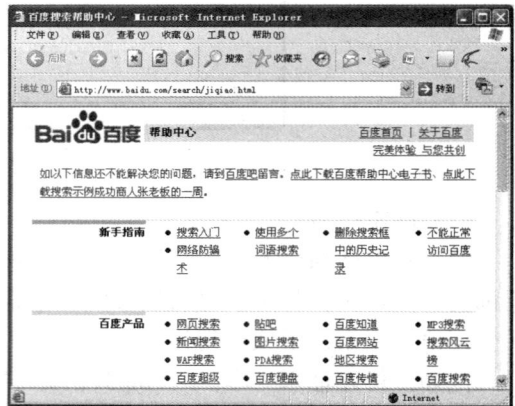

图 6-10　百度帮助中心

6.3.2　FTP 服务

1. FTP 概念

FTP（File Transfer Protocol，文件传输协议），用于 Internet 上控制文件的双向传输。同时，它也是一个应用程序。用户可以通过它把自己的 PC 与世界各地所有运行 FTP 的服务器相连，访问服务器上的大量程序和信息。正如其名所示，FTP 的主要作用就是让用户连接上一个远程计算机，查看远程计算机的文件，然后把文件从远程计算机上复制到本地计算机，或把本地计算机的文件送到远程计算机上。

2. FTP 工作原理

以下传文件为例，当启动 FTP 从远程计算机复制文件时，事实上启动了两个程序：一个本地机上的 FTP 客户程序，它向 FTP 服务器提出复制文件的请求；另一个是启动在远程计算机上的 FTP 服务器程序，它响应请求并把指定的文件传送到计算机中。FTP 采用"客户机/服务器"方式，用户端要在自己的本地计算机上安装 FTP 客户程序。FTP 客户程序有字符界面和图形界面两种。字符界面的 FTP 的命令复杂、繁多。图形界面的 FTP 客户程序，操作上要简洁方便的多。

一般来说，用户联网的首要目的就是实现信息共享，文件传输是实现信息共享非常重要的一个内容。连接在 Internet 上的计算机已有上千万台，而这些计算机可能运行不同的操作系统，有运行 UNIX 系统的服务器，也有运行 Windows 系统的 PC 和运行 Mac OS 的苹果机等，而各种操作系统之间的文件交流问题，需要建立一个统一的文件传输协议，这就是所谓的 FTP。基于不同的操作系统有不同的 FTP 应用程序，而所有这些应用程序都遵守同一种协议，这样用户就可以把自己的文件传送给别人，或者从其他的用户环境中获得文件。

与大多数 Internet 服务一样，FTP 也是一个客户机/服务器系统。用户通过一个支持 FTP 协议的客户机程序，连接到在远程主机上的 FTP 服务器程序。用户通过客户机程序向服务器程序发出命令，服务器程序执行用户所发出的命令，并将执行的结果返回到客户机。比如，用户发出一条命令，要求服务器向用户传送某一个文件的一份拷贝，服务器会响应这条命令，将指定文件送至用户的机器上。客户机程序代表用户接收到这个文件，将其存放在用户目录中。

在 FTP 的使用当中，用户经常遇到两个概念："下载"（Download）和"上载"（Upload）。其中，"下载"文件就是从远程主机拷贝文件至自己的计算机上；"上载"文件就是将文件从自己的计算机中拷贝至远程主机上。用 Internet 语言来说，用户可通过客户机程序向（从）远程主机上载（下载）文件。

使用 FTP 时必须首先登录，在远程主机上获得相应的权限以后，便可上载或下载文件。也就是说，要想同哪一台计算机传送文件，就必须具有哪一台计算机的适当授权。换言之，除非有用户 ID 和口令，否则便无法传送文件。这种情况违背了 Internet 的开放性，Internet 上的 FTP 主机何止千万，不可能要求每个用户在每一台主机上都拥有账号。匿名 FTP 就是为解决这个问题而产生的。

匿名 FTP 是这样一种机制，用户可通过它连接到远程主机上，并从其下载文件，而无须成为其注册用户。系统管理员建立了一个特殊的用户 ID，名称为 anonymous，Internet 上的任何人在任何地方都可使用该用户 ID。

通过 FTP 程序连接匿名 FTP 主机的方式同连接普通 FTP 主机的方式差不多，只是在要求提供用户标识 ID 时必须输入 anonymous，该用户 ID 的口令可以是任意的字符串。习惯上，用自己的 E-mail 地址作为口令，使系统维护程序能够记录下来谁在存取这些文件。值得注意的是，匿名 FTP 不适用于所有 Internet 主机，它只适用于那些提供了这项服务的主机。

　　当远程主机提供匿名 FTP 服务时，会指定某些目录向公众开放，允许匿名存取。系统中的其余目录则处于隐匿状态。作为一种安全措施，大多数匿名 FTP 主机都允许用户从其下载文件，而不允许用户向其上载文件；也就是说，用户可将匿名 FTP 主机上的所有文件全部拷贝到自己的机器上，但不能将自己机器上的任何一个文件拷贝至匿名 FTP 主机上。即使有些匿名 FTP 主机确实允许用户上载文件，用户也只能将文件上载至某一指定上载目录中。随后，系统管理员会去检查这些文件，他会将这些文件移至另一个公共下载目录中，供其他用户下载。利用这种方式，远程主机的用户得到了保护，避免了有人上载有问题的文件，如带病毒的文件。

　　作为一个 Internet 用户，可通过 FTP 在任何两台 Internet 主机之间拷贝文件。但是，实际上大多数人只有一个 Internet 账户，FTP 主要用于下载公共文件，例如共享软件、各公司技术支持文件等。Internet 上有成千上万台匿名 FTP 主机，这些主机上存放着数不清的文件，供用户免费拷贝。实际上，几乎所有类型的信息，所有类型的计算机程序都可以在 Internet 上找到。

　　Internet 中有数目巨大的匿名 FTP 主机以及更多的文件，那么怎样才能知道某一特定文件位于哪个匿名 FTP 主机上的那个目录中呢？这正是 Archie 服务器所要完成的工作。Archie 将自动在 FTP 主机中进行搜索，构造一个包含全部文件目录信息的数据库，这样可以直接找到所需文件的位置信息。

　　使用 FTP 需要专门的客户端软件，例如著名的 CuteFTP、LeapFTP 等，一般的浏览器也可以实现有限的 FTP 客户端功能，如下载文件等。如图 6-11 所示，就是在 IE 浏览器中打开的一个 FTP 站点。FTP 服务器的 Internet 地址（URL）与通常在 Web 网站中使用的 URL 略有不同，其协议部分需要写成"ftp://"，而不是"http://"。例如，由 Microsoft 公司创建并提供大量技术支持文件的匿名 FTP 服务器地址为 ftp://ftp.microsoft.com。

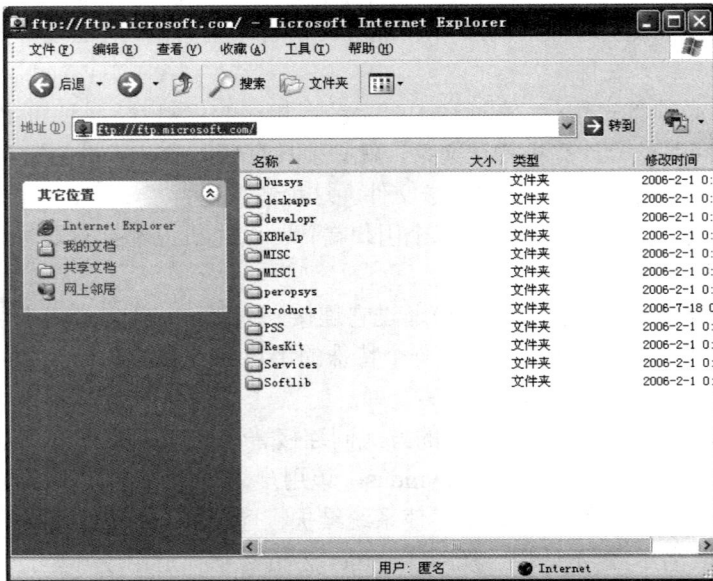

图 6-11　利用 IE 访问 FTP 站点

6.3.3　E-mail 服务

电子邮件（E-mail，标志：@）又称电子信箱、电子邮政，是一种用电子手段提供信息交换的通信方式，是 Internet 应用最广的服务。通过电子邮件系统，用户可以用非常低廉的价格，以非常快速的方式（几秒钟之内），与世界上任何一个角落的网络用户联系，这些电子邮件可以是文字、图像、声音等各种方式。同时，用户可以得到大量免费的新闻、专题邮件，并实现轻松的信息搜索。这是任何传统的方式也无法相比的。正是由于电子邮件的使用简易、投递迅速、收费低廉、易于保存、全球畅通无阻，使得电子邮件被广泛地应用，它使人们的交流方式得到了极大的改变。另外，电子邮件还可以进行一对多的邮件传递，同一邮件可以一次发送给许多人。最重要的是，电子邮件是整个因特网中直接面向人与人之间信息交流的系统，它的数据发送方和接收方都是人，所以极大地满足了大量存在的人与人通信的需求。

电子邮件综合了电话通信和邮政信件的特点，它传送信息的速度和电话一样快，又能像信件一样使收信者在接收端收到文字记录。电子邮件系统又称基于计算机的邮件报文系统。它承担从邮件进入系统到邮件到达目的地为止的全部处理过程。电子邮件不仅可利用电话网络，而且可利用任何通信网传送。在利用电话网络时，还可利用其非高峰期间传送信息，这对于商业邮件具有特殊价值。

1. 电子邮件的格式

在 Internet 中，邮件地址如同自己的身份。一般而言，邮件地址的格式：somebody@domain _name。此处的 domain_name 为域名的标识符，也就是邮件必须要交付到的邮件目的地的域名；而 somebody 是在该域名上的用户邮箱地址。后缀一般代表了该域名的性质，与地区的代码，例如 com、edu.cn、gov、org 等。

2. 电子邮件协议

常见的电子邮件协议有 SMTP（简单邮件传输协议）、POP3（邮局协议）、IMAP（Internet邮件访问协议）。这几种协议都是由 TCP/IP 协议族定义的。

SMTP：负责底层的邮件系统如何将邮件从一台机器传至另外一台机器。

POP：目前的版本为 POP3，把邮件从电子邮箱中传输到本地计算机的协议。

IMAP：目前的版本为 IMAP4，是 POP3 的一种替代协议，提供了邮件检索和邮件处理的新功能，这样用户可以完全不必下载邮件正文就可以看到邮件的标题摘要，从邮件客户端软件就可以对服务器上的邮件和文件夹目录等进行操作。IMAP 协议增强了电子邮件的灵活性，同时也减少了垃圾邮件对本地系统的直接危害，同时相对节省了用户查看电子邮件的时间。除此以外，IMAP 协议可以记忆用户在脱机状态下对邮件的操作，在下一次打开网络连接的时候会自动执行。

当前的两种邮件接受协议和一种邮件发送协议都支持安全的服务器连接。在大多数流行的电子邮件客户端程序里面都集成了对 SSL 连接的支持。

3. 电子邮件的工作过程

电子邮件的工作过程遵循"客户—服务器"模式。每份电子邮件的发送都要涉及发送方与接收方,发送方式构成客户端,而接收方构成服务器,服务器含有众多用户的电子信箱。发送方通过邮件客户程序,将编辑好的电子邮件向邮局服务器(SMTP 服务器)发送。邮局服务器识别接收者的地址,并向管理该地址的邮件服务器(POP3 服务器)发送消息。邮件服务器识别消息存放在接收者的电子信箱内,并告知接收者有新邮件到来。接收者通过邮件客户程序连接到服务器后,就会看到服务器的通知,进而打开自己的电子信箱来查收邮件。

通常 Internet 上的个人用户不能直接接收电子邮件,而是通过申请 ISP 主机的一个电子信箱,由 ISP 主机负责电子邮件的接收。一旦有用户的电子邮件到来,ISP 主机就将邮件移到用户的电子信箱内,并通知用户有新邮件。因此,当发送一条电子邮件给另一个客户时,电子邮件首先从用户计算机发送到 ISP 主机,再到 Internet,再到收件人的 ISP 主机,最后到收件人的个人计算机。

ISP 主机起着"邮局"的作用,管理着众多用户的电子信箱。实际上,每个用户的电子信箱就是用户所申请的账号。每个用户的电子邮件信箱都要占用 ISP 主机一定容量的硬盘空间,由于这一空间是有限的,因此用户要定期查收和阅读电子信箱中的邮件,以便腾出空间来接收新的邮件。

下面以 163 邮箱为例介绍电子邮箱的使用。

(1)打开浏览器,在地址栏中输入 http://mail.163.com/,即可进入 163 邮箱首页。

(2)输入用户名,密码,单击"登录邮箱",进入邮箱。在该界面中,可以查看邮箱各个文件夹的情况。

(3)单击"收信"按钮,可以显示出具体的邮件列表。

(4)单击"写信"按钮,可以撰写邮件。填好收件人邮箱地址、邮件主题、邮件正文,还可以添加附件,然后单击"发送"按钮即可。

下面再介绍一种传统的使用 Outlook Express 软件(其界面如图 6-12 所示)接收和发送邮件的方法。

(1)打开 Microsoft Outlook,选择菜单"工具"→"账户"命令,如图 6-13 所示。

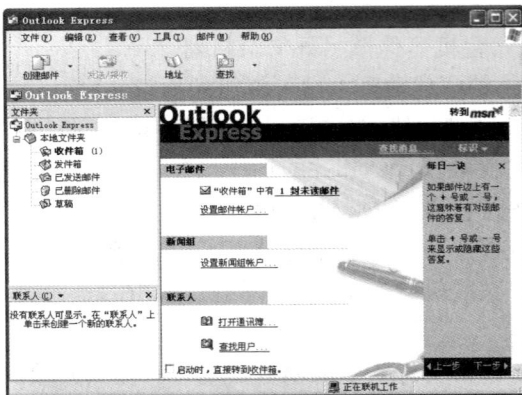

图 6-12　Outlook Express 界面

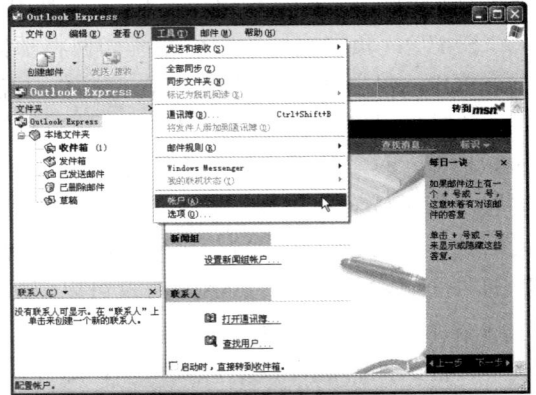

图 6-13　配置客户端界面1

（2）在打开的"Internet 账户"对话框单击"添加"按钮，再选择"邮件"命令，如图 6-14 所示。

（3）在弹出的"Internet 连接向导"对话框中首先输入"显示名"（此姓名将出现在所发送邮件的"发件人"一栏中），然后单击"下一步"按钮，如图 6-15 所示。

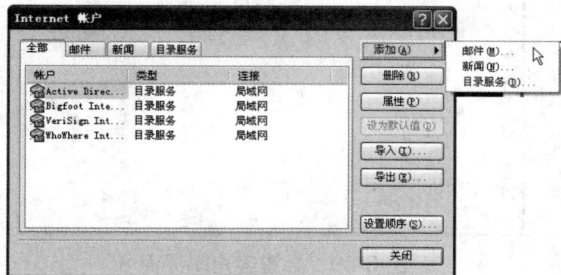

图 6-14　配置客户端界面 2

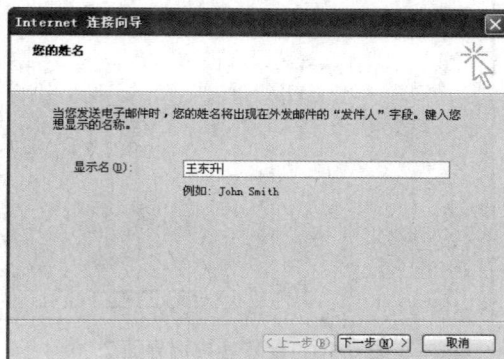

图 6-15　配置客户端界面 3

（4）在"Internet 电子邮件地址"窗口中输入发信人的邮箱地址，单击"下一步"按钮，如图 6-16 所示。

（5）在"接收邮件（POP3、IMAP 或 HTTP）服务器"输入框中输入 pop.tom.com；在"发送邮件服务器（SMTP）"输入框中输入 smtp.tom.com，然后单击"下一步"按钮，如图 6-17 所示。

（6）在"账户名"输入框中输入发件人的 tom 邮箱用户名（仅输入@ 前面的部分）；在"密码"输入框中输入邮箱密码，然后单击"下一步"按钮，如图 6-18 所示。

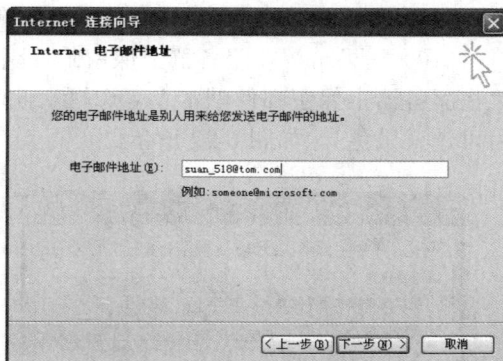

图 6-16　配置客户端界面 4

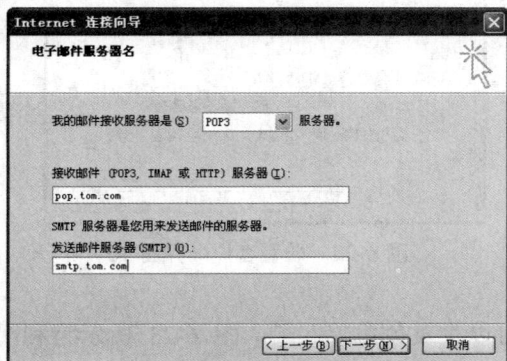

图 6-17　配置客户端界面 5

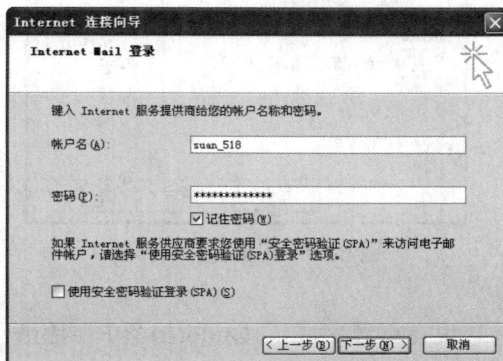

图 6-18　配置客户端界面 6

（7）单击"完成"按钮，完成账户的信息输入，如图 6-19 所示。

（8）在"Internet 账户"中，打开"邮件"选项卡，选中刚才设置的账号，单击"属性"，如图 6-20 所示。

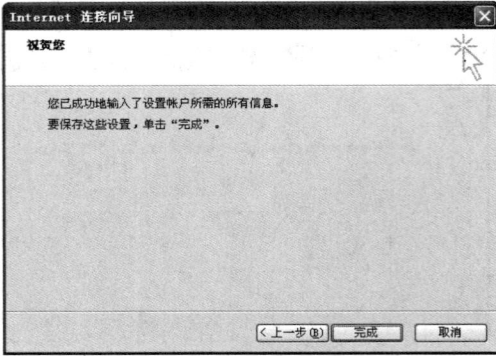

图 6-19　配置客户端界面 7

图 6-20　配置客户端界面 8

（9）在"pop.tom.com 属性"窗口中，打开"服务器"选项卡，选中"我的服务器需求身份验证"复选框，然后单击"确定"按钮，如图 6-21 所示。

（10）如果希望在服务器上保留邮件副本，则在账户属性中打开"高级"选项卡，选中"在服务器上保留邮件副本"复选框。此时，其下方设置细则的勾选项由禁止（灰色）变为可选（黑色），如图 6-22 所示。

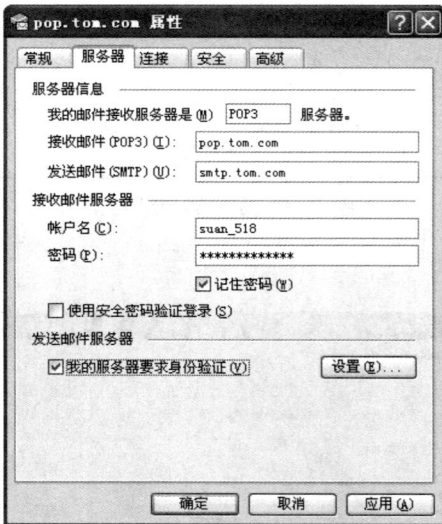

图 6-21　配置客户端界面 9

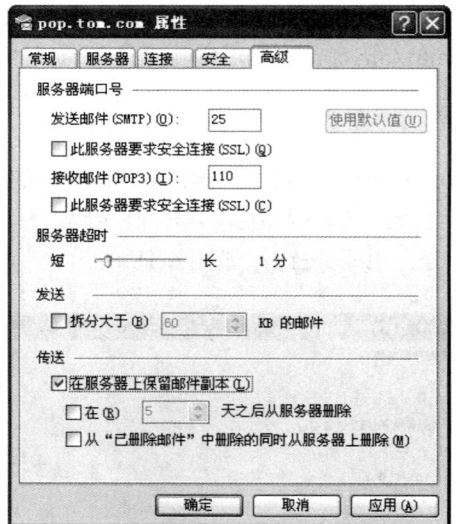

图 6-22　配置客户端界面 10

现在已经完成了 Outlook 客户端的配置，可以收发免费邮件了。图 6-23 所示为利用 Outlook Express 撰写邮件的界面，单击"发送"按钮即可。

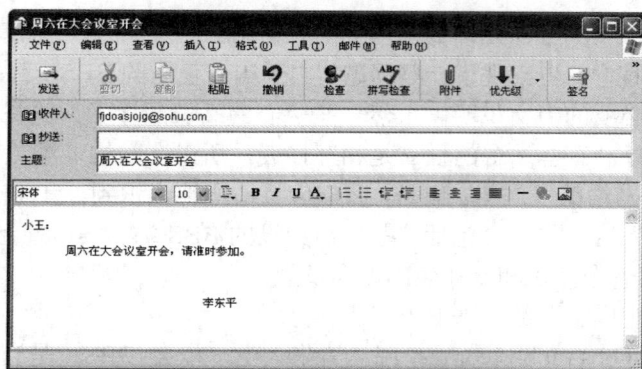

图 6-23　撰写邮件界面

6.3.4　BBS 服务

BBS（Bulletin Board System，电子公告板）。它是一种交互性强、内容丰富而及时的 Internet 电子信息服务系统。用户可以通过 MODEM 和电话线登录 BBS 站点，也可以通过 Internet 登录。用户在 BBS 站点上可以获得各种信息服务：下载软件，发布信息，进行讨论、聊天等。BBS 站点的日常维护由 BBS 站长负责。

目前，通过 BBS 系统可随时取得国际最新的软件及信息，也可以通过 BBS 系统来和别人讨论计算机软件、硬件、Internet、多媒体、程序设计等各种话题，更可以利用 BBS 系统来刊登一些启事。只要拥有一台计算机、一台调制解调器和一条电话线，就能进入这个"超时代"的领域，进而去享用它无比的威力。

大约是从 1991 年开始，国内开始了第一个 BBS 站。经过长时间的发展，直到 1995 年，随着计算机及其外设的大幅降价，BBS 才逐渐被人们所认识。1996 年更是以惊人的速度发展起来。国内的 BBS 站，按其性质划分，可以分为两种：一种是商业 BBS 站，如新华龙讯网；另一种是业余 BBS 站，如天堂资讯站。由于使用商业 BBS 站要交纳一笔费用，而商业站所能提供的服务与业余站相比，并没有什么优势，所以其用户数量不多。多数业余 BBS 站的站长，基于个人关系，每天都互相交换电子邮件，渐渐地形成了一个全国性的电子邮件网络 China FidoNet（中国惠多网）。于是，各地的用户都可以通过本地的业余 BBS 站与远在异地的网友互通信息。这种跨地域电子邮件交流正是商业站无法与业余站相抗衡的根本因素。由于业余 BBS 站拥有这种优势，所以使用者都更乐意加入。这里"业余"二字，并不是代表这种类型的 BBS 站的服务和技术水平是业余的，而是指这类 BBS 站的性质。一般 BBS 站都是由志愿者开发的。他们付出的不仅是金钱，更多的是精力。其目的是为了推动中国计算机网络的健康发展，提高广大计算机用户的应用水平。

国内的 BBS 站，单线站还占大多数。随着计算机的普及，特别是调制解调器的大量使用，BBS 的活动将会进一步高涨。但是，随之而来的拨号难和抢线难的问题将会加剧。尽管 BBS 站台的数量在不断增长，但这种增长的幅度总也赶不上用户群的增长。许多人同时拨号一个站台，不可避免地发生冲突。每回要拨上几十次乃至上百次才能成功连上一个 BBS 站的状况已经成为困扰今日中国 BBS 用户的一个难题。随着 BBS 活动的深入，国内已经出现了一些多线站，一次可以允许 2 人以上同时访问。

    BBS 的发展过程中，也出现了一些问题。由于国内使用的 BBS 架站软件，都是从国外引进的，因此没有必要的中文说明。虽然一些热心的站长翻译了一些资料，但是仅靠这些是远远不够的。另外，有些站台的设立是相互抄袭，所以在结构上难免有雷同之处。

    1999 年是中国网络的发展年。但是，我们应该清醒地认识到，目前一些 BBS 站并没有走上"简单、易用"这一层次。包括一些厂商架设的 BBS 站，实用性还需要加强。今后，国内的 BBS 站将向着个性化和专业化的方向发展。

    下面列出当前中国主要的一些 BBS 及其简介。

    （1）水木社区（bbs.thubbs.com）：源自清华大学，社会 BBS，是当前面向大学生提供服务的 BBS 中人数最多的一个，主要讨论技术类话题，如图 6-24 所示。

    （2）新一塌糊涂 BBS（BBS.NewYTHT.Net）：源自北京大学，社会 BBS，主要讨论人文社科、经验信息类话题。

    （3）南大小百合 BBS（bbs.nju.edu.cn）：南京大学 BBS，高校 BBS，主要是该校生交流，仅对该校生开放注册。

    （4）日月光华 BBS（bbs.fudan.edu.cn）：复旦大学官方 BBS，高校 BBS，主要是该校生交流，仅对该校生开放注册。

    （5）北邮人论坛（bbs.byr.edu.cn）：北京邮电大学 BBS，高校 BBS，主要是该校生交流，面向社会开放注册。

    （6）csdn 论坛（community.csdn.net）：计算机方面的 BBS，社区 BBS，如图 6-25 所示。

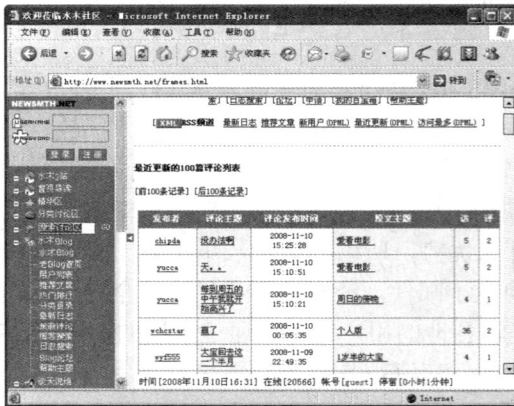

图 6-24　水木社区首页

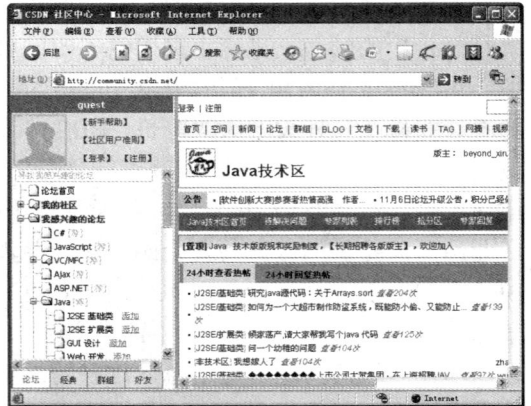

图 6-25　Csdn 论坛首页

    其他在线较多的 BBS 还有：飘渺水云间（bbs.freecity.cn）、饮水思源 BBS（bbs.sjtu.edu.cn）、兵马俑 BBS（bbs.xjtu.edu.cn）、蓝色星空站（bbs.scu.edu.cn）、大话西游 BBS（bbs.zixia.net）等。

6.3.5　IM 服务

    通常 IM 服务会在使用者通话清单上的某人连上 IM 时发出信息通知使用者，使用者便可据此与该人通过因特网开始进行实时的通信。除了文字外，在频宽充足的前提下，大部分 IM 服务事实上也提供视讯通信的能力。实时传讯与电子邮件最大的不同在于不用等候，不需要每隔两分钟就按一次"传送与接收"，只要两个人都同时在线，就能像多媒体电话一样，传送文字、档案、声音、影像给对方；只要有网络，无论对方在天涯海角，或是双方隔得多远都没有距离。

1. Jabber

Jabber 是一个以 XML 为基础，跨平台、开放原始码，且支持 SSL 加密技术的实时通信协议，Jabber 的开放式架构，让世界各地都可以拥有 Jabber 的服务器，不再受限于官方。不仅如此，一些 Jabber 的爱好者，还尽心研发出 Jabber 的协议转换程序，让 Jabber 使用者还能与其他实时通信程序的使用者交谈，这是其他知名实时通信软件皆无法做到的。

2. IRC

一般说来，IRC 就是多人在线实时交谈系统；也就是一个以交谈为基础的系统。在 IRC 之中，可以好几个人加入某个相同的频道讨论相同的主题；当然，一个人可以加入不只一个频道。IRC 是由芬兰的 JarkkoOikarinen 在 20 世纪 80 年代的晚期所发展的。到如今，IRC 已经是一个与布告栏脱离的独立系统。至今，已经有超过 60 个的国家使用这套系统。

3. QQ

1999 年 2 月，腾讯正式推出第一个即时通信软件——"腾讯 QQ"，目前腾讯已发展成为中国最大的因特网应用服务及移动应用增值服务提供商之一。

腾讯以满足用户的需求为导向，不断创新，依托庞大的用户资源，利用本地化优势，将即时通信整合进因特网、移动网络和固定通讯网络，以及手持设备等多种通信终端。用户可利用腾讯 QQ，与各种终端设备通过因特网、移动与固定通讯网络进行实时交流。不仅可以传输文本信息、图像、视频、音频及电子邮件，还可获得各种提高网上社区体验的因特网及移动增值服务，包括移动游戏、交友、娱乐信息下载等各种娱乐资讯服务。

4. MSN

网络即时通信软件除了 QQ，还有微软推出的 MSN。这几年 MSN 从功能到用户数量上都有长足的发展，特别是它的联机通信安全性很有优势，MSN 软件界面如图 6-26 所示。

除了可以用它实时发送和接收图文消息以外，还可以使用 MSN Messenger 与联系人进行语音交谈、拨打电话、发送文件、召开多人联机会议、玩 Internet 游戏等等。

5. 百度 IM

百度 Hi 是一款集文字消息、音视频通话、文件传输等功能的即时通信软件，通过它可以方便地找到志同道合的朋友，并随时与好友联络感情。

图 6-26　MSN 界面

百度 IM 的出世，就目前而言不会立刻改变即时通信的市场格局；对腾讯 QQ 和 MSN 而言一年内暂时不会有很大的冲击力。IM 作为电子商务最有效的一种沟通工具，不可能使用其他企业的产品作为用户交流工具。另外还有一个推出 IM 的原因，那就是强化百度社区、百度贴吧用户群体的稳定性。如此一来，百度用户群体可以通过"百度 Hi"自由切换百度空间、百度贴吧、百度搜索来完成产品一系列的运作，达到活跃与互动。

6. imo

imo（imoffice）是一个面向企业（含组织）的、可管理的、高度安全的、企业专属的网络通信和办公经营平台，功能包括：电子传真、企业短信、在线商机、海量企业库查询、精准营销服务、视频会议室、在线 ERP、移动 IP 等成熟专业的在线应用，为企业构建专属的通信、办公、经营空间和因特网即时通信办公室。

6.4　基于工作过程的实训任务

实训一　搜索引擎的使用

1. 实训目的

通过登录搜索引擎网站搜索相应信息，学会使用 IE 浏览器浏览网页及掌握搜索引擎的使用方法。

2. 实训内容

教师给出搜索题目，学生通过搜索引擎，查找相应内容。
例如：查找关于 IPv6 的相关信息。
（1）IPv6 的含义？
（2）IPv6 的地址长度？

3. 实训方法

（1）首先教师给出搜索题目。
（2）学生登录搜索引擎查找相应信息，并作保存。
（3）教师公布答案，学生自行判断自己搜索到的信息与答案是否相符。

4. 实训总结

根据搜索步骤，写出报告，要求写出搜索关键字，搜索结果及 URL。

实训二　CuteFTP 的使用

1．实训目的

通过登录 FTP 网站，浏览下载文件，理解 FTP 的工作过程，掌握 CuteFTP 的使用方法。

2．实训内容

教师给出 FTP 服务器地址，学生通过 CuteFTP 登录到服务器上，浏览其目录，并下载教师所指定的某个文件。

例如：登录北京大学 FTP 服务器（ftp.pku.edu.cn），下载根目录下 welcome.msg 这个文件。

3．实训方法

（1）利用网络搜索下载 CuteFTP 安装程序并安装。

（2）启动 CuteFTP，以匿名方式登录到教师制定的 FTP 服务器。

（3）浏览其目录，并下载教师所指定目录中的文件。

4．实训总结

根据下载步骤，写出报告，要求写出使用 CuteFTP 登录及下载的详细过程。

实训三　收发电子邮件

1．实训目的

通过使用接收和发送电子邮件，理解电子邮件传输过程，掌握电子邮件的使用方法。

2．实训内容

同学之间互相发送邮件，并验证是否收到。

3．实训方法

（1）注册免费邮箱（若已有邮箱可跳过此步骤），并登录。

（2）向你的同学索取电子邮件地址，给你的同学发送一封邮件，并要求其回信。

（3）接收你同学所发的信件并阅读，并回复邮件。

4．实训总结

根据发送和接收步骤，写出报告，要求写出发送和接收邮件的详细过程及应该注意的问题。

实训四　MSN 的使用

1. 实训目的

通过注册和使用 MSN，了解 IM 类软件的功能，掌握 MSN 的使用方法。

2. 实训内容

访问 MSN 网站，注册 MSN 号，下载并安装 Windows Live Messenger，并添加你的同学为好友，并与其进行交谈。

3. 实训方法

（1）登录 MSN 网站，注册账号。
（2）下载并安装 Windows Live Messenger。
（3）向你的同学索要 MSN 账号，添加其为好友。
（4）使用 MSN 与其交谈。

4. 实训总结

添加你同学（至少 10 位）和老师为好友并编辑其联系人相关信息。

6.5　本章小结

1. 因特网概念

因特网是 Internet 的中文译名，又称国际计算机互联网，它以 TCP/IP 网络协议将各种不同类型、不同规模、位于不同地理位置的物理网络联接成一个整体。

2. 因特网接入方式

目前可供选择的接入方式主要有 PSTN、ISDN、DDN、LAN、ADSL，它们各有各的优缺点。

3. 因特网的信息传递

Internet 使用专门的协议以保证数据能够安全可靠地到达指定的目的地，即 TCP（Transfer Control Protocol，传输控制协议）和 IP（Internet Protocol，网际协议），通常将它们放在一起，用 TCP/IP 表示。

4. DNS 域名系统

该系统用于命名组织到域层次结构中的计算机和网络服务。在 Internet 上，将域名与 IP 地址进行转换的工作称为域名解析，域名解析需要由专门的域名解析服务器来完成，DNS

就是进行域名解析的服务器。

域名采用层次结构的基于"域"的命令方案，每一层由一个子域名组成，子域名间用"."分隔，其格式为：机器名.网络名.机构名.顶级域名。Internet 上的域名由域名系统 DNS 统一管理。

5. 因特网的信息服务

主要服务包括：WWW 服务、FTP 服务、E-mail 服务、BBS 和 IM 服务等。

6. WWW

WWW 中文名为"万维网"。WWW 是 Internet、超文本和超媒体技术相结合的产物。

最流行的 WWW 服务的程序就是微软的 IE 浏览器。浏览器是指可以显示网页服务器或者文件系统的 HTML 文件内容，并让用户与这些文件交互的一种软件。网页浏览器主要通过 HTTP 协议与网页服务器交互并获取网页。

搜索引擎是目前 WWW 中使用最广泛的一种网络应用。

7. FTP

FTP（文件传输协议），它是一个应用程序，用户可以通过它把自己的 PC 与世界各地所有运行 FTP 的服务器相连，访问服务器上的大量程序和信息。FTP 的主要作用就是让用户连接上一个远程计算机，查看远程计算机的文件，然后把文件从远程计算机上复制到本地计算机，或把本地计算机的文件送到远程计算机中。

8. E-mail

电子邮件是一种用电子手段提供信息交换的通信方式，是 Internet 应用最广的服务。常见的电子邮件协议有 SMTP（简单邮件传输协议）、POP3（邮局协议）、IMAP（Internet 邮件访问协议）。这几种协议都是由 TCP/IP 协议族定义的。

9. BBS

BBS 译为中文就是"电子公告板"。它是一种交互性强、内容丰富而及时的 Internet 电子信息服务系统。用户可以通过 MODEM 和电话线登录 BBS 站点，也可以通过 Internet 登录。用户在 BBS 站点上可以获得各种信息服务：下载软件、发布信息、进行讨论、聊天等。

10. IM

这是一种可以让使用者在网络上建立某种私人聊天室的实时通信服务。通常，IM 服务会在使用者通话清单上的某人连上 IM 时发出信息通知使用者，使用者便可据此与该人通过因特网进行实时的通信。实时传讯不用等候，只要两个人都同时在线，就能传送文字、档案、声音、影像给对方。目前在因特网上受欢迎的即时通信软件包括百度 hi、QQ、MSN（Messenger）等。

本章习题

1. 名词解释

Arpanet	BBS	DNS	FTP	HTML	HTTP	ICP
ISP	IM	POP3	PPP	PPPOE	SMTP	TELNET
URL	USENET	WWW

2. 选择题

（1）Internet 是一个（　　　）。

　　A. 大型网络　　　　B. 局域网　　　　C. 计算机软件　　　D. 网络的集合

（2）IPv4 地址是由（　　）的二进制数字组成的。

　　A. 8 位　　　　　　B. 16 位　　　　　C. 32 位　　　　　D. 64 位

（3）在 Internet 上，实现超文本传输的协议是（　　）。

　　A. HTTP　　　　　 B. FTP　　　　　　C. WWW　　　　　D. Hypertext

（4）在 Internet 上，实现文件传输的协议是（　　）。

　　A. HTTP　　　　　 B. FTP　　　　　　C. WWW　　　　　D. Hypertext

（5）浏览 WWW 使用的地址成为 URL，URL 是指（　　）。

　　A. IP　　　　　　　　　　　　　　　B. 主页

　　C. 统一资源定位器　　　　　　　　　D. 主页域名

3. 简答题

（1）接入 Internet 的方法有哪几种？

（2）DNS 在 Internet 中的作用？

（3）简述文件传输的工作过程。

（4）简述电子邮件的工作过程。

第 7 章　网络操作系统与资源管理

本章要点

- 掌握网络操作系统的定义、作用和服务功能，了解网络操作系统的分类及各自特征。
- 了解 Windows Server 2008 操作系统的网络管理内容及方式，理解域的含义和域成员的分类。
- 熟悉并掌握 Windows Server 2008 系统的安装过程，以及活动目录的安装、用户和计算机账户的管理、组的创建与管理、文件和磁盘空间的共享。

7.1　网络操作系统概述

　　网络操作系统（NOS）是网络的心脏和灵魂，是向网络计算机提供服务的特殊的操作系统，它在计算机操作系统下工作，使计算机操作系统增加了网络操作所需要的能力。网络操作系统运行在称为"服务器"的计算机上，并由连网的计算机用户共享，这类用户称为"客户"。网络操作系统与一般操作系统（OS）的不同在于，它们提供的服务有差别。一般地说，网络操作系统偏重于将与网络活动相关的特性加以优化，即经过网络来管理诸如共享数据文件、软件应用和外部设备之类的资源，而一般操作系统则偏重于优化用户与系统的接口及在其上面运行的应用。因此，网络操作系统可定义为通过整个网络管理资源的一种程序，如图 7-1 所示。

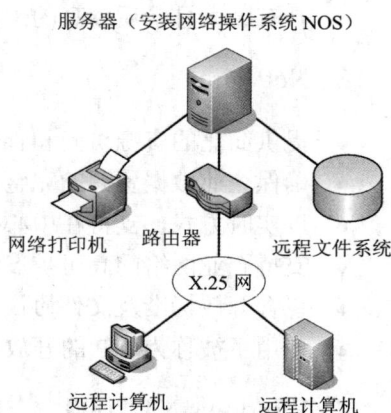

图 7-1　NOS 在网络中的角色

7.1.1　网络操作系统的分类

　　网络操作系统是用于网络管理的核心软件，目前流行的各种网络操作系统都支持构架局域网、Intranet、Internet 网络服务运营商的网络。在市场上得到广泛应用的网络操作系统有 UNIX、Linux、NetWare、Windows NT/2000、Windows Server 2003 和 Windows Server 2008 等。下面介绍各自的特点与应用。

1. UNIX

- 模块化的系统设计。

- 逻辑化文件系统。
- 开放式系统。
- 优秀的网络功能。
- 优秀的安全性。
- 良好的移植性。
- 可以在任何档次的计算机上使用。

2. Linux

- 完全遵循 POSLX 标准。
- 真正的多任务、多用户系统，内置网络支持。
- 可运行于多种硬件平台。
- 对硬件要求较低。
- 有广泛的应用程序支持。
- 设备独立性。
- 安全性。
- 良好的可移植性。
- 具有庞大且素质较高的用户群。

3. NetWare

- 提供简化的资源访问和管理。
- 确保企业数据资源的完整性和可用性。
- 以实时方式，支持在中心位置进行关键性商业信息的备份与恢复。
- 支持企业网络的高可扩展性。
- 包含开放标准及文件协议。
- 使用了被称为 IPP 的开放标准协议。

4. Windows NT/2000

Windows NT/2000 是一种 32 位网络操作系统，是面向分布式图形应用程序的完整的系统平台，具有工作站和小型网络操作系统具有的所有功能。

5. Windows Server 2003

Windows Server 2003 是继 Windows XP 操作系统后微软公司又发布的一个最新版本，Windows 2003 的整体性能提高了 10%~20%。Windows Server 2003 继承了 Windows 2000 的所有版本，并增加了针对 Web 服务优化的 Windows 2003 Web Edition 版。

Windows Server 2003 应用服务的新功能包括：
- 简化了集成与协作能力。
- 提高开发人员的工作效率。

- 提高企业整体工作效率。
- 增强了扩展性与可靠性。
- 端到端的安全性能。
- 有效的部署与管理。

6. Windows Server 2008

Microsoft Windows Server 2008 代表了下一代 Windows Server。使用 Windows Server 2008，IT 专业人员对其服务器和网络基础结构的控制能力更强，从而可重点关注关键业务需求。Windows Server 2008 通过加强操作系统和保护网络环境提高了安全性。通过加快 IT 系统的部署与维护，使服务器和应用程序的合并与虚拟化更加简单，同时，Windows Server 2008 还为 IT 专业人员提供了灵活性。Windows Server 2008 为任何组织的服务器和网络基础结构奠定了最好的基础。

Windows Server 2008 的特点如下：

- 安装过程更加友好。
- 强大统一的服务器管理控制台。
- 虚拟化。
- 网络访问保护（NAP）。
- Windows Server Core。
- Windows Advanced FireWall。
- 只读域控制器（Read-only Domain Controllers）。
- 脚本语言 PowerShell。

7.1.2　网络操作系统服务功能

网络操作系统具有如下的特征：

（1）网络操作系统允许在不同的硬件平台上安装和使用，能够支持各种网络协议和网络服务。

（2）提供必要的网络连接支持，能够连接两个不同的网络。

（3）提供多用户协同工作的支持，具有多种网络设置，管理工具软件，能够方便地完成网络的管理。

（4）有很高的安全性，能够进行系统安全性保护和各类用户的存取权限控制。

网络操作系统提供了以下几项服务功能：

- 共享资源管理。
- 网络通信。
- 网络服务。
- 网络管理。
- 互操作能力。

7.2 Windows Server 2008 网络操作系统

Windows 操作系统是目前应用最广的操作系统之一，Windws Server 2008 是新一代基于 NT 内核的服务器操作系统，其性能较强，质量较高。

7.2.1 Windows Server 2008 操作系统的安装

1. 安装前的准备工作

为了确保 Windows Server 2008 安装顺利进行，有必要做好安装前的准备工作。

（1）了解硬件设备要求

为配合 Windows Server 2008 能够更好地进行工作，微软公布了该系统的硬件配置需求，具体如表 7-1 所示。

表 7-1　Windows Server 2008 硬件配置需求

相关信息	具体说明
处理器	最低 1.0GHz x86 或 1.4GHz x64，推荐 2.0GHz 或更高；安腾版则需要 Itanium 2
内存	最低 512MB，推荐 2GB 或更多
内存最大支持	32 位标准版 4GB、企业版和数据中心版 64GB，64 位标准版 32GB，其他版本 2TB
硬盘	最少 10GB，推荐 40GB 或更多，内存大于 16GB 的系统需要更多空间用于页面、休眠和转存储文件
备注	光驱要求 DVD-ROM；显示器要求至少 SVGA 800×600 分辨率，或更高

注：需要特别提醒用户的是，如果安装的不是安腾版 Windows Server 2008 64-bit 系统，那么在系统启动时进入安全模式禁用驱动签名检查功能。否则在进入系统后，Windows Server 2008 将会拒绝用户安装"未签名"驱动。

（2）确定文件系统的类型

硬盘文件系统是文件存储的基础。在所有的计算机系统中，都存在一个相应的文件系统，它规定了计算机对文件和文件夹进行操作处理的各种标准和机制。Windows Server 2008 能够支持的文件系统有 FAT、FAT32、NTFS 和 CDFS 等。

FAT 和 FAT32 是比较老的文件系统；NTFS 比 FAT 或 FAT32 的功能更强大，同时它还包括支持活动目录所需的功能以及其他重要安全性能；CDFS（Compact Disc File System，激光磁盘归档系统）是针对光盘访问所设计的，它仅应用于光盘进行读写操作的光驱设备上。

在 Windows Server 2008 中，推荐使用 NTFS 文件系统。NTFS 具有很强的安全性，要维护文件和文件夹的访问控制，必须使用 NTFS。如果使用 FAT32，所有用户都将具有访问权限。

（3）了解安装方式

Windows Server 2008 提供了 3 种安装方法，安装光盘引导启动安装、从现有操作系统上全新安装和从现有操作系统上升级安装。

用安装光盘引导启动安装时，即把 Windows Server 2008 安装光盘放入光驱，即可自动开始安装。

从现有操作系统上全新安装时，将在计算机中安装一套新的 Windows Server 2008 操作系统，然后再在新的操作系统上建立新的用户账号、设置权限等。

从现有操作系统上升级安装时，将把 Windows Server 2008 安装在现有的操作系统的目录中，原有的用户账号等信息将同时被自动迁移。

（4）选择许可证方式

Windows Server 2008 支持两种许可证方式：每客户和每服务器方式。

如果选择的是"每客户"方式，每一台访问 Windows Server 2008 的工作站都要有一个单独的客户访问许可证（CAL，Client Access License）。一般当一个网络中同时具有多台 Windows Server 2008 服务器时，便可以选择每客户方式的许可证方式。

"每服务器"方式意味着只有固定数目的工作站能够访问 Windows Server 2008 服务器。例如，当将每服务器方式的并发连接数设置为 8 时，那么 Windows Server 2008 服务器同时最多只允许 8 个工作站连接，而这 8 个工作站不需要任何附加的许可证。

如果在安装时无法确定许可证方式，可暂时选择"每服务器"方式。需要时，用户可以在每客户方式与每服务器方式之间进行转换。不过，当需要使用 Windows Server 2008 的终端服务功能时，只能使用每客户方式。

（5）确定服务的角色

Windows Server 2008 可充当域控制器、成员服务器和独立服务器 3 种角色。以中小型网络用户为例，一个网络中一般只有一台服务器，这台服务器只能是域控制器。

确定了服务器的角色后，还要确定服务器的域名，域计算机账号（系统管理员账号）及其密码。域计算机账号可以对该域拥有管理特权，系统默认的账号为 Administrator，用户也可更换其他的名字。为了保证系统的安全，域名、域计算机账号及其密码必须牢记和保密。

2. 安装 Windows Server 2008

Windows Server 2008 不同版本的安装过程都十分类似，安装过程非常之简单，很类似 Windows Vista 的安装。本小节以 Windows Server 2008 标准版重新安装为例讲述系统的安装过程。

步骤 1：将 Windows Server 2008 标准版安装光盘插入光驱，重新启动计算机设置 BIOS 启动顺序（注意设置 BIOS 启动顺序为光盘启动）。

步骤 2：再次启动计算机后，稍等片刻出现如图 7-2 所示的安装画面，选择语言后单击"下一步"。

步骤 3：如图 7-3 所示，单击"现在安装"右边的图标 ➡ 开始安装 Windows Server 2008。

步骤 4：接下来需要选择安装的版本，这里我们要安装标准版，所以选择第一项，如图 7-4 所示，然后单击"下一步"按钮。

步骤 5：接下来询问是否接受许可条款，不接受是没办法继续"下一步"的，所以勾选"我接受许可条款",如图 7-5 所示,然后单击"下一步"按钮。

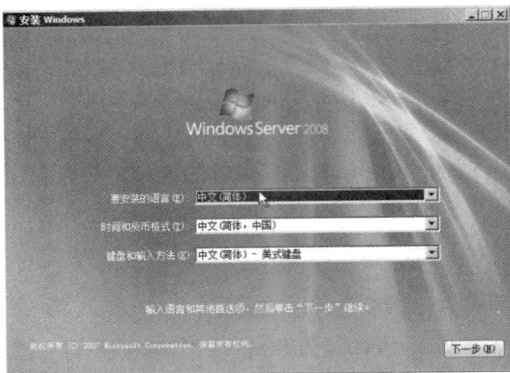

图 7-2　选择要安装的语言

图 7-3　开始安装

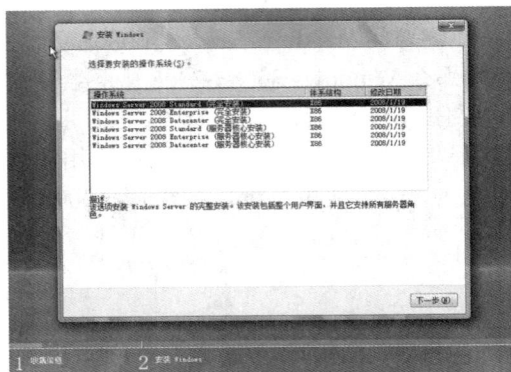

图 7-4　选择安装标准版

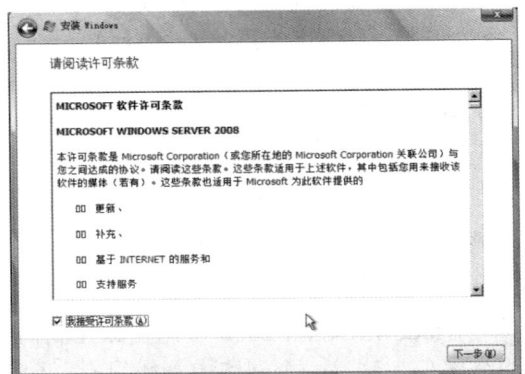

图 7-5　接受许可条款

步骤 6:接下来询问用户想进行何种类型的安装,这里选择"自定义(高级)"选项,如图 7-6 所示。

步骤 7:如果是新硬盘,还没有进行分区的话,则需要进行分区格式化操作,如图 7-7 所示,这里单击"驱动器选项(高级)"。

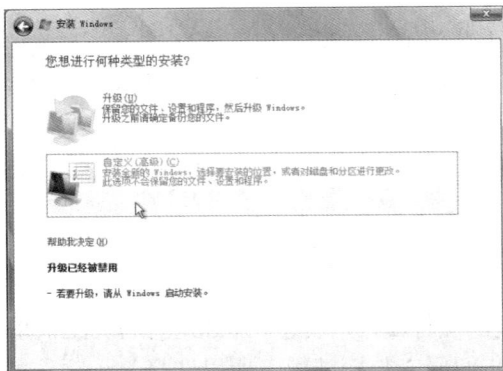

图 7-6　选择何种类型的安装

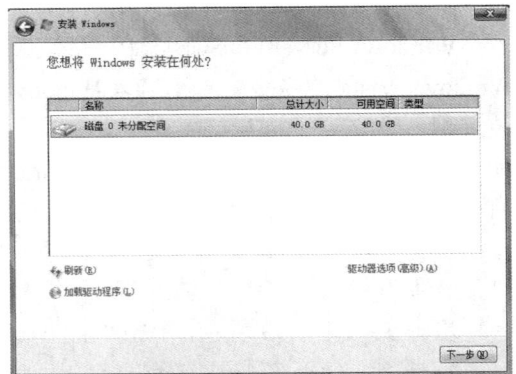

图 7-7　单击"驱动器选项(高级)"

步骤 8:如图 7-8 所示,单击"新建"选项后会询问分配多大空间,这里根据自己的实际情况来定，建议大于 10G。配好空间大小后单击"应用"按钮即可。

步骤 9：分区完成后的画面如图 7-9 所示，Windows Server 2008 默认前三个分区为主分区，第四个为扩展分区，我们这里只分了两个区，然后将分区格式化之后单击"下一步"按钮。

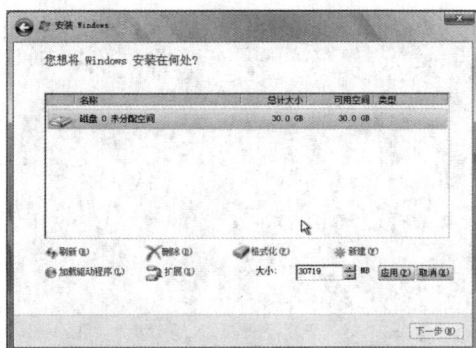

图 7-8　分配安装所需空间

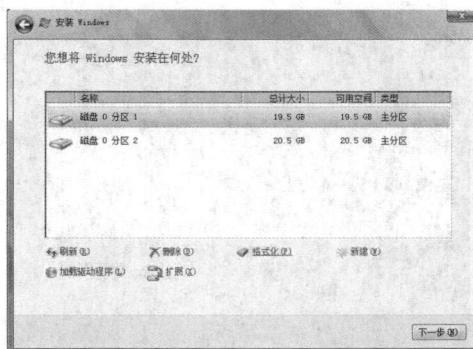

图 7-9　分区格式化硬盘

步骤 10：稍等片刻，进入 Windows Server 2008 安装过程界面，Windows Server 2008 的安装过程和 Windows 7 类似，基本上是无人值守安装，非常简单。安装画面分别如图 7-10～图 7-12 所示。

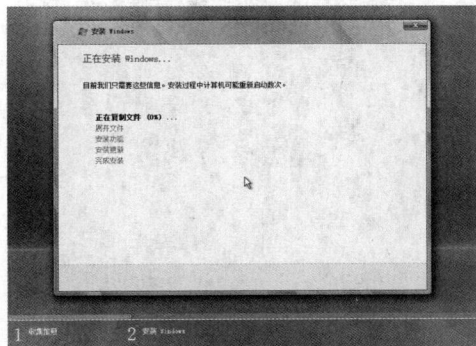

图 7-10　安装程序正在复制文件

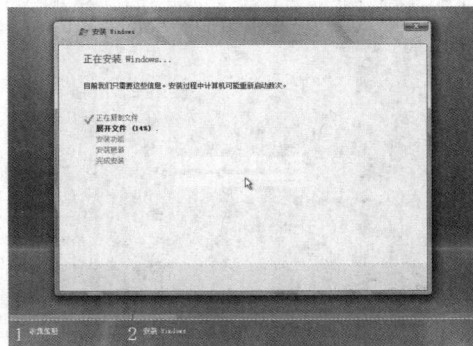

图 7-11　安装程序正在展开文件

步骤 11：安装完毕后，会提示用户登录，如图 7-13 所示，按 Ctrl+Alt+Delete 组合键继续。

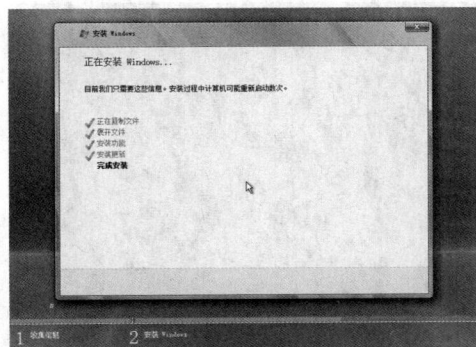

图 7-12　安装程序正在完成安装

图 7-13　按 Ctrl+Alt+Delete 组合键继续

步骤 12：第一次登录必须创建密码，并且必须是复杂密码，过于简短或者过于简单都无法通过（用户可以在组策略管理器里面修改这个设定）。如图 7-14 所示，这里单击"Administrator"管理员用户，此时提醒用户首次登录之前必须更改密码，如图 7-15 所示。

图 7-14　单击"Administrator"管理员用户

图 7-15　提醒用户首次登录之前必须更改密码

步骤 13：如图 7-16 所示，设置"Administrator"管理员用户后，单击向右的箭头图标 ➡️ 继续。如图 7-17 所示，密码更改成功后单击"确定"按钮启动 Windows Server 2008。

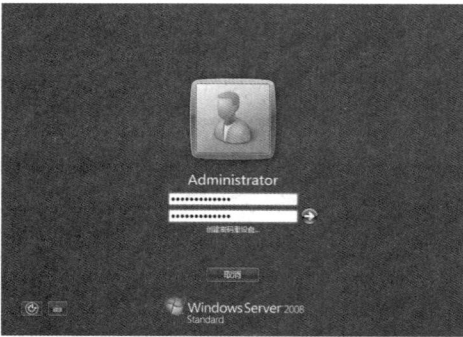

图 7-16　设置登录密码

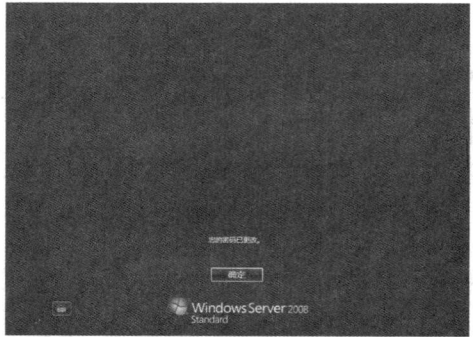

图 7-17　登录密码设置成功

步骤 14：如图 7-18 所示是 Windows Server 2008 的启动画面，稍等片刻，即可进入 Windows Server 2008 的桌面，如图 7-19 所示。至此，Windows Server 2008 安装完成。

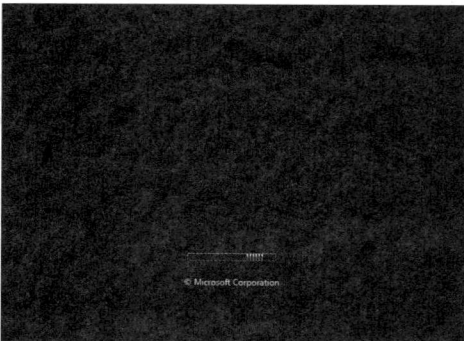

图 7-18　Windows Server 2008 的启动画面

图 7-19　Windows Server 2008 桌面

7.2.2　Windows Server 2008 网络管理内容及方式

1. Windows Server 2008 网络管理内容

Windows Server 2008 网络管理内容包括配置管理、性能管理、故障管理、安全管理和记账管理。

- 配置管理是网络管理最基本的功能，负责监测和控制网络的配置状态，主要提供资源清单管理、资源提供、业务提供及其网络拓扑结构服务等功能。配置管理完成建立和维护配置 MIB（管理信息库）。
- 性能管理是保证网络有效运行和提供约定的服务质量，在保证各种业务的服务质量的同时，尽量提高网络资源利用率。性能管理包括性能检测、性能分析和性能管理控制等内容。性能管理在进行性能指标监测、分析和控制时要访问 MIB，当发现网络性能严重恶化时，性能管理便与故障管理互通。
- 故障管理迅速发现、定位和排除网络故障，动态维护网络的有效性。故障管理的主要功能包括告警检测、故障定位、测试、业务恢复及维修等，同时还要维护故障目标。
- 安全管理提供信息的保密、认证和完整性保护机制，使网络中的服务数据和系统免受侵扰和破坏。安全管理主要包括风险分析、安全服务、告警、日志和报告功能，以及网络管理系统保护功能。
- 记账管理是正确地计算和接收用户使用网络服务的费用，进行网络资源使用的统计和网络成本效益的计算。

2. Windows Server 2008 的网络管理方式

（1）网络性能监视器。网络有很多性能问题，如果问题涉及网络硬件，如线缆或网络流量，该问题就很难发现。性能监视器提供了计数器来衡量通过服务器的网络流量，可以从多种角度监视系统资源的使用情况，并且可以监视几乎系统中所有的资源，同时可以将监视的结果用多种方式显示出来，以满足在不同的情况下对系统资源监视的要求。

（2）事件查看器。使用"事件查看器"，可以查看事件日志中记录的事件。Windows Server 2008 会存储"应用程序""安全性"和"系统"日志。根据计算机的角色和所安装的应用程序，还可能包括其他日志。例如，将运行 Windows Server 2008 操作系统的计算机配置为域控制器，这台计算机还包括另外两种日志：目录服务日志和文件复制服务日志。

（3）任务管理器。任务管理器提供正在运行的程序和进程的相关信息。使用任务管理器可以监视计算机性能的关键指示器，可以查看正在运行的程序的状态，并终止已停止响应的程序，可以使用多达 15 个参数评估正在运行的进程的活动，查看反映 CPU 和内存使用情况的图形和数据。此外，如果与网络连接，还可以查看网络状态，了解网络的运行情况。如果有多个用户连接到用户的计算机，用户可以看到谁在连接，他们在做什么，还可以给他们发送消息。

（4）网络监视器。Windows Server 2008 服务器所包括网络监视器是一个网络诊断工具，它易于操作、可被快速配置和设置以捕获数据，可运行在一台或者多台客户机和服务器上，用户可以使用网络监视器查看和检测局域网的问题。

使用网络监视器，用户可以识别出某些有助于预防或解决问题的模式，从而收集这些信息来帮助网络平稳地运行。网络监视器提供进出于所在计算机的网络适配器的信息，通过捕获并分析这些信息，可以预防、诊断和解决多种网络问题。用户可以设置触发器，让网络监视器在发生某种或某些情况时开始或停止捕获信息。用户还可以设置筛选程序，以便控制网络监视器捕获或显示的信息类型。

（5）命令行管理。Windows Server 2008 中的常用命令有：

- net 命令：用户可以使用 net 命令获取特定信息。
- ping 命令：是一个使用频率极高的实用程序，主要用于确定网络的连通性。
- netstat 命令：运行这个命令可以检测计算机与网络之间详细的连接情况，可以得到以太网的统计信息并显示所有协议的使用状态。
- ipconfig 命令：ipconfig 实用程序可用于显示当前的 TCP/IP 配置的设置值。
- arp 命令：使用 arp 命令，能够查看本地计算机或另一台计算机的 ARP 高速缓存中的当前内容。
- nslookup 命令：利用 nslookup 命令，可以查看主机的 IP 地址和主机名称。

7.2.3　Windows Server 2008 域成员类型

域（Domain）是活动目录的基本单位和核心单元，也是活动目录的分区单位，活动目录中必须至少有一个域。共享同一个活动目录数据库的计算机组成一个域。一个典型的域包括 3 类成员：域控制器、成员服务器和工作站，它们共用一个"目录服务数据库"，域管理员基于域的"目录服务数据库"来进行集中管理、共享资源，如用户、组、计算机账号、权限设置、组策略设置等。目录服务为管理员提供从网络上任何一个计算机上查看与管理用户和网络资源的能力，目录服务也为用户提供唯一的用户名和密码，用户只需一次登录，即可访问本域或有信任关系的其他域上的所有资源。

7.3　Windows Server 2008 资源管理

7.3.1　安装活动目录（Active Directory）

活动目录（Active Directory）存储了网络对象大量的相关信息，网络用户和应用程序可根据不同的授权使用在 Active Directory 中发布的有关用户、计算机、文件和打印机等信息。实际上，是一种用于组织、管理和定位网络资源的企业级工具。对于 Windows 网络来说，规模越大，需要管理的资源越多，建立 Active Directory 目录服务也就越有必要。

如果让一台安装有 Windows Server 2008 的服务器成为域控制器，必须安装 Active Directory，才能在服务器上创建用户账户、组，并对网络进行管理。

安装活动目录的具体操作步骤如下。

步骤 1：单击"开始"菜单按钮，然后选择"所有程序"→"管理工具"→"服务器管理器"菜单命令，打开如图 7-20 所示的"服务器管理器"对话框。

步骤 2：在对话框左侧单击"角色"选项，然后在右侧单击"添加角色"按钮，打开如图 7-21 所示的"添加角色向导"对话框。

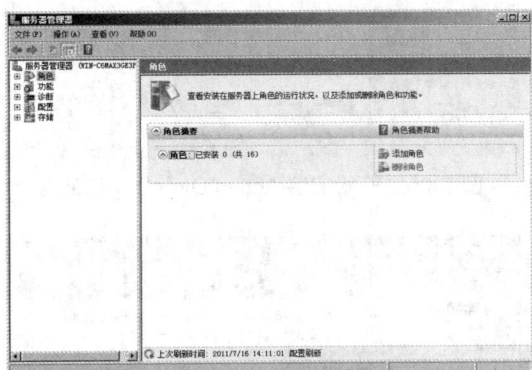

图 7-20　"服务器管理器"对话框

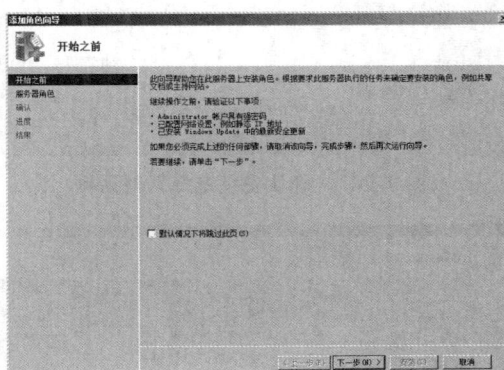

图 7-21　"添加角色向导"对话框

步骤 3：单击"下一步"按钮，在服务器"角色"列表框中选择"Active Directory 域服务"，如图 7-22 所示。

步骤 4：单击"下一步"按钮，进入如图 7-23 所示的"Active Directory 域服务简介"对话框。

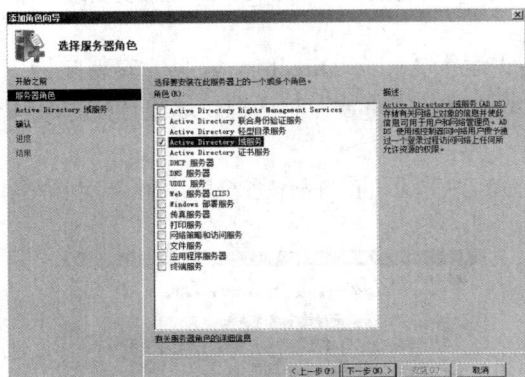

图 7-22　"Active Directory 域服务"对话框

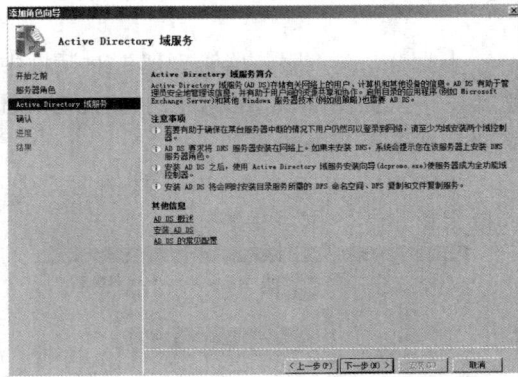

图 7-23　"Active Directory 域服务简介" 对话框

步骤 5：单击"下一步"按钮后，打开如图 7-24 所示的"确认安装选择"对话框。

步骤 6：单击"安装"按钮后，即可开始安装 Active Directory 域服务，如图 7-25 所示。

步骤 7：Active Directory 域服务安装完成后，单击"关闭"按钮结束安装，如图 7-26 所示。

步骤 8：Active Directory 域服务安装完成后，需要将此服务器作为域控制器运行，如图 7-27 所示。

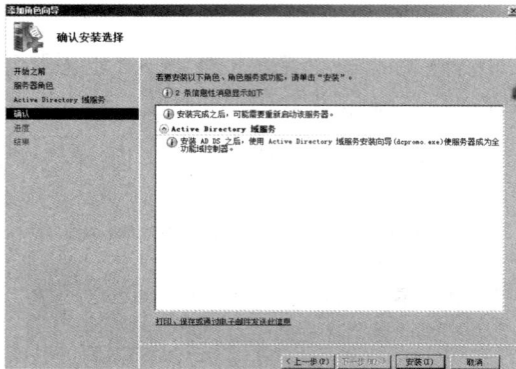

图 7-24 "确认安装选择"对话框

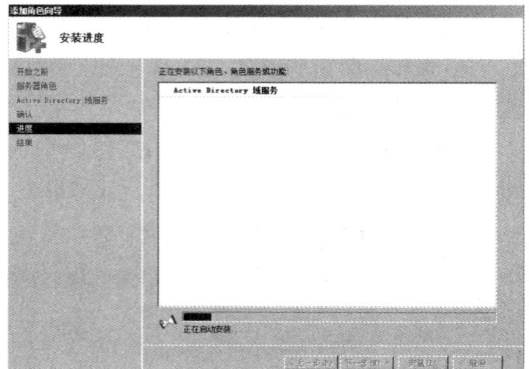

图 7-25 开始安装 Active Directory 域服务

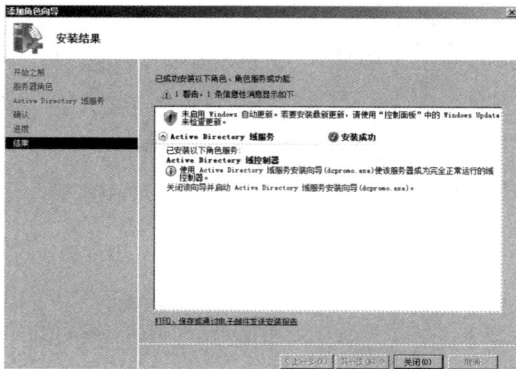

图 7-26 Active Directory 域服务安装结束

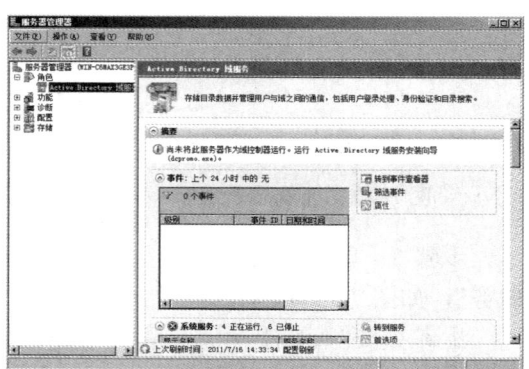

图 7-27 运行 Active Directory 域服务安装向导

步骤 9：在"服务器管理器"对话框中单击"运行 Active Directory 域服务安装向导"链接，进入如图 7-28 所示的"Active Directory 域服务安装向导"对话框，这里选中"使用高级模式安装"复选框。

步骤 10：单击"下一步"按钮后，进入如图 7-29 所示的"操作系统兼容性"对话框，这里直接单击"下一步"按钮。

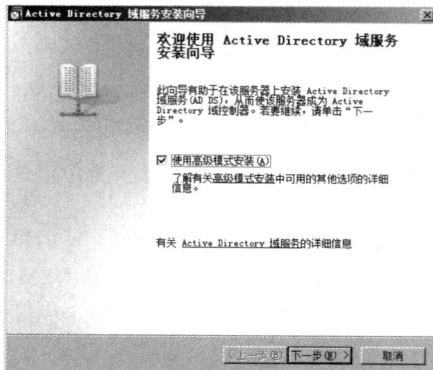

图 7-28 "Active Directory 域服务安装向导"对话框

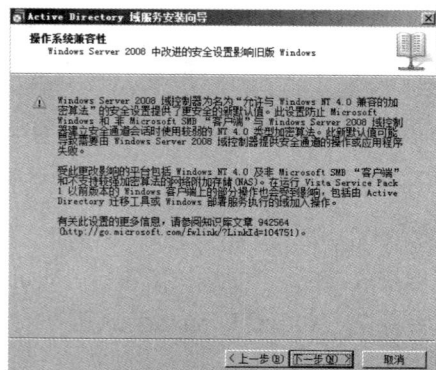

图 7-29 "操作系统兼容性"对话框

步骤 11：如果网络中没有现成的域控制器，单击"在新林中新建域"单选按钮，此时该服务器将成为新域中的第一个域控制器；如果网络中已有一个或多个域控制器，则单击"现有林"单选按钮，这样，这台服务器将以域的形式加入到现有的域控制器中。如图 7-30 所示，这里单击"在新林中新建域"单选框。然后单击"下一步"按钮。

步骤 12：在"目录林根级域的 FQND"文本框中输入新的域名（如 humanpc.com），如图 7-31 所示，然后单击"下一步"按钮。

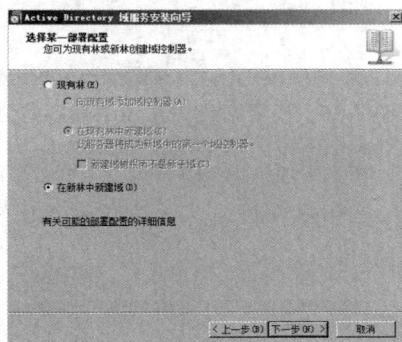

图 7-30　选中"在新林中新建域"单选按钮　　　　图 7-31　"命名林根域"对话框

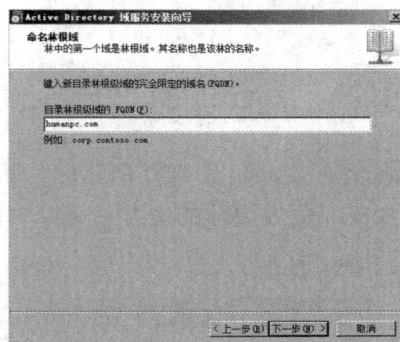

步骤 13：，进入如图 7-32 所示的"域 NetBIOS 名称"对话框，安装向导自动将新域的 NetBIOS 命名为 HUMANPC，单击"下一步"按钮。

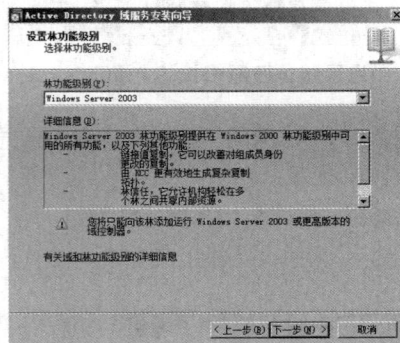

步骤 14：进入如图 7-33 所示的"设置林功能级别"对话框。在对话框中可以设置林功能级别，如这里设置"林功能级别"为"Windows Server 2003"，然后单击"下一步"按钮。

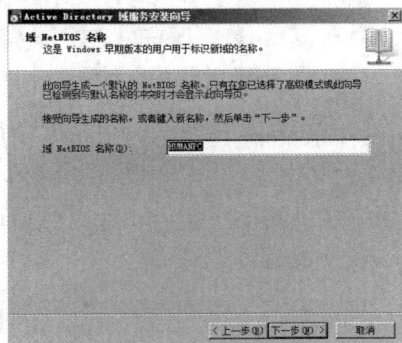

图 7-32　"域 NetBIOS 名称"对话框　　　　图 7-33　"设置林功能级别"对话框

步骤 15：进入如图 7-34 所示的"其他域控制器选项"对话框。这里保持默认设置，然后单击"下一步"按钮。

步骤 16：在如图 7-35 所示的对话框中需要设置 SYSVOL 文件所在的位置，要求必须放在 NTFS 分区上，否则安装向导将该分区自动转化为 NTFS 格式。这里保持默认设置，然后单击"下一步"按钮。

步骤 17：进入如图 7-36 所示的"目录服务还原模式的 Administrator 密码"对话框，完成密码的设置后，单击"下一步"按钮。

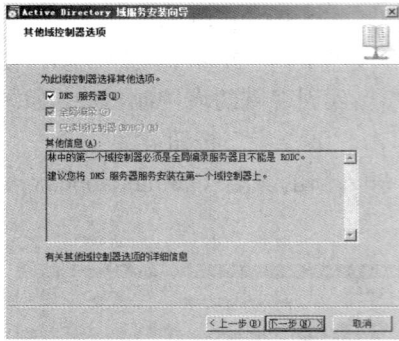

图 7-34　"其他域控制器选项"对话框

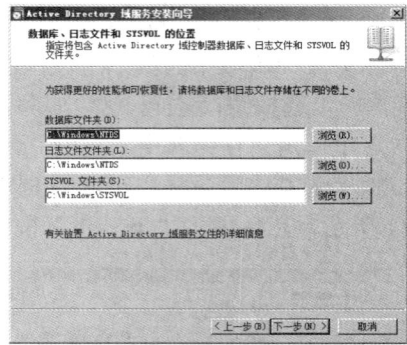

图 7-35　设置 SYSVOL 文件所在的位置

步骤 18：进入如图 7-37 所示的"摘要"对话框，在对话框中将检查刚才的设置是否有问题。如果有需要更改的地方，可以单击"上一步"按钮重新设置，否则单击"下一步"按钮，系统自动安装。

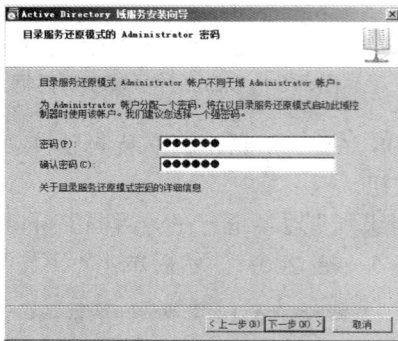

图 7-36　"目录服务还原模式的 Administrator 密码"对话框

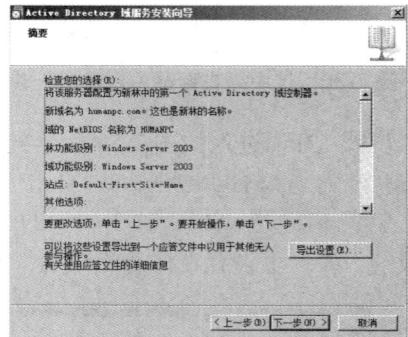

图 7-37　"摘要"对话框

步骤 19：进入图 7-38 所示的正在完成配置 Active Directory 域服务对话框。稍后，活动目录配置结束。

步骤 20：如图 7-39 所示，单击"完成"按钮，系统提示需要重新启动计算机使设置生效。重新启动后，管理工具中将增加有关 Active Directory 的管理选项。

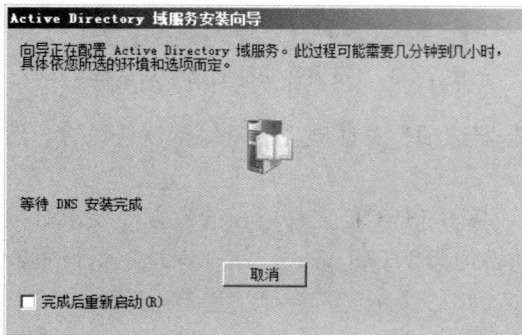

图 7-38　正在完成配置 Active Directory 域服务

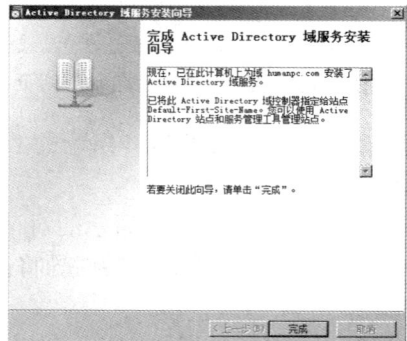

图 7-39　完成 Active Directory 域服务安装向导

7.3.2　用户和计算机账户管理

1. 管理用户账户

Active Directory 用户账户用于验证用户身份，指派用户的访问权限。用户必须使用用户账户登录到特定的计算机和域，登录到网络的每个用户应有自己的唯一账户和密码，用户账户也可用做某些应用程序的服务账户。

在域控制器上建立的是域用户账户，账户数据存储在 AD 中，用来登录域、访问域内的资源。非域控制器的计算机上，还有本地账户。本地账户数据存储在本机中，不会发布到 AD 中，只能用来登录账户所在计算机，访问该计算机上的资源。本地账户主要用于工作组环境，对于加入域的计算机来说，一般不再建立和管理本地账户，除非要以本地账户登录。

Windows Server 2008 还提供了两个内置账户：Administrator 和 Guest。其中，Administrator 是系统管理员账户，对域拥有最高权限，为安全起见，可将其重命名；Guest 是来宾账户，主要供没有账户的用户使用，访问一些公开资源，为安全起见，系统默认禁用此账户。默认情况下，用户账户一般位于 Users 容器中，域控制器计算机上的原本地账户自动转入该容器。

为获得用户验证和授权的安全性，应为加入网络的每个用户创建单独的用户账户，每个用户账户又可添加到组以控制指派给账户的权限。

域用户账户的创建可参照如下步骤：

步骤 1：在域控制器中，单击"开始"菜单按钮，选择"所有程序"→"管理工具"→"Active Directory 用户和计算机"菜单命令，打开"Active Directory 用户和计算机"窗口。

步骤 2：在左窗格中，选择要添加用户账号的域目录，此处选择"humanpc.com"，单击鼠标右键，从弹出的快捷菜单中选择"新建"→"用户"命令，打开如图 7-40 所示的"新建对象-用户"对话框。

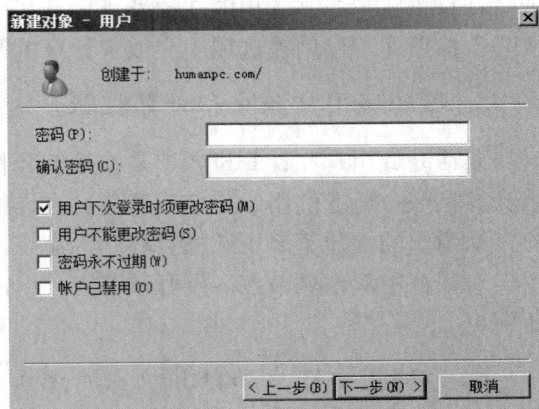

步骤 3：在对话框中填写需要的用户账号信息后，单击"下一步"按钮，进入如图 7-41 所示的密码设置对话框。

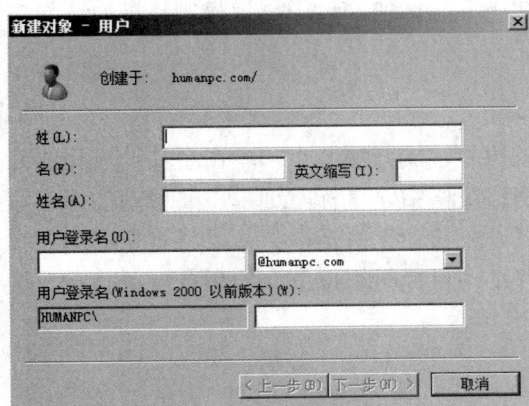

图 7-40　"新建对象-用户"对话框

图 7-41　密码设置对话框

用户可根据实际需要来选定。对于学校、网吧等公用网络，建议同时选中"用户不能更改密码"和"密码永不过期"复选框。

步骤 4：在文本框中输入密码，然后单击"下一步"按钮，进入如图 7-42 所示的对话框。

步骤 5：单击"完成"按钮，完成账户的创建。该用户将显示在域中的"humanpc.com"文件夹中。

通过以上方法，可以继续建立其他用户账户。

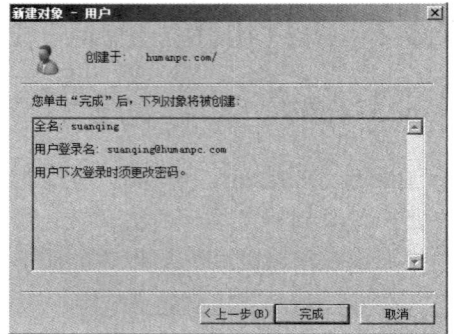

图 7-42 完成用户创建

2. 管理 Active Directory 计算机账户

在 Active Directory 中，每个运行 Windows Server 2008 的计算机都有一个计算机账户。与用户账户类似，计算机账户提供了一种验证和审核计算机访问网络及域资源的方法。连接到网络上的每一台计算机都应有自己的唯一计算机账户。使用"Active Directory 用户和计算机"控制台来创建和管理计算机账户。

计算机账户的创建步骤：在"Active Directory 用户和计算机"控制台树中，右键单击要添加计算机账户的容器（域或组织单位），从快捷菜单中选择"新建"→"计算机"命令，打开相应的对话框，根据提示设置即可。

3. 删除域用户账户和计算机账户

要删除一个域用户账户和计算机账户，在控制台目录树中，展开域节点。单击要删除的域用户或者计算机所在的组织单位或容器，在详细资料窗格中，鼠标右键单击要删除的域用户或者计算机，从弹出的快捷菜单中选择"删除"命令，出现信息确认框后，单击"是"按钮即可。

4. 停用域用户账户和计算机账户

停用域用户账户和计算机账户是在控制台目录树中，展开域节点，单击要停用的域用户账户或者计算机所在的组织单位或容器。在详细资料窗格中，右键单击要停用的域用户或者计算机账户，从弹出的快捷菜单中选择"停用账户"命令，出现信息确认框后，单击"是"按钮即可停用被选域用户或者计算机账户。

5. 移动域用户账户和计算机账户

要移动域用户和计算机账户是在控制台目录树中，展开域节点，单击要移动域用户或者计算机账户所在的组织单位或容器。在详细资料窗格中，鼠标右键单击要移动的用户账户，从弹出的快捷菜单中选择"移动"命令，打开"移动"对话框；在"将对象移动到容器"对话框中双击域节点，展开该节点，单击移动的目标组织单位，然后单击"确定"按钮即可。

6. 为域用户账户和计算机账户添加组

要为域用户账户添加组，在控制台目录树中，展开域节点，鼠标单击要加入组的用户所在的组织单位或容器。在详细资料窗口中，鼠标右键单击该用户账户，从弹出的快捷菜单中选择"添加到组"命令，打开如图 7-43 所示的"选择组"对话框，可以直接输入组对象的名称，也可以打开"高级"选项卡进行查找。然后在组列表框中选择一个要添加的组，单击"确定"按钮即可。

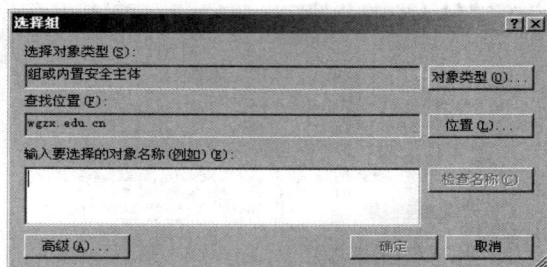

图 7-43　为域用户添加组

要为计算机账户添加组，在控制台目录树中，展开域节点，鼠标单击"计算机"或者要加入组的计算机所在的组织单位及容器。在详细资料窗口中，鼠标右键单击该计算机账户，从弹出的快捷菜单中选择"属性"命令，打开该计算机的属性对话框，然后单击"成员属于"标签，打开"隶属于"选项卡，单击"添加"按钮，打开"选择组"对话框选择要加入的组，单击"确定"按钮完成添加。

7.3.3　组的管理

组是指本地计算机或 Active Directory 中的对象，包括用户、联系人、计算机和其他组。在 Windows Server 2008 中，通过组来管理用户和计算机对共享资源的访问。如果赋予某个组访问某个资源的权限，这个组的用户都会自动拥有该权限。引入组的概念主要是为了方便管理访问权限相同的一系列用户账户。

与用户账户一样，根据 Windows Server 2008 服务器的工作组模式和域模式，组分为本地组和域组。

- 本地组：创建在本地的组账户，可以在 Windows Server 2008/2003/NT 独立服务器或成员服务器、Windows XP、Windows NT Workstation 等非域控制器的计算机上创建本地组。这些组账户的信息被存储在本地安全账户数据库（SAM）内，本地组只能在本地机使用。
- 域组：该账户创建在 Windows Server 2008 的域控制器上，组账户的信息被存储在 Active Directory 数据库中，这些组能够被使用在整个域中的计算机上。

1. 创建与管理本地组

创建本地组的用户必须是 Administrators 组或 Account Operators 组的成员，建立本地组并在本地组中添加成员的具体操作步骤如下：

（1）以 Administrator 身份登录，用鼠标右键单击"我的电脑"图标，选择快捷菜单中的"管理"命令，在打开的"计算机管理"窗口中的"本地用户和组"目录下的"组"选项上单击鼠标右键，选择"新建组"命令，如图 7-44 所示。

（2）在打开的"新建组"对话框（见图 7-45）中输入组名、组的描述后，单击"添加"按钮，即可把已有的账户或组添加到该组中，该组的成员在"成员"列表框中列出。

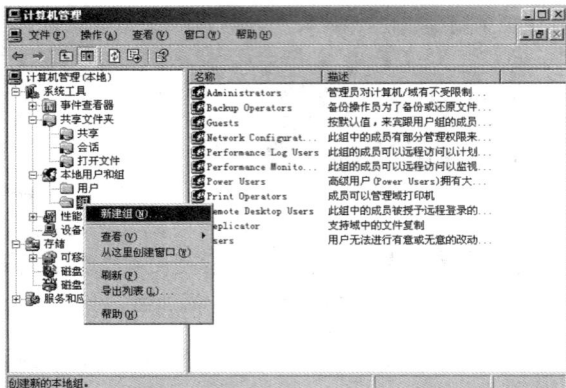

图 7-44　创建本地组

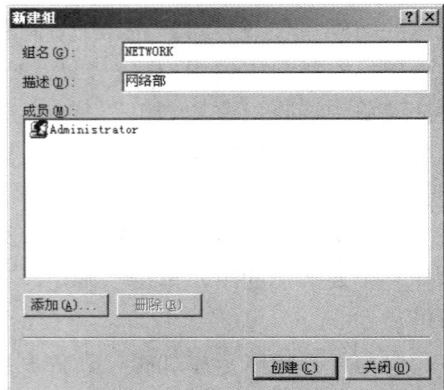

图 7-45　"新建组"对话框

（3）单击"创建"按钮完成创建工作，如图 7-46 所示。

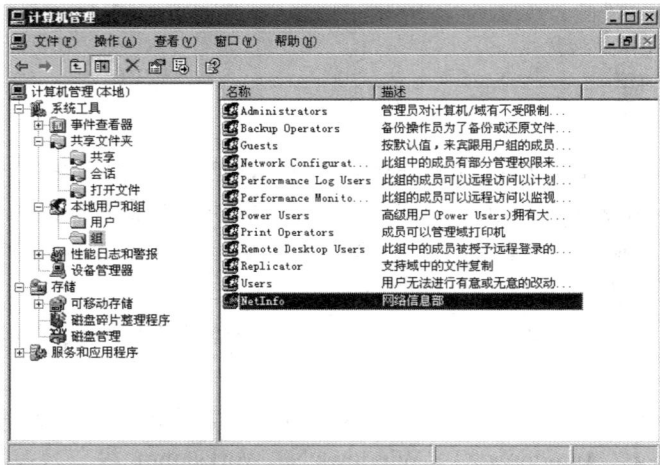

图 7-46　创建完毕

　　管理本地组操作较简单，在"计算机管理"窗口右部的组列表中，右键单击选定的组，选择快捷菜单中的相应命令可以删除组、更改组名，或者为组添加或删除组成员。

2. 创建与管理域组

　　创建域组的步骤如下：

　　（1）单击"开始"菜单按钮，执行"管理工具"→"Active Directory 用户和计算机"命令，在打开的"Active Directory 用户和计算机"对话框中单击域名，然后右键单击某组织单元，在快捷菜单中选择"新建"→"组"选项，如图 7-47 所示。

　　（2）在打开的"新建对象－组"对话框中输入组名，然后选择"组作用域""组类型"，最后单击"确定"按钮完成创建，如图 7-48 所示。

　　和管理本地组的操作相似，在"Active Directory 用户和计算机"窗口中，右键单击选定的组，选择快捷菜单中的相应命令，可以删除组、更改组名，或者为组添加或删除组成员。

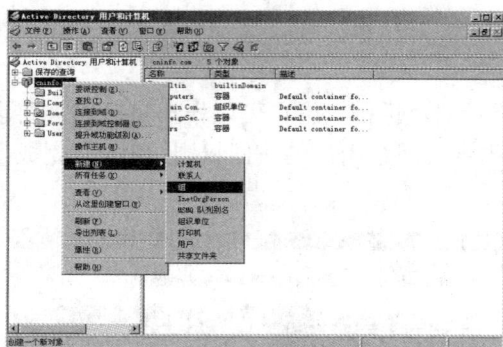

图 7-47　创建域组

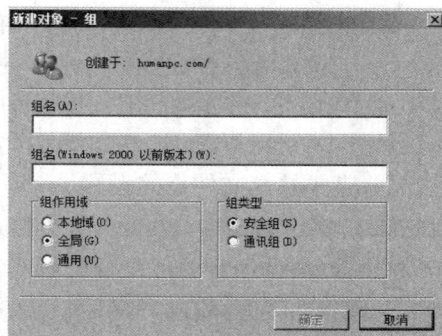

图 7-48　"新建对象－组"对话框

7.3.4　实现局域网资源共享

资源共享是网络最重要的特性,通过共享文件夹可以使用户方便地进行资源交换,当然,简单地设置共享文件夹可能会带来安全隐患,因此,必须考虑设置对应文件夹的访问权限。

1．设置共享文件夹

在 Windows Server 2008 中,可以通过以下方法设置共享文件夹。

（1）单击"开始"菜单按钮,执行"所有程序"→"管理工具"→"计算机管理"命令,打开"计算机管理"窗口,然后单击"共享文件夹"→"共享"子选项,打开如图 7-49 所示的窗口。

（2）在窗口的右边显示出了计算机中所有共享文件夹的信息,如需建立新的共享文件夹,可选择"操作"→"新建共享"命令,或在左侧窗口中右键单击"共享"子选项,选择"新建共享"命令,打开"创建共享文件夹向导"对话框。

（3）在"共享文件夹向导"对话框中单击"下一步"按钮,然后在如图 7-50 所示对话框中输入共享的文件夹路径。

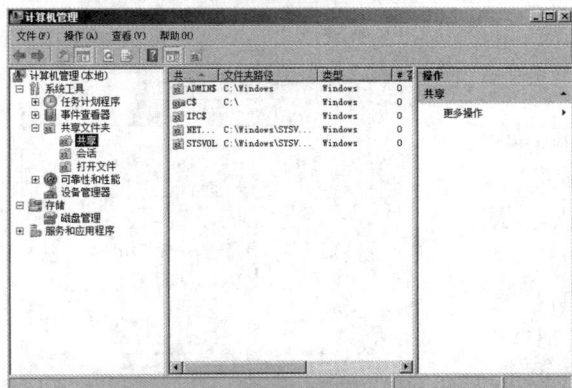

图 7-49　计算机管理窗口

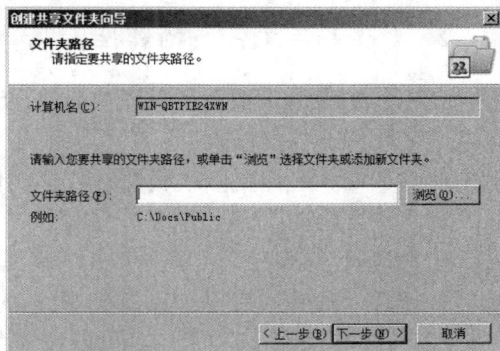

图 7-50　创建共享文件夹

（4）单击"下一步"按钮，打开如图 7-51 所示的对话框。输入共享名和描述，在描述中输入一些该资源的描述性信息，以便了解其内容。

（5）单击"下一步"按钮，打开如图 7-52 所示的对话框，用户可以根据自己的需要设置网络用户的访问权限，或者选择"自定义"自己定义网络用户的访问权限。单击"完成"按钮，即完成共享文件夹的设置。

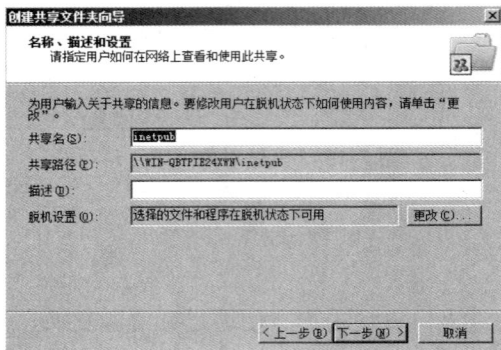

图 7-51　创建共享文件夹　　　　图 7-52　设置共享文件夹权限

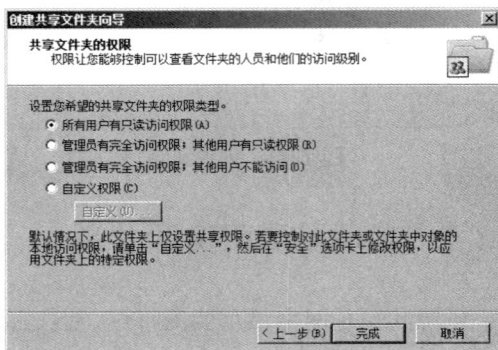

用户也可以通过如下方法设置共享文件夹，通过"我的电脑"或"资源管理器"，选择要设置为共享的文件夹。鼠标右键激活快捷菜单，选择"共享和安全"命令，然后进行相应的设置即可，如更改共享名、设定用户连接数量、单击"权限"按钮设置允许访问该文件夹的用户权限。

需要注意的是，共享权限的设定与文件夹访问许可的一致性。例如，在共享某一文件夹，设定该文件夹共享权限为 Everyone 组可以读取、写入数据，但若该文件夹访问许可未设置 Everyone 组可以读取写入数据就没有任何权利，或只有读取权限，则由于访问许可冲突决定访问权限，对应地 Everyone 不能访问该共享目录，或只能读取该共享目录。

在 Windows Server 2008 的域环境中，以不同的域用户身份或主机方式，登录服务器，创建文件，或者用户在某一文件夹内创建子文件夹时，该文件夹的访问许可继承父系权限，该文件夹的访问许可可能会有很大区别。设置共享时需要检查共享权限与文件夹访问许可的一致性。

2. 更改共享文件夹的属性

在工作中有时需要更改共享文件夹的属性，如更改共享的用户个数、权限等。在"计算机管理"窗口的右侧窗口中，选择要修改属性的共享文件夹，这里以文件夹"linux"为例说明操作过程。

（1）选择"linux"共享文件夹，单击鼠标右键，选择"属性"命令，打开如图 7-53 所示的对话框。

（2）在"常规"选项卡中，可以设置允许多少用户同时访问该共享文件夹及缓存设置，用户可根据自

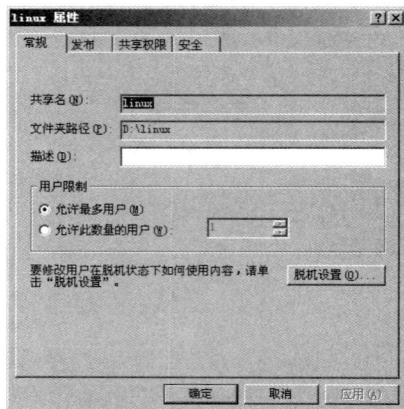

图 7-53　"linux 属性"对话框

己的需要进行设置。

（3）同时也可以通过选择"共享权限""安全"选项卡，修改组和用户的共享访问许可，或该文件/文件夹访问许可的设置。

（4）单击"确定"按钮，即可使配置生效。

3. 把共享文件夹映射为驱动器

找到文件夹，鼠标右键激活快捷菜单，选择"共享"命令，打开"属性"对话框，修改相应设置。为了使用方便，可以将经常使用的共享文件夹映射为驱动器，方法如下：

（1）右键单击"我的电脑"图标，选择"映射网络驱动器"，打开图 7-54 所示对话框。

（2）在"驱动器"下拉列表框中，选择一个本机没有的盘符作为共享文件夹的映射驱动器符号。输入要共享的文件夹名及路径；或

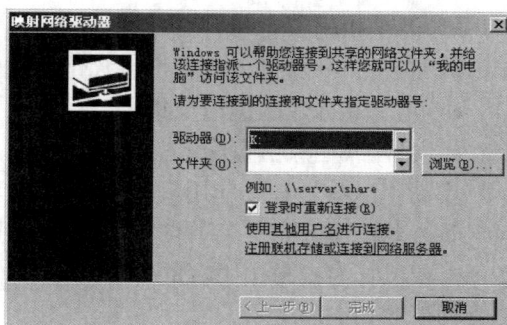

图 7-54　"映射网络驱动器"对话框

者单击"浏览"按钮打开如图 7-55 所示的"浏览文件夹"对话框，选择要映射的文件夹。

（3）如果需要下次登录时自动建立同共享文件夹的连接，选择"登录时重新连接"复选框。

（4）单击"完成"按钮，即可完成对共享文件夹到本机的映射。打开"我的电脑"，会发现本机多了一个驱动器符，通过该驱动器符可以访问该共享文件夹，如同访问本机的物理磁盘一样。如图 7-56 所示，"H"驱动器实际上是网络上 User12 计算机的一个共享文件夹到本机的一个映射。

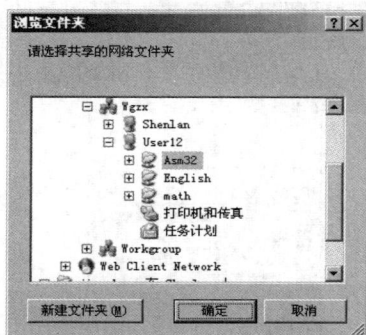

图 7-55　浏览选择要共享的文件夹图

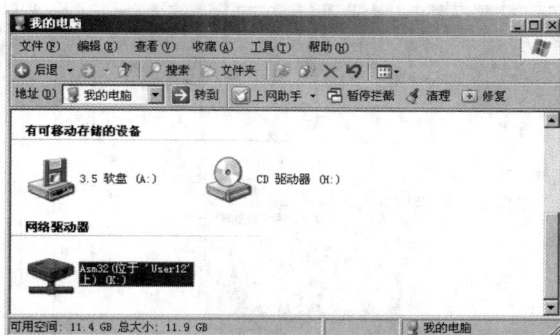

图 7-56　通过映射的驱动器访问共享文件夹

7.3.5　磁盘空间管理

1. "磁盘管理"控制台

Windows Server 2008 的"磁盘管理"控制台主要具有以下功能：

- 创建和删除磁盘分区。
- 创建和删除扩展分区中的逻辑驱动器。
- 读取磁盘状态信息，如分区大小。
- 读取 Server 2008 卷的状态信息，如驱动器名的指定、卷标、文件类型、大小及可用空间。
- 指定或更改磁盘驱动器及 CD-ROM 设备的驱动器名和路径。
- 创建和删除卷和卷集。
- 创建和删除包含或者不包含奇偶校验的带区集。
- 建立或拆除磁盘镜像集。
- 保存或还原磁盘配置。

启动"磁盘管理"应用程序步骤如下：

（1）单击"开始"菜单按钮，然后执行"所有程序"→"管理工具"→"计算机管理"命令，或鼠标右键单击"我的电脑"，在弹出的快捷菜单中选择"管理"命令，打开"计算机管理"窗口。

（2）在"计算机管理"窗口中，选择左侧列表框中的"存储"→"磁盘管理"子选项，即可启动"磁盘管理"程序，如图 7-57 所示。

此时窗口右半部有"顶端""底端"两个窗格，以不同形式显示磁盘信息。右侧"底端"窗口中以图形方式显示了当前计算机系统安装了 3 个物理磁盘，各个磁盘的物理大小，以及当前分区的结果与状态；"顶端"以列表的方式显示了磁盘的属性、状态、类型、容量、空闲等详细信息。

- 按如图 7-58 所示执行"查看"→"顶端""底端"命令，可选择显示磁盘的方式。包括磁盘列表、卷列表、图形视图等。

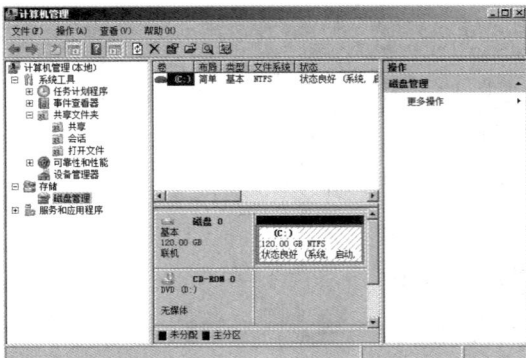

图 7-57　计算机管理控制台　　　　图 7-58　设置查看属性

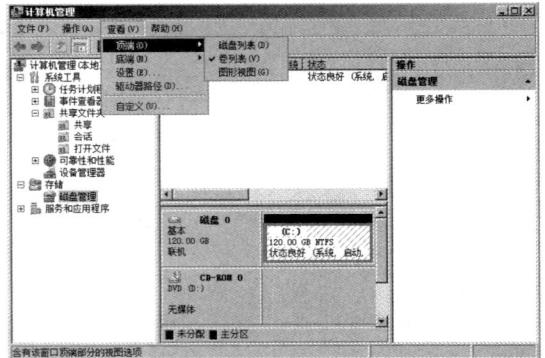

- 执行"查看"→"设置"命令，打开如图 7-59 所示的视图"设置"对话框。其中"外观"选项卡可以设置显示的颜色；在如图 7-60 所示"比例"选项卡中可以设置显示的比例。

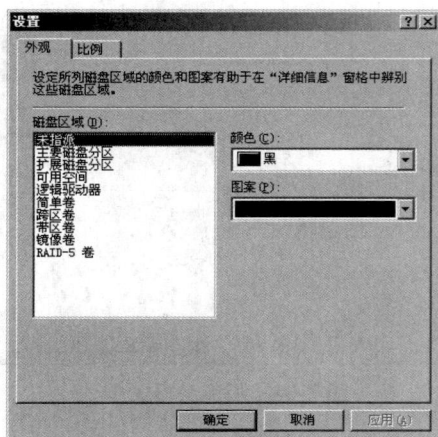

图 7-59　视图外观属性设置对话框

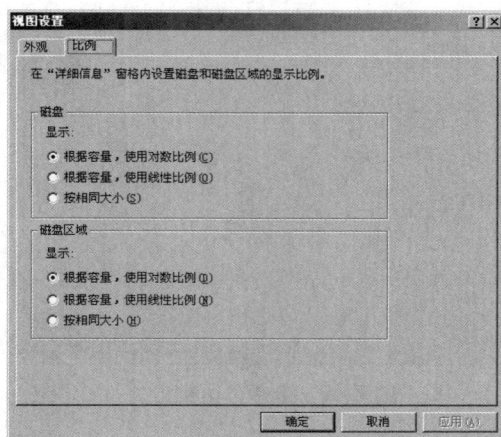

图 7-60　"比例"选项卡

2. 创建主磁盘分区

一台基本磁盘最多可以有 4 个主磁盘分区。创建主磁盘分区的操作步骤如下:

(1) 启动"磁盘管理"程序。

(2) 选取一块未指派的磁盘空间,如图 7-61 所示,这里选择"磁盘 2"。

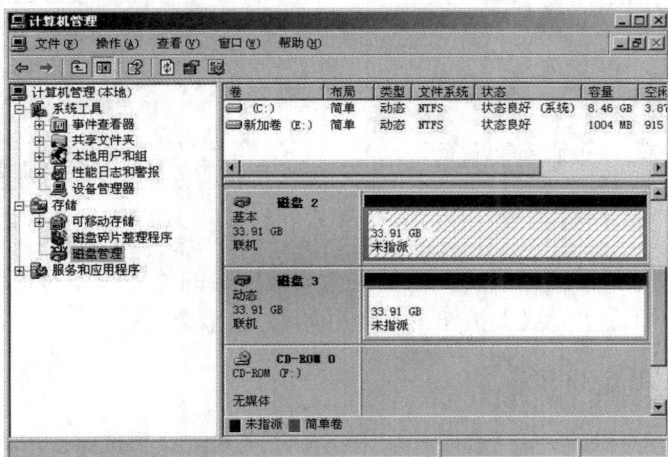

图 7-61　选择未指派的空间

(3) 用鼠标右键单击该空间,在弹出的快捷菜单中选择"新建磁盘分区"命令,在出现"欢迎使用新建磁盘分区向导"对话框时,单击"下一步"按钮。

(4) 在如图 7-62 所示的"选择分区类型"对话框中,选择"主磁盘分区",单击"下一步"按钮。

(5) 在如图 7-63 所示的"指定分区大小"对话框中,输入该主磁盘分区的容量,如指定该分区的容量为 600 MB。完成后,单击"下一步"按钮。

(6) 在如图 7-64 所示的"指派驱动器号和路径"对话框中,选择"指派以下驱动器号"单选按钮,单击"下一步"按钮。

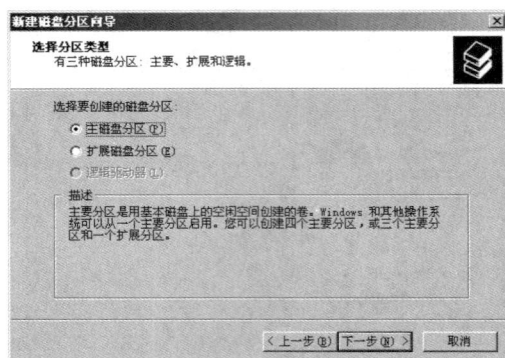

图 7-62　选择分区类型

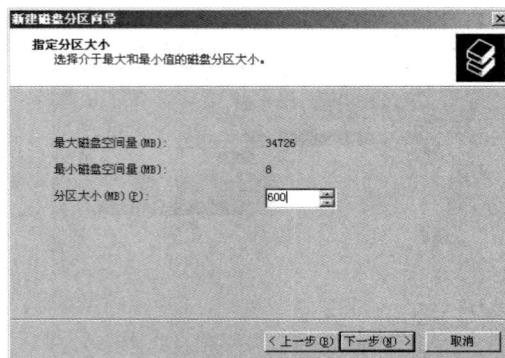

图 7-63　指定分区大小

（7）在如图 7-65 所示的"格式化分区"对话框中，可以选择是否格式化该分区，若选择格式化该分区，则要做相应设置。

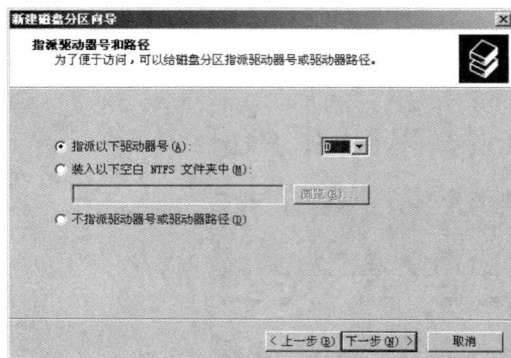

图 7-64　指派驱动器号

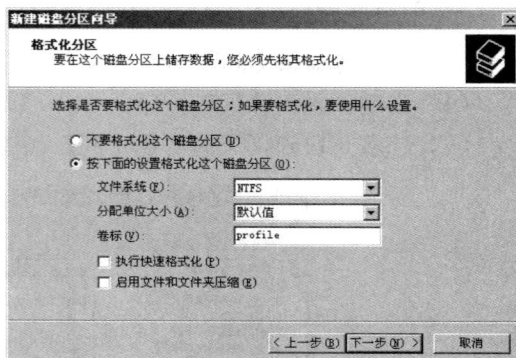

图 7-65　格式化分区

（8）上述所有内容设置完成后，系统进入安装向导的"完成"对话框，并列出用户所设置的所有参数。单击"完成"按钮，系统开始格式化该分区。

3. 创建扩展磁盘分区

（1）在磁盘管理控制台中，选取一块未指派的空间，这里选择图 7-61 中"磁盘 2"上的未指派空间。鼠标右键单击该空间，在弹出的快捷菜单中选择"新建磁盘分区"命令，打开"新建磁盘分区向导"。

（2）单击"下一步"按钮，打开如图 7-62 所示的对话框，选择"扩展磁盘分区"。

（3）单击"下一步"按钮，在如图 7-63 所示的对话框中，输入该扩展磁盘分区的容量，例如指定该分区的容量为 500 MB。

（4）单击"下一步"按钮，在"正在完成创建磁盘分区向导"对话框中列出上述设置信息；确认无误后，单击"完成"按钮。

如图 7-66 所示，已完成上述对"磁盘 2"创建 600MB 主分区、500MB 扩展分区后的磁盘分区图示。

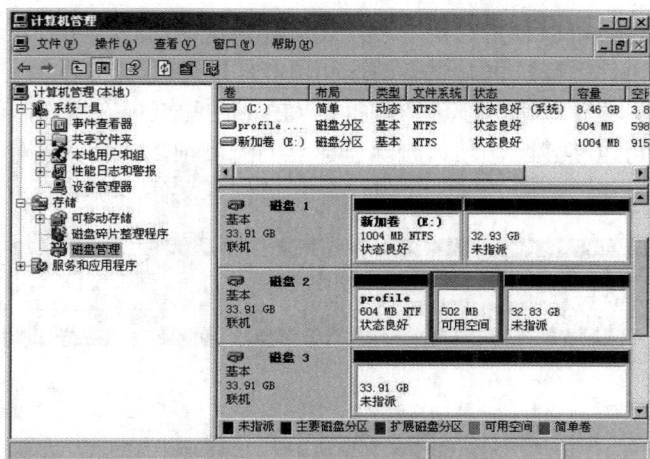

图 7-66　创建主磁盘分区、扩展磁盘分区

4. 磁盘配额

当启动磁盘配额时，可以设置两个值，如图 7-67 所示。

- 磁盘配额限制：配额限制指定了用户可以使用的磁盘空间数量。
- 警戒等级：指定了用户接近配额限制的点。

磁盘配额的配置可以参照如下步骤：

（1）双击打开"我的电脑"窗口，鼠标右键单击某驱动器图标（驱动器的使用的文件系统应为 NTFS），在打开的快捷菜单中选择"属性"命令，打开"本地磁盘属性"对话框。打开"配额"选项卡，选择"启用配额管理"复选框，激活"配额"选项卡中的所有配额设置选项，如图 7-67 所示。

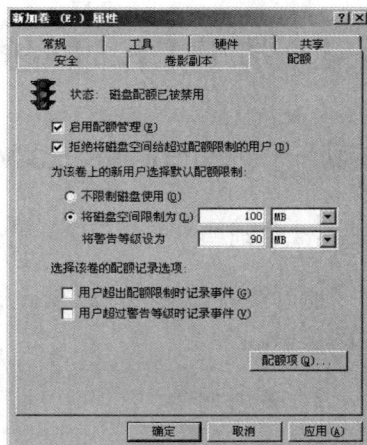

图 7-67　磁盘配额属性

（2）如果禁止网络中的某个用户过量占用服务器的磁盘空间和资源，管理员可选定"拒绝将磁盘空间给超过配额限制的用户"复选框。

（3）如果管理员对用户使用服务器磁盘空间不想限制，可选择"不限制磁盘使用"单选按钮，以使所有用户随意使用服务器的磁盘空间。

（4）通常管理员需要限制用户使用服务器的磁盘空间数量，以便保证所有网络用户都可顺利地访问服务器及使用网络资源。这时，管理员可选择"将磁盘空间限制为"单选按钮，同时在后面的下拉列表框中选择需要的磁盘容量单位，默认情况下系统设定容量单位为"KB"，然后即可在容量大小文本框中输入合适的数值，以便将用户使用服务器的磁盘空间限制在该数值内。

（5）如果在"将警告等级设置为"文本框中输入合适的磁盘容量数值，并在后面的下拉列表框中选择一种磁盘容量单位。当用户使用磁盘超过了该设定的磁盘配额限制时，系统将自动给出警告。

（6）另外，管理员可以分别选定"用户超出配额限制时记录事件"复选框和"用户超过警告等级时记录事件"复选框，以启用这两项配额事件记录选项。

（7）单击"配额项"按钮，打开"新加卷（E:）的配额项"窗口，如图7-68所示。通过该窗口，管理员可以新建配额项、删除已建立的配额项，或者将已建立的配额项信息导出并存储为文件，以后需要时管理员可直接导入该信息文件，获得配额项信息。

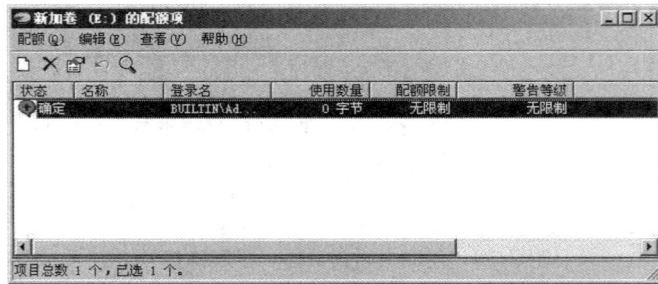

图 7-68　配额项窗口

7.4　基于工作过程的实训任务

实训一　Windows Server 2008 的安装

1. 实训目的

通过实训对 Windows Server 2008 系统有一个更全面的了解，对系统的功能有一个更深刻的认识。

2. 实训内容

（1）查看当前计算机的硬件情况。

有两种方法：一是在启动计算机时通过系统自检的屏幕显示查看；二是鼠标右键单击"我的电脑"，选择"属性"，打开"系统属性"的"常规"选项卡，即可看到当前计算机的基本配置情况。

（2）安装 Windows Server 2008。在局域网内找一台计算机全新安装 Windows Server 2008 标准版。

3. 实训方法

按照以下的要求来进行网络操作系统的安装：

（1）Windows Server 2008 分区的大小为 10GB。

（2）文件系统格式为 NTFS。

（3）授权模式为每个服务器可建立 15 个连接。

（4）计算机名为 n-win2008，管理员密码为 nadmin。

4. 实训总结

（1）通过 Windows Server 2008 的安装，要求掌握系统安装的全过程，为后面的系统配置和使用提供基础。

（2）写出实训报告。

实训二　用户、组的创建与管理

1. 实训目的

通过本次实训，掌握如何创建域用户账户、域组及其管理方法。

2. 实训内容

（1）创建域组和域账户。

（2）为用户添加到组。

（3）对域用户进行设置。

3. 实训方法

（1）在域控制器上建立域组为 netkaoshi，域账户为 user1、user2。

（2）将 user1、user2 添加到 netkaoshi 组中。

（3）为 user1 重新设置密码，为 user2 设置登录时间段是星期三到星期五 8:00－15:00。

4. 实训总结

（1）进一步掌握域用户账户和域组的概念及关系，学会创建并设置组和用户。

（2）写出实训报告。

实训三　文件夹的共享设置

1. 实训目的

通过本次实训，掌握如何在局域网中实现文件夹的共享设置。

2. 实训内容

（1）创建共享文件夹并设置其权限。

（2）为文件夹映射驱动器。

3. 实训方法

（1）在本地磁盘某驱动器（应为 NTFS 格式）中新建一文件夹，命名为 abc，将其设为共享文件夹，并将其设为 guest 用户可以完全控制。

（2）在邻近的某台计算机上（假设其计算机名为 stu1），将该文件夹映射为该计算机的 h 驱动器。

（3）通过网络访问该共享文件夹。

4. 实训总结

（1）进一步掌握共享文件夹的创建和设置方法，并将结果进行详细的记录。

（2）分组讨论为共享文件夹设置各种权限的作用。

（3）写出实训报告。

7.5 本章小结

1. 网络操作系统的定义

网络操作系统（NOS）是网络的心脏和灵魂，是向网络计算机提供服务的特殊操作系统，它在计算机操作系统下工作，使计算机操作系统增加了网络操作所需要的能力。

2. 网络操作系统的分类

在市场上得到广泛应用的网络操作系统有 UNIX、Linux、NetWare、Windows NT/2000、Windows Server 2003 和 Windows Server 2008 等。

3. 网络操作系统的服务功能

共享资源管理、网络通信、网络服务、网络管理和互操作能力。

4. Windows Server 2008 网络管理

内容：配置管理、性能管理、故障管理、安全管理和记账管理。
方式：网络性能监视器、事件查看器、任务管理器、网络监视器和命令行管理。

5. Windows Server 2008 域成员

一个典型的域包括 3 类成员：域控制器、成员服务器和工作站。

6. 活动目录

实际上，它是一种用于组织、管理和定位网络资源的企业级工具。AD 中存储了网络对象大量的相关信息，网络用户和应用程序可根据不同的授权使用在 AD 中发布的有关用户、计算机、文件和打印机等信息。

7. 用户账户和计算机账户

用户账户用于验证用户身份，指派用户的访问权限。用户必须使用用户账户登录到特定的计算机和域。Windows Server 2008 提供了两个内置域用户账户：Administrator 和 Guest。

计算机账户提供了一种验证和审核计算机访问网络及域资源的方法，连接到网络上的每一台计算机都应有自己的唯一计算机账户。

8. 组

组是指本地计算机或 Active Directory 中的对象，包括用户、联系人、计算机和其他组。在 Windows Server 2008 中，通过组来管理用户和计算机对共享资源的访问。如果赋予某个组访问某个资源的权限，这个组的用户都会自动拥有该权限。根据 Windows Server 2008 服务器的工作组模式和域模式，组分为本地组和域组。

9. 局域网资源共享

通过共享文件夹可以使用户方便地进行资源交换，但还必须考虑设置对应文件夹的访问权限。

10. 磁盘管理

通过磁盘管理，可以创建主磁盘分区和创建扩展磁盘分区，还可以进行磁盘配额。

本章习题

1. 选择题

（1）通过哪种方法安装活动目录（　　　）。

    A."管理工具" → "配置服务器"

    B."管理工具" → "计算机管理"

    C."管理工具" → "Internet 服务管理器"

    D. 以上都不是

（2）下面关于域的叙述中正确的是（　　　）。

    A. 域就是由一群服务器计算机与工作站计算机所组成的局域网系统

    B. 域中的工作组名称必须都相同，才可以连上服务器

    C. 域中的成员服务器是可以合并在一台服务器计算机中的

    D. 以上都对

（3）用户账号中包含有（　　　）。

    A. 用户的名称　　　　　　　　　　　　B. 用户的密码

    C. 用户所属的组　　　　　　　　　　　D. 用户的权利和权限

（4）下列说法中正确的是（　　　）。

    A. 网络中每台计算机的计算机账户唯一

    B. 网络中每台计算机的计算机账户不唯一

    C. 每个用户只能使用同一用户账户登录网络

    D. 每个用户可以使用不同用户账户登录网络

（5）Windows 2008 的域用户账户可分为内置账户和自定义账户，下列属于内置账户的是（　　）。

  A. User   B. Anonymous   C. Administrator   D. Guest

（6）在设置域账户属性时，（　　）项目不能被设置。

  A. 账户登录时间   B. 账户个人信息

  C. 账户权限   D. 指定账户登录域的计算机

（7）磁盘碎片整理可以（　　）。

  A. 合并磁盘空间   B. 减少新文件产生碎片的可能

  C. 清理回收站的文件   D. 检查磁盘坏扇区

2. 填空题

（1）拥有＿＿＿＿＿＿＿＿是计算机接入网络的基础，拥有＿＿＿＿＿＿＿＿是用户登录到网络并使用网络资源的基础。

（2）如果某个用户的账户暂时不使用，可将其＿＿＿＿＿＿＿＿，某一个用户账户不再被使用，或者作为管理员的用户不再希望某个用户账户存在于安全域中，可将该用户账户＿＿＿＿＿＿＿＿，作为管理员经常需要将用户和计算机账户＿＿＿＿＿＿＿＿到新的组织单元或容器中。

3. 简答题

（1）简述什么是网络操作系统。

（2）在活动目录中如何创建共享文件夹？

（3）磁盘管理在 Windows Server 2008 中有哪些新特性？

第 8 章　Windows Server 2008 网络服务

![本章要点图标] **本章要点**

- 理解 DHCP 服务的过程并掌握 DHCP 的安装与配置方法
- 理解 DNS 服务的工作原理并掌握 DNS 的安装与配置方法
- 掌握 Web 服务的创建、配置与管理方法
- 掌握 FTP 服务的创建、配置与管理方法
- 掌握多媒体视频点播服务的创建、配置与管理方法

Windows Server 2008 作为计算机网络操作系统，可以通过安装服务、协议与工具并正确地设置它们来把该计算机配置成诸如 DHCP 服务器、DNS 服务器、Web 服务器、FTP 服务器等各种服务器，以便为网络中的客户端提供某项服务。本章将介绍有关 Windows Server 2008 网络服务的配置。

8.1　DHCP 服务

在使用 TCP/IP 协议的网络中，每台计算机都必须拥有唯一的 IP 地址，以便通过该 IP 地址与网络中的其他计算机通信。在简单网络中，可以通过手动方法为计算机设置静态 IP 地址；但是如果网络中需要分配 IP 地址的计算机很多，网络中需要增删网络节点或者需要重新配置网络，那么采用静态 IP 地址的分配方法无疑将增加网络管理员的负担。有效的解决方案是使用 DHCP 服务器为局域网中的计算机动态地分配 IP 地址。

8.1.1　DHCP 简介

DHCP 是 Dynamic Host Configuration Protocol 的缩写，它是在 TCP/IP 通信协议当中用来暂时指定某一台机器 IP 地址的通信协议。

使用 DHCP 时，网络中至少有一台 DHCP 服务器，而其他计算机作为 DHCP 客户端。通过使用 DHCP 服务器可以管理动态的 IP 地址分配及其他相关的环境配置工作。当 DHCP 客户端程序发出一个广播信息，请求一个动态的 IP 地址时，DHCP 服务器会根据目前已经配置的地址，提供一个可使用的 IP 地址和子网掩码给客户端。DHCP 服务示意图如图 8-1 所示。

使用 DHCP 服务可以有效避免因手工设置 IP 地址及子网掩码所产生的错误，同时避免把一个 IP 地址分配给多台客户端所造成的地址冲突，从而降低了管理 IP 地址的工作量。

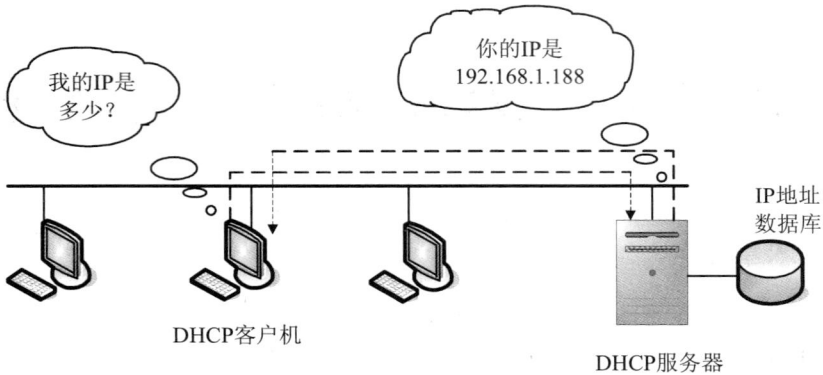

图 8-1 DHCP 服务示意图

使用 DHCP 服务大大缩短了配置网络中计算机所花费的时间，通过对 DHCP 服务器的设置可以灵活地设置地址的租期。同时，DHCP 地址租约的更新过程将有助于确定哪台客户端的 IP 地址需要经常更新（例如计算机从一个子网移动到另一个子网），且这些变更由客户端与 DHCP 服务器自动完成，无须管理员干涉，从而减轻了网络管理员的负担。

8.1.2 DHCP 的工作过程

DHCP 的工作过程即客户端与 DHCP 服务器进行通信并获得配置信息的过程。这个过程可分为初始化租约和更新租约两种情况。

1. 初始化租约

当客户端第一次启动时，需要一系列步骤以获得 TCP/IP 配置信息，并获得 IP 地址的租约。

（1）发现阶段

发现阶段即 DHCP 客户端寻找 DHCP 服务器的阶段。DHCP 客户端以广播方式发送 DHCP 发现（DHCP discover）信息到网络上，以便查找一台能够提供 IP 地址的 DHCP 服务器。

（2）提供阶段

提供阶段即 DHCP 服务器提供 IP 地址的阶段。当网络上的 DHCP 服务器收到 DHCP 客户端的 DHCP 发现信息后，它从尚未分配的 IP 地址中挑选一个，然后通过广播的方式提供给 DHCP 客户端。如果网络上有多台 DHCP 服务器都收到 DHCP 客户端的 DHCP 发现信息，并且也都响应给 DHCP 客户端，则 DHCP 客户端将从中挑选第一个收到的 DHCP 提供（DHCP offer）信息。

（3）应答阶段

应答阶段即 DHCP 客户端选择某台 DHCP 服务器提供的 IP 地址后并作出响应的阶段。当 DHCP 客户端挑选好第一个收到的 DHCP 提供（DHCP offer）信息后，它就通过广播的方式，发送一个 DHCP 应答（DHCP request）信息给 DHCP 服务器。采用广播方式，是因为它不但要通知所选的 DHCP 服务器，还必须通知其他没有被选上的 DHCP 服务器，以便这些 DHCP 服务器能够将为其预留的 IP 地址释放。

（4）确认阶段

确认阶段即 DHCP 服务器确认所提供的 IP 地址阶段。当 DHCP 服务器收到 DHCP 客户端的 DHCP 应答信息后，就会通过广播方式将 DHCP 确认（DHCP positive）信息发送给 DHCP 客户端。该信息内包含 DHCP 客户端所需的 TCP/IP 设置数据，如 IP 地址、子网掩码、默认网关、DNS 服务器等。

DHCP 客户端在收到 DHCP 确认（DHCP positive）信息后，就完成了索取 IP 地址的过程，也就可以开始利用这个 IP 地址与网络上的其他计算机进行通信。

2. 更新租约

当客户端重新启动或租期达到 50% 时，需要更新租约。更新租约的过程如下：

① 客户端直接向提供租约的服务器发送请求，要求更新及延长现有地址的租约。

② DHCP 服务器收到请求后，发送 DHCP 确认信息给客户端，更新客户端的租约。

③ 如果客户端无法与提供租约的服务器取得联系，则客户端一直等到租期达到 87.5% 时，进入到一种重新申请的状态，即它向网络上所有的 DHCP 服务器广播发现信息以更新现有的地址租约。如果有服务器响应客户端的请求，那么客户端可以使用该服务器提供的地址信息更新现有租约。

④ 如果租约过期或无法与其他服务器通信，则客户端将无法使用现有的地址租约。只好返回到初始状态，重新获取 IP 地址租约。

8.1.3　DHCP 服务器的安装与配置

DHCP 服务器本身的 IP 地址必须是固定的，其 IP 地址、子网掩码、默认网关等必须手动设置。

1. 安装 DHCP 服务器

安装 DHCP 服务器的具体操作步骤如下。

步骤 1：在 Windows Server 2008 服务器中，以 Administrator 账户登录。单击"开始"菜单按钮，选择"管理工具"→"服务器管理器"命令，打开"服务器管理器"窗口。

步骤 2：单击"服务器管理器"窗口左侧面板中的角色，然后单击右侧面板中的"添加角色"选项，如图 8-2 所示。

步骤 3：打开如图 8-3 所示的"添加角色向导"对话框。

步骤 4：单击"下一步"按钮，在服务器"角色"列表框中选择"DHCP 服务器"，如图 8-4 所示。

步骤 5：单击"下一步"按钮，进入如图 8-5 所示的"DHCP 服务器简介"对话框。

步骤 6：单击"下一步"按钮后，打开如图 8-6 所示的"指定 IPv4 DNS 服务器设置"对话框。接下来需要输入域名和 DNS 服务器的 IP 地址，通过将 DHCP 与 DNS 集成，当

DHCP 更新 IP 地址信息的时候，相应的 DNS 更新会将计算机的名称到 IP 地址的关联进行同步。

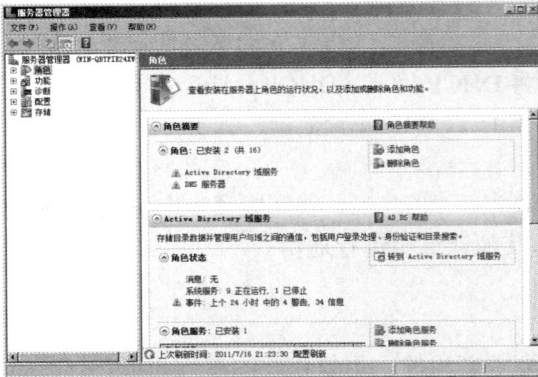

图 8-2 "服务器管理器"窗口

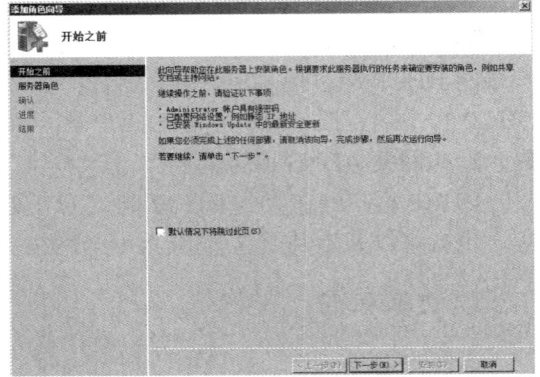

图 8-3 "添加角色向导"对话框

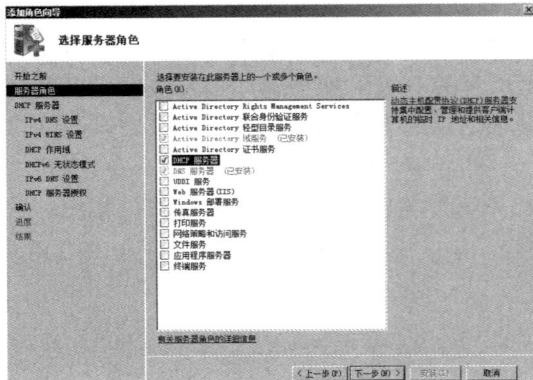

图 8-4 "DHCP 服务器"对话框

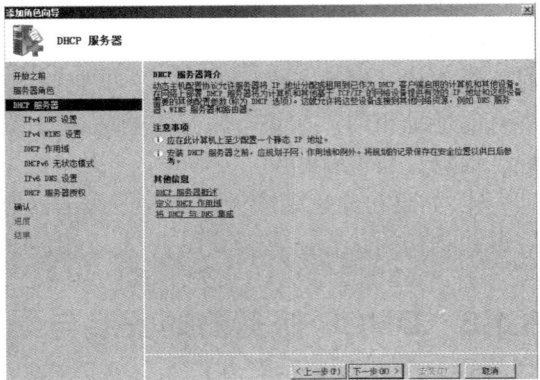

图 8-5 "DHCP 服务器简介"对话框

步骤 7：单击"下一步"按钮，接下来指定 IPv4 WINS 服务器设置，如图 8-7 所示，这里选择第一项。

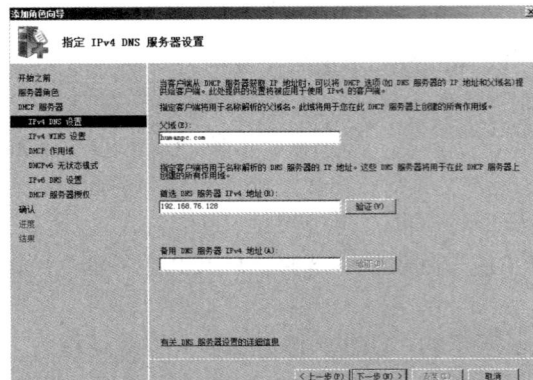

图 8-6 "指定 IPv4 DNS 服务器设置"对话框

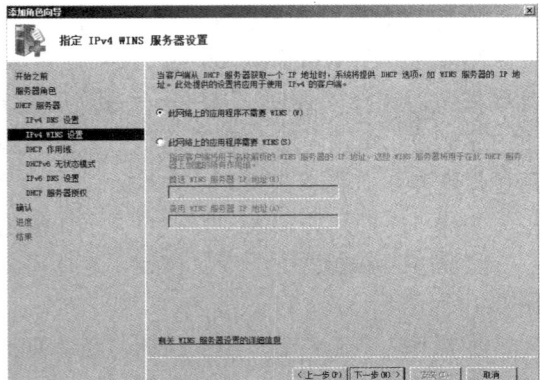

图 8-7 指定 IPv4 WINS 服务器设置

步骤 8：单击"下一步"按钮，接下来添加或编辑 DHCP 作用域，作用域是为了便于对子网上使用 DHCP 服务的计算机 IP 地址进行分组，如图 8-8 所示。

步骤 9：单击"下一步"按钮，在 Windows Server 2008 中默认增加了对下一代 IP 地址规范 IPv6 的支持，不过就目前的网络现状来说很少用到 IPv6，因此可以选择对此服务器禁用 DHCPv6 无状态模式，如图 8-9 所示。

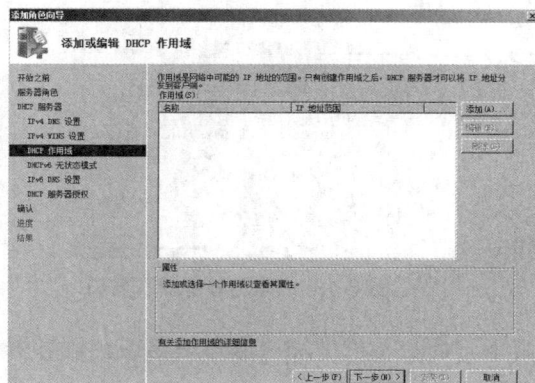

图 8-8　添加或编辑 DHCP 作用域　　　　　图 8-9　配置 DHCPv6 无状态模式

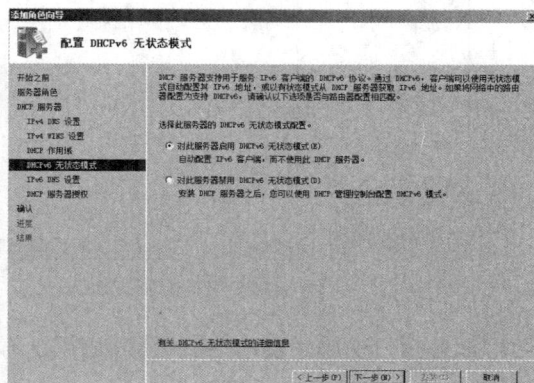

步骤 10：单击"下一步"按钮，接下来授权 DHCP 服务器，因为笔者是以 Administrator 登录，因此设置如图 8-10 所示。

步骤 11：单击"下一步"按钮，确认安装选择后，单击"安装"按钮开始安装，如图 8-11 所示。

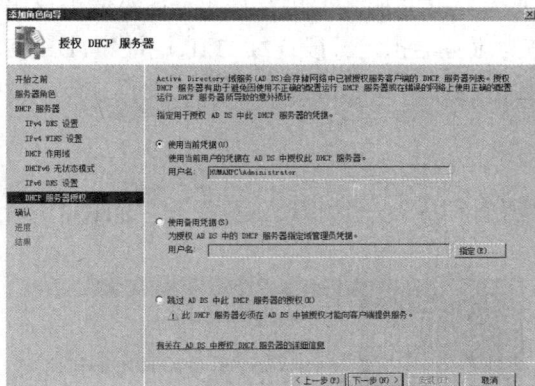

图 8-10　授权 DHCP 服务器　　　　　图 8-11　单击"安装"按钮开始安装

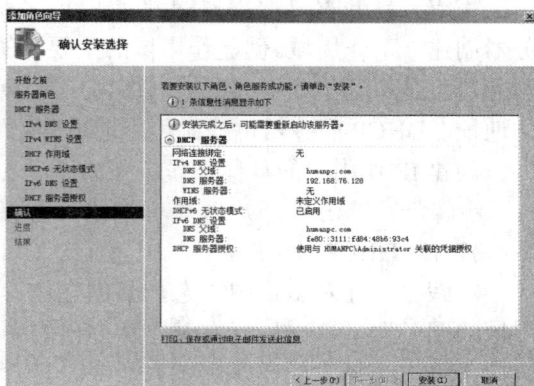

2. 授权 DHCP 服务器

在 DHCP 服务器安装完成后，并不能向 DHCP 客户端提供服务，还必须经过"授权"。被授权的 DHCP 服务器的 IP 地址将记录在 Windows Server 2008 的活动目录中。

执行授权的具体操作步骤如下。

步骤 1：单击"开始"菜单按钮，选择"所有程序"→"管理工具"→"DHCP"命令，打开如图 8-12 所示的"DHCP"窗口。

步骤 2：在左窗格中，选中 DHCP 图标，单击鼠标右键，从弹出的快捷菜单中选择"添加服务器"命令，打开如图 8-13 所示的"添加服务器"窗口。

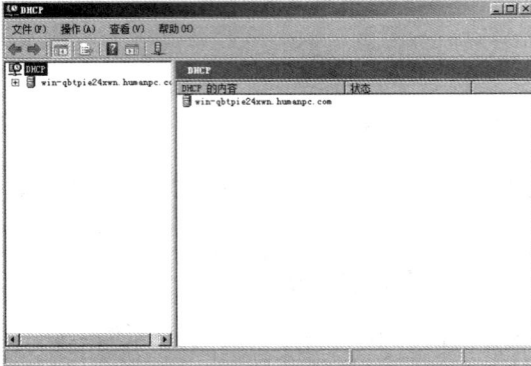

图 8-12 "DHCP"窗口　　　　　　　　图 8-13 "添加服务器"窗口

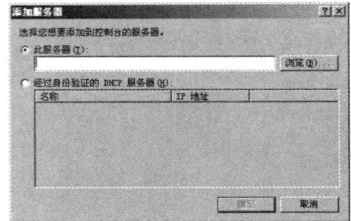

步骤 3：选中"此服务器"单选按钮，在其下方的文本框中输入服务器名或该服务器的 IP 地址，然后单击"确定"按钮，返回到"DHCP"窗口。

步骤 4：在左窗格中，选中新添加的服务器，单击鼠标右键，从弹出的快捷菜单中选择"授权"命令，稍等片刻，当服务器图标中向下的红箭头变为向上的绿箭头时，则表示授权成功。

3. 创建 IP 作用域

完成一台 DHCP 服务器的创建工作，除了要为 DHCP 服务器进行授权，还需要为该服务器创建一个作用域。创建作用域的主要目的是为服务器指定一段连续的 IP 地址集，DHCP 服务器正是将这些地址分配给网络客户端作为它们的动态 IP 地址的。因此，没有预先保留的地址，DHCP 服务器也就无可用地址分配了。

创建 IP 作用域的具体操作步骤如下。

步骤 1：单击"开始"菜单按钮，选择"所有程序"→"管理工具"→"DHCP"命令，打开"DHCP"窗口。

步骤 2：在左窗格中，选择要创建作用域的服务器，单击鼠标右键，从弹出的快捷菜单中选择"新建作用域"命令，打开如图 8-14 所示的"新建作用域向导"对话框。

步骤 3：单击"下一步"按钮，出现如图 8-15 所示的"作用域名"对话框。

步骤 4：在"名称"文本框中输入新建作用域的域名，然后单击"下一步"按钮，出现如图 8-16 所示的"IP 地址范围"对话框。

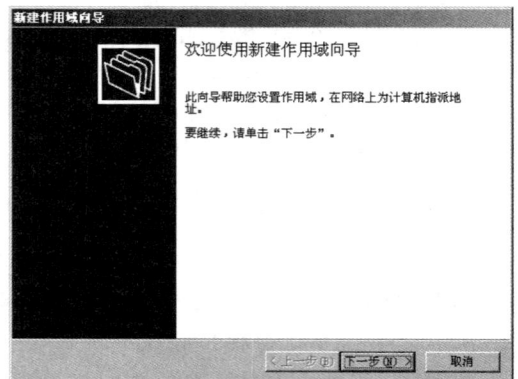

图 8-14 "新建作用域向导"对话框

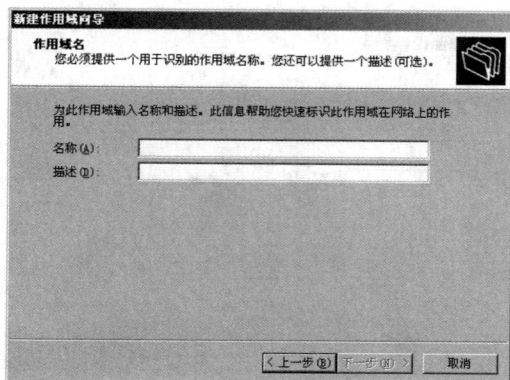

图 8-15　"作用域名"对话框

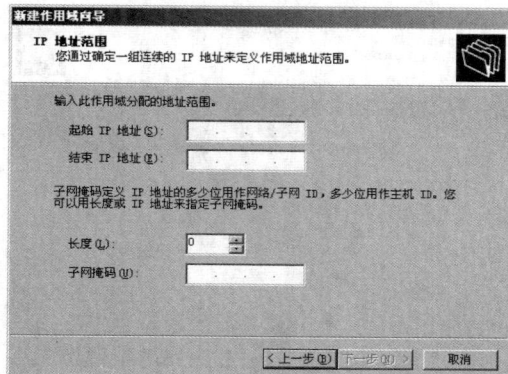

图 8-16　"IP 地址范围"对话框

步骤 5：输入作用域将分配的地址范围及子网掩码，然后单击"下一步"按钮，出现如图 8-17 所示的"添加排除"对话框。

步骤 6：在对话框中输入需要排除的地址范围，单击"添加"按钮，再单击"下一步"按钮，出现如图 8-18 所示的"租约期限"对话框。

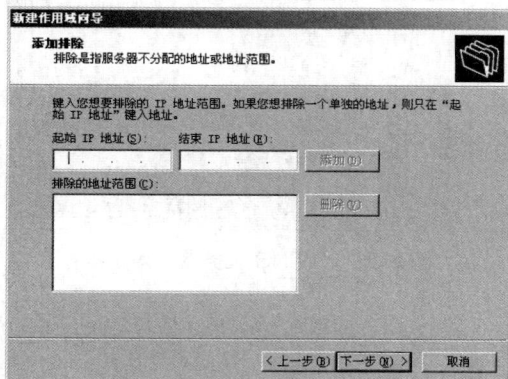

图 8-17　"添加排除"对话框

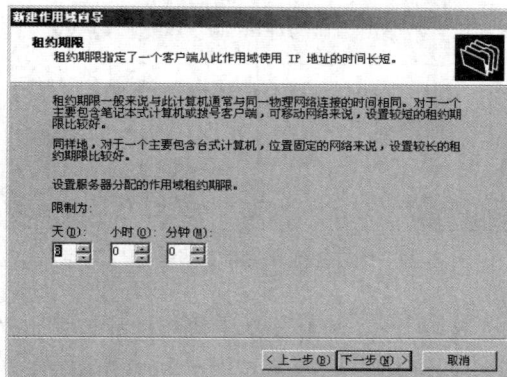

图 8-18　"租约期限"对话框

步骤 7：根据实际需求为租约设置期限，默认为 8 天，设置完成后，单击"下一步"按钮，出现如图 8-19 所示的"配置 DHCP 选项"对话框。

步骤 8：单击"是，我想现在配置这些选项"单选按钮，以便为这个 IP 作用域设置 DHCP 选项，如 DNS 服务器、默认网关等。单击"下一步"按钮，出现如图 8-20 所示的"路由器（默认网关）"对话框。

步骤 9：根据网络情况输入网关的 IP 地址，单击"添加"按钮，再单击"下一步"按钮，出现如图 8-21 所示的"域名称和 DNS 服务器"对话框。

步骤 10：根据实际情况输入域名、DNS 服务器名称和 IP 地址，单击"添加"按钮，再单击"下一步"按钮，出现如图 8-22 所示的"WINS 服务器"对话框。

步骤 11：如果目前网络上还没有 WINS 服务器，则单击"下一步"按钮，出现如图 8-23 所示的"激活作用域"对话框。

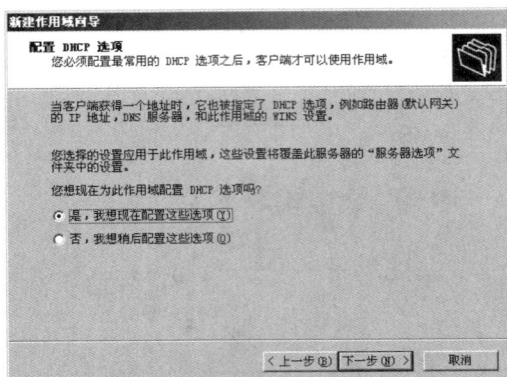

图 8-19　"配置 DHCP 选项"对话框

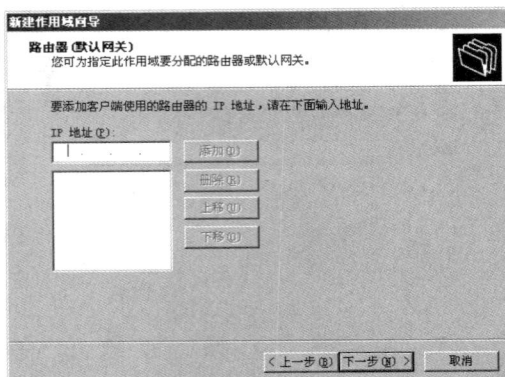

图 8-20　"路由器（默认网关）"对话框

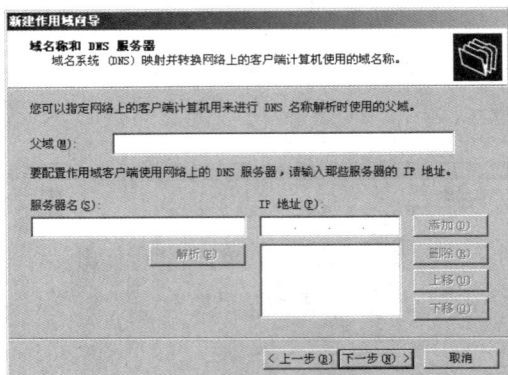

图 8-21　"域名称和 DNS 服务器"对话框

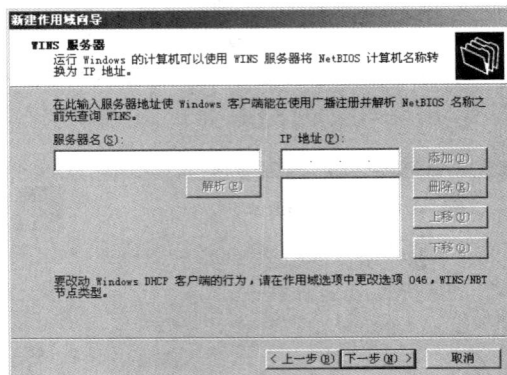

图 8-22　"WINS 服务器"对话框

步骤 12：单击"是，我想现在激活此作用域"单选按钮，开始激活新的作用域，出现如图 8-24 所示的"正在完成新建作用域向导"对话框。

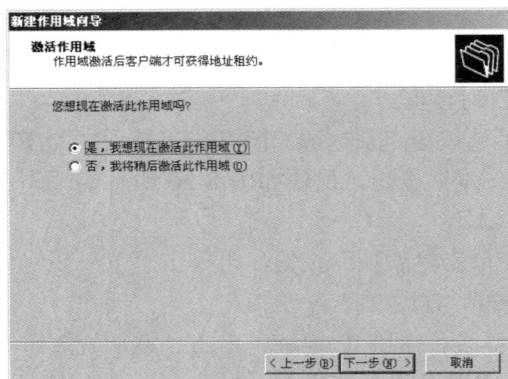

图 8-23　"激活作用域"对话框

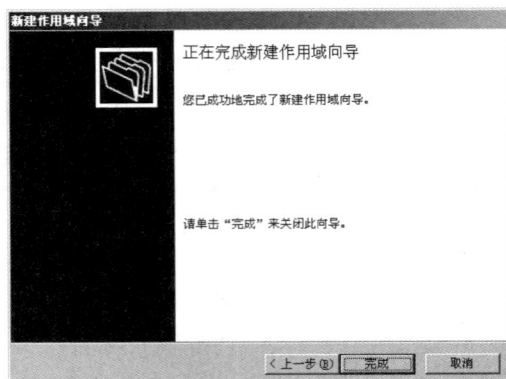

图 8-24　"正在完成新建作用域向导"对话框

步骤 13：单击"完成"按钮，新添加的作用域与将出现在"DHCP"窗口中。

> 说明　IP 作用域创建完成后，将在 "DHCP" 窗口的作用域下多出 4 个选项。
> ① "地址池"：用于查看、管理现在的有效地址范围和排除范围。
> ② "地址租约"：用于查看、管理当前的地址租约情况。
> ③ "保留"：用于添加、删除特定保留的 IP 地址。
> ④ "作用域选项"：用于查看、管理当前作用域的选项类型及其设置值。

设置完毕，当 DHCP 客户端启动时便可以从 DHCP 服务器获得 IP 地址租约及选项设置。

4. 保留特定 IP 地址

有些用户希望保留特定的 IP 地址给指定的客户端，以便客户端在每次启动时都获得相同的 IP 地址。

保留特定 IP 地址的具体操作步骤如下。

步骤 1：单击 "开始" 菜单按钮，选择 "所有程序" → "管理工具" → "DHCP" 命令，打开 "DHCP" 窗口。

步骤 2：在左窗格中，展开要设置的作用域，选中 "保留"，单击鼠标右键，从弹出的快捷菜单中选择 "新建保留" 命令，打开如图 8-25 所示的 "新建保留" 对话框。

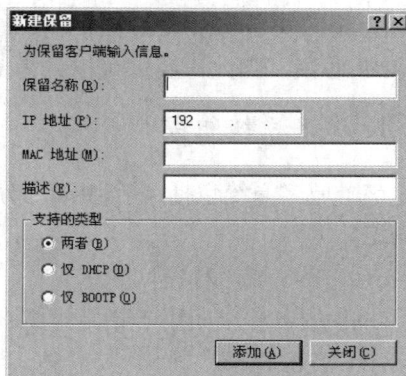

图 8-25 "新建保留" 对话框

> 说明　"保留名称"：用于输入标识 DHCP 客户端的名称。此名称只是一般的说明文字，无实际意义，并不是用户账户的名称，但是此处不能为空白。
> "IP 地址"：用于输入要保留给客户端的 IP 地址。
> "MAC 地址"：用于输入客户端的网卡的硬件地址。
> "描述"：用于输入一些描述此客户端的说明性文字。
> "支持的类型"：用于设置支持的类型。

步骤 3：根据实际需要输入保留客户端的信息，然后单击 "添加" 按钮，完成设置。

步骤 4：如果需要添加其他保留 IP 地址，重复以上步骤。设置完成后，单击 "关闭" 按钮即可。

8.2　DNS 服务

在计算机网络中，主机标识符分为名字、地址和路径 3 类。其中，地址分为 IP 地址和物理地址。与网络中的某个主机通信时，无论是使用长达 32 位的二进制主机地址还是是以 "." 分隔的十进制 IP 地址都不容易记忆，我们更希望使用直观的主机标识符。为此，TCP/IP 协议提供了域名服务 DNS。

8.2.1 DNS 概述

DNS 是 Domain Name Service 的缩写，它是 Internet/Intranet 中用于提供域名登记和域名到 IP 地址转换的一组协议和服务。

DNS 采用客户/服务器机制实现域名与 IP 地址的转换。在 DNS 服务器中建立 DNS 数据库，记录主机名称与 IP 地址的对应关系，以便为客户端提供 IP 地址解析服务。当某台主机要与其他主机通信时，就可以利用本机名称向 DNS 服务器查询所要访问主机的 IP 地址，获得结果后，再通过 IP 地址访问远程主机。

DNS 在发送和接收域名数据库时使用 TCP 协议，但是在传送有关单个主机的信息时使用 UDP 协议。因此，我们可以认为 DNS 是基于 TCP 和 UDP 两种协议的。

1. 域名系统组成

整个域名系统包括 4 个组成部分：DNS 域名称空间、资源记录、DNS 服务器和 DNS 客户端。

（1）DNS 域名称空间

DNS 域名称空间用于指定组织名称的域的层次结构。

（2）资源记录

资源记录用来将 DNS 域名映射到特定类型的信息数据，以供在名称空间解析时使用。

（3）DNS 服务器

DNS 服务器是组成 DNS 系统的核心，存储和应答记录的名称查询。

（4）DNS 客户端

DNS 客户端用来查询服务器，将名称解析为查询中指定的信息数据记录类型。

2. 域名结构

DNS 域名结构是层次型的，以根和树结构组成，如图 8-26 所示。

层次型命名的过程是从根开始沿箭头向下进行，在每一处选择相应于各标号的名字，然后将这些名字串连起来，并用 "." 做间隔，形成一个唯一代表主机的特定的名字。例如，"ftp.tsinghua.edu.cn" 是清华大学的一个域名。即域名的基本格式是：域主机名....三级域名.二级域名.顶级域名。

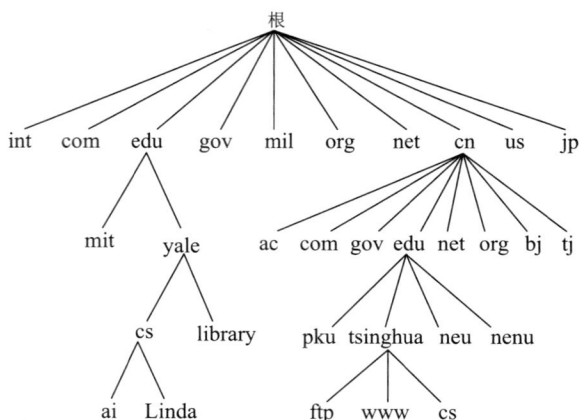

图 8-26　DNS 域名结构

8.2.2　DNS 解析

1. 域名解析过程

域名系统的数据实际上是一个分层次的分布式数据库系统，这样既有利于数据的分散管理与及时调整，又有利于减少网络数据流量。域名解析过程如图 8-27 所示。

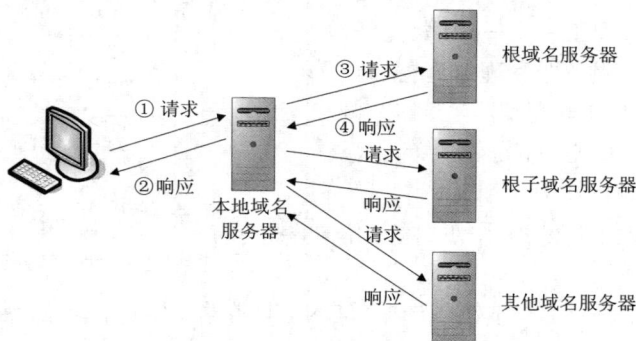

图 8-27　域名解析过程原理图

① 客户端提出域名解析请求，并将该请求发送给本地的域名服务器。

② 本地的域名服务器收到请求以后，将在本地的缓存中进行查询。如果查询到该记录项，则本地的域名服务器直接将查询结果返回给客户端。

③ 如果在本地的缓存中没有查询到该记录项，则本地的域名服务器就直接把请求发给根域名服务器，然后根域名服务器再返回给本地域名服务器一个所查询域（根的子域）的主域名服务器的地址。

④ 本地服务器再向上一步返回的域名服务器发送请求，然后接受请求的服务器查询自己的缓存，如果没有该记录，则返回相关的下级的域名服务器的地址。

⑤ 重复步骤④，直到找到正确的记录为止。

⑥ 本地域名服务器把返回的结果保存到缓存，以备下一次使用，同时将查询结果返回给客户端。

2. 域名解析方式

域名解析主要有 3 种方式：递归查询、迭代查询和反向查询。

（1）递归查询

无论是否查询到 IP 地址，服务器都明确答复客户端是否存在。

（2）迭代查询

DNS 服务器接到查询后，若本地数据库中没有匹配的记录，会告诉 DNS 客户端另一个 DNS 服务器的地址，然后由客户端向另一台 DNS 服务器查询，直到找到所需要的数据。如果最后一台 DNS 服务器中也没有所需数据，则宣告查询失败。

（3）反向查询

由 IP 地址查询对应的计算机域名。在名称查询期间使用已知的 IP 地址查询对应的计算机。

8.2.3 DNS 服务器安装与设置

1. 安装 DNS 服务器

安装 DNS 服务器的具体操作步骤如下。

步骤 1：在 Windows Server 2008 服务器中，以 Administrator 账户登录。单击"开始"菜单按钮，选择"管理工具"→"服务器管理器"命令，打开"服务器管理器"窗口。

步骤 2：单击"服务器管理器"窗口左侧面板中的角色，然后单击右侧面板中的"添加角色"选项，如图 8-28 所示。

步骤 3：打开如图 8-29 所示的"添加角色向导"对话框。

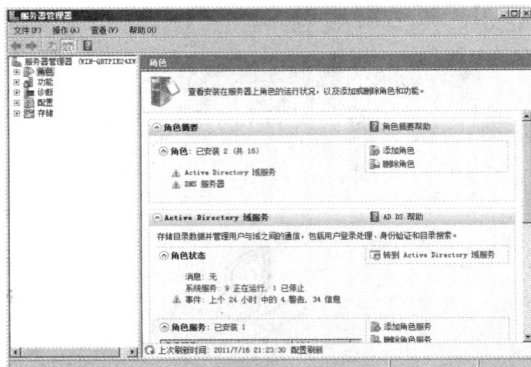

图 8-28 "服务器管理器"窗口

步骤 4：单击"下一步"按钮，选中"DNS 服务器"复选框，如图 8-30 所示。

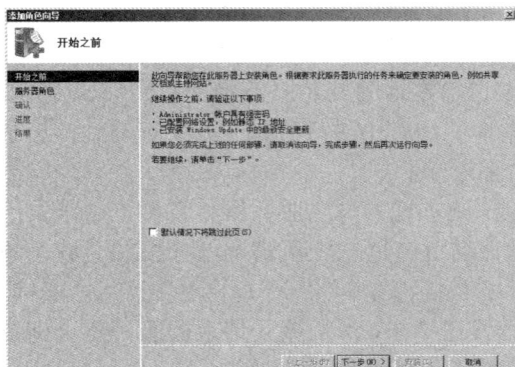

图 8-29 "添加角色向导"对话框

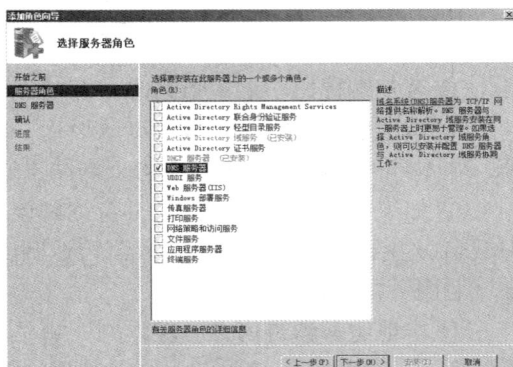

图 8-30 选择服务器角色

步骤 5：单击"下一步"按钮，了解 DNS 服务器简介，如图 8-31 所示。

步骤 6：单击"下一步"按钮，确认安装选择后，单击"安装"按钮开始安装，如图 8-32 所示。

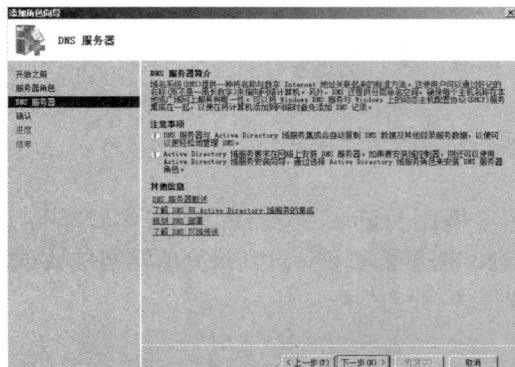

图 8-31 了解 DNS 服务器简介

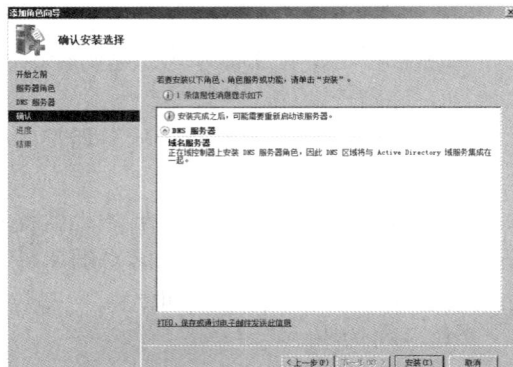

图 8-32 确认安装选择

2. 创建区域

创建一个 DNS 服务器，除了需要必需的计算机硬件外，还需要一个新的区域，即一个数据库才能正常运作。该数据库的功能是提供 DNS 名称和相关数据（如 IP 地址或网络服务）间的映射。该数据库中存储了所有的域名与对应 IP 地址的信息，网络客户端正是通过该数据库的信息来完成从计算机名到 IP 地址的转换的。Windows Server 2008 中有两种方向的搜索区域：正向查找区域和反向查找区域。

（1）正向查找区域的配置

正向查找区域是将 DNS 名称转换为 IP 地址，并提供可用网络服务的信息。

首先，我们创建一个正向区域，具体操作步骤如下。

步骤 1：单击"开始"菜单按钮，选择"所有程序"→"管理工具"→"DNS"命令，打开如图 8-33 所示的 DNS 控制台。

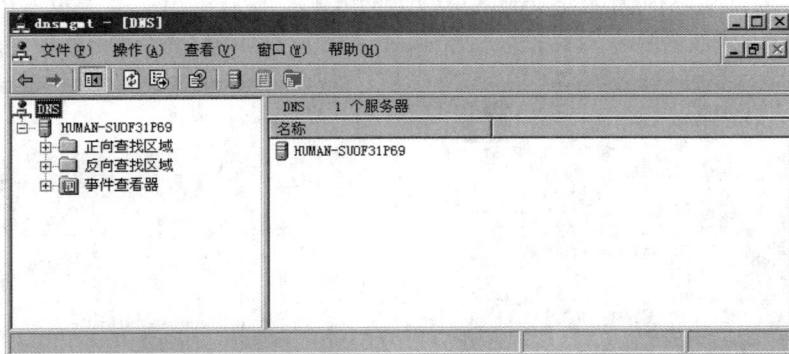

图 8-33　DNS 控制台

步骤 2：在控制台的左窗格中，选中"正向查找区域"，单击鼠标右键，从弹出的快捷菜单中，选择"新建区域"命令，打开如图 8-34 所示的"新建区域向导"对话框。

步骤 3：单击"下一步"按钮，进入如图 8-35 所示的"区域类型"对话框。

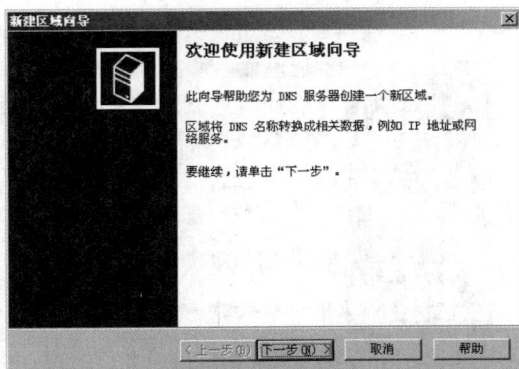

图 8-34　"新建区域向导"对话框

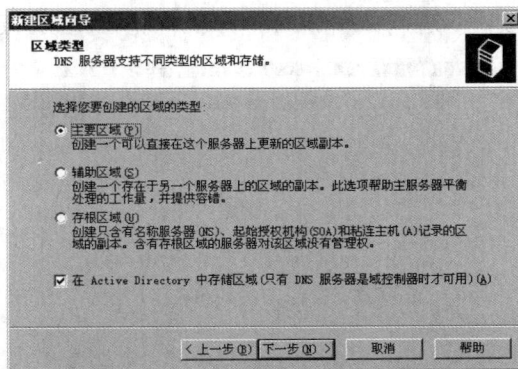

图 8-35　"区域类型"对话框

🔔说明	如图 8-27 所示，有 3 个选项。 "主要区域"：保存各台计算机 Resource Records 的正本数据（Master copy），主要区域的正本数据可以复制到辅助区域中，可以在这个服务器上直接更新。 "辅助区域"：保存在另外一台服务器上的区域副本，副本数据是从主要区域的正本数据复制而来，不可以直接修改。它的主要作用是平衡主服务器的查询负担，并提供容错功能，使主服务器死机时还可以通过辅助区域服务器进行查询。 "存根区域"：只保存名称服务器、起始授权机构和粘连主机记录，含有存根区域的服务器对该区域没有管理的权利，仅作为备份。

步骤 4：可以根据区域存储和复制的方式选择一个区域类型，此处单击"主要区域"单选按钮，再单击"下一步"按钮，进入如图 8-36 所示的"Active Directoy 区域复制作用域"对话框。

步骤 5：根据实际情况选择复制区域数据的方式，然后单击"下一步"按钮，进入如图 8-37 所示的"区域名称"对话框。

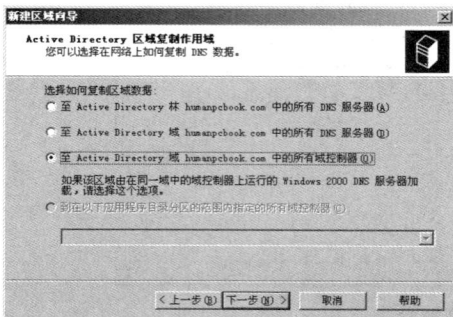

图 8-36 "Active Directoy 区域复制作用"对话框

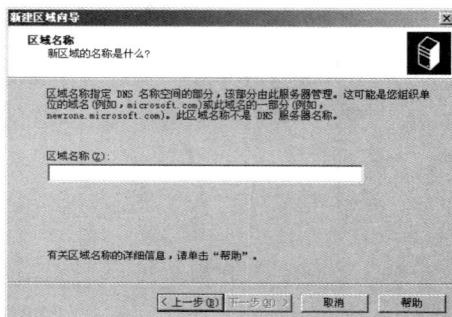

图 8-37 "区域名称"对话框

步骤 6：在"区域名称"文本框中输入新建区域的名称，单击"下一步"按钮，进入如图 8-38 所示的"动态更新"对话框。

步骤 7：出于安全考虑，此处单击"不允许动态更新"单选按钮，然后单击"下一步"按钮，进入如图 8-39 所示的"正在完成新建区域向导"对话框。

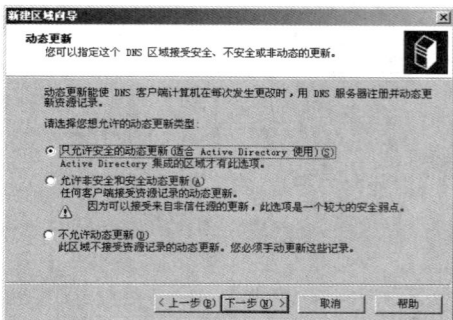

图 8-38 "动态更新"对话框

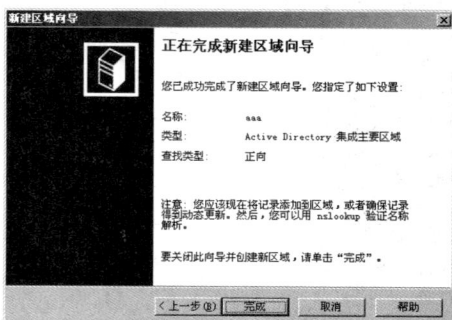

图 8-39 "正在完成新建区域向导"对话框

步骤 8：单击"完成"按钮，结束正向区域的创建，此时 DNS 窗口如图 8-40 所示。

新区域创建完成后，我们可以在该区域中建立数据 RR（Resource Records）。数据 RR 有多种类型：主机记录、别名记录、邮件交换器等。

步骤 1：在 DNS 控制台的右窗格中，选中要增加记录的域名，此处选择 humanpcbook.com，单击鼠标右键，从弹出的快捷菜单中，选择"新建主机"命令，打开如图 8-41 所示的"新建主机"对话框。

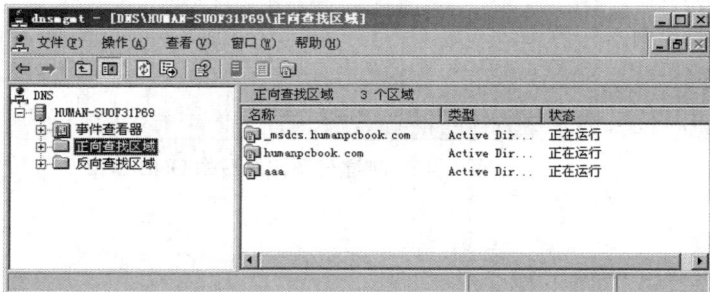

图 8-40　创建正向区域 humanpcbook 后的 DNS 窗口

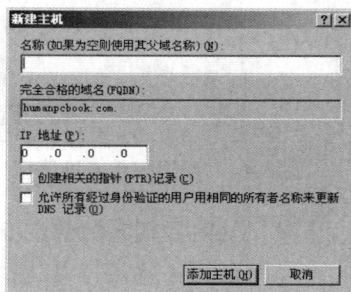

图 8-41　"新建主机"对话框

> 说明　增加主机记录就是建立计算机的 DNS 名称与 IP 地址的对应关系。

步骤 2：在"名称"文本框中输入新建主机记录的名称；在"IP 地址"文本框中输入要新建名称的实际 IP 地址。

步骤 3：设置完成后，单击"添加主机"按钮，添加一个主机记录后的 DNS 窗口如图 8-42 所示。

步骤 4：以相似的方法可以添加其他计算机的主机记录或其他类型的记录，图 8-43 和图 8-44 分别为新增别名记录和新建邮件交换器的设置窗口，图 8-45 为配置了一个主机记录、一个别名记录、一个邮件交换器的 DNS 窗口。

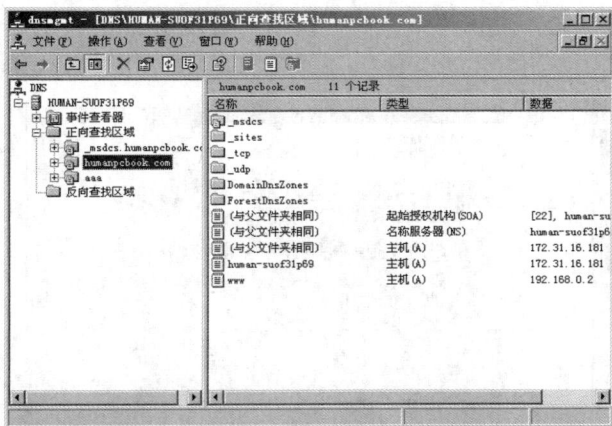

图 8-42　添加一个主机记录后的 DNS 窗口

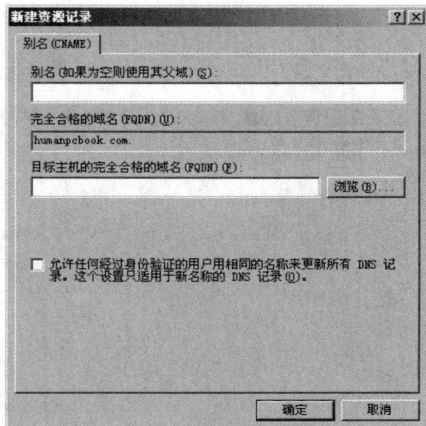

图 8-43　新增别名记录窗口

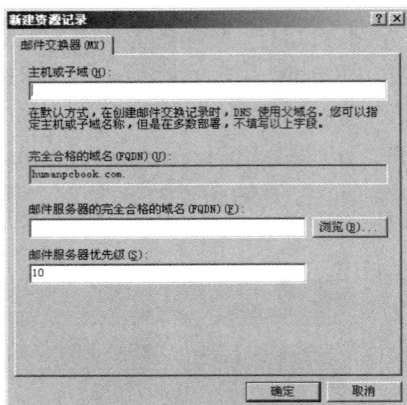

图 8-44　新建邮件交换器窗口

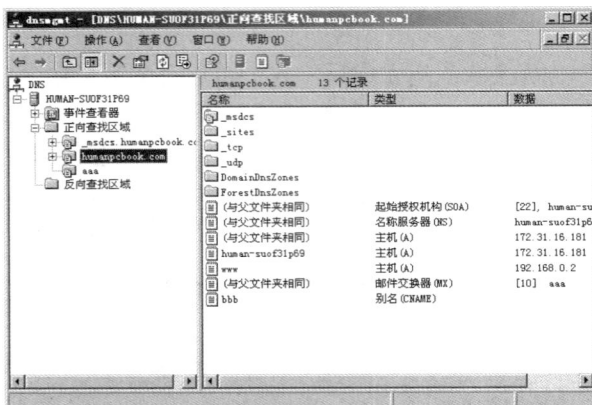

图 8-45　创建资源记录后的 DNS 窗口

（2）反向查找区域的配置

反向查找区域是将 IP 地址转换为 DNS 名称。

创建反向查找区域的操作步骤如下。

步骤 1：在 DNS 控制台窗口中，选择菜单"操作"→"创建新区域"命令，打开"新建区域向导"对话框。

> **说明** 此处我们使用选择菜单命令的方式进行操作，其过程与创建正向查找区域的过程略有不同，但结果是一样的。当然，我们也可以使用与创建正向查找区域相同的方法操作。

步骤 3：单击"下一步"按钮，进入"区域类型"对话框。

步骤 4：可以根据区域存储和复制的方式选择一个区域类型，此处单击"主要区域"单选按钮，再单击"下一步"按钮，进入"Active Directory 区域复制作用域"对话框。

步骤 5：选择一种复制数据的方式，然后单击"下一步"按钮，进入如图 8-46 所示的"正向或反向查找区域"对话框。

步骤 6：单击"反向查找区域"单选按钮，单击"下一步"按钮，进入如图 8-47 所示的"反向查找区域名称"对话框。

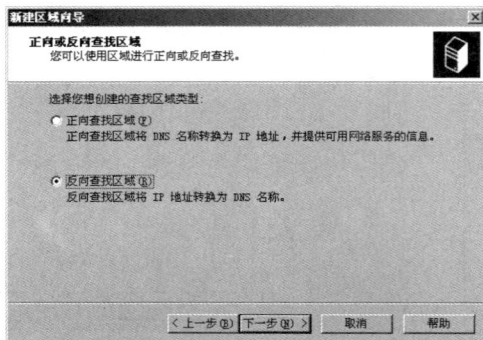

图 8-46　"正向或反向查找区域"对话框

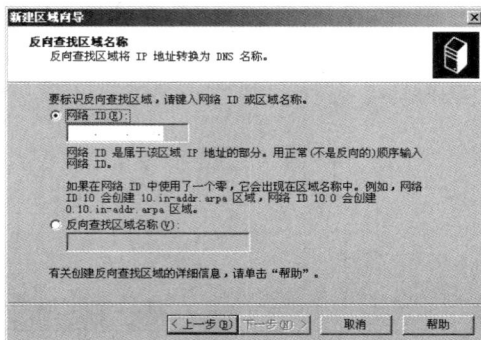

图 8-47　"反向查找区域名称"对话框

步骤 7：在"网络 ID"文本框中输入网络 ID，然后单击"下一步"按钮，进入"动态更新"对话框。

步骤 8：出于安全考虑，此处单击"不允许动态更新"单选按钮，然后单击"下一步"按钮，出现如图 8-48 所示的"正在完成新建区域向导"对话框。

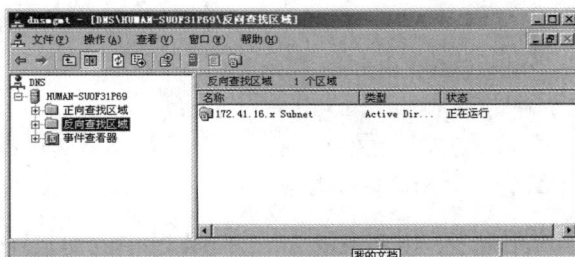

步骤 9：单击""完成"按钮，结束反向区域的创建，此时 DNS 窗口如图 8-49 所示。

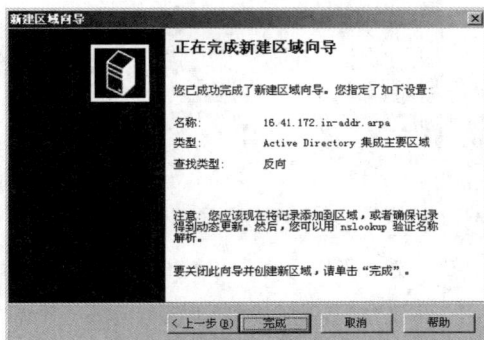

图 8-48　"正在完成新建区域向导"对话框　　　　图 8-49　创建反向区域后的 DNS 窗口

在 DNS 中创建反向查找区域后，还要求用户增加指针记录（PTR）RR，用于在反向查找区域中创建 IP 地址与域名的映射。通常反向查找区域对应于其正向区域中的主机 RR。

添加指针记录的具体操作步骤如下。

步骤 1：在 DNS 控制台的右窗格中，选中要添加指针记录的反向查找区域，单击鼠标右键，从弹出的快捷菜单中选择""新建指针（PTR）"命令，打开如图 8-50 所示的""新建资源记录"对话框。

步骤 2：在"主机 IP 号"文本框中输入希望作为反向查找区域主机的 IP 号，然后必须在"主机名"文本框中输入该主机的名称。当然，也可以通过"浏览"按钮直接在域中指定主机。

图 8-50　"新建资源记录"对话框

步骤 3：设置完成后，单击"确定"按钮，系统将自动为反向查找区域创建指针记录。

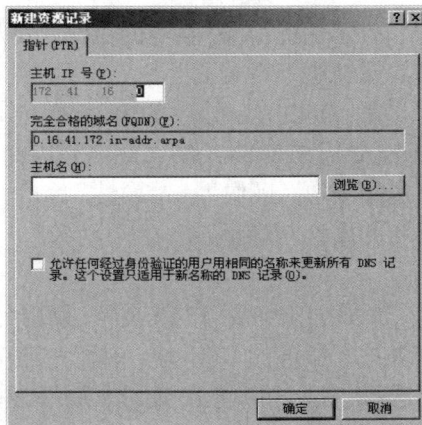

3. 添加子域

如果在 humanpcbook.com 域中包含 pcbook、ibb 等，在不建立新区域的前提下，希望能从计算机的 DNS 名称看出该主机属于 pcbook 或 ibb。这可以通过在 humanpcbook.com 域中建立子域来实现，具体操作步骤如下。

步骤 1：在 DNS 控制台的左窗格中，选中 humanpc.com，然后选择菜单"操作"→"新建域"命令，打开如图 8-51 所示的"新建 DNS 域"对话框。

步骤 2：在对话框中输入子域的名称，此处输入"pcbook"，然后单击"确定"按钮，系统将在 humanpcbook.com 域中添加 pcbook 的子域，建立子域后的 DNS 窗口如图 8-52 所示。

图 8-51 "新建 DNS 域对话框

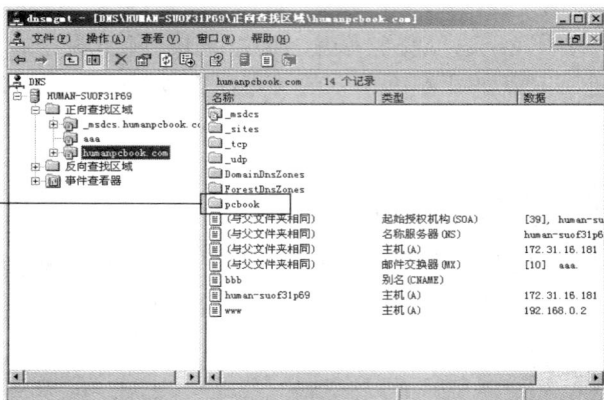

图 8-52 建立子域后的 DNS 窗口

步骤 3：建立子域后，即可在其中添加记录。

4. 设置 DNS 属性

为了保证 DNS 服务器稳定、安全运行，还需要对其属性进行设置。

在 DNS 控制台的左窗格中，选中服务器 HUMAN- SUOF31P69（此名称因计算机而异），然后选择菜单"操作"→"属性"命令，打开如图 8-53 所示的属性对话框。

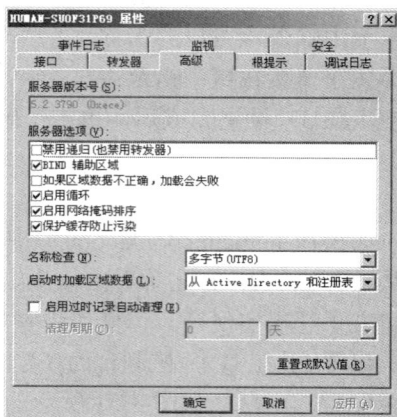

（1）"接口"选项卡

默认打开"接口"选项卡，我们可以选择对 DNS 请求进行服务的 IP 地址。有两种服务器侦听方式可供选择：侦听"所有 IP 地址"和"只在下列 IP 地址"。选择"所有 IP 地址"单选按钮，则服务器可以侦听所有为计算机定义的 IP 地址；选择"只在下列 IP 地址"单选按钮，则可以在下面的"IP 地址"文本框中输入指定的 IP 地址，然后单击"添加"按钮将该地址添加到下面的指定地址列表框中即可。

可以进行多次添加操作，以使服务器对添加的所有 IP 地址进行侦听。

（2）"高级"选项卡

"高级"选项卡如图 8-54 所示。

在"高级"选项卡中包含有许多有关 DNS 服务器的高级选项。

"服务器选项"列表框中选定某高级选项旁边的

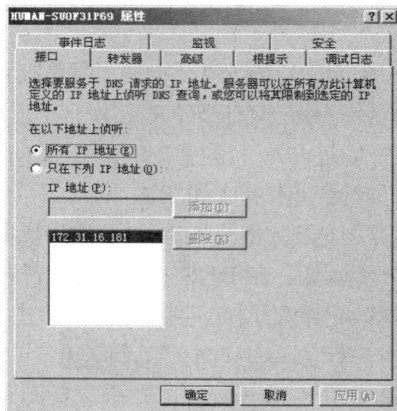

图 8-53 属性对话框

图 8-54 "高级"选项卡

复选框，以此来启用该功能。

"名称检查"下拉列表框中可以选择名称检查的方式，包括严格的 RFC（ANSI）、非 RFC（ANSI）、多字节（UTF8）和所有名称。

"启动时加载区域数据"下拉列表框进行选择，可以指定系统的启动方式，包括从注册表、从文件以及从 Active Directory 和注册表。

"重置成默认值"按钮用于恢复系统默认的高级选项设置。

（3）"调试日志"选项卡

"调试日志"选项卡如图 8-55 所示。

"调试日志"选项卡的作用在于帮助启用某项调试日志记录的功能。

"为调试记录数据报"可以记录由 DNS 服务器发送和接收到一个日志文件的数据报。默认情况下为禁用。选中后，还可以对"数据报方向"、"数据报内容"等进行设置。

（4）"监视"选项卡

"监视"选项卡如图 8-56 所示。

"监视"选项卡主要用来帮助选择监视 DNS 服务器运行状况的方式。

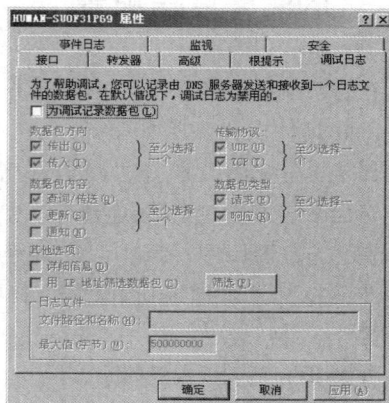

图 8-55　"调试日志"选项卡

有"对此 DNS 服务器的简单查询"和"对此 DNS 服务器的递归查询"两种方式可供选择，来监视 DNS 服务器的运行状况。如果选定这两种监视方式后单击"立即测试"按钮，则"测试结果"列表框中将显示这两种监视方式的测试结果。如果列表框中显示结果为"通过"，则表示 DNS 服务器运行正常，如果结果为"失败"，则表示 DNS 服务器运行失败。

选中"以下列间隔进行自动测试"复选框，并在"测试间隔"文本框输入系统自动测试的时间间隔数值，最后在下拉列表框中选择一种时间单位，则系统将按设定的时间间隔对 DNS 服务器进行测试。

（5）"安全"选项卡

"安全"选项卡如图 8-57 所示。

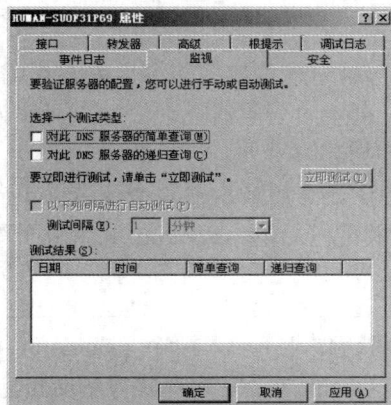

图 8-56　"监视"选项卡

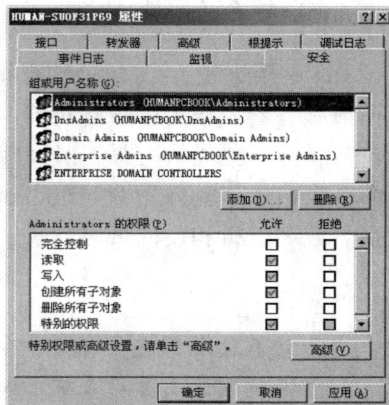

图 8-57　"安全"选项卡

"安全"选项卡主要用来设置域中用户、计算机和组的权限。可以在"组或用户名称"列表框中选定一个组或用户名，然后在"权限"列表框中选定或取消某项权限后面的"允许"和"拒绝"复选框，以此来赋予或取消该组某项权限。如果用户在"组或用户名称"列表框中选定一个组后，通过单击"添加"按钮，可以为该组添加新的用户、计算机或组。作为该组的新的成员的用户、计算机或组，将继承该组所具有的权限。

8.2.4 DNS 客户端配置

只有客户端正确地指向 DNS 服务器才能查询到所要的 IP 地址，这就要求对客户端进行配置，其具体操作步骤如下。

步骤 1：在桌面上选择"网上邻居"图标，单击鼠标右键，从弹出的快捷菜单中选择"属性"命令，打开"网络连接"窗口。

步骤 2：在窗口中，选中"本地连接"，单击鼠标右键，从弹出的快捷菜单中选择"属性"命令，打开"本地连接属性"对话框。

步骤 3：在列表中，选中"Internet 协议（TCP/IP）"，单击"属性"按钮，打开"Internet 协议（TCP/IP）属性"对话框。

步骤 4：在对话框中，打开"常规"选项卡，在"首选 DNS 服务器"中输入本子网中的 DNS 服务器的 IP 地址，此 DNS 服务器拥有询问的优先级；在"备用 DNS 服务器"中输入本子网中的备用 DNS 服务器的 IP 地址，如果没有可省略。单击"确定"按钮，即可完成客户端的设置。

8.2.5 DNS 诊断

DNS 诊断需要在"命令提示符"窗口中进行。单击"开始"菜单按钮，选择"所有程序"→"附件"→"命令提示符"命令，打开"命令提示符"窗口。可以输入相应的诊断命令进行测试，常用的 DNS 诊断命令有 nslookup 和 ping。

1. nslookup 命令

nslookup 是用来进行手动 DNS 查询的最常用的工具。它既可以模拟标准的客户解析器，又可以模拟服务器。作为客户解析器，nslookup 可以直接向服务器查询信息；而作为服务器，nslookup 可以实现从主服务器到辅服务器的区域传送。

在命令窗口中，输入命令 nslookup，按回车键确认。然后依次输入命令进行正向域名解析、别名域名解析和反向域名解析。完成 DNS 相关配置后的 nslookup 域名解析图如图 8-58 所示。

> 🔔说明　如果想了解更多有关命令 nslookup 应用的信息，输入命令 nslookup，按回车键确认。然后在提示符">"后，输入 help 或"？"来获得帮助信息。

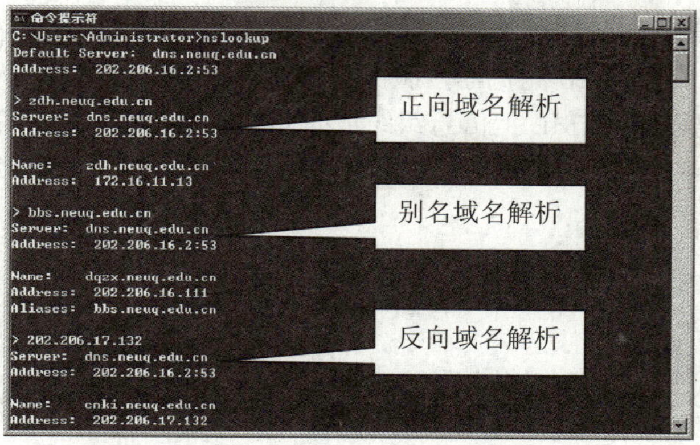

图 8-58　nslookup 域名解析

2. ping 命令

ping 命令不仅可以测试 IP 配置，也可用于 DNS 诊断。在命令窗口中，可以输入命令 ping （计算机域名）进行测试，如图 8-59 所示。

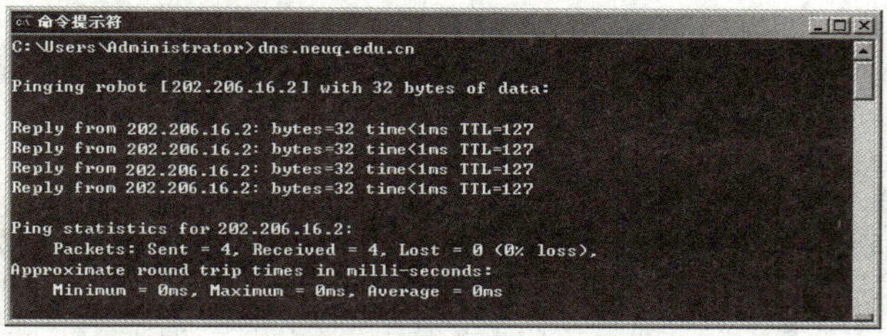

图 8-59　ping 域名解析

8.3　WWW 服务

早期的因特网一直都是文本传输，因为当时网络带宽很小，而且大半的主机都是 Unix 操作系统，限制了因特网的发展。直到 1989 年欧洲高能粒子协会（CERN）为了能让他们世界各地的成员分享研究成果并互传信息，发展出能够传递多媒体资料的分散式网络，提出了 WWW 计划。当时他们的构想是用一套跨平台的通讯协定 HTTP，使得在 WWW 任何平台上的电脑都可以阅读远方主机上的同一文件。在 WWW 诞生后，因特网原本单一的文字界面被声、文、图、影的多元化界面所替代。承载多媒体信息成为 WWW 服务的特色和最吸引人的闪光点。

8.3.1　WWW 服务简介

WWW（World Wide Web）是一种交互式图形界面的 Internet 服务，具有强大的信息连接功能，是人们在网上查找、浏览信息的主要手段。

WWW 基于客户端/服务器模式,通过超文本传输协议 HTTP 建立客户端和服务器之间的通信。其中客户端就是 Web 浏览器,服务器是指 Web 服务器。在 Web 服务器上建立网站,通过超文本标记语言 HTML 把信息组织成为图文并茂的超文本,以集中的方式来存储和管理;Web 浏览器则通过 HTTP 协议以 URL(通用资源定位符)地址向服务器发出请求,来获得信息,如图 8-60 所示。

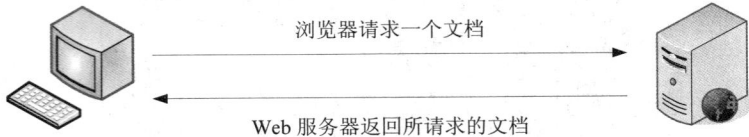

浏览器请求一个文档

Web 服务器返回所请求的文档

图 8-60　WWW 服务工作过程示意图

在 WWW 的客户端/服务器工作环境中,Web 浏览器起控制作用,其任务是使用一个 URL(Uniform Resource Locator,统一资源定位符)地址来获取一个 Web 服务器上的 Web 文档,解释这个 HTML,并将文档内容以用户环境所许可的效果最大限度地显示出来。其具体流程如下。

(1)Web 浏览器根据用户输入的 URL 连到相应的远端 Web 服务器上。

(2)取得指定的 Web 文档。

(3)断开与远端 Web 服务器的连接。

也就是说,在浏览某个网站的时候,每取一个网页就建立一次连接,读完后马上断开;当需要另一个网页时重复此过程。

WWW 服务是主流的 Internet 应用,如果想通过主页进行宣传,就必须将主页放在一个 Web 服务器上。目前,有许多 Web 服务器软件可供我们选择,如 Microsoft-IIS、Apache、WebSite 等。

8.3.2　IIS 7.0 及安装

1. IIS 7.0 简介

IIS 是 Internet Information Server 的缩写,它是微软公司主推的服务器,Windows Server 2008 里面包含的版本是 IIS 7.0。

IIS 7.0 是对现有的 IIS Web 服务器的重大改进,并在集成网络平台技术方面发挥着重要作用。用户现在可以通过微软的.Net 语言来运行服务器端的应用程序。除此之外,通过 IIS 7.0 新的特性来创建模块将会减少代码在系统中的运行次数,将遭受黑客脚本攻击的可能性降至最低。从安全的观点来考虑,这是 IIS 所涉及的一个新领域。如此多的新特性,让我们对 Windows Server2008 中的 IIS 7.0 充满了渴望,接下来我们就来详细介绍 IIS 7.0。

2. IIS 7.0 的安装

在 Windows Server 2008 中,IIS 7.0 已经完全成为操作系统的一个有机组成部分,如果在安装 Windows Server 2008 时没有选择安装 IIS 7.0，也可以单独安装。

具体操作步骤如下。

步骤 1：在 Windows Server 2008 服务器中，以 Administrator 账户登录。单击"开始"菜单按钮，选择"管理工具"→"服务器管理器"命令，打开"服务器管理器"窗口。

步骤 2：单击"服务器管理器"窗口左侧面板中的角色，然后单击右侧面板中的"添加角色"选项，如图 8-61 所示。

步骤 3：打开如图 8-62 所示的"添加角色向导"对话框。

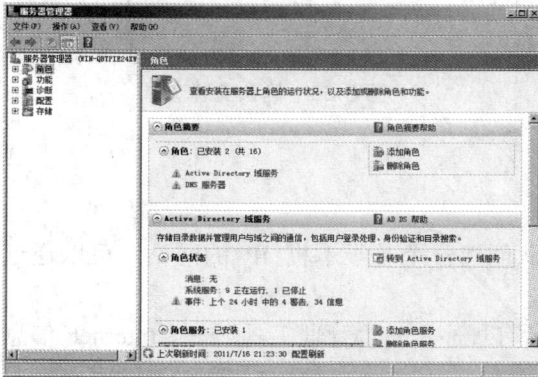

图 8-61　"服务器管理器"窗口

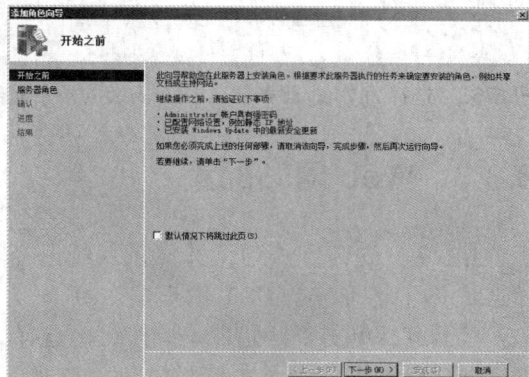

图 8-62　"添加角色向导"对话框

步骤 4：单击"下一步"按钮，选中"Web 服务器（IIS）"复选框，如图 8-63 所示。

步骤 5：单击"下一步"按钮，了解 Web 服务器（IIS）简介，如图 8-64 所示。

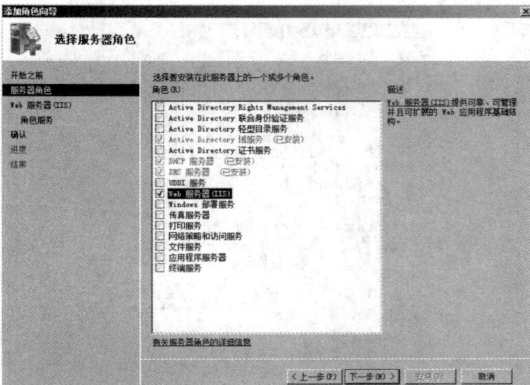

图 8-63　选中"Web 服务器（IIS）"复选框

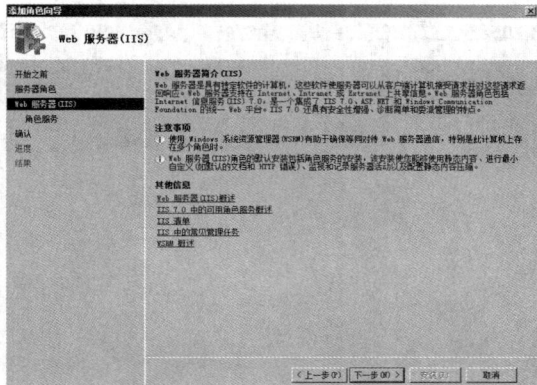

图 8-64　了解 Web 服务器（IIS）简介

步骤 6：单击"下一步"按钮，选择为 Web 服务器（IIS）安装的角色服务，如图 8-65 所示。

步骤 7：单击"下一步"按钮，确认安装选择后，单击"安装"按钮开始安装，如图 8-66 所示。

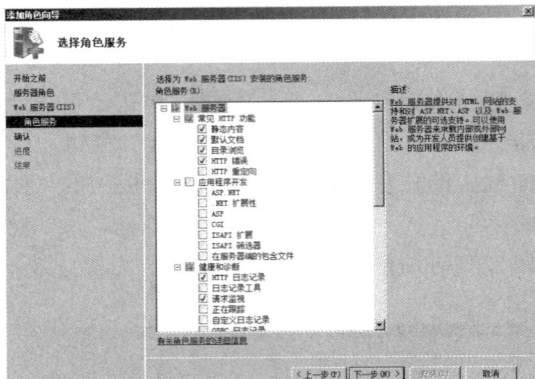

图 8-65 选择为 Web 服务器（IIS）安装的角色服务

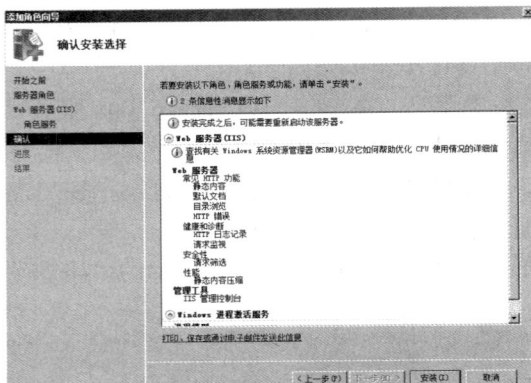

图 8-66 确认安装选择

8.3.3 Web 网站配置

IIS 7.0 安装完成后，计算机系统已经默认创建一个基于本机 IP 的网站，可以通过"Internet 信息服务（IIS）管理器"检查。

步骤 1：单击"开始"菜单按钮，选择"所有程序"→"管理工具"→"Internet 信息服务(IIS)管理器"命令，打开如图 8-67 所示的窗口。

步骤 2：在左窗格中，即可看到名为服务器 HUMAN-SUOF31P69（本地计算机）（此名称因计算机而异）的网站，其中包含"网站"、"Web 服务扩展"等多个子文件夹。选中"网站"后，在右窗格中选择"默认网站"，单击鼠标右键，从弹出的菜单中，选择"属性"命令，打开如图 8-68 所示的"默认网站 属性"对话框。

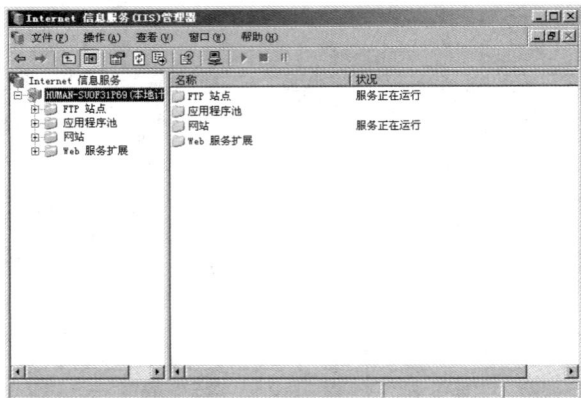

图 8-67 "Internet 信息服务（IIS）管理器"窗口

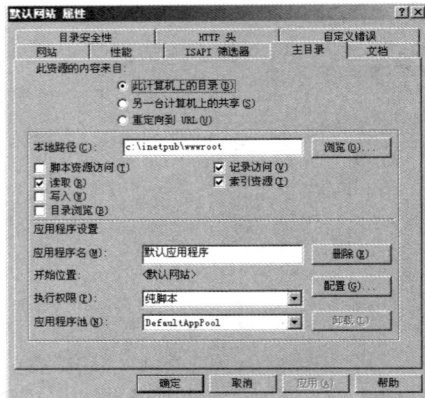

图 8-68 "默认网站 属性"对话框

步骤 3：从对话框的"主目录"选项卡中可以看出，此网站的文件路径为本机 c:\inetpub\wwwroot，我们可以创建.htm 文件保存在此目录下通过浏览器进行访问。此例中我们使用记事本创建一个名为 index.htm 的文件，输入内容"我的第一个网站"后将其保存起来。

步骤 4：启动 IE 浏览器，在地址栏中输入 http://127.0.0.1 后，窗口如图 8-69 所示。

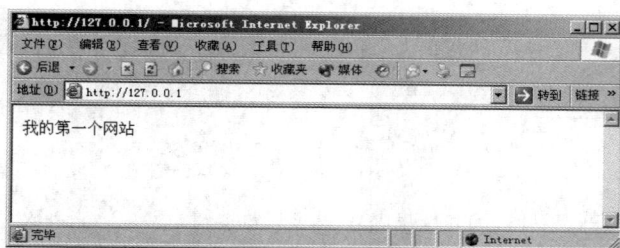

图 8-69　测试网站

> **说明**　http://127.0.0.1 是测试地址，只有本机才能通过此地址进行访问，其他计算机可以通过此机的 IP 地址来访问。

我们还可以通过"默认网站 属性"对话框，对相应的选项进行设置。

1. 设置"主目录"选项卡

主目录是指保存 Web 网站的文件夹。当用户向该网站发送请求时，Web 服务器将自动从该文件夹中调取相应的文件显示给用户。"主目录"选项卡如图 8-70 所示。

在"主目录"选项卡中，如果想使用存储在本地计算机上的 Web 内容，则单击"此计算机上的目录"单选按钮，然后在"本地路径"文本框中输入要设置的路径，默认路径为 c:\inetpub\wwwroot。为了安全起见，建议不要将 Web 文件或目录建在根目录下。

如果要使用存储在另一台计算机上的 Web 内容，则单击"重定向到 URL"单选按钮，然后在"重定向到 URL"文本框中输入所需要的目录位置。

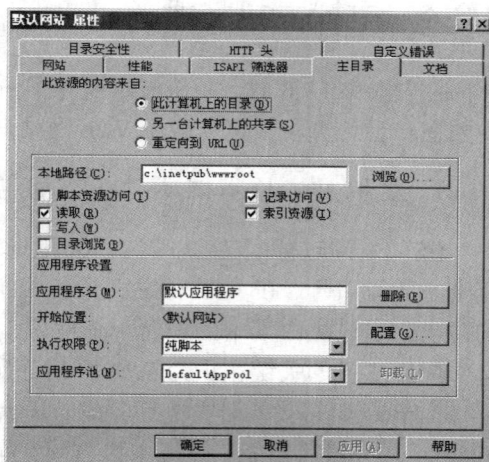

图 8-70　"主目录"选项卡

此外，如果要扩展用户权限，可以在"本地路径"下方选中相应的复选框进行设置。

2. 设置"文档"选项卡

一般在浏览器的地址栏中输入网站名称或目录，不输入具体的网页文件名时，Web 服务器将默认文档回应给浏览器，此时访问的网页就是默认文档。默认文档的添加、删除、更改顺序等操作，都可以在"文档"选项卡中完成，"文档"选项卡如图 8-71 所示。

3. 设置"目录安全性"选项卡

目录安全性是指能访问 Web 主页所在目录的文档。"目录安全性"选项卡如图 8-72 所示。

在"目录安全性"选项卡中，可以配置匿名身份验证，授权/拒绝特定计算机、计算机组或域的访问等。

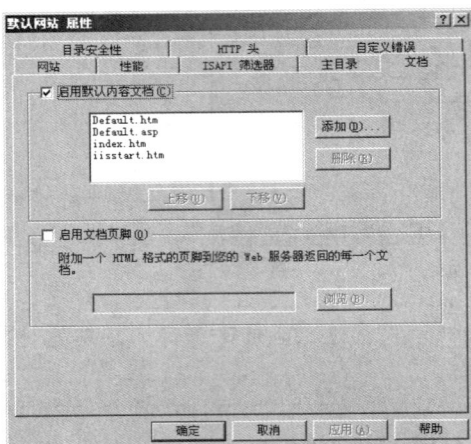

图 8-71　"文档"选项卡

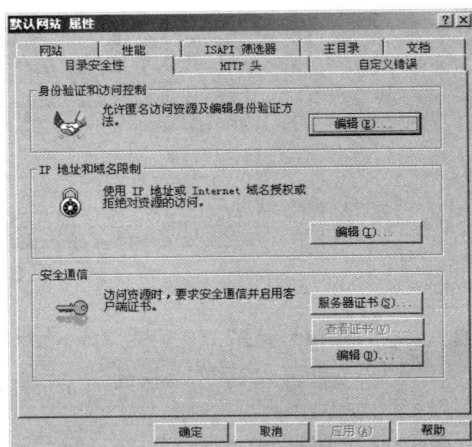

图 8-72　"目录安全性"选项卡

8.3.4　虚拟主机技术

在安装 IIS 7.0 时，系统已经建立了一个默认的 Web 网站，可以直接使用和配置。如果需要在一台计算机上建立多个 Web 网站，就需要用到虚拟主机技术。

1. 虚拟主机技术概述

IIS 7.0 通过分配 TCP 端口、IP 地址和主机头名来运行多个网络。每个 Web 网站都具有唯一的端口号、IP 地址和主机头名 3 部分组成的网站标识，用来接收和响应来自客户端的请求。通过更改其中的任何一个标识，就可以在一台计算机上维护多个网站。

虚拟主机的关键在于为 Web 网站分配标识信息。它使用特殊的软件技术，将一台运行在 Internet 上的服务器主机划分成若干台虚拟主机，每台主机都具有独立的域名、完整的 Internet 服务器等功能。虚拟主机之间完全独立，并可由用户自行管理。在外界看来，每台虚拟主机就和独立的主机完全一样。

通过使用虚拟主机技术，既可以节约硬件资源，节省空间；又降低成本，经济实惠。

2. 虚拟 Web 网站的创建和配置

创建虚拟 Web 网站的具体操作步骤如下。

步骤 1：单击"开始"菜单按钮，选择"所有程序"→"管理工具"→"Internet 信息服务（IIS）管理器"命令，打开"Internet 信息服务"窗口。

步骤 2：在左窗格中，选中"默认网站"，单击鼠标右键，从弹出的快捷菜单中，选择"新建"→"网站"命令，打开如图 8-73 所示的"网站创建向导"对话框。

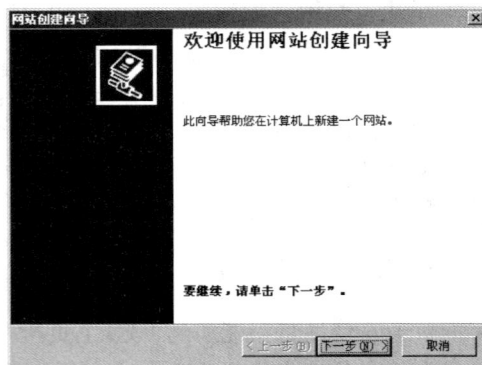

图 8-73　"网站创建向导"对话框

步骤 3：单击"下一步"按钮，打开如图 8-74 所示的"网站描述"对话框。

步骤 4：在"描述"文本框中输入对网站的描述信息，然后单击"下一步"按钮，打开如图 8-75 所示的"IP 地址和端口设置"对话框。

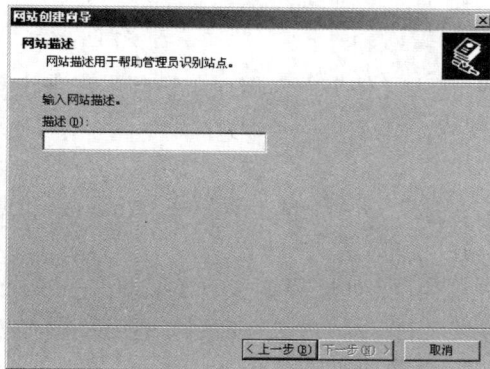

图 8-74　"网站描述"对话框

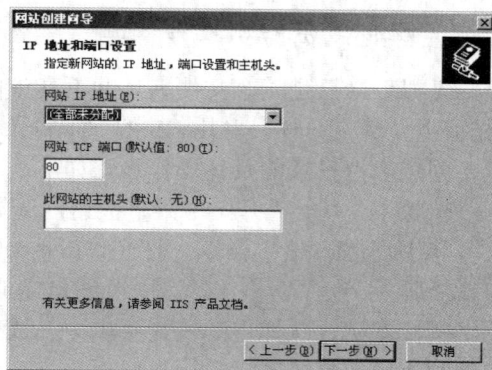

图 8-75　"IP 地址和端口设置"对话框

步骤 5：在对话框中，分配 IP 地址和端口号，但不能使用"全部未分配"作为 IP 地址。然后单击"下一步"按钮，打开如图 8-76 所示的"网站主目录"对话框。

步骤 6：在"路径"文本框中输入主目录所在的磁盘和文件夹，也可以通过单击"浏览"按钮进行设置。然后单击"下一步"按钮，打开如图 8-77 所示的"网站访问权限"对话框。

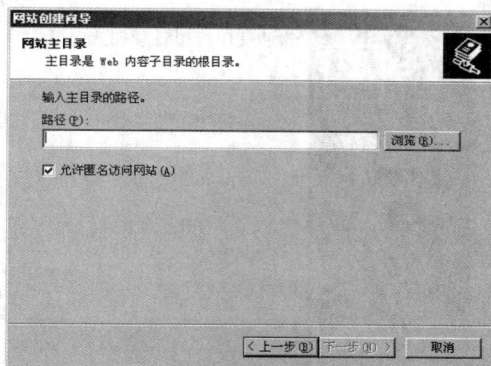

图 8-76　"网站主目录"对话框

步骤 7：根据实际需求设置权限，如果要在 Web 网站上执行 ASP 或 CGI 程序，可以同时选择"运行脚本（如 ASP）"和"执行（如 ISAPI 应用程序或 CGI）"两个复选框。设置完成后，单击"下一步"按钮，打开如图 8-78 所示的"已成功完成网站创建向导"对话框。

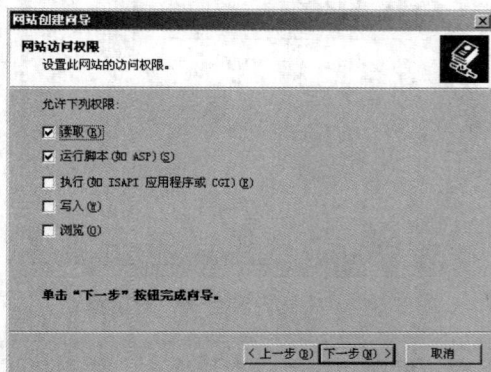

图 8-77　"网站访问权限"对话框

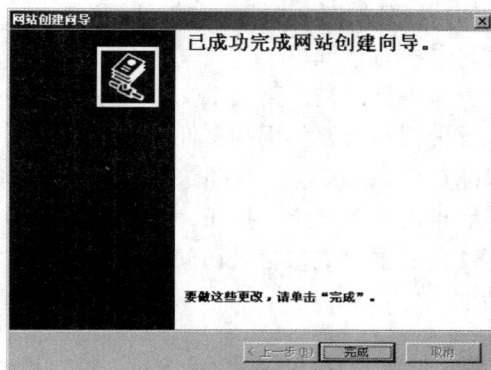

图 8-78　"已成功完成网站创建向导"对话框

步骤 8：单击"完成"按钮，该虚拟 Web 站点将显示在"Internet 信息服务"窗口中。

虚拟 Web 网站创建后，将自动开始运行。虚拟 Web 网站的配置方式与默认 Web 网站完全相同，不再赘述。

3. 虚拟目录的创建与设置

虚拟目录只是一个文件夹，并不真正位于 IIS 宿主文件夹内，但对于访问用户来说与 IIS 宿主文件夹一样。利用 IIS 的虚拟目录也可以提供个人主页服务。

创建虚拟目录的具体操作步骤如下。

步骤 1：单击"开始"菜单按钮，选择"所有程序"→"管理工具"→"Internet 信息服务（IIS）管理器"命令，打开"Internet 信息服务"窗口。

步骤 2：在左窗格中，选中要创建虚拟目录的站点，此处选择新建的虚拟站点 pcbook，单击鼠标右键，从弹出的快捷菜单中，选择"新建"→"虚拟目录"命令，打开如图 8-79 所示的"虚拟目录创建向导"对话框。

步骤 3：单击"下一步"按钮，打开如图 8-80 所示的"虚拟目录别名"对话框。

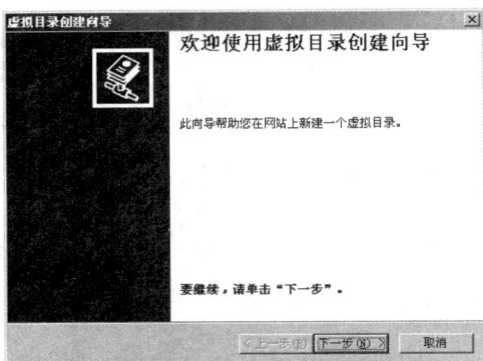

图 8-79　"虚拟目录创建向导"对话框

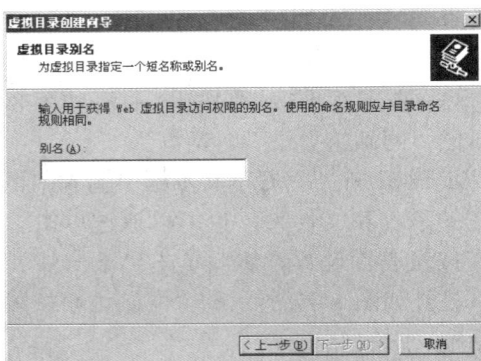

图 8-80　"虚拟目录别名"对话框

步骤 4：在"别名"文本框中输入该虚拟目录的名称，单击"下一步"按钮，打开如图 8-81 所示的"网站内容目录"对话框。

步骤 5：在"路径"文本框中输入该虚拟目录要引用的文件夹，也可以通过单击"浏览"按钮进行设置。然后单击"下一步"按钮，打开如图 8-82 所示的"虚拟目录访问权限"对话框。

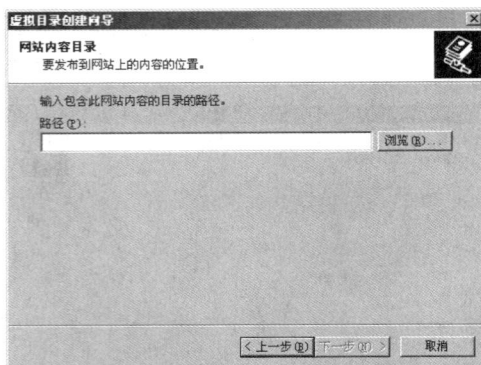

图 8-81　"网站内容目录"对话框

🔔 说明　在图 8-81 所示的"网站内容目录"对话框中，别名与虚拟目录文件夹的真实名称没有任何关系，别名仅用于在 IIS 中识别虚拟目录。

步骤 6：根据实际需求设置权限，单击"下一步"按钮，打开如图 8-83 所示的"已成功完成虚拟目录创建向导"对话框。

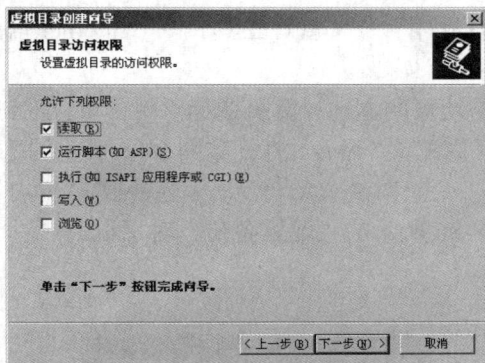

图 8-82　"虚拟目录访问权限"对话框　　　图 8-83　"已成功完成虚拟目录创建向导"对话框

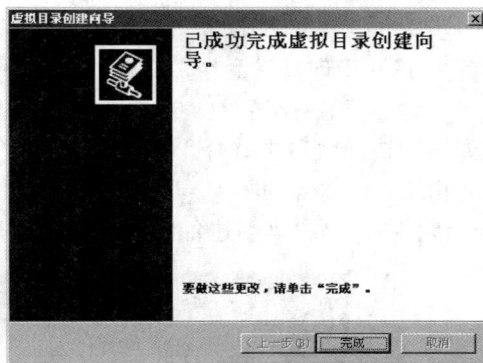

步骤 7：单击"完成"按钮，完成虚拟目录的创建。
步骤 8：重复以上步骤，可以在本地磁盘上创建多个虚拟目录。

8.3.5　Web 网站的管理和维护

Web 网站创建和配置后，还需要对网站进行管理和维护，以保证其正常工作。

1. 启动/停止、删除 Web 网站

开始、停止、暂停、删除 Web 网站的操作步骤如下。

步骤 1：单击"开始"菜单按钮，选择"所有程序"→"管理工具"→"Internet 信息服务（IIS）管理器"命令，打开"Internet 信息服务"窗口。

步骤 2：在左窗格中，选中要进行操作的网站，单击鼠标右键，弹出如图 8-84 所示的快捷菜单，从中选择"启动"、"停止"、"暂停"或"删除"命令，即可实现相应的操作。

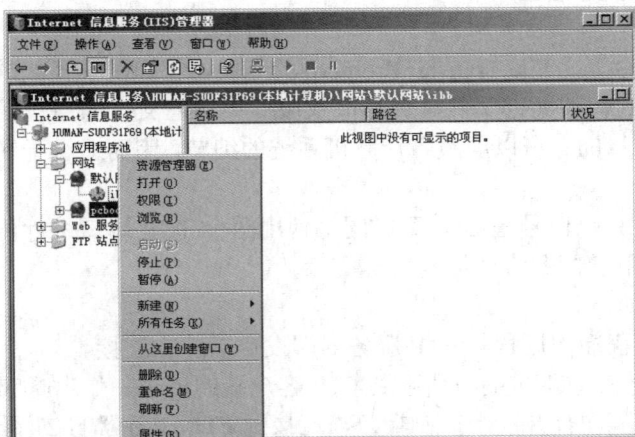

图 8-84　启动、停止、暂停或删除网站

2. 网站配置的备份与还原

网站配置的备份与还原的操作步骤如下。

步骤 1：单击"开始"菜单按钮，选择"所有程序"→"管理工具"→"Internet 信息服务（IIS）管理器"命令，打开"Internet 信息服务"窗口。

步骤 2：在左窗格中，选中要配置网站备份与还原的本地计算机图标，单击鼠标右键，从弹出的快捷菜单中选择"所有任务"→"备份/还原配置"命令，打开如图 8-85 所示的"配置备份/还原"对话框。

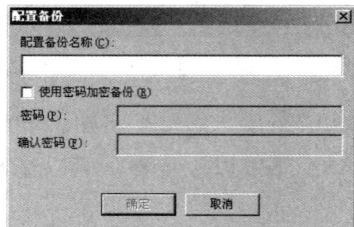

步骤 3：单击"创建备份"按钮，打开如图 8-86 所示的"配置备份"对话框。

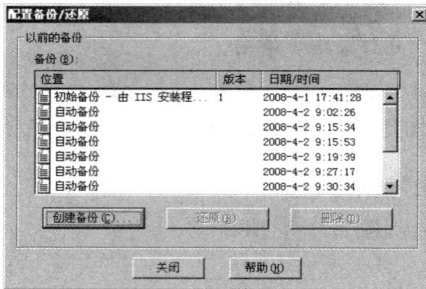

图 8-85 "配置备份/还原"对话框　　　　图 8-86 "配置备份"对话框

步骤 4：在对话框中，输入该配置备份的文件名，单击"确定"按钮，完成操作。

8.4 FTP 服务

文件传输协议 FTP 是 Windows Server 2008 所附带的极其重要的协议。由于其具有高效的文件传输能力，到目前为止仍然是 Internet 上使用广泛的重要服务之一。

8.4.1 FTP 服务概述

FTP 是文件传输协议 File Transfer Protocol 的缩写，它提供交互式的访问，允许客户指明文件的类型与格式，并允许文件具有存取权限（如访问文件的用户必须经过授权，并输入有效的口令）。由于 FTP 可以屏蔽各计算机系统的细节，因而适合于在异构网络中任意计算机之间传送文件。

FTP 的默认 TCP 端口号是 21，可以同时使用两个 TCP 端口进行传送，其中一个用于数据传送，另一个用于指令信息传送。

FTP 工作过程如下。

① FTP 客户端程序向远程的 FTP 服务器端发申请建立连接。

② FTP 服务器端的 21 号端口侦听到 FTP 客户端的请求，作出响应，建立会话连接。

③ FTP 客户端程序打开一个控制端口，连接到 FTP 服务器的 21 号端口。

④ 需要传输数据时，FTP 客户端打开一个数据端口，连接到 FTP 服务器的 21 号端口，

文件传输完毕后，断开会话连接，释放端口。

⑤ 如果要传输新的文件，FTP 客户端会再打开一个新的数据端口，连接到 FTP 服务器 21 号端口，继续进行文件传输。

⑥ 如果不再传输新的文件，会等待一段时间。当空闲时间超过规定后，FTP 会话自动终止。当然，也可以由 FTP 客户端或服务器强行断开。

8.4.2　FTP 服务的创建

利用 IIS 可以建立多个不同的 FTP 服务器，并且可实现限制用户、锁定目录、锁定权限、封锁访问者的 IP 等一系列功能。

1. 创建 FTP 站点

在"Internet 信息服务"窗口中，我们可以使用 FTP 服务器创建向导新建 FTP 服务器，具体操作步骤如下。

步骤 1：单击"开始"菜单按钮，选择"所有程序"→"管理工具"→"Internet 信息服务（IIS）管理器"命令，打开"Internet 信息服务"窗口。

步骤 2：在左窗格中，选中"FTP 站点"，单击鼠标右键，从弹出的快捷菜单中选择"新建"→"FTP 站点"命令，打开如图 8-87 所示的"FTP 站点创建向导"对话框。

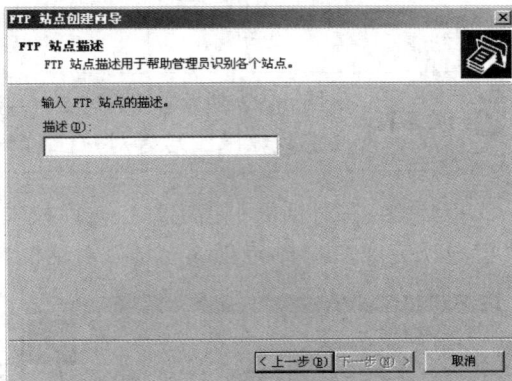

步骤 3：单击"下一步"按钮，打开如图 8-88 所示的"FTP 站点描述"对话框。

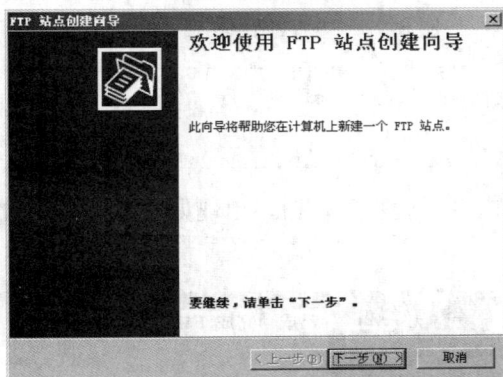

图 8-87　"FTP 站点创建向导"对话框　　　　图 8-88　"FTP 站点描述"对话框

步骤 4：在对话框中，输入用于在 IIS 内部识别站点的说明，该名称并非真正的 FTP 站点域名。单击"下一步"按钮，出现如图 8-89 所示的"IP 地址和端口设置"对话框。

步骤 5：在对话框中指定该站点使用的 IP 地址和 TCP 端口号，注意默认的端口号为 21。单击"下一步"按钮，出现如图 8-90 所示的"FTP 用户隔离"对话框。

> 🔔 说明　如图 8-90 所示，隔离方式分 3 种类型，主要用于规范同有 FTP 站点的多个用户的 FTP 主目录的访问控制。

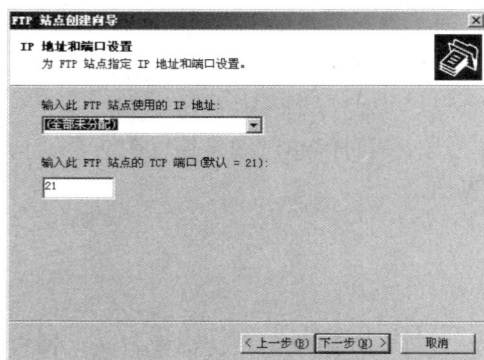

图 8-89 "IP 地址和端口设置"对话框

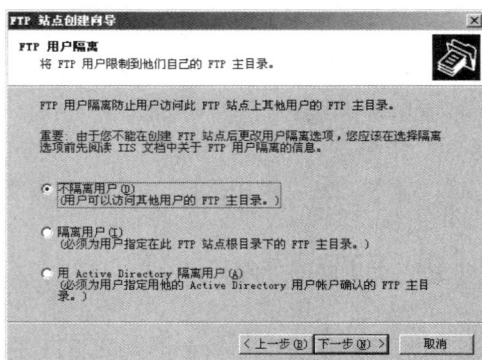

图 8-90 "FTP 用户隔离"对话框

步骤 6：根据实际情况设置 FTP 用户的隔离方式，此处选择"不隔离用户"。单击"下一步"按钮，出现如图 8-91 所示的"FTP 站点主目录"对话框。

步骤 7：在对话框中指定站点主目录，主目录是存储站点文件的主要位置。单击"下一步"按钮，打开如图 8-92 所示的"FTP 站点访问权限"对话框。

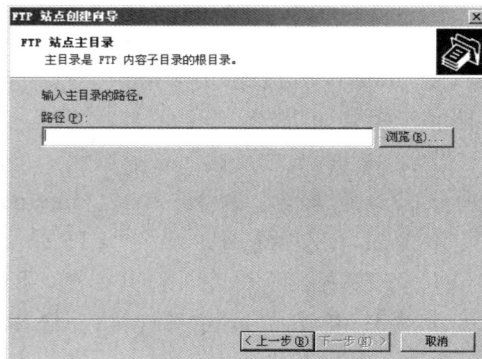

图 8-91 "FTP 站点主目录"对话框

> 🔔 说明　如图 8-92 所示，FTP 站点只有两种访问权限："读取"和"写入"，前者对应下载权限；后者对应上传权限。

步骤 8：在对话框中指定站点访问权限，单击"下一步"按钮，出现如图 8-93 所示的"已成功完成 FTP 站点创建向导"对话框。

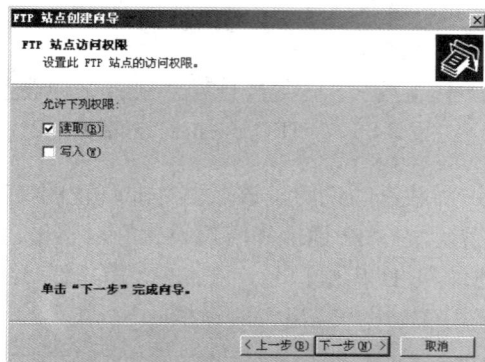

图 8-92 "FTP 站点访问权限"对话框

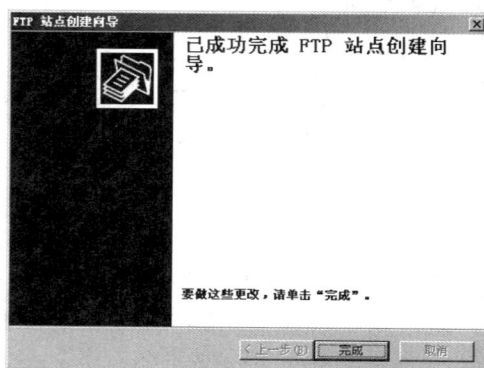

图 8-93 "已成功完成 FTP 站点创建向导"对话框

步骤 9：单击"完成"按钮，结束 FTP 站点创建。

说明　使用同一个 IP 地址的同一个端口号，只能创建一个 FTP 站点，启动新建的
FTP 站点前，需要选择"默认 FTP 站点"，单击工具栏中的"停止"按钮，
将默认 FTP 站点停止。

2. 创建虚拟目录

虚拟目录可以拓展 FTP 服务器的存储能力。FTP 虚拟目录相当于在站点主目录下的映射文件夹，分为本地和远程两种：前者既可以位于与 FTP 站点主目录相同的磁盘分区上，也可以位于本地的其他磁盘上；后者则位于网络中的其他计算机上（必须与 FTP 站点所在的 IIS 计算机处于同一域中）。

创建 FTP 虚拟目录的具体操作步骤如下。

步骤 1：单击"开始"菜单按钮，选择"所有程序"→"管理工具"→"Internet 信息服务（IIS）管理器"命令，打开"Internet 信息服务"窗口。

步骤 2：在左窗格中，选中要创建虚拟目录的 FTP 站点，此处选择新建的 ftp 站点 pcbook，单击鼠标右键，从弹出的快捷菜中选择"新建"→"虚拟目录"命令，打开如图 8-94 所示的"虚拟目录创建向导"对话框。

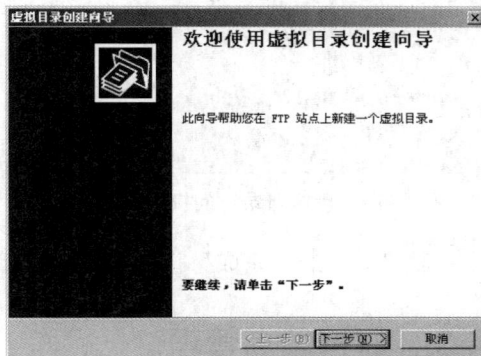

图 8-94　"虚拟目录创建向导"对话框

步骤 3：单击"下一步"按钮，打开如图 8-95 所示的"虚拟目录别名"对话框。

步骤 4：在"别名"文本框中指定虚拟目录在 IIS 管理器中的有效名称，单击"下一步"按钮，出现如图 8-96 所示的"FTP 站点内容目录"对话框。

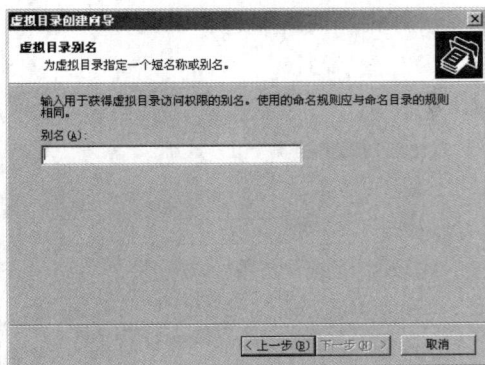

图 8-95　"虚拟目录别名"对话框

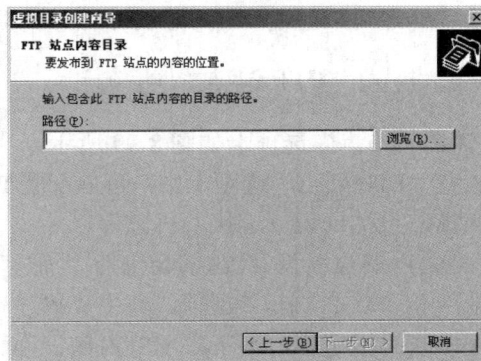

图 8-96　"FTP 站点内容目录"对话框

说明　这里所谓的别名，是指虚拟目录在 IIS 管理器中的有效名称，亦即虚拟目录在站点主目录下映射的名称。用户在下载 FTP 文件时指定的 URL 路径中包含的目录名称就是虚拟目录别名（对于非虚拟目录，指定其实际名称即可）。别名与目录真实名称没有联系，但也可以相同。

步骤 5：单击"浏览"按钮或在"路径"文本框中直接指定虚拟目录所对应的实际路径。单击"下一步"按钮，出现如图 8-97 所示的"虚拟目录访问权限"对话框。

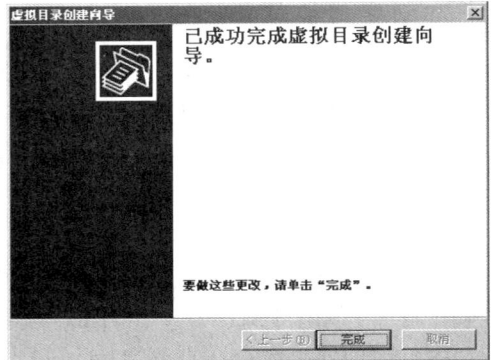

步骤 6：选中"读取"或"写入"复选框，指定该虚拟目录所允许的用户访问权限。单击"下一步"按钮，出现如图 8-98 所示的"已成功完成虚拟目录创建向导"对话框。

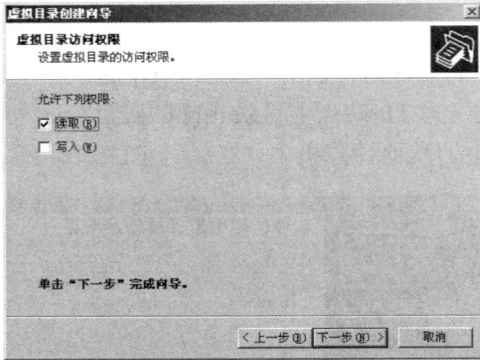

图 8-97 "虚拟目录访问权限"对话框	图 8-98 "已成功完成虚拟目录创建向导"对话框

步骤 7：单击"完成"按钮，结束虚拟目录的创建。

8.4.3 FTP 站点管理

FTP 站点创建完成后，我们可以对其属性进行设置。

单击"开始"菜单按钮，选择"所有程序"→"管理工具"→"Internet 信息服务（IIS）管理器"命令，打开"Internet 信息服务"窗口。在左窗格中，选中要设置的 FTP 站点，此处选择 pcbook，单击鼠标右键，从弹出的快捷菜中选择"属性"命令，打开"属性"对话框。

我们还可以通过"默认 FTP 站点 属性"对话框，对相应的选项进行设置。

1. 设置"FTP 站点"选项卡

"FTP 站点"选项卡如图 8-99 所示。

在"FTP 站点"选项卡中，可以配置 FTP 站点属性，包括标识、连接、日志等。

"FTP 站点标识"：这部分包括"描述"、"IP 地址"和"TCP 端口"3 项。其中"描述"是在创建站点时指定的，用于在 IIS 内部识别站点，并无其他用途，与站点的 DNS 域名也无任何关系。FTP 服务的默认 TCP 端口号为 21。

"FTP 站点连接"：FTP 站点的连接限制与 Web 站点的连接限制几乎完全相同。连接限制用于维护站点的可用性并改善站点的连接性能。这一点对 FTP 站点来说尤为重要，因为几乎每个连

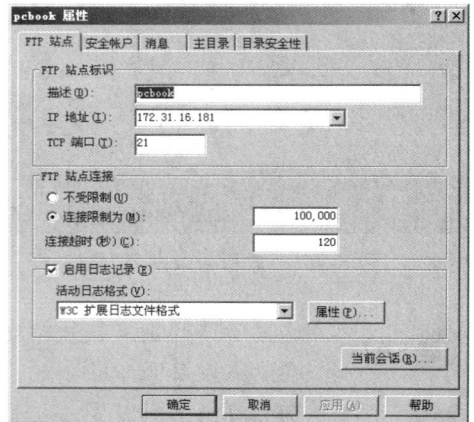

图 8-99 "FTP 站点"选项卡

到站点的用户都会进行或多或少的文件下载，下载对带宽的占用是非常巨大的。在"FTP
站点连接"选项组中，单击"连接限制为"单选按钮并制定同时连接到该站点的最大并发
连接数，默认设置为100，000。在"连接超时"文本框中，可以指定站点将在多长时间后
断开无响应用户的连接，默认值设为 900 秒。

"启动日志记录"：对于 FTP 站点而言，也可以配置其启用日志功能，使用户对站点的
全部访问都记录在日志文件中。选中"启用日志记录"复选框，对于 FTP 站点，只有 3 种
可用的日志文件格式："Microsoft IIS 文件格式"、"ODBC 格式"和"W3C 扩展文件格式"，
可以在"活动日志格式"下拉列表框中设置。

单击"属性"按钮，打开 "日志记录属性"对话框。指定新日志文件的生成时间间隔
或文件大小，根据用户访问量的大小和现有的分析能力决定采用何种方式进行文件更新。
在"日志文件目录"文本框中指定日志文件存储的路径和文件名。

"当前会话"：它是"FTP 站点属性"对话框中特有的选项。单击"当前会话"按钮，
打开"FTP 用户会话"对话框。该对话框中列出当前连接到 FTP 站点的用户列表。从列表
中选择用户，单击"断开"按钮可以断开当前用户的连接，单击"全部断开"按钮可以使
全部的当前用户从系统断开。

2. 设置"安全账户"选项卡

"安全账户"选项卡如图 8-100 所示。

在"安全账户"选项卡中，可以进行匿名访
问控制设置。

匿名访问是 FTP 服务的一大特点，虽然在
WWW 服务中也有匿名访问的限制，但是匿名访
问对于 FTP 站点来说在安全性和内容方面具有特
殊的用途。

由于 FTP 是一个简单的，在 Internet 产生初期
就存在的服务，一个 FTP 站点除了用户账号之外
没有其他的用户安全验证服务（ISAPI 过滤器、数
字证书等方法对于 FTP 是无效的），所以有必要合
理地设置 FTP 安全账号。

图 8-100 "安全账户"选项卡

在"安全账户"选项卡中，选中"允许匿名连接"复选框，使当前站点同时允许匿名
和授权用户连接。

IIS 默认的匿名访问用户账号是 IUSR_computername，其中 computername 是 IIS 所在服
务器的计算机名。也可以更改这一账号，在"安全账户"选项卡中，单击"用户名"右侧的
"浏览"按钮，在所出现的对话框中单击"高级"按钮，打开"选择用户"对话框。单击"立
即查找"按钮，在"选择用户"对话框中指定匿名用户账号，单击"确定"按钮即可。

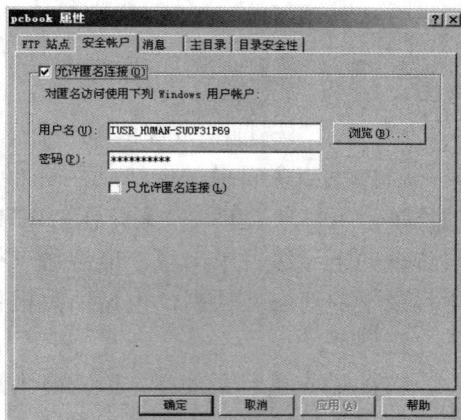

> **说明** 如果选中"只允许匿名连接"复选框，可以强化系统的安全性。如果清除此
> 复选框，IIS 会给出一个警告对话框。

3. 设置"消息"选项卡

"消息"选项卡如图 8-101 所示。

在"消息"选项卡中，可以进行提示性、解说性的简要信息的设置。

FTP 站点消息分为 3 种：欢迎、退出、最大连接数，分别在"消息"选项卡中的"欢迎"、"退出"和"最大连接数"文本框中进行设置。

"欢迎"：用于向每一个连接到当前站点的访问者介绍本站点提供的服务、文件内容、访问方式等有关信息。

"退出"：用于在客户断开连接时（退出系统），发送给站点访问者的信息，一般为"再见，欢迎再来"之类的语句。

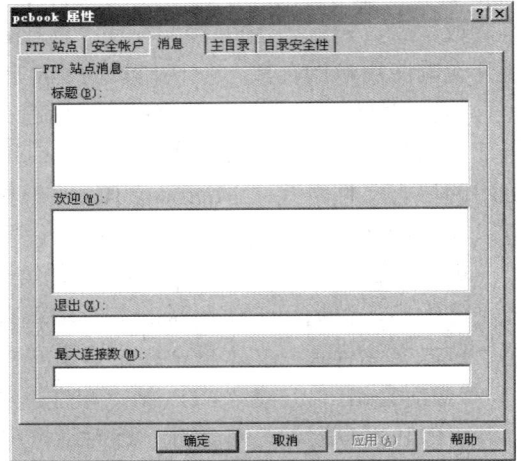

图 8-101 "消息"选项卡

"最大连接数"：用于在系统同时连接数已经达到上限（最大并发连接限制）时，向请求连接站点的新访问者发出的提示消息，如"由于当前用户太多，不能响应你的请求，请稍候再试"等。

4. 设置"主目录"选项卡

"主目录"选项卡如图 8-102 所示。

FTP 站点主目录是供站点存储主要文件的目录。主目录下的文件夹将作为 FTP 站点根目录的下一级目录出现，虚拟目录相当于主目录下的对应文件夹，也是站点根目录的下一级目录。

FTP 站点主目录的指定方式有本地主目录和远程主目录两种。前者是指站点主目录位于本地计算机的磁盘上；后者是将主目录设置在网络中（必须与 IIS 计算机在同一个域之内）的另一台计算机的共享文件夹上。

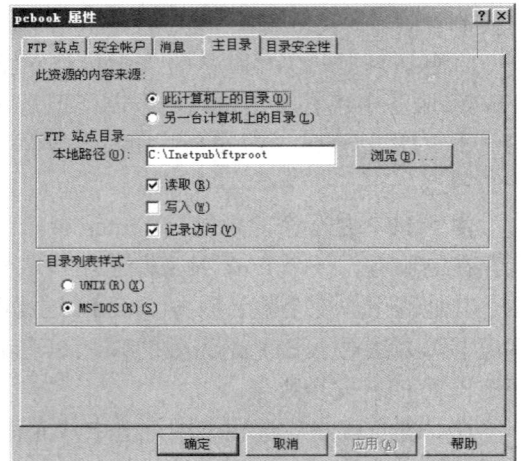

图 8-102 "主目录"选项卡

本地主目录的设置方法如下。

在"主目录"选项卡中选择主目录位置为"此计算机上的目录"。单击"浏览"按钮指定主目录位置或者直接在"本地路径"文本框中输入主目录路径，然后单击"确定"按钮完成设置。

远程主目录的设置方法如下。

在"主目录"选项卡中选择主目录位置为"另一计算机上的共享位置"，然后在"网络共享"文本框中指定共享主目录的 UNC 路径。

　　如果当前站点管理员没有访问所指定共享文件夹的权限，则单击"连接为"按钮，打开身份验证对话框，输入具有对该共享文件夹合适权限的账号和口令，单击"确定"完成设置。

　　在"FTP 站点目录"选项组的按钮的下方，可以设置站点或虚拟目录的目录访问权限，有"读取"、"写入"复选框可供选择。

　　在"目录列表样式"选项组中，还可以指定目录列表风格，可选的站点目录列表风格有 MS-DOS 和 UNIX 两种。

5. 设置"目录安全性"选项卡

　　"目录安全性"选项卡如图 8-103 所示。

　　"目录安全性"选项卡可以用于 TCP/IP 访问限制，限制的方式有授权访问和拒绝访问两种，且不能同时使用。

　　授权访问方式默认允许用户访问站点，但可以指定不能访问站点的例外地址；拒绝访问方式默认限制所有地址对站点的访问，但可以指定不受限制的例外地址。两种方式中后者的安全性要高些，但限制也较大，通常用于内部 FTP 站点（不对组织外的用户提供服务）；前者则广泛用于公共的下载站点，根据经验或者日志文件的攻击记录将曾经尝试攻击的用户 IP 地址加入"下面列出的除外"列表即可加强站点的安全性。

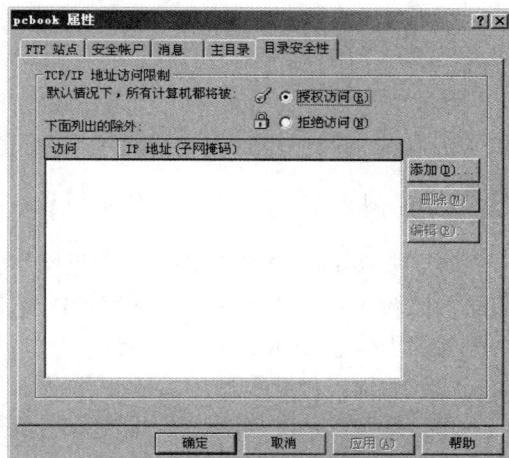

图 8-103　"目录安全性"选项卡

8.4.4　FTP 应用

　　对于客户端来说，可以通过在 IE 浏览器地址栏中输入 FTP 地址上传或下载文件。具体操作步骤如下。

　　步骤 1：在 IE 浏览器地址栏中输入 FTP 地址，例如 ftp://172.31.16.181，如图 8-104 所示。

图 8-104　"ftp://172.31.16.181"站点对话框

步骤 2：在窗口中，选中需要下载的文件，单击鼠标右键，从弹出的快捷菜单中选择"复制"命令，然后将该文件粘贴到本地计算机即可。

当然，如果该 FTP 站点赋予用户"读取"和"写入"的权限，那么用户不仅可以浏览和下载站点中的文件，还可以实现对文件的重命名、删除和上传等操作。

8.5 基于工作过程的实训任务

实训一 配置 DHCP 服务器

1．实训目的

DHCP 服务是 Windows Server 2008 所提供的一种基本服务，通过本次实训，掌握如何在 Windows Server 2008 中配置 DHCP 服务器。

2．实训内容

（1）安装 DHCP 服务程序。最近网络上经常出现 IP 地址冲突现象，手动进行 IP 地址的配置比较困难，于是决定在网络上配置 DHCP 服务器来实现 IP 地址的动态分配与管理。在服务器上安装 DHCP 服务。

（2）启动、停止和暂停 DHCP 服务。

（3）新建 DHCP 作用域，配置作用域分配地址范围、排除地址段、保留地址、作用域选项、查看地址租约等。

3．实训方法

按照以下的参数来进行 DHCP 服务地址区域配置。

（1）可供分配的地址为 168.20.100.100～168.20.100.254。

（2）其中 168.20.100.110~168.10.100.120，不能分配给用户，将作为服务器的保留地址。

（3）地址的租用期限为 10 天。

（4）客户端的默认网关是 168.20.0.1；DNS 服务器是 168.20.0.1。

4．实训总结

（1）DHCP 是实现 IP 地址有效管理的手段之一，在很大程度上可以减少网络管理员的工作量，有效地解决 IP 地址使用的冲突。在实际使用中，可以根据不同的情况提供 DHCP 服务。

（2）写出实训报告。

实训二 配置路由服务器

1．实训目的

练习将 Windows Server 2008 系统配置成网络路由器并在上面进行静态、动态路由协议

（RIP）的配置工作；通过路由筛选器的配置了解路由器的网络管理功能；为后续网络实验提供一个 IP 仿真路由环境。

2．实训内容

（1）在 Windows Server 2008 系统中安装网络路由器，并在此基础上配置与另一台路由器的静态路由，实现路由互通。

（2）在 Windows Server 2008 网络路由器上配置 RIP 动态路由，实现与所有实验网络的路由互通。

（3）进行路由器筛选器的配置工作，实现简单的路由管理功能。

3．实训方法及步骤

现在有两个网络，网络 1 的网络地址为 172.16.1.0/24（内网 LAN-1 的 IP 地址）；网络 2 的网络地址为 192.168.32.0/24（内网 LAN-2 的 IP 地址），组内其他计算机依次从 1 后开始编址，并假设每组至少有四台计算机，172.16.1.151 将被配置成路由器。

（1）环境配置。将本网络中的某台计算机命名为 Win2K，并在上面安装两张网卡，正确安装好相应的驱动程序。将第一块网卡命名为 LAN-1，连接网络 1，IP 设为 172.16.1.151；另一块网卡命名为 LAN-2，连接网络 2，其 IP 设置为 192.168.32.1，子网掩码均为 255.255.255.0。请在指导老师的指导下正确地连接网线。

当正确安装好网卡并连接好网线后，我们可以通过以下步骤进行检查，用鼠标右键单击桌面上的"网上邻居"图标，选择"属性"命令打开"网络连接"窗口。

① 该计算机的两张网卡己正确安装并己通过网线连接到了网络上。用鼠标右键单击"LAN-1"或"LAN-2"，选择"属性"命令，然后选中"Internet 协议（TCP/IP）"，单击"属性"按钮，可以重新设置 IP 地址。

② 根据本网络的 IP 地址规划将局域网内的其他计算机的 IP 地址配置好，并将网关地址配置为 172.16.1.1。

③ 测试计算机相互连通情况并做好记录。

测试 Win2K 与网络 2（例如 192.168.32.2 或与其他路由器的连接 IP 地址）的连通情况（用 ping 命令）；测试 Win2K 与网内其他计算机（例如 172.16.1.*）的连通情况；测试网内计算机之间的连接情况；测试本子网计算机与其他网内计算机之间的连接情况（例如 ping 172.16.1.20）。

> **注意** Win2K 可以 ping 通两个网络内的所有计算机或网络设备，而两个网络内的计算机与所在子网的计算机之间可以相互 ping 通，但网络 1 的计算机不能 ping 通网络 2 的计算机。

（2）路由功能的实现。在操作之前，必须要在"控制面板"→"服务"里将"Windows Firewall/Internet Connection Sharing（ICS）"停止并禁用，否则不能继续操作。

在计算机 Win2K 上选择"开始"→"所有程序"→"管理工具"→"路由和远程访问"命令，打开"路由与远程访问"控制台，单击"操作"菜单中的"配置并启用路由与远程访问"命令，启动"路由和远程服务器安装向导"并完成路由器的安装。

（3）配置静态路由。

① 在"路由和远程访问"控制台的左侧窗口中，用鼠标右键单击"Win2K（本地）"→"IP 路由选择"→"静态路由"，选择"新建静态路由"，打开"静态路由"对话框。

② 然后在"接口"中选"LAN-1"，在"目标"中输入 192.168.32.1，"网络掩码"为 255.255.255.0。此静态路由表示访问网络 2 内的所有计算机。"网关"栏中填入与 Win2K 网络接口 LAN-2 相连接的路由器的 IP 地址（根据网络连接情况确定，要跟 LAN-1 同属一个网段），"跃点数"选 1。

③ 在路由器进行了正常路由配置并启动后，用网络 2 的计算机 ping 网络 1 的计算机的 IP 地址（172.16.1.0/24 子网的 IP），发现已能 ping 通，但不能 ping 通其他组的计算机。

（4）动态路由配置。通过以下操作，先将前面配置的静态路由删除：用鼠标右键单击右边窗口中配置的静态路由，选择"删除"命令将静态路由删除。删除所有的静态路由后，用局域网内的计算机再 ping 其他网段的计算机，发现均不能 ping 通。

下面进行动态路由协议的安装。

① 用鼠标右键单击左边窗口中的"常规"选项，选择"新增路由协议"命令，在打开的"新路由协议"对话框中，选择"用于 Internet 协议的 RIP 版本 2"，单击"确定"按钮，完成协议安装。

② 在"路由和远程访问"控制台中展开"IP 路由选择"，用鼠标右键单击"RIP"选择"新增接口"命令，在"用于 INTERNET 协议的 RIP 版本 2 的新接口"对话框中，选中"LAN-1"，单击"确定"按钮打开 RIP 属性对话框，单击"确定"按钮完成协议配置。如图 8-105 所示。

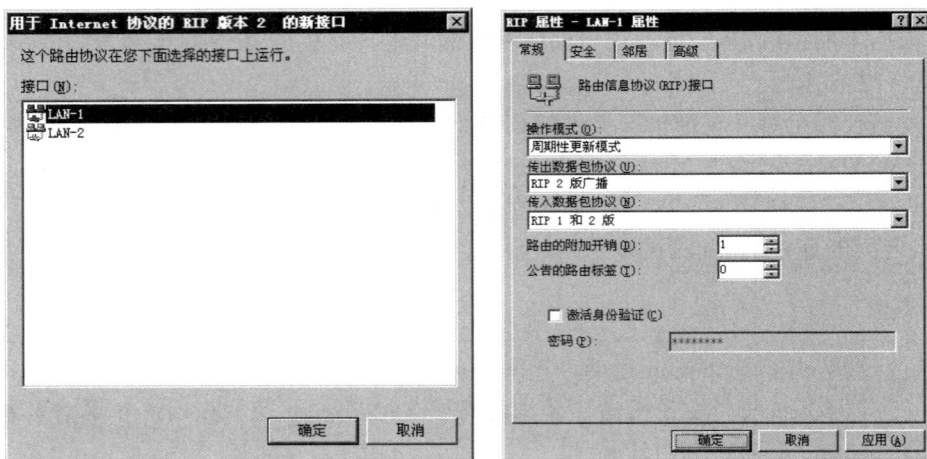

图 8-105　添加动态路由

在其他子网路由器正常配置后，用本子网的计算机 ping 其他子网内的计算机，发现能 ping 通。

（5）路由管理。在 Windows Server 2008 中，路由管理主要是通过配置 IP 筛选器来实现路由过滤条件，如是否允许两个网络或内/外网计算机进行访问及访问的方式等。路由筛选条件既可以在路由器内网接口上实现，也可以在外网接口中实现。一般而言，筛选条件总是离访问目标近处接口上实现。

在"路由和远程访问"控制台左窗口中，选中"常规"，在右边窗口中用鼠标右键单击"LAN-1"或"LAN-2"，选择"属性"命令，打开"属性"对话框，然后根据需求，选择配置"入站筛选器"或"出站筛选器"。

> **提示**　通常筛选条件总是离访问目标近处端口实现。如果是控制局域网内的计算机访问外网，该筛选器应在路由器外网接口（WAN）上设置；若是控制外网计算机访问内网，该筛选器应在路由器内网接口（LAN）上设置。

① 配置路由器，禁止网络 1 的计算机访问局域网内的某台计算机，如 192.168.32.5。

筛选条件总是离访问目标近处端口实现。如果是控制内网的计算，该筛选器应在路由器网络 1 接口（LAN-1）上设置；若是控制外网计算，该筛选器应在路由器网络 2 接口（LAN-2）上设置。不让网络 1 的计算机访问网络 2 内的某台计算机（本例中为注意：该条件的访问目标是子网内，过滤条件在路由器的网络 2 接口上（LAN-2）配置，选用出站筛选器。

② 配置路由过滤条件，指定网络 2 的某一计算机，如 IP 地址为 192.168.32.4，不能访问网络 1 的计算机。

> **注意**　该条件的访问目标是子网外，过滤条件在路由器的网络 1 端口上（LAN-1）配置，选用出站筛选器。

4. 实训总结

（1）路由器是互联网的基础设备之一，通过路由器的路由作用，引导局域网内的计算机访问远程计算机的另一台计算机，而路由器之间通过交换路由信息获知网络拓扑结构的变化。一旦路由错误或路由器发生错误，整个网络将无法正常工作。

（2）根据以上实验写出实验报告。整理整个实验的测试情况，并思考为什么会有这样的结果。

实训三　配置 DNS 服务器

1. 实训目的

帮助学生掌握在 Windows Server 2008 上安装、配置和管理 DNS 服务器。

2. 实训内容

（1）在 Windows Server 2008 上安装和配置 DNS 服务器，实现局域网内的域名解析。

（2）正确配置 DNS 的客户端，实现局域网内计算机的域名解析功能。

（3）申请注册域名，实现基于 Internet 环境的 DNS 解析。

（4）通过实验，正确理解 DNS，掌握 DNS 的配置和调试方法。

3．实训方法及步骤

（1）申请域名。由指导老师和网络管理员申请一个域名，并在局域网络中 IP 地址是 211.100.255.2 的计算机上配置一个 DNS 服务器，其中至少配置本网络中二台以上主机的正反向域名解析，并将其中的一台计算机配置成 WEB 服务器的别名为"www_text"。

我们将 IP 为 211.100.255.2 的计算机命名为"DNS_Server"，并安装 Windows Server 2008，将其作为局域网内的 DNS 服务器，申请的域名为 hongen.com；我们将 IP 地址为 211.100.255.9 的计算机命名为"IISWEB"，其域名为 pcbook.hongen.com，别名为"pcbook"。

① 通过"开始"→"所有程序"→"管理工具"检查在计算机"DNS_Server"是否安装 DNS。如果没有安装，则通过"控制面板"→"添加或删除程序"→"添加/删除 Windows 组件"→"网络服务"选择"域名系统（DNS）"安装域名系统（安装时需要将 Windows Server 2008 安装光盘放入光驱）。

② 选择"开始"→"所有程序"→"管理工具"→"DNS"命令启动域名服务。

③ 将局域网内所有计算机 TCP/IP 属性中的首选 DNS 服务器设置为 211.100.255.2。

④ 回到 DNS_Server 上，用鼠标右键单击 DNS 控制台左窗格中的"正向查找区域"，选择"新建区域"命令，在打开"区域类型"对话框中选择"主要区域"，在打开的"区域名称"中输入区域名称。

⑤ 单击"下一步"按钮，按默认设置进行，完成正向查找区域后的 DNS 控制台。

⑥ 展开"正向查找区域"，用鼠标右键单击控制台左侧"DNS_Server"→"正向查找区域"中的 hongen.com，选择"新建记录"命令，在"新建主机"对话框中，输入"IISWEB"，单击"添加主机"按钮。

⑦ 用鼠标右键单击用鼠标右键单击控制台左侧"DNS_Server"→"正向查找区域"中的 hongen.com，选择"新建别名"命令，在"新建别名"对话框输入"pcbook"，单击"确定"按钮后设置完成。

⑧ 在局域网内 DNS 客户机上进行网络内的 DNS 域名测试（可用 ping 域名的方法或用 nslookup 命令进行），并记录实验结果。

⑨ 在保证子网间路由正常的情况下，在子网内客户机上进行本子网络和其他子网的 DNS 域名测试（可用 ping 域名的方法或用 nslookup 命令进行）。

> 🔔 **注意** 以上配置的域名，在本子网内有效，其他子网不能访问本子网的域名，反之亦然。重复以上步骤，可以配置更多的主机记录和别名记录。

（2）注册局域网内域名。将自己的域名向指导老师或管理员注册，并检查自己的路由配置，保证与其他网络的计算机连通。方法如下：

ping 通其他网络中计算机的 IP 地址；检查与其他域名系统中的计算机能否使用域名进行连通，ping 目的计算机的域名，或用 nslookup 命令进行域名解析。注意：教导老师或管理员管理的域名系统相当于上级域名管理机构，通过注册，可以让所有的计算机均能通过 DNS 方式访问子网的计算机。

（3）为建立的域名建立反向区域查询，并为自己的正向记录建立指针。

（4）为上述配置好的正向区域 DNS 记录配置反向区域的对应记录，并通过 nslookup 命令进行查询确认。

（5）添加子域。在自己的域名下建立新的四级域名，在其区域内增加一个记录，并检查能否进行相应的域名解析（局域网内与局域网外）。

4. 实训总结

（1）通过在 Windows Server 2008 中安装 DNS 服务器，掌握如何配置 DNS 和利用 DNS 服务器提供域名服务。

（2）写出实训报告。

实训四　配置 Web 服务器

1. 实训目的

通过实训熟悉 Windows Server 2008 中 IIS 服务器的安装及默认网站的网页发布，并结合 DNS 的相关内容，将网站调试为基于 WWW 的域名访问。

2. 实训内容

（1）在 Windows Server 2008 上安装 IIS 服务器，并在指定目录发布网站。

（2）根据域名系统调试为基于 WWW 的域名访问（Web 访问）。

（3）进行 Web 安全项的相关配置。

（4）掌握多网站的虚拟配置技术。

3. 实训方法及步骤

（1）配置 IIS 服务器。我们将 IP 为 211.100.255.9 的计算机名改为 IISWeb，把它配置为使用 IIS 服务的 Web 服务器，并通过修改默认主页目录的方法建立自己的主页。网页的主要内容是："洪恩在线"。

① 检查计算机 IISWeb 上是否安装 "Internet 信息服务（IIS）管理器"。若没有安装服务，请先进行安装。

② 单击 "开始" 菜单按钮，选择 "管理工具" → "Internet 信息服务（IIS）管理器" 命令，打开 IIS 控制台。

③ 在 E 盘中创建一个文件夹 "www_text"，并用记事本编写一个文件 index.html，其内容为 "First：洪恩在线"，将其存入 "e:\ www_text" 目录下。

④ 依次展开"IISWEB（本地计算机）"→"网站"，用鼠标右键单击"默认网站"，选择快捷菜单中的"属性"命令，在打开的"属性"对话框中切换到"主目录"选项卡，修改主目录，将其指向"www_text"，然后在"文档"选项卡中的"启用默认内容文档"中增加 index.html 文档。

（2）调试路由。路由的设置方法见实训二"配置路由服务器"，使实验环境中所有 IP 地址均能访问自己的主页，自己也可以通过 IP 地址访问其他同学的主页，即能实现以 http://211.100.255.9 方式访问相应主页。

（3）调试 DNS。调试 DNS 使网站能以 http://pcbook.hongen.com 的形式进行访问。

> **注意** 在自己网络的 DNS 服务器上增加一个主机记录"www"，IP 地址为 211.100.255.9，然后增加一个别名"www_text"，指向 IISWeb。

（4）多网站访问。在 Web 服务器上建立两个以上的网站，并能被正确访问。例如，http://pcbook.hongen.com 和 http://software.hongen.com，通过内容的不同来区分两个网站。

① 新建网页内容。在 D 盘根目录中新建一子目录"www_soft"，并用记事本编写一个文件 index.html，其内容为"Second：软件下载"，将其存入"e:\www_soft"目录。

② 添加 DNS 别名。在 DNS 服务器上启动 DNS 控制台（DNS 服务器的 IP 为 2），为计算机 IISWEB 增加一个别名记录"www_soft"，指向 IISWEB，并进行测试。

③ 添加网站。回到计算机 IISWeb 的 IIS 控制台，用鼠标右键单击"网站"，选择快捷菜单中的"新建"→"网站"命令，启动"网站创建向导"；单击"下一步"按钮，在"IP 地址和端口设置"对话框的"此网站的主机头"文本框中输入主机头名。

④ 设置主目录。单击"下一步"按钮，将主目录指向"e:\www_soft"，并在"文档"选项卡的"启用默认内容文档"中增加 index.html 文档。

⑤ 在浏览器中分别访问这两个域名，测试是否正常。

对构建的网站访问进行安全控制，只能是指定的用户、指定的 IP 地址、指定的域名才能访问。例如，只有第二个实验组可以访问我的主页。

4. 实训总结

写出报告，分析访问测试过程。

实训五 配置 FTP 服务器

1. 实训目的

通过相关实验，掌握有关 FTP 服务器站点的创建、虚拟目录的创建应用及 FTP 站点的管理等相关操作。

2. 实训内容

（1）安装 FTP 服务器并启动服务。

（2）通过 FTP 服务器配置提供网络服务。

（3）管理 FTP 服务器。

3. 实训方法及步骤

（1）在自己管理的计算机网络中，将 IP 为 211.100.255.101 名为 FTPServer 的计算机配置成使用 IIS 管理的 FTP 服务器，并通过修改默认主目录的方法建立 FTP 服务器。

① 检查在 myWeb 计算机上是否安装有 "Internet 服务管理器"。若没有安装服务，则先进行安装。

② 单击 "开始" 菜单按钮，选择 "所有程序" → "管理工具" → "Internet 服务管理器" 命令，启动 IIS 服务。

③ 在 E 盘中，新建目录 "ftp_software"，拷入几个文件。

④ 用鼠标右键单击 IIS 管理器中的 "默认网站"，选择快捷菜单中的 "属性" 命令，在打开的 "属性" 对话框中，设置 "本地路径" 为 "e:\ftp_software"。

（2）调试路由环境（方法请见实训二 "配置路由服务器"），使实验环境中所有 IP 地址均能访问该 FTP 服务器，同时也能通过 IP 地址访问其他同学的 FTP 服务器。在客户机的 IE 地址栏中输入 "ftp://211.100.255.101"，即可实现对 FTP 服务器的访问。

（3）调试相应的 DNS 环境（具体设置方法请见实训三 "配置 DNS 服务器"），使实验环境中的网站均可以实现 ftp://ftp.hongen.com 访问 FTP 服务器。

> **注意**　在自己网络的 DNS 服务器上为 FTP 服务器增加主机记录 FTPServer，然后增加 FTPServer 的别名记录，名称为 FTP。

（4）对 FTP 服务器的访问进行安全控制，只能是指定的 IP 地址或指定的域名才能访问。

> **注意**　在 IIS 管理器中，用鼠标右键单击需要管理的网站，选择 "属性" 命令，打开 "目录安全性属性" 对话框，在 "IP 地址及域名限制" 选项组中单击 "编辑"，打开 "IP 地址及域名限制" 对话框，选择 "授权访问" 或 "拒绝访问" 并添加相应 IP 地址或域名。若将 FTP 站点配置为授权访问，则除加入列表的计算机外，其他计算机都不允许访问；反之，若配置为拒绝访问，则只允许列表中 IP 地址或域名所代表的计算机访问，而拒绝所有其他计算机的访问。

（5）设定默认的 FTP 站点的欢迎信息及退出信息。

（6）用新建站点的方法创建一个名称为 software 的 FTP 站点，用于向网络用户发布常用软件。注意，要将默认 FTP 站点停止。

（7）将 software 站点配置成用户访问，用户名为 test，口令为 test。

① 在 FTPServer 计算机中增加一个用户，用户名为 test，口令设置为 test。

② 在 IIS 管理器中，用鼠标右键单击 software 站点，在 FTP 属性设置对话框 "安全账户" 选项卡中进行设置。

4. 实训总结

通过 IIS 建立和配置 FTP 服务器，写出 FTP 服务器的一些实际应用报告。

8.6　本章小结

1. 动态主机配置协议

该协议是一个简化主机 IP 地址分配管理的 TCP/IP 标准协议，它能够动态地向网络中每台设备分配唯一的 IP 地址，并提供安全、可靠且简单的 TCP/IP 网络配置，确保不发生地址冲突，帮助维护 IP 地址的使用。网络中必须至少有一台 DHCP 服务器。

2. 域名系统

它是一种采用客户/服务器机制，实现名称与 IP 地址转换的系统，是由名称分布数据库组成，它建立了称为域名空间的逻辑树结构，是负责分配、改写、查询域名的综合性服务系统，该空间中的每个节点或域都有唯一的名称。组成 DNS 系统的核心是 DNS 服务器。

本章习题

1. 选择题

（1）使用"DHCP 服务器"功能的好处是（　　　）。

    A. 降低 TCP/IP 网络的配置工作量

    B. 增加系统安全与依赖性

    C. 对那些经常变动位置的工作站 DHCP 能迅速更新位置信息

    D. 以上都是

（2）要实现动态 IP 地址分配，网络中至少要求有一台计算机的网络操作系统中安装（　　　）。

    A. DNS 服务器　　　B. DHCP 服务器　　　C. IIS 服务器　　　D. PDC 主域控制器

（3）DNS 提供了一个（　　　）命名方案。

    A. 分级　　　　　　B. 分层　　　　　　C. 多级　　　　　　D. 多层

2. 填空题

（1）DHCP 服务器的主要功能是：动态分配_____。

（2）DHCP 服务器安装好后并不是立即就可以给 DHCP 客户端提供服务，它必须经过一个_____步骤。未经此步骤的 DHCP 服务器在接收到 DHCP 客户端索取 IP 地址的要求时，并不会给 DHCP 客户端分派 IP 地址。

（3）_____是和正向搜索相对应的一种 DNS 解析方式。

3. 简答题

（1）简述 DHCP 的工作过程。

（2）简述域名解析方式。

（3）简述 WWW 服务的工作过程。

（4）简述 FTP 的工作过程。

第9章 网络安全防护

本章要点

- 理解网络安全的概念，了解网络安全的重要性。
- 了解网络攻击的步骤、原理和方法。
- 理解加密认证过程。
- 了解防火墙的体系结构以及配置防火墙的基本原则。
- 了解电子商务的安全技术。

9.1 网络安全基本概念

网络安全是指网络系统的硬件、软件及其系统中的数据受到保护，不受偶然的或者恶意的原因而遭到破坏、更改、泄露，系统连续可靠正常地运行，网络服务不中断。

从其本质上来讲，网络安全就是网络上的信息安全。从广义来说，凡是涉及网络上信息的保密性、完整性、可用性、真实性和可控性的相关技术和理论都是网络安全的研究领域。

9.1.1 网络安全的重要性

在信息社会中，信息具有和能源同等的价值，在某些时候甚至具有更高的价值。具有价值的信息必然存在安全性的问题，对于企业更是如此。例如，在竞争激烈的市场经济驱动下，每个企业对于原料配额、生产技术、经营决策等信息，在特定的地点和业务范围内都具有保密的要求，一旦这些机密被泄漏，不仅会给企业，甚至也会给国家造成严重的经济损失。网络安全要从以下的几个方面考虑。

1. 网络系统的安全

- 网络操作系统的安全性：目前常用的操作系统 Windows XP/2000 等，均存在网络安全漏洞。
- 来自外部的安全威胁。
- 来自内部用户的安全威胁。
- 通信协议软件本身缺乏安全性。
- 病毒感染。

- 应用服务的安全性。

2. 局域网安全

局域网采用广播方式，在同一个广播域中可以侦听到在该局域网上传输的所有信息包，是不安全的因素。

3. Internet 互连安全

其 Internet 互连安全问题包括：非授权访问、冒充合法用户、破坏数据完整性、干扰系统正常运行或利用网络传播病毒等。

4. 数据安全

- 本地数据安全：本地数据被人删除、篡改，外人非法进入系统。
- 网络数据安全：数据在传输过程中被人窃听、篡改。如数据在通信线路上传输时被人搭线窃取，数据在中继节点机上被人篡改、伪造、删除等。

9.1.2　网络攻击

在网络这个不断更新换代的世界里，网络中的安全漏洞无处不在。即便旧的安全漏洞补上了，新的安全漏洞又将不断涌现。网络攻击正是利用这些存在的漏洞和安全缺陷对系统和资源进行攻击。

目前的网络攻击模式呈现多方位多手段化，让人防不胜防。概括来说分 4 大类：服务拒绝攻击、利用型攻击、信息收集型攻击和假消息攻击。

1. 服务拒绝攻击

服务拒绝攻击企图通过使服务器崩溃或把它压垮来阻止提供服务，服务拒绝攻击是最容易实施的攻击行为，主要包括以下几项。

（1）死亡之 ping（ping of death）。

概念：由于在早期的阶段，路由器对包的最大尺寸都有限制，许多操作系统对 TCP/IP 栈的实现在 ICMP 包上都是规定 64KB，并且在对包的标题头进行读取后，要根据该标题头中包含的信息来为有效载荷生成缓冲区，当产生畸形的，声称自己的尺寸超过 ICMP 上限的包也就是加载的尺寸超过 64KB 上限时，就会出现内存分配错误，导致 TCP/IP 堆栈崩溃，致使接收方当机。

防御：现在所有的标准 TCP/IP 实现都能对付超大尺寸的包，并且大多数防火墙能够自动过滤这些攻击；此外，对防火墙进行配置，阻断 ICMP 及任何未知协议，都将防止此类攻击。

（2）UDP 洪水（UDP flood）

概念：各种各样的假冒攻击利用简单的 TCP/IP 服务，如 Chargen 和 Echo 来传送毫无用处的占满带宽的数据。通过伪造与某一主机的 Chargen 服务之间的一次的 UDP 连接，回复地址指向开着 Echo 服务的一台主机，这样就生成在两台主机之间的足够多的无用数据流，如果有足够多的数据流，就会导致带宽的服务攻击。

防御：关掉不必要的 TCP/IP 服务，或者对防火墙进行配置阻断来自 Internet 的请求这些服务的 UDP 请求。

（3）电子邮件炸弹。

概念：电子邮件炸弹是最古老的匿名攻击之一，通过设置一台机器不断地、大量地向同一地址发送电子邮件，攻击者能够耗尽接受者网络的带宽。

防御：对邮件地址进行配置，自动删除来自同一主机的过量或重复的消息。

（4）Smurf 攻击。

概念：一个简单的 Smurf 攻击通过使用将回复地址设置成受害网络的广播地址的 ICMP 应答请求数据报来淹没受害主机的方式进行，最终导致该网络的所有主机都对此 ICMP 应答请求做出答复，导致网络阻塞，比 ping of death 洪水的流量高出一或两个数量级。更加复杂的 Smurf 将源地址改为第三方的受害者，最终导致第三方崩溃。

防御：为了防止黑客利用用户的网络攻击他人，关闭外部路由器或防火墙的广播地址特性。为防止被攻击，在防火墙上设置规则，丢弃掉 ICMP 包。

2. 利用型攻击

利用型攻击是一类试图直接对机器进行控制的攻击，最常见的有以下 3 种：

（1）口令猜测。

概念：一旦黑客识别了一台主机而且发现了基于 NetBIOS、Telnet 或 NFS 这样的服务的可利用的用户账号，成功的口令猜测能提供对机器控制。

防御：要选用难以猜测的口令，比如词和标点符号的组合。确保像 NFS、NetBIOS 和 Telnet 这样可利用的服务不暴露在公共范围。如果该服务支持锁定策略，就进行锁定。

（2）特洛伊木马。

概念：特洛伊木马是一种或是直接由一个黑客，或是通过一个不令人起疑的用户秘密安装到目标系统的程序。一旦安装成功并取得管理员权限，安装此程序的人就可以直接远程控制目标系统。

最有效的一种称为后门程序，恶意程序包括 NetBus、BackOrifice 和 BO2k，用于控制系统的良性程序，如 netcat、VNC、pcAnywhere。理想的后门程序透明运行。

防御：避免下载可疑程序并拒绝执行，运用网络扫描软件定期监视内部主机上的监听 TCP 服务。

（3）缓冲区溢出。

概念：由于在很多的服务程序中大意的程序员使用 strcpy（），strcat（）类似的不进行有效位检查的函数，最终可能导致恶意用户编写一小段利用程序来进一步打开安全豁口，然后将该代码缀在缓冲区有效载荷末尾，这样当发生缓冲区溢出时，返回指针指向恶意代码，这样系统的控制权就会被夺取。

防御：利用 SafeLib、tripwire 这样的程序保护系统，或者浏览最新的安全公告不断更新操作系统。

3. 信息收集型攻击

信息收集型攻击并不对目标本身造成危害，这类攻击被用来为进一步入侵提供有用的信息。主要包括下面几种方式。

（1）地址扫描。

概念：运用 ping 这样的程序探测目标地址，对此作出响应的表示其存在。

防御：在防火墙上过滤掉 ICMP 应答消息。

（2）端口扫描。

概念：通常使用一些软件，向大范围的主机连接一系列的 TCP 端口，扫描软件报告它成功地建立了连接的主机所开的端口。

防御：许多防火墙能检测到是否被扫描，并自动阻断扫描企图。

（3）体系结构探测。

概念：黑客使用具有已知响应类型的数据库的自动工具，对来自目标主机的、对坏数据报传送所作出的响应进行检查。由于每种操作系统都有其独特的响应方法，通过将此独特的响应与数据库中的已知响应进行对比，黑客经常能够确定出目标主机所运行的操作系统。

防御：去掉或修改各种 Banner，包括操作系统和各种应用服务的，阻断用于识别的端口扰乱对方的攻击计划。

（4）DNS 域转换。

概念：DNS 协议不对转换或信息性的更新进行身份认证，这使得该协议被人以一些不同的方式加以利用。如果用户维护着一台公共的 DNS 服务器，黑客只需实施一次域转换操作，就能得到用户所有主机的名称及内部 IP 地址。

防御：在防火墙处过滤掉域转换请求。

4. 假消息攻击

用于攻击目标配置不正确的消息，主要包括 DNS 高速缓存污染、伪造电子邮件。

（1）DNS 高速缓存污染。

概念：由于 DNS 服务器与其他名称服务器交换信息的时候并不进行身份验证，这就使得黑客可以将不正确的信息掺进来，并把用户引向黑客自己的主机。

防御：在防火墙上过滤入站的 DNS 更新，外部 DNS 服务器不应能更改用户的内部服务器对内部机器的认识。

（2）伪造电子邮件。

概念：由于 SMTP 并不对邮件的发送者的身份进行鉴定，因此黑客可以对用户的内部客户伪造电子邮件，声称是来自某个客户认识并相信的人，并附带上可安装的特洛伊木马程序，或者是一个引向恶意网站的连接。

防御：使用 PGP 等安全工具并安装电子邮件证书。

9.2 数据加密和数字签名

计算机网络的安全主要涉及传输的数据安全和存储的数据安全问题。它包含两个主要内容：一是数据保密性，即防止非法地获悉数据；二是数据完整性，即防止非法地编辑数据。解决这两个问题的基础是现代密码学。

对于网络中传输的数据，通常有两种攻击形式，如图 9-1 所示。一种是被动窃听，这是数据保密性的问题，通常是指非法搭线窃听，截取通信内容进行密码分析。另一种是主动窃听，对应着数据完整性的问题，通常是指非法修改传输的报文，例如插入一条非法的报文、重发原先的报文、删除一条报文、修改一条报文等。

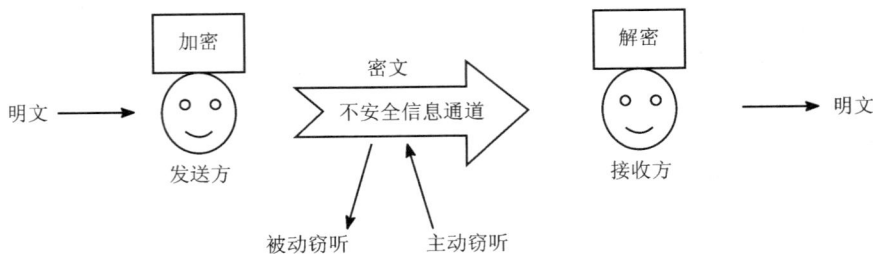

图 9-1　网络通信安全的威胁

对于存储的数据，在保密性方面，通常采用 5 种不同的控制方法，即密码控制、访问控制、漏洞扫描、入侵监测和防火墙等；此外，还包括备份与数据恢复等手段。本节仅介绍数据传输过程中的数据加密和数字签名技术。

9.2.1　数据加密

用户在网络上相互通信，其主要危险是被非法窃听。例如，采用搭线窃听，对线路上传输的信息进行截获；采用电磁窃听，对用无线电传输的信息进行截获等。因此，对网络传输的报文进行数据加密，是一种很有效的反窃听手段。通常采用某种算法对原文进行加密，然后将密码电文进行传输，即使被截获，一般也难以及时破译。

密码技术不仅具有信息加密的功能，而且具有数字签名、身份验证、秘密分存、系统安全等功能。所以使用密码技术不仅可以保证信息的机密性，而且可以保证信息的完整性和正确性，防止信息被修改、伪造或假冒。

密码学的基本思想是伪装信息，使得未授权的人无法理解它的含义。所谓伪装，就是将计算机中的信息进行一组可逆的数字变换的过程。有以下几个相关的概念必须理解。

- 加密（Encryption，记为 E）。将计算机中的信息进行一组可逆的数学变换的过程。用于加密的这一组数学变换，称为加密算法。
- 明文（Plaintext，记为 P）。信息的原始形式，也即是加密前的原始信息。
- 密文（Ciphertext，记为 C）。明文经过了加密后就变成了密文。
- 解密（Decryption，记为 D）。授权的接收者接收到密文后，进行与加密相反的变换去掉密文的伪装，恢复明文的过程，就称为解密。用于解密的一组数学变换，称为解密算法。

可见，加密和解密是两个相反的数学变换过程，它们都是用一定的算法实现的。为了有效地控制这种数学变换，需要一组参与变换的参数，这种在变换过程中通信双方掌握的专门的信息，就称为密钥（Key）。加密过程是在加密密钥（记为 K_e）的参与下进行的，同样的，解密过程是在解密密钥（记为 K_d）的参与下完成的。数据加密和解密的模型如图 9-2 所示。

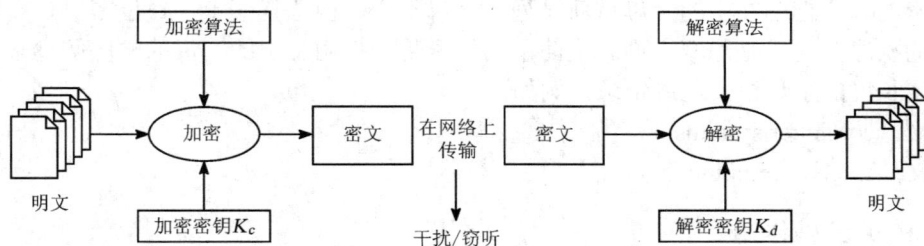

图 9-2　数据加密、解密模型示意图

在上图中，将明文加密为密文的加密过程可以表示为 $C=E$（P，K_e），将密文解密为明文的解密过程可以表示为 $P=D$（C，K_d）。

计算机密码学的发展，可以分为两个阶段。第一阶段称为传统方法的密码学阶段。此时，计算密码工作者继续沿用传统密码学的基本观念，即解密是加密的逆过程，两者所用的密钥是可以互相推导的，因此无论加密密钥还是解密密钥都必须严格保密，这种方案用于集中式系统是行之有效的。第二个阶段，向两个方向发展，一个方向是传统的私钥密码体制（DES），另一个方向是公开密钥密码（RSA）。

1. 传统加密算法

在传统的加密算法中，加密密钥与解密密钥是相同的或者可以由其中一个推知另一个，称为对称密钥算法。这样的密钥必须秘密保管，只能为授权用户所知，授权用户既可以用该密钥加密信息，也可以用该密钥解密信息。

传统的加密方法，其密钥是由简单的字符串组成的，可以经常改变。因此，这种加密模型是稳定的，它的优点就在于可以秘密而又方便地变换密钥，从而达到保密的目的，传统的加密方法可以分为两大类：替代密码和换位密码。

替代密码是用一组密文字母代替一组明文字母，但保持明文字母的位置不变。在替代法加密体制中，使用了密钥字母表。它可以由一个明文字母表构成，也可以由多个明文字母表构成。由一个字母表构成的替代密码，称为单表密码；其替代过程就是在明文和密码字符之间进行一对一的映射。如果是由多个字母表构成的替代密码，称为多表密码；其替代过程与前者不同之处在于，明文的同一字符可在密码文中表现为多种字符。因此，在明码文与密码文的字符之间的映射是一对多的。例如：

明文：canyoubelieveher

密钥：

3	4	2	1	8	7	6	5
c	a	n	y	o	u	b	e
9	10	11	12	20	19	18	17
1	1	e	v	e	h	e	r

密文：34218765910111220191817

换位密码根据一定的规则重新安排明文字母，使其成为密文。换位密码是采用移位法进行加密的。它把明文中的字母重新排列，字母不变，但位置变了。换位密码是靠重新安排字母的次序，而不是隐藏它们。最简单的例子是，把明文中的字母的顺序倒过来写，然后以固定长度的字母组发送或记录，例如：

明文：computer systems

密文：smetsys retupmoc

2. 私钥密码体制

DES 是对称加密算法中最具代表性的一种，又称为对称密码或私钥密码。

DES 是一种典型的按分组方式工作的密码，是两种基本的加密方法——替代和换位细致而复杂的结合。它通过反复应用这两项技术来提高其强度，经过总共 16 轮的替代和换位的变换后，使得密码分析者无法获得该算法一般特性以外更多的信息。DES 密码系统的原理框架图如图 9-3 所示。

图 9-3　私钥密码系统的原理图

DES 由于加密和解密时所用的密钥是相同的或者是相似的，因此，可以由加密密钥推导得出解密密钥。反之亦然，密钥必须保密，故采用另外一个安全信道来发送密钥，但是这个信道也有受到攻击的可能性。

私钥密码的优点：安全性高，加密解密速度快。缺点：随着网络规模的扩大，密钥的管理成为一个难点；无法解决消息确认问题；缺乏自动检测密钥泄露的能力。

3. 公钥密码体制

公开密钥加密技术的出现是密码学方面的一个巨大进步，它需要使用一对密钥来分别完成加密和解密操作。这对密钥中的一个公开发布，称为公开密钥（Public-Key）；另一个由用户自己安全保存，称为私有密钥（Private-Key）。信息发送者首先用公开密钥去加密信息，而信息接收者则用相应的私有密钥去解密。通过数学的手段保证加密过程是一个不可逆过程，即用公钥加密的信息只能用与该公钥配对的私有密钥才能解密。常用的算法有 RSA、ElGamal 等。

用公开密钥 PUK 加密可表示为

$$EPUK（m）= c$$

公开密钥和私有密钥是不同的，用相应的私有密钥 PRK 解密可表示为

$$DPRK（c）= m$$

在通信过程中，使用公钥技术进行信息加密和解密的流程如图 9-4 所示。

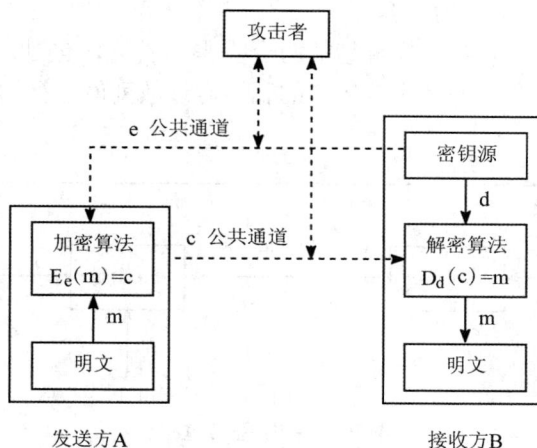

图 9-4　使用公钥加密技术的通信双方示意图

　　虽然公钥体制从根本上取消了对称密码算法中的密钥分配问题，但并没有提供一个完整的解决方案，仍然有很多的缺点。如果用户同时向三个人发送同样的信息时，使用公钥体制，就必须进行三次加密处理；公钥算法相对对称算法来讲，其计算速度非常慢；另外，公钥算法也要求一种使公钥能广为发布的方法和体制，如认证机构 CA 或公钥基础设施 PKI 系统等。

9.2.2　数字签名

　　日常生活中，通过对某文档进行手写签名来保证文档的真实有效性，可以对签字方进行约束，并把文档与签名同时发送以作为日后查证的依据。在网络环境中，可以用数字签名来模拟手写签名，从而为电子商务提供不可否认服务。

　　把 Hash 函数和公钥算法结合起来，可以在提供数据完整性的同时来保证数据的真实性。完整性保证传输的数据没有被修改，而真实性则保证是由确定的合法者产生的 Hash，而不是由其他人假冒。把这两种机制结合起来就可以产生所谓的数字签名（Digital Signature）。

　　简单地说，Hash 函数就是一种将任意长度的消息压缩到某一固定长度的消息摘要的函数。将报文按双方约定的 Hash 算法计算得到一个固定位数的报文摘要值。只要改动报文的任何一位，重新计算出的报文摘要就会与原先值不符，这样就保证了报文的不可更改。然后把该报文的摘要值用发送者的私人密钥加密，并将该密文同原报文一起发送给接收者，所产生的报文即为数字签名。

　　接收方收到数字签名后，用同样的 Hash 算法对报文计算摘要值，然后与用发送者的公开密钥进行解密解开的报文摘要值相比较。如相等则说明报文确实来自发送者，因为只有用发送者的签名私钥加密的信息才能用发送者的公钥解开，从而保证了数据的真实性。

数字签名相对于手写签名在安全性方面具有如下好处：数字签名不仅与签名者的私有密钥有关，而且与报文的内容有关，因此不能将签名者对一份报文的签名复制到另一份报文上，同时也能防止修改报文的内容。

从一个消息中创建一个数字签名包括两个步骤。首先，创建一个消息的散列值（也称为消息摘要），然后签名，即利用签名者的私钥对该散列值进行加密。具体过程如图 9-5 所示。

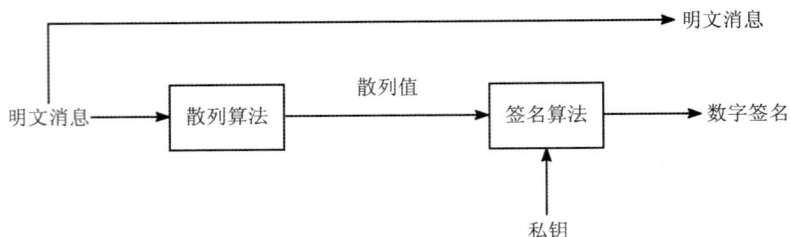

图 9-5　数字签名过程

为了验证一个数字签名，必须同时获得原始消息和数字签名。首先，利用同签名相同的方法计算消息的散列值，然后利用签名者公钥解密签名获取原散列值，如果两个散列值相同，则可以验证发送者的数字签名，整个过程如图 9-6 所示。

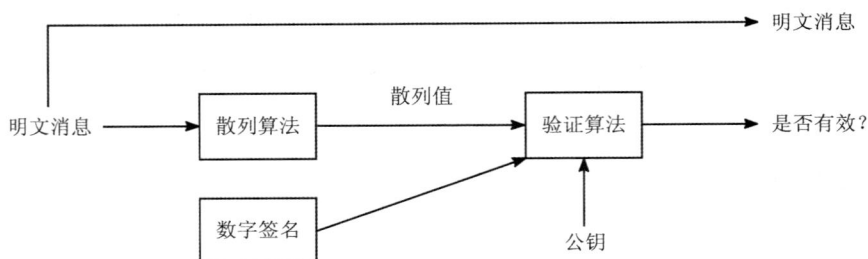

图 9-6　签名验证过程

9.3　网络安全技术

随着网络在社会各方面的延伸，进入网络的手段也越来越多，网络安全的内涵也就发生了根本的变化，它不仅从一般性的防卫变成了一种非常普通的防范，而且还从一种专门的领域变成了无处不在。

9.3.1　防火墙

在各种网络安全工具中，成熟最早、用得最多的应属防火墙产品了。防火墙是一种综合性的科学技术，涉及网络通信、数据加密、安全决策、信息安全、硬件研制软件开发等综合性课题。

1. 防火墙的基本概念

防火墙是指设置在不同网络或网络安全域之间的一系列部件的组合。它是不同网络或网络安全域之间信息的唯一出入口，能根据企业的安全策略控制（允许、拒绝、监测）出入网络的信息流，且本身具有较强的抗攻击能力。它是提供信息安全服务、实现网络和信息安全的基础设施。

在逻辑上，防火墙是一个分离器，一个限制器，也是一个分析器。它有效地监控了内部网和 Internet 之间的任何活动，保障了内部网络的安全。

2. 防火墙的体系结构

按体系结构可以把防火墙分为包过滤防火墙、屏蔽主机防火墙、屏蔽子网防火墙和一些防火墙结构的变体几种类型。

（1）包过滤型防火墙

包过滤型防火墙往往可以用一台屏蔽路由器来实现，对所接收的每个数据报作允许或拒绝的决定，即存储或转发，如图 9-7 所示。路由器审查每个数据报以便确定其是否与某一条包过滤规则匹配，过滤规则基于可以提供给 IP 转发过程的包头信息。包头信息中包括 IP 源地址、IP 目标地址、内装协议（如 ICP、UDP、ICMP 或 IP Tunnel）TCP/UDP 目标端口、ICMP 消息类型和 TCP 包头中的 ACK 位。包的进入接口和出接口如果有匹配，并且规则允许该数据报通过，那么该数据报就会按照路由表中的信息被转发。如果有匹配并且规则拒绝该数据报，那么该数据报就会被丢弃。如果没有匹配规则，用户配置的默认参数就会决定是转发还是丢弃数据报。

（2）屏蔽主机防火墙

这种防火墙强迫所有的外部主机与一个堡垒主机相连接，而不让它们直接与内部主机相连。为了实现这个目的，专门设置了一个过滤路由器，通过它把所有外部到内部的连接都路由到了堡垒主机上。图 9-8 所示为屏蔽主机防火墙的结构。

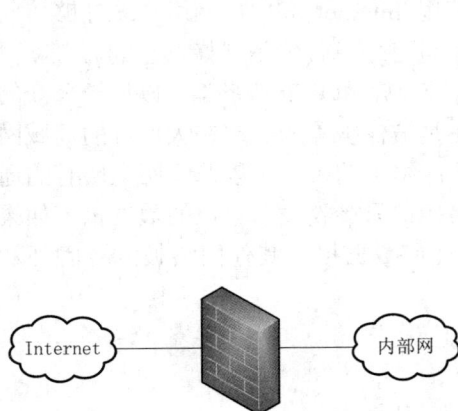

图 9-7　包过滤型防火墙

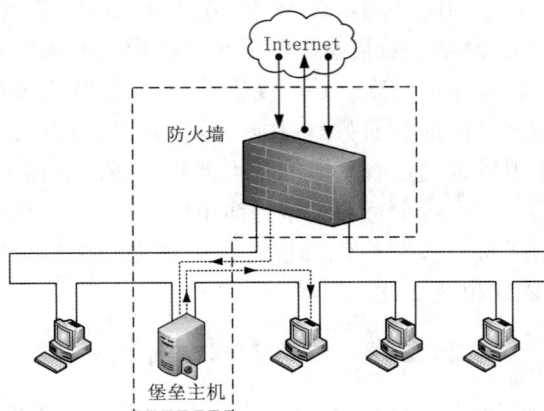

图 9-8　屏蔽主机防火墙体系结构

在这种体系结构中，堡垒主机位于内部网络，屏蔽路由器连接 Internet 和内部网，它是防火墙的第一道防线。屏蔽路由器需要进行适当的配置，使所有的外部连接被路由到堡垒主机上。并不是所有服务的入站连接都会被路由到堡垒主机上，屏蔽路由器可以根据安全策略允许或禁止某种服务的入站连接（外部到内部的主动连接）。

对于出站连接（内部网络到外部不可信网络的主动连接），可以采用不同的策略。对于一些服务，如 Telnet，可以允许它直接通过屏蔽路由器连接到外部网而不通过堡垒主机，其他服务，如 WWW 和 SMTP 等，必须经过堡垒主机才能连接到 Internet，并在堡垒主机上运行该服务的代理服务器。怎样安排这些服务取决于安全策略。

因为这种体系结构有堡垒主机被绕过的可能，而堡垒主机与其他内部主机之间没有任何保护网络安全的工具存在，所以人们开始趋向另一种体系结构——屏蔽子网。

（3）屏蔽子网防火墙

屏蔽子网在本质上和屏蔽主机是一样的，但是增加了一层保护体系——周边网络，堡垒主机位于周边网络上，周边网络和内部网络被内部屏蔽路由器分开，其结构示意图如图9-9所示。

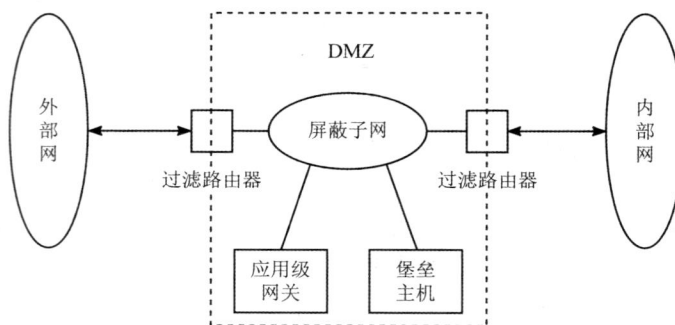

图 9-9　屏蔽子网体系结构

周边网络也称为"停火区"或者"非军事区"（DMZ），网络管理员将堡垒主机、信息服务器、MODEM 组以及其他公用服务器放在 DMZ 网络中。DMZ 网络很小，处于 Internet 和内部网络之间。在一般情况下，将 DMZ 配置成使用 Internet 和内部网络系统能够访问 DMZ 网络上数目有限的系统，而通过 DMZ 网络直接进行信息传输是严格禁止的。

在周边网络上，可以放置一些信息和服务器，如 WWW 和 FTP 服务器，以便于公众的访问。但这些服务器可能会受到攻击，但内部网络还是被保护着的。现在大部分的局域网采用以太网，以太网的特点就是广播，这样一台位于网络上的机器可以监听网上所有的通信。实现这个目的是极为简单的，一般情况下，网络接口只接收发向自己的数据报。如果网络接口被置成混合模式，则该网络接口可以接收任何数据报，其他网络技术令牌环和 FDDI 也是如此。

3. 配置防火墙的基本原则

默认情况下，所有的防火墙都是按以下两种情况配置的。

- 拒绝所有的流量，这需要在网络中特殊指定能够进出的流量类型。
- 允许所有的流量，这种情况需要特殊指定要拒绝的流量的类型。

在防火墙的配置中，首先要遵循的原则就是安全实用，从这个角度考虑，在防火墙的配置过程中需坚持以下 3 个基本原则。

（1）简单实用：对防火墙环境设计来讲，越简单越好。其实，这也是任何事物的基本原则。越简单的实现方式，越容易理解和使用。而且是设计越简单，越不容易出错，防火墙的安全功能越容易得到保证，管理也越可靠和简便。

（2）全面深入：单一的防御措施是难以保障系统的安全的，只有采用全面的、多层次的深层防御战略体系，才能实现系统的真正安全。在防火墙配置中，我们不要停留在几个表面的防火墙语句上，而应系统地看等整个网络的安全防护体系，尽量使各方面的配置相互加强，从深层次上防护整个系统。这方面可以体现在两个方面：一方面体现在防火墙系统的部署上，多层次的防火墙部署体系，即采用集网边界防火墙、部门边界防火墙和主机防火墙于一体的层次防御；另一方面将入侵检测、网络加密、病毒查杀等多种安全措施结合在一起的多层安全体系。

（3）内外兼顾：防火墙的一个特点是防外不防内，其实在现实的网络环境中，80%以上的威胁都来自内部，所以要树立防内的观念，对内部威胁可以采取其他安全措施，比如入侵检测、主机防护、漏洞扫描、病毒查杀。这方面体现在防火墙配置方面就是要引入全面防护的观念，最好能部署与上述内部防护手段一起联动的机制。目前来说，要做到这一点比较困难。

4. 防火墙产品介绍

下面主要介绍几款目前市场上常见的防火墙产品。这些产品都具有其独特的技术特点，因此能够在业界占有一席之地。当然，随着国内防火墙厂商的成熟，在防火墙的低端应用上，国内防火墙依靠其明显的售后服务优势已经可以与国外防火墙一争短长。但在防火墙的高端应用上，国外防火墙仍然占有主导地位。

（1）Firewall-1 防火墙。

美国 CheckPoint 是一家专业从事网络安全产品开发的公司，是软件防火墙领域中的佼佼者，其开发的软件防火墙产品 CheckPoint Firewall-1 在全球软件防火墙产品中排名第一。Firewall-1 是一个综合的、模化的安全产品，基于策略的解决方案，能够让管理员指定网络访问按部署的时间段进行控制，Firewall-1 还能够将处理任务分散到一组工作站上，从而减轻相应防火墙服务器、工作站的负担。CheckPoint Firewall-1 防火墙的操作在操作系统的核心层进行，而不是在应用程序，防火墙系统能达到最高的性能、最佳的扩展与升级，同时，Firewall-1 支持基于 Web 的多媒体和 UDP 应用程序，采用多重验证模板和方法，使网络管理员非常简单验证客户端、会话和用户对网络的访问。

而 Checkpoint 由于架构不依赖硬件，因此理论上功能是可以无限扩充的，它能给客户更多的控制和定制功能。同时 CheckPoint Firewall-1 是一个跨平台防火墙系统，目前支持 Windows 98/NT/2000/XP/2000，SUN OS、SunSolaris、IBM AIX、HP-UN、FreeBSD 及各类 Linux 系统。就目前来讲，Firewall-1 是全球认可的软件防火墙产品。当然，价格偏高也是 CheckPoint 公司的一个不足之处。

（2）Microsoft ISA Server 软件防火墙。

Microsoft ISA Server 企业级防火墙是全球最大的软件公司——微软公司最新发布的防

火墙产品。最新的产品是正在测试的 ISA Server 2008。作为 Microsoft Windows Server System 的成员之一，ISA Server 2008 企业级防火墙是一个安全、易于使用且经济高效的解决方案，可帮助 IT 专业人员抵御不断涌现的新安全威胁。ISA Server 2008 是一个应用层防火墙，旨在改善用户的网络安全。实现了对应用层的攻击的防护，数据过来后，ISA Server 2008 企业级防火墙会将应用层内容打开，同时对包头部分及应用层内容进行检测，如果发现与已知攻击代码相符，立刻将该数据流作为不合法数据流进行阻止，严禁攻击数据流发送到服务器，从而能够比较有效地防护这种伪装起来的攻击，使得 ISA Server 2004 实现高级防护，最大程度保护应用程序。

不足之处：Microsoft ISA Server 企业级防火墙是在应用层对网络包进行检查，在安装过防火墙后，会对网络传输速度有所影响，造成一种网络资源的消耗，更是一种信息流通的阻碍。Microsoft ISA Server 企业级防火墙目前只支持 Windows 操作系统，部署采用 Client/Server 模式安装相应的防火墙软件。

（3）Cisco PIX 系列防火墙。

Cisco PIX 是最具代表性的硬件防火墙。由于它采用了自有的实时嵌入式操作系统，因此减少了黑客利用操作系统 BUG 攻击的可能性。就性能而言，Cisco PIX 是同类硬件防火墙产品中最好的，对 100BaseT 可达线速。因此，对于数据流量要求高的场合，如大型的 ISP，应该是首选。但是，其优势在软件防火墙面前便不呈现不明显了。其缺点主要有 3 个：其一，价格昂贵；其二，升级困难；其三，管理复杂。

与 Microsoft ISA Server 防火墙管理模块类似，Cisco 公司也提供了集中式的防火墙管理工具 Cisco Security Policy Manager。PIX 可以阻止可能造成危害的 SMTP 命令，但是在 FTP 方面它不能像大多数产品那样控制上传和下载操作。在日志管理、事件管理等方面远比不上 ISA Server 防火墙管理模块那么强劲易用，在对第三方厂商产品的支持这方面尤其显得不足。

（4）Cyberwall PLUS 防火墙。

Network-1 公司是分布式网络入侵防护产品方面的先驱，其安全产品 Cyberwall PLUS 为电子商务的安全开展提供了保障。其中，主机驻留式防火墙 Cyberwall PLUS-SV 是全球第一个支持 Windows NT/2000/XP 的嵌入式防火墙。它所提供的网络入侵防护功能保护了重要的信息服务器免受内部人员所进行的访问破坏。

Cyberwall PLUS 防火墙分为两个版本：Cyberwall PLUS-SV 和 Cyberwall PLUS-WS。前者是服务器版本，对服务器的安全提供了新一代的先进保护机制。而后者是工作站版本，采用了企业级的防护技术来为台式机、笔记本电脑和工作站提供完备的安全保证。

Network-1 致力于基于主机的安全保护领域，能够提供主机级的存取控制，因此相当于企业网络边缘的边界防火墙。Cyberwall PLUS 防火墙的过滤引擎使用简单的程序运行结构，使得数据报的状态分析变得更有效率，从而快速判断主机的数据报是否允许通过或需要加以拒绝。状态检测使用协议强迫校正的方式，而不是列举所有已知的有害偏差行为与事件，来处理相关协议的弱点。这种将处理焦点关注在弱点的方式，使 Cyberwall PLUS 防火墙能够保护主机系统免于受到新型攻击的威胁，因为用户无须经常性地更新攻击特征库。

9.3.2　防黑客

1. 常见黑客技术

通过对黑客入侵手法的分析，可以知晓如何防止自己被黑并解决被入侵的问题。下面将常见的黑客攻击手段进行简单介绍，以做到知己知彼，有效达到"防黑"的目的。

（1）驱动攻击。

当有些表面看来无害的数据被邮寄或复制到 Internet 主机上并被执行发起攻击时，就会发生数据驱动攻击。例如，一种数据驱动的攻击可以造成一台主机修改与安全相关的文件，从而使入侵者下一次更容易入侵该系统。

（2）系统漏洞攻击。

UNIX 系统是公认的最安全、最稳定的操作系统之一，不过它也像其他软件一样有漏洞，一样会受到攻击。UNIX 操作系统可执行文件的目录，如/bin/who 可由所有的用户进行访问，攻击者可以从可执文件中得到其版本号，从而知道它会具有什么样的漏洞，然后针对这些漏洞发动攻击。

（3）信息攻击法。

攻击者通过发送伪造的路由信息，构造源主机和目标主机的虚假路径，从而使流向目标主机的数据报均经过攻击者的主机。这样就给攻击者提供了敏感的信息和有用的密码。

（4）信息协议的弱点攻击法。

IP 源路径选项允许 IP 数据报自己选择一条通往目的主机的路径。设想攻击者试图与防火墙后面的一个不可到达主机 A 连接，他只需要在送出的请求报文中设置 IP 源路径选项，使报文有一个目的地址指向防火墙，而最终地址是主机 A。当报文到达防火墙被允许通过，因为它指向防火墙而不是主机 A。防火墙的 IP 层处理该报文的源路径域，并发送到内部网上，报文就这样到达了不可到达的主机 A。

（5）系统管理员失误攻击法。

网络安全的重要因素之一就是人，无数事实表明"堡垒最容易从内部攻破"。因而人为的失误，如 WWW 服务器系统的配置差错，普通用户使用权限扩大等，就给黑客造成了可乘之机，黑客常利用系统管理员的失误，使攻击得到成功。

2. 防范黑客入侵的措施

（1）选用安全的口令。

根据多个黑客软件的工作原理，参照口令破译的难易程度，以破解需要的时间为排序指标，用户在设置口令时应该含有大小写字母、数字，有控制符更好；不要用 admin、guest、server、生日、电话号码之类的便于猜测的字符组作为口令；并且应保守口令秘密并经常改变口令，间隔一段时间要修改超级用户口令，另外要管好这些口令，不要把口令记录在非管理人员能接触到的地方。

（2）实施存取控制。

存取控制规定何种主体对何种实体具有何种操作权力。存取控制是内部网络安全理论的重要方面，它包括人员权限、数据标识、权限控制、控制类型、风险分析等内容。管理人员应管好用户权限，在不影响用户工作的情况下，尽量减小用户对服务器的权限，以免一般用户越权操作。

（3）确保数据的安全。

最好通过加密算法对数据处理过程进行加密，并采用数字签名及认证来确保数据的安全。

（4）谨慎开放缺乏安全保障的应用和端口。

开放的服务越多，系统被攻破的风险就越大，应以尽量少的服务来提供最大的功能。

（5）定期分析系统日志。

一般黑客在攻击系统之前都会进行扫描，管理人员可以通过记录中的先兆来进行预测，做好应对准备。

（6）及时完善服务器系统。

不断完善服务器系统的安全性能，很多服务器系统都被发现有不少漏洞，服务商会不断在网上发布系统的补丁。为了保证系统的安全性，应随时关注这些信息，及时完善自己的系统。

（7）进行动态站点监控。

应及时发现网络遭受攻击情况并加以追踪和防范，避免对网络造成更大损失。

（8）用安全管理软件测试自己的站点。

测试网络安全的最好方法是自己定期地尝试进攻自己的系统，最好能在入侵者发现安全漏洞之前自己先发现。

（9）第三方网络安全评估。

请第三方评估机构或专家完成网络安全评估，把未来可能的风险降到最小。

（10）做好数据的备份工作。

这是非常关键的一个步骤，有了完整的数据备份，当遭到攻击或系统出现故障时才可能迅速地恢复系统。

（11）使用防火墙。

防火墙正在成为控制对网络系统访问的非常流行的方法。事实上，在 Internet 上的 Web 网站中，超过 1/3 的都是由某种形式的防火墙加以保护，这是对黑客防范最严，安全性较强的一种方式，任何关键性的服务器都建议放在防火墙后。任何对关键服务器的访问都必须通过代理服务器，这虽然降低了服务器的交互能力，但为了安全，这是值得的。

9.3.3　防病毒

计算机病毒是人为制作的一个程序，一段可执行代码。像生物病毒一样，计算机病毒有独特的复制能力，一旦感染可以迅速蔓延，而且常常难以根除。它们能把自身附着在各种类型的文件上，当文件被复制或从一个用户传送到另一个用户时，它们就随同文件一起蔓延开来。具有破坏性（占用资源；破坏数据；干扰系统、W-BOOT 等出音、出字；破坏BIOS 等）、灵活性（几千个字节不易被发现）、传染性（能自我复制）、潜伏性（不马上发作，满足一定条件就发作，如黑色星期五）、衍生性（能产生各种变种）、针对性（PC不能传到Macintosh机；UNIX系统不能传到DOS）和隐蔽性（附在正常程序中，以隐含文件出现，不经代码分析很难发现）。为了防止计算机感染病毒，需要学习有关杀除病毒方法。

1. 瑞星杀毒软件

瑞星公司是我国大陆主要的几家反病毒软件厂商之一，其推出了基于多种操作系统的瑞星杀毒软件单机版、网络版、防毒墙、防火墙、入侵检测、数据保护、漏洞扫描和VPN等系列产品，是全球第三家也是国内唯一一家可以提供全系列信息安全产品和服务的专业厂商。通过和政府机构、商业伙伴及媒体有着广泛而深入的合作关系，借助内外部各种资源，目前已建成五大安全网络体系——全球计算机病毒监测网、全球计算机病毒应急处理网、全国计算机病毒预报网、全国反病毒服务网及全球病毒疫情监测网。

在公安部组织的计算机病毒防治产品评测中，"瑞星杀毒软件"单机版、网络版曾双双荣获总分第一的殊荣，并连续5年蝉联至今。公司拥有国内最大、最具实力的反病毒和网络安全研发队伍，并且拥有国内安全行业唯一的"电信级"呼叫服务中心和"在线专家门诊"Online服务系统。

瑞星杀毒软件系列包括网络版和单机版，提供杀病毒、个人防火墙、特洛伊木马检测等功能，并提供简体中文、繁体中文、英文、日文的多语言版本。瑞星杀毒软件（Rising Antivirus）（也简称RAV）采用获得欧盟及中国专利的6项核心技术，形成全新软件内核代码；具有8大绝技和多种应用特性；是目前国内外同类产品中最具实用价值和安全保障的一个。其中,同时获得欧盟和中国专利的"病毒行为分析判断技术"，更是具有划时代的意义——依靠这项专利技术，瑞星杀毒软件可以从未知程序的行为方式判断其是否有害并予以相应的防范。这对于目前已经广泛使用的，依赖病毒特征代码对比进行病毒查杀的传统病毒防范措施，无疑是一种根本性的超越，瑞星杀毒软件主界面如图9-10所示。

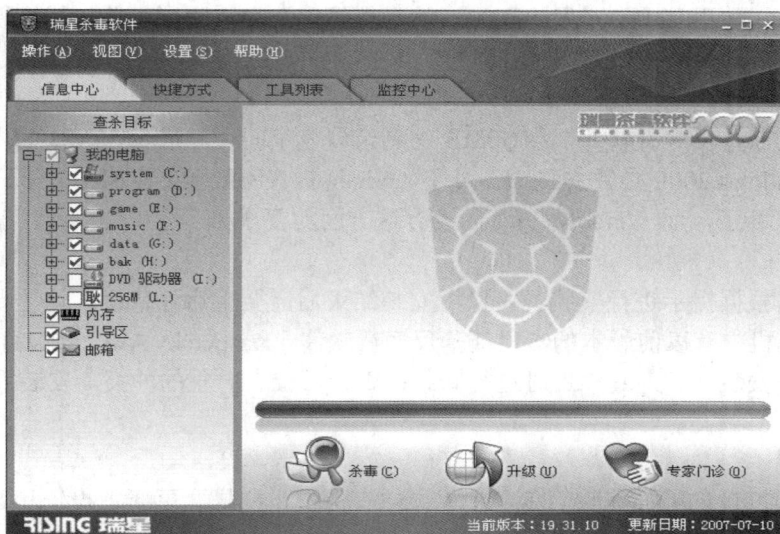

图 9-10　瑞星杀毒软件主界面

2. 卡巴斯基

在国内卡巴斯基（Kaspersky AVP）反病毒软件的名气并不是很大。但是在国际市场中，卡巴斯基已经成为信息安全技术领域公认的领导者。卡巴斯基实验室是一个国际化的公司。总部位于俄罗斯，在英国、法国、德国、日本、美国、比荷卢三国、中国和波兰拥有附属机构。卡巴斯基实验室的伙伴网络包括全球 500 多家公司，可以说现在很大部分的杀毒软件都是卡巴斯基提供的反病毒引擎和病毒码数据库。最近卡巴斯基反病毒软件推出了卡巴斯基中文单机版。

卡巴斯基中文单机版（Kaspersky Anti-Virus Personal）是 Kaspersky Labs 专为我国个人用户度身定制的反病毒产品。这款产品功能包括病毒扫描、驻留后台的病毒防护程序、脚本病毒拦截器及邮件检测程序，时刻监控一切病毒可能入侵的途径。产品采用第二代启发式代码分析技术、iChecker 实时监控技术和独特的脚本病毒拦截技术等多种最尖端的反病毒技术，能够有效查杀"冲击波""Welchia""Sobig.F"等病毒及其他 8 万余种病毒，并可防范未知病毒。另外，该软件界面简单、集中管理、提供多种定制方式，自动化程度高，而且几乎所有的功能都是在后台模式下运行，系统资源占有低。最具特色的是该产品每天两次更新病毒代码，更新文件只有 3~20KB，对网络带宽的影响极其微小，能确保用户系统得到最为安全的保护，是个人用户的首选反病毒产品。

Kaspersky 为任何形式的个体和社团提供了一个广泛的抗病毒解决方案。它提供了所有类型的抗病毒防护：抗病毒扫描仪，监控器，行为阻段和完全检验。它支持几乎是所有的普通操作系统、E-mail 通路和防火墙。Kaspersky 控制所有可能的病毒进入端口，它强大的功能和局部灵活性及网络管理工具为自动信息搜索、中央安装和病毒防护控制提供最大的便利和最少的时间来建构用户的抗病毒分离墙。Kaspersky 抗病毒软件有许多国际研究机构、中立测试实验室和 IT 出版机构的证书，确认了 Kaspersky 具有汇集行业最高水准的突出品质。功能强大的实时病毒监测和防护系统，支持所有的 Windows 平台，它集成了多个病毒监测引擎，如果其中一个发生遗漏，就会有另一个去监测。可单一扫描硬盘或是一个文件夹或文件，软件更提供密码的保护性，并提供病毒的信息。

（1）基本配置。

安装卡巴斯基反病毒软件至少 50MB 的剩余硬盘空间，和最少 32MB 的内存。在操作系统方面 Windows 2000 必须安装 SP2 补丁、Windows XP 必须安装 SP1 补丁、Windows NT 必须安装 SP6 补丁，而 Windows 98/Me 没有这方面的要求。

（2）安装。

软件只需根据提示进行安装就可以，安装结束后需要重启计算机。这里要注意一点的是，如果计算机中有以前版本的卡巴斯基反病毒软件（Kaspersky AVP）或者有其他杀毒软件，一定要在安装卡巴斯基 7.0 时进行卸载；否则，会有严重的冲突。安装界面如图 9-11 所示。

（3）设置。

卡巴斯基 7.0 的界面比较简单，主界面中有保护、扫描、更新、报告和数据文件、激活、支持 6 大选项。新版软件简化了需要用户参与的大多数重要功能的调控，而无需编辑繁琐的选项设置，如图 9-12 所示。

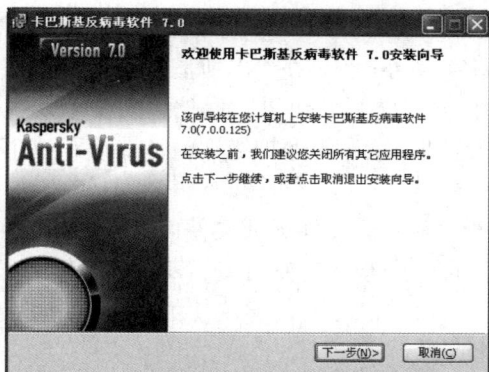

图 9-11　卡巴斯基反病毒软件安装界面

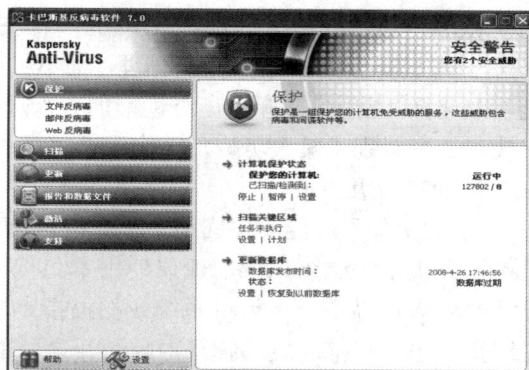

图 9-12　卡巴斯基反病毒软件设置界面

　　为了简化程序操作，卡巴斯基反病毒软件 7.0 默认选项设置采用专家推荐设置。也就是说，用户在使用前也无须进行任何程序设置。当病毒保护级别被设为最低时，程序将弹出信息提示，帮助用户切换到高级别的病毒保护级别。

　　使用卡巴斯基反病毒软件 7.0 的时候，先要对其更新病毒库。点击"保护"选项中右侧的"更新数据库"，这样卡巴斯基 7.0 就会将本机的反病毒数据库和程序模块与从服务器上获得的数据进行比较。如果不是最新版的病毒库，卡巴斯基就开始自动更新，如图 9-13 所示。

　　在"更新"对话框中的"更新大小"栏中可以了解需要下载的总量。程序可以从服务器下载更新文件。下载过程完成后，反病毒数据库将自动安装在计算机上。卡巴斯基反病毒软件 7.0 的反病毒数据库可以说是升级频率最快的杀毒软件。升级完病毒库后，我们就可以用卡巴斯基反病毒软件 7.0 来全面检查自己的计算机。

　　（4）卡巴斯基杀毒。

　　卡巴斯基反病毒软件 7.0 的"扫描"选项中可以选择"我的电脑"，这样就可以用来扫描指定磁盘、文件夹、文件，或整个计算机系统进行查杀毒。卡巴斯基 7.0 的杀毒速度比较快，扫描窗口由两部分组成，窗口上显示有扫描进度百分比、扫描启动时间、预计扫描结束时间和当前扫描对象的名称，这样用户就可以根据预算时间做其他的事情。如果扫描时间过长，还可以使用自动关机的功能——扫描完成之后，就会自动关闭计算机。在窗口的右下方显示扫描进度以及扫描运行模式，如图 9-14 所示。

图 9-13　更新病毒库

图 9-14　卡巴斯基杀毒界面

卡巴斯基反病毒软件 7.0 对查出的病毒有 3 种处理方法，清除病毒、删除对象和隔离对象。根据具体的情况可以来自动进行处理，而不用自己进行手动干预。在卡巴斯基 7.0 的"设置"选项中选择"更新"菜单，在对话框的右侧选择"手动"。之后就可以对保护级别进行更改。一共有 3 个级别，最大防护、优化保护和最小保护级别，默认的保护级别是"推荐"，如图 9-15 所示安全级别。

"最大防护"是全面扫描整个计算机系统或者指定磁盘、文件夹或文件。当用户怀疑自己的计算机已经感染病毒，建议使用本防护级别。而"推荐"是使用卡巴斯基实验室专家推荐的参数扫描整个计算机系统或扫描指定对象。在通常情况下，建议使用本防护级别，它综合考虑了扫描速度和扫描对象数目之间的优化关系。

单击"自定义"按钮，打开如图 9-16 所示的窗口。根据自己的实际需要来进行对计算机中的哪些进行扫描，而哪些进行不扫描。

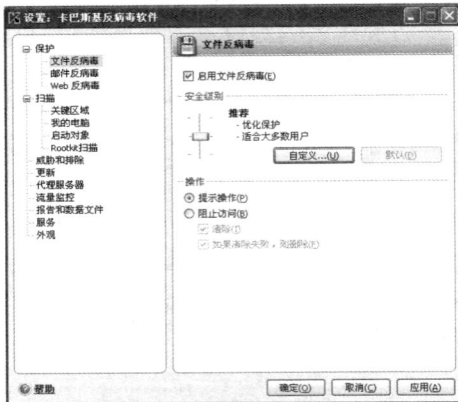

图 9-15　安全保护级别　　　　　图 9-16　"自定义设置"界面

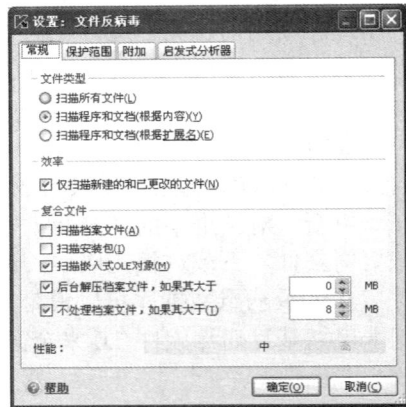

（5）卡巴斯基隔离系统。

在杀毒的过程中，经常会遇到一个文件不能肯定是否就是病毒。这种情况下，我们就要启动卡巴斯基的隔离系统，将不能确定是否为病毒的文件进行隔离。在扫描整台计算机或每个磁盘文件的过程中，以及在实时保护模式中，卡巴斯基 7.0 将隔离所有可能被病毒或病毒变体所感染的对象。

在卡巴斯基反病毒软件（Kaspersky AVP）7.0 的"保护"选项中选择"查看隔离区"，可以查看已经被隔离的文件，还可以对隔离的对象执行各种操作（扫描、恢复、删除等），并且隔离的文件使用一种特殊的格式保存，不会造成任何危险，如图 9-17 所示。

我们可以在"隔离"窗口中处理可能被感染的文件，也可以在主应用窗口的"保护"标签页中单击"查看隔离区"，或者在"扫描"窗口中单击"查看隔离区"打开此窗口。在对任何隔离对象进行扫描和杀毒后，其状态可能变为被感染、误报、未感染等。在这种情况下，将会出现一个消息框，其中有如何处理该文件的建议。

在卡巴斯基反病毒软件 7.0 的"设置"选项的"扫描"中可以对文件类型、效率、复合文件进行设置，如图 9-18 所示。其中，对于不扫描的档案文件进行设置，单位为"MB"，如文件超过规定的容量时，程序将用一条消息通知用户。"不扫描档案文件，如果其大于"

默认情况下，其大小是没有限制的，相应的方框可不被选中。

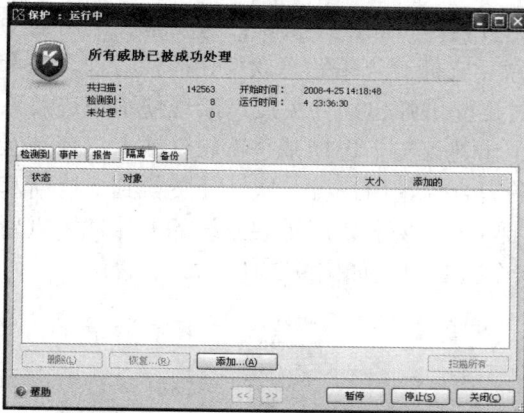

图 9-17　卡巴斯基隔离系统界面

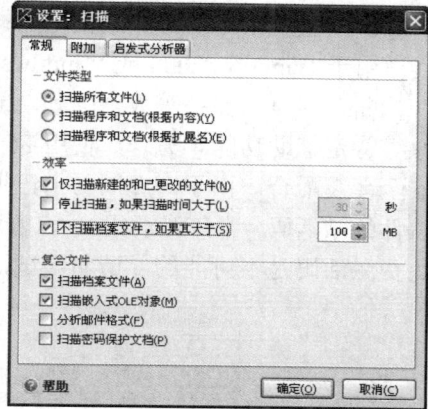

图 9-18　"设置"选项界面

（6）卡巴斯基计划任务

卡巴斯基反病毒软件 7.0 还提供了计划任务，用户就可以在每星期的特定时间执行全面扫描。在卡巴斯基 7.0 的"扫描"菜单的右下方的"运行模式"中选择"每 1 天"，单击右侧的"更改"按钮，就可以设定计划任务。在"频率"中可以指定扫描的时间间隔，在"时间"栏中指定扫描开始的时间，"计划设置"是指定扫描的工作日，如图 9-19 所示，默认设置是每天下午 13:42 执行一次扫描。

除此之外卡巴斯基 7.0 还针对笔记本电脑的电池进行监控，当电池小于默认值的时候，就不进行计划扫描。因为检测病毒的耗电量远远大于平时的耗电量，如果在电量不足的情况下还进行杀毒，那么就会加速电池的耗损。

（7）卡巴斯基实时保护管理。

卡巴斯基反病毒软件 7.0 具有强大的保护功能，这样就可以在最大程度避免感染病毒。卡巴斯基 7.0 对文件、邮件和网络 3 个部分进行实时保护，如图 9-20 所示。安全保护级别表征着扫描性能和扫描数目之间的平衡关系，扫描的数目越少，扫描的速度越快。

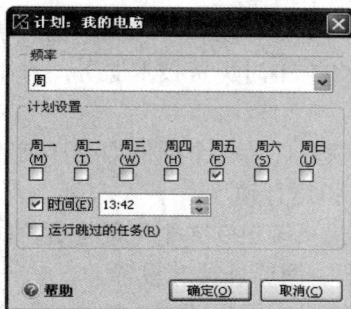

图 9-19　"计划扫描"界面

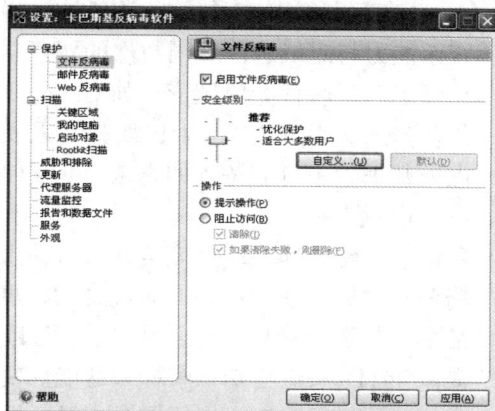

图 9-20　卡巴斯基实时监视设置

3. 360 安全卫士

360 安全卫士是由奇虎网推出的一款全免费软件产品，该款软件为安全类上网辅助软件，适用于 Windows 2000 或 Windows XP 系统，它拥有查杀恶意软件，插件管理，病毒查杀，诊断及修复，保护等数个强劲功能，同时还提供弹出插件免疫，清理使用痕迹及系统还原等特定辅助功能。另外，使用 360 安全卫士建议与卡巴斯基杀毒软件或卡巴斯基互联网安全套装配合。由于奇虎网与卡巴斯基实验室合作，用户可一次性免费得到卡巴斯基杀毒软件的激活码（半年激活码），官方声明只要不换计算机，用重装系统的方法试图重新获得免费激活码是不可能的，请勿尝试，360 安全卫士界面如图 9-21 所示。

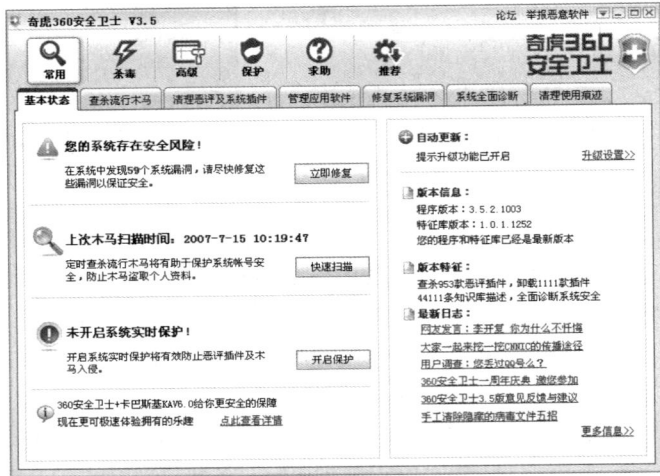

图 9-21　360 安全卫士界面

360 安全卫士产品功能及特点如下：

- 主动防御全面保护：阻止恶意程序安装，保护系统关键位置。拦截恶意钓鱼网站，防止账号、QQ 号、密码丢失。每日更新拦截数据库，让系统每时每刻处于保护中。
- 恶意软件一个不留：驱动免疫、特征查杀、行为预判等独门绝技确保超强的查杀能力，一改同类软件查得到杀不干净的尴尬，彻底查杀 748 款恶意软件。
- 查杀能力与时俱进：一周数次的恶意软件特征库更新，一周一次的查杀引擎更新，让新老恶意软件无所遁形，如 cnnic 中文上网，网络实名一个不漏。
- 免费强劲病毒查杀：与卡巴斯基强强联手推出病毒查杀模块；使您免费也可享受卡巴斯基正版杀毒服务，如查杀 20 万种病毒，7×24 小时免费技术服务，每小时病毒库增量更新。
- 多余插件随心卸载：可完美卸载 8 大类共 1092 款插件，每个插件均有详细的功能描述，供您方便判断。同时，也大幅度提高计算机运行速度。
- 精准诊断智能修复：最全面的系统诊断方式，扫描系统 190 多个可疑位置，知识库提供 44111 条进程知识解释，智能修复 IE 浏览器、网络连接等设置。
- 修复漏洞拒绝攻击：修复漏洞，保证系统安全，提供强大的漏洞扫描功能，全面检测 371 个系统漏洞，系统中的漏洞一目了然。自动下载补丁并修复检测出的漏洞，全面保证您的系统安全。

- 双重备份使用更安全：独特的网络设置备份与系统还原备份，让您随时可以还原系统到查杀前的原有设置，不用担心误操作带来的负面影响，尽可放心使用。

9.4　电子商务的安全技术

随着因特网的飞速发展与广泛应用，电子商务的应用前景变得越来越诱人，电子商务的发展给人们的工作、学习和生活带来了新的尝试和便利，人们对电子商务的依赖性越来越强。

与此同时电子商务的安全问题也变得日益严重，电子商务交易的安全性就越来越成为人们关注和担心的问题：因为任何人、任何企业、任何商业机构以及银行都不愿意通过一个不安全的网络开展商务交易，因为这样会导致商业机密信息或个人隐私等重要数据的泄露，从而导致巨大的经济损失和精神损失。

电子商务的安全认证的核心是加密技术，在这方面，美国是走在前面的，但美国在加密技术的出口上进行了种种限制，甚至为提供的加密产品预留后门、或留有备用钥匙。在这方面，日本曾有过深刻的教训，日本曾使用美国公司提供的安全认证服务，在后来的日美汽车谈判中，日方的通讯被美国中央情报局窃听，日本政府和企业才认识到认证的重要性。曾经互相攻击的 NEC、日立、富士通三家公司组成了联盟，成立新的认证公司来对抗美资认证公司。日本的第一个电子认证公司于 1997 年开始运营。为了确保电子商务的健康发展，我们应该尽可能使用本国的加密算法和加密产品。

9.4.1　证书认证中心（CA 中心）

1．认证中心的概念

认证中心 CA，又称证书授证中心，作为电子商务交易中受信任的第三方，承担公钥体系中公钥的合法性检验的责任，是一个负责发放和管理数字证书的权威机构。

CA 中心为每个使用公开密钥的用户发放一个数字证书，数字证书的作用是证明证书中列出的用户合法拥有证书中列出的公开密钥。

对于一个大型的应用环境，认证中心往往采用一种多层次的分级结构，各级的认证中心类似于各级行政机关，上级认证中心负责签发和管理下级认证中心的证书，最下一级的认证中心直接面向最终用户。

目前，世界上领先的数字证书认证中心是美国的 VeriSign 公司，该公司成立于 1995 年 4 月，位于美国的加利福尼亚州。它为全世界 50 个国家提供数字证书服务，有超过 45000 个 Internet 的服务器接受该公司的服务器数字证书，而使用它提供的个人数字证书的人数已经超过 200 万。

2．CA 中心解决的问题

（1）安全保障问题。有了认证中心，网络中所有用户可以将自己的公钥交给这个中心，并提供自己的身份证明信息,证明自己就是相应公钥的拥有者,认证中心经审查用户提供的信息后,确认该用户是合法的,就给用户一个数字证书,这个证书中含有用户的身份信息和公共密钥。这样,每个成员只需和该认证中心打交道,就可以查到其他成员的公钥信息了。

(2)防窃听、防冒充、防篡改、防抵赖问题。认证中心不但解决了信息传递的安全保障问题,还通过一系列手段解决了防窃听、防冒充、防篡改、防抵赖等问题,我们来看一看认证中心是如何解决这些问题的。

防窃听:张三发给李四的信息是用李四的公钥加密的,只有李四可以解密该信息,其他人可以截获信息,但无法看到信息的内容。

防冒充:张三要给李四发信息,只需到这个认证中心找到李四的数字证书即可,他不必担心王五会冒充李四,也不必担心李四更新了密钥,因为有认证中心在给他做担保。

防篡改:如图 9-22 所示。张三要给李四发文件,先对源文件进行算法运算,产生源文信息的 128 位的数字摘要,并用自己的私钥对该数字摘要进行加密,形成数字签名,然后将该数字签名连同文件一起用李四的公钥加密,并将加密后的信息发给李四。李四收到后,首先用自己的私钥解密加密文件,获取源文信息,用算法计算该文件的 128 位的数字摘要,然后,用张三的公钥解密数字签名,获得张三计算的文件的 128 位数字摘要,并进行对比,如果相同,证明文件没有被篡改过。

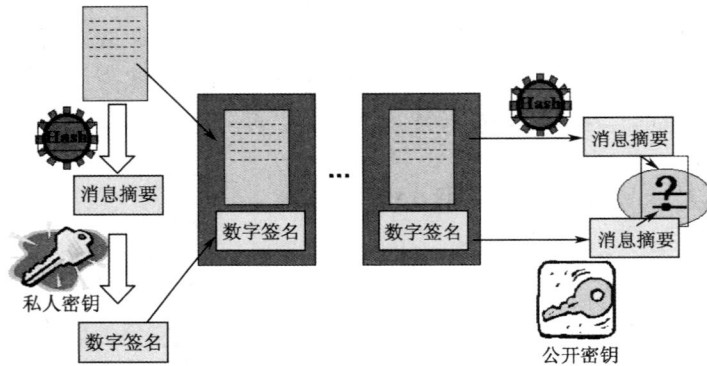

图 9-22　数字签名

防抵赖:张三发给李四的信息附有张三的数字签名,该数字签名使用了张三的私钥,所以,张三就不能否认自己给李四发过信。

3.认证中心的主要功能

(1)证书的颁发。中心接收、验证用户(包括下级认证中心和最终用户)的数字证书的申请,将申请的内容进行备案,并根据申请的内容确定是否受理该数字证书申请。如果中心接受该数字证书申请,则进一步确定给用户颁发何种类型的证书。新证书用认证中心的私钥签名以后,发送到目录服务器供用户下载和查询。为了保证消息的完整性,返回给用户的所有应答信息都要使用认证中心的签名。

(2)证书的更新。认证中心可以定期更新所有用户的证书,或者根据用户的请求来更新用户的证书。

（3）证书的查询。证书的查询可以分为两类，其一是证书申请的查询，认证中心根据用户的查询请求返回当前用户证书申请的处理过程；其二是用户证书的查询，这类查询由目录服务器来完成，目录服务器根据用户的请求返回适当的证书。

（4）证书的作废。当用户的私钥由于泄密等原因造成用户证书需要申请作废时，用户需要向认证中心提出证书作废的请求，认证中心根据用户的请求确定是否将该证书作废。另外一种证书作废的情况是证书已经过了有效期，认证中心自动将该证书作废。认证中心通过维护证书作废列表（Certificate Revocation List，CRL）来完成上述功能。

（5）证书的归档。证书具有一定的有效期，过了有效期之后证书就将作废，但是我们不能将作废的证书简单地丢弃，因为有时可能需要验证以前的某个交易过程中产生的数字签名，这时就需要查询作废的证书。基于此类考虑，认证中心还应当具备管理作废证书和作废私钥的功能。

4. 我国电子商务认证机构的设立问题

CA 认证中心是电子商务的核心，具有特殊的地位，除了提供安全认证以外，它还涉及银行的电子结算、企业间的交易、甚至政府的行政管理等各个方面。随着电子商务的不断发展，企业越来越多的业务将处于认证机构的控制之下，如果认证中心停止工作，将会使企业的活动陷入瘫痪状态。可以想象，有朝一日，企业的命脉有可能掌握在认证中心手中。所以，认证中心的建设也是社会各界共同关心的问题。

在我国，一些省、自治区、直辖市和一些行业都进行了 CA 认证的建设、推广和实际操作的工作。如：

由中国人民银行牵头，12 家商业银行联合共建了中国金融认证中心（CFCA），如图 9-23 所示。

图 9-23　CFCA

外经贸部建立了外贸系统服务的 CA 中心。

中国银行建立了基于 SET 协议的 CA 中心，并在北京、上海开展业务，首都电子商城和上海书城都使用了该行 CA 证书。

上海市信息投资公司、上海邮电、上海市联合投资公司、上海市银行卡网络服务中心共同出资 3000 万元，组建了上海市电子商务安全证书管理中心有限公司，简称 SHECA，负责电子商务安全证书制作、颁发和管理，目前 SHECA 已正式启用。

中国电信建立了基于 SET 体系的 CA 认证中心，已提供服务。

广东省成立了广东省电子商务认证中心，并参与电子商务地方法规的建设。

9.4.2　数字证书

1．数字证书的概念

数字证书又称为数字凭证、数字标识（Digital Certificate，Digital ID），也被称作 CA 证书（简称证书），就是网络通信中标志通信各方身份信息的一系列数据，它是一个经证书授权中心 CA 数字签名的包含公开密钥拥有者信息以及公开密钥的文件。通常保存在计算机硬盘或 IC 卡或 U 盘中。

数字证书提供了一种在 Internet 上验证身份的方式，其作用类似于司机的驾驶执照或日常生活中的身份证。人们可以在交往中用它来识别对方的身份。

2．目前支持数字证书的应用程序

在客户端，Netscape Navigator 4.0 以上版本，及微软的 Internet Explorer 4.0 以上版本都支持数字证书。

在服务器端，微软、Netscape、SUN、IBM、Open Market、Oracle 等公司提供的服务器产品都支持数字证书的应用。

此外，大部分数字证书认证中心还为第三方软件开发商提供数字证书应用程序的开发接口，可以将数字证书应用到第三方软件开发商开发的各种应用程序中。

3．数字证书的内容

数字证书的格式一般遵循 ITUT X.509 国际标准。一个标准的 X.509 数字证书包含以下一些内容：

（1）证书的版本信息。

（2）证书的序列号，每个证书都有一个唯一的证书序列号。

（3）证书所使用的签名算法。

（4）证书的发行机构名称，命名规则一般采用 X.500 格式。

（5）证书的有效期，现在通用的证书一般采用 UTC 时间格式，它的计时范围为 1950～2049。

（6）证书所有人的名称，命名规则一般采用 X.500 格式。

（7）证书所有人的公开密钥。

（8）证书发行者对证书的签名。

在 Internet Explorer 中查看数字证书的方法如下：

执行"工具"菜单下的"Internet 选项"命令，如图 9-24 所示。

在"Internet 选项"对话框中，单击"证书"按钮，如图 9-25 所示。

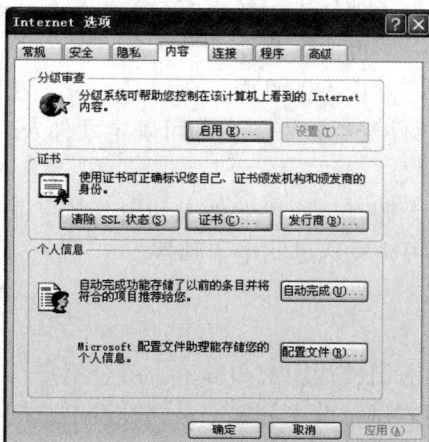
图 9-24　Internet 选项对话框

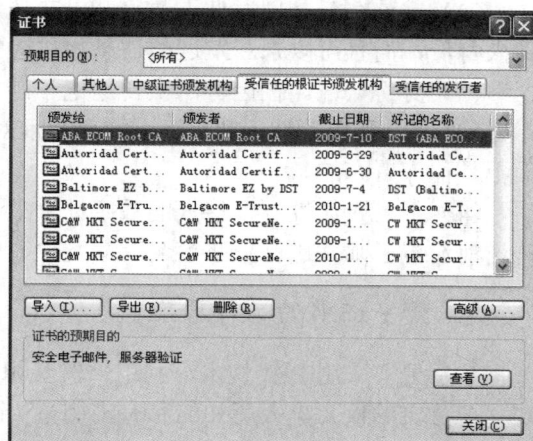
图 9-25　证书对话框

在弹出的对话框中选择某种类别的证书，单击"查看"按钮，可看到数字证书的详细内容，如图 9-26 所示。

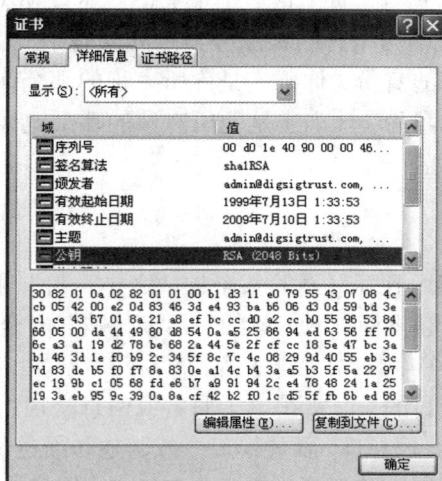
图 9-26　数字证书详细内容

4．数字证书能解决的问题

在使用数字证书的过程中应用公开密钥加密技术，建立起一套严密的身份认证系统，它能够保证：信息除发方和收方外不被其他人窃取；信息在传输过程中不被篡改；收方能够通过数字证书来确认发方的身份；发方对于自己发送的信息不能抵赖。

以电子邮件为例，数字证书主要可以解决以下问题：

（1）保密性。使用收件人的数字证书对电子邮件加密，只有收件人才能阅读加密的邮件，这样保证在因特网上传递的电子邮件信息不会被他人窃取，即使发错邮件，收件人也由于无法解密而不能看到邮件内容。

（2）完整性。利用发件人数字证书在传送前对电子邮件进行数字签名，不仅可确定发件人身份，而且可以判断发送的信息在传递的过程中是否被篡改过。

（3）身份认证。在因特网上传递电子邮件的双方互相不能见面，所以必须有方法确定对方的身份。利用发件人数字证书在传送前对电子邮件进行数字签名即可确定发件人身份，而不是他人冒充的。

（4）不可否认性。发件人的数字证书只有发件人拥有，所以发件人利用其数字证书在传送前对电子邮件进行数字签名后，发件人就无法否认发送过此电子邮件。

5. 数字证书的工作原理

数字证书采用 PKI 技术，利用一对互相匹配的密钥进行加密和解密。每个用户自己设定一把特定的仅为本人所知的私有密钥（私钥），用它进行解密和签名；同时设定一把公共密钥（公钥），由本人公开，为一组用户所共享，用于加密和验证签名。

简单地讲，结合证书主体的私钥，证书在通信时用来出示给对方，证明自己的身份。证书本身是公开的，谁都可以拿到，但私钥只有持证人自己拥有，永远也不会在网络上传播。在 CA 认证系统中有三个证书：CA 认证中心的根证书、CA 的服务器证书和每个网上银行用户在浏览器端的客户证书。有了这三个证书，就可以在浏览器与 CA 服务器之间建立起 SSL 连接。这样，浏览器与银行网银服务器之间就有了一个安全的加密信道。证书可以使与你通信的对方验证你的身份（你确实是你所声称的那个你），同样，你也可以用与你通信的对方的证书验证他的身份（他确实是他所声称的那个他），而这一验证过程是由系统自动完成的。

6. 数字证书的用途

数字证书开始广泛地应用到互联网的各个领域之中，目前主要包括：发送安全电子邮件、访问安全站点、网上招标投标、网上签约、网上订购、安全网上公文传送、网上缴费、网上缴税、网上炒股、网上购物和网上报关等。

数字证书一般用于以下目的：证实在电子商务或信息交换中参与者的身份；授权交易，如信用卡支付；授权接入重要信息库，以替换口令或其他传统的进入方式；提供经过 Internet 发送信息的不可抵赖性的证据；验证通过 Internet 交换的信息的完整性。如：

（1）信用卡交易。数字认证最大的服务对象是电子商务用户，第三方的认证中心（CA）将会在商家与消费者之间建立一个信任的桥梁，所以可以说所有的电子商务活动均离不开认证中心的参与。

（2）身份认证。除去完成信用卡交易，数字证书在 Internet 上还可以帮助用户来进入某些站点或访问某些机要内容，而不必像以往一样使用 ID 与密码，因为后者在安全性方面存在很大的人为干扰因素。数字证书一旦存储在 U 盘等移动存储介质中之后，该证书便成为了用户可随身携带的电子身份证。

（3）安全电子邮件。经过加密处理的安全电子邮件、在线银行以及在线股票交易也都需要双方具备可靠的数字证书。

（4）安全站点。在大型安全产品方面，防火墙、路由器及交换机等网络设备也都需要具备数字证书来表明自己的身份，从而建立一个可靠的传输通道或实现 VPN 方案。而那些更常用的 Java 和 ActiveX 程序也会由数字证书来表明自己来自安全、可靠、可信任的网络站点和作者。

7．根证书

根证书是 CA 认证中心给自己颁发的证书，是信任链的起始点。安装根证书意味着对这个 CA 认证中心的信任。使用某 CA 的数字证书时，必须根据系统提示下载并安装该 CA 认证中心颁发的根证书及客户证书（两者缺一不可），以保证网上交易的安全。

8．服务器证书

服务器证书是 CA 认证中心颁发的，安装在服务器上用以证明服务器身份的证书。

9．客户证书

客户证书又称浏览器证书，是指由 CA 认证中心颁发的，安装在客户浏览器端使用的个人或企业证书。

10．用户获取数字证书的方法

用户可以为自己申请数字证书，也可以为一台服务器申请数字凭证。目前很多数字证书认证中心提供试用型数字证书（如中国数字认证网，http://www.ca365.com），其申请过程即是在网上完成，并立即可以免费使用，而正式版数字证书则需要额外的处理方法及时间，一般过程是用户首先在网上填写数字证书申请资料，认证中心在接收到申请请求后，对申请人的身份进行审核，当用户的申请请求满足认证中心的所有要求后，认证中心将为其制作证书，然后发送给申请人或者申请人自己在网上下载证书。

9.5　基于工作过程的实训任务

实训一　天网防火墙的安装

1．实训目的

了解防火墙的基本知识，掌握防火墙的安装过程。

2．实训内容

安装防火墙软件。

3. 实训方法

天网防火墙个人版（简称为天网防火墙）是由天网安全实验室研发制作给个人计算机使用的网络安全工具。它能够提供强大的访问控制、应用选通、信息过滤等功能。帮助抵挡网络入侵和攻击，防止信息泄露，保障用户机器的网络安全。天网防火墙把网络分为本地网和因特网，可以针对来自不同网络的信息，设置不同的安全方案，它适合于任何方式连接上网的个人用户，是国内比较流行的个人防火墙。

4. 安装过程

（1）打开天网防火墙个人版安装程序，然后直接执行安装程序即可，如图 9-27 所示。

（2）选择安装的路径，天网防火墙个人版预设的安装路径是 C:\Program Files\SkyNet\FireWall 文件夹，但是也可以通过单击右边的"浏览"按钮来自行设定安装的路径，如图 9-28 所示。

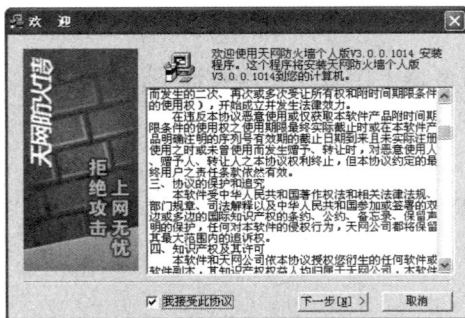

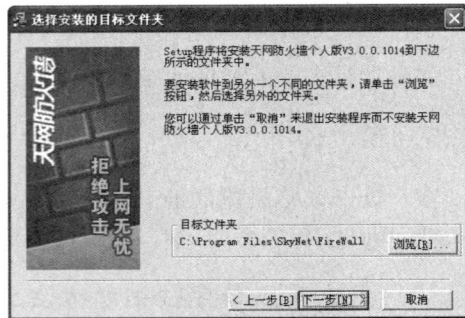

图 9-27　安装界面　　　　　　　　　图 9-28　选择安装路径

（3）在设定好安装的路径后，程序会提示建立程序组快捷工具栏方式的位置，如图 9-29 所示。

（4）单击"下一步"按钮，进入到开始安装界面，如图 9-30 所示。

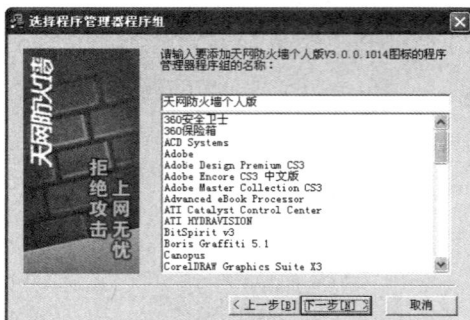

图 9-29　选择程序组　　　　　　　　　图 9-30　开始安装界面

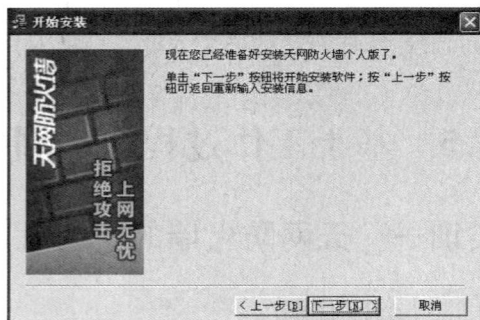

（5）单击"下一步"按钮，执行一个复制文件的过程，如图 9-31 所示。

（6）在复制文件完成后系统会提示必须重新启动计算机，安装完成的天网防火墙个人版程序才会生效，如图 9-32 所示。

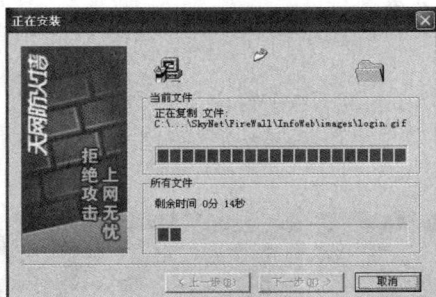

图 9-31　复制文件

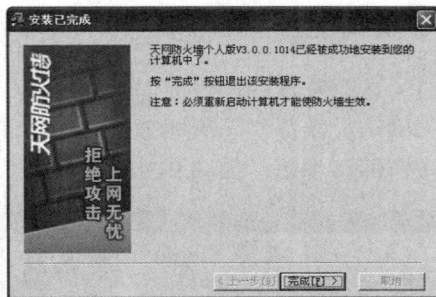

图 9-32　安装完成

（7）程序复制完毕后，安装程序会调出防火墙设置向导帮助用户合理地设置防火墙，如图 9-33 所示。用户可以跟着它一步一步设置好适合自己使用的防火墙规则。

（8）单击"确定"按钮，重新启动计算机即可，如图 9-34 所示。

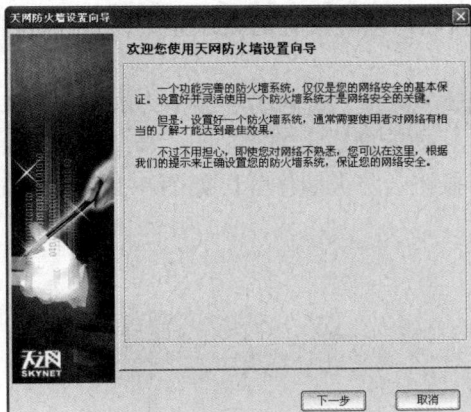

图 9-33　防火墙设置向导

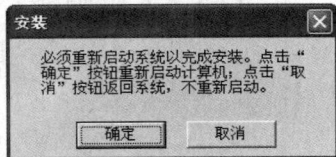

图 9-34　安装结束

5. 实训总结

（1）了解"传输控制协议/Internet 协议"的基本知识，对学习防火墙的基本操作有促进作用。

（2）软件防火墙的安装过程跟其他软件的安装过程都大同小异，仅注意安装后的配置向导提示，一步步操作即可。

实训二　防火墙的操作与使用

1. 实训目的

认识天网防火墙的操作界面，掌握防火墙的基本设置。

2. 实训内容

防火墙的基本设置，IP 规则的设置，应用程序规则的设置。

3．实训方法

（1）认识基本的操作界面

天网防火墙提供了天网 2006、深色优雅和经典风格 3 种皮肤让您选择，选择后单击"确定"按钮即可生效。如图 9-35（a）、（b）、（c）所示。

（a）"天网 2006"风格界面　　　（b）"深色优雅"风格界面　　　（c）"经典"风格界面

图 9-35　"天网 2006" 3 种皮肤

（2）操作与使用说明

① 系统设置。

在防火墙的控制面板中单击"系统设置"按钮，即可展开防火墙系统设置面板。天网个人版防火墙系统设置界面如图 9-36 所示。

- 启动设置：选中"开机后自动启动防火墙"选项，天网防火墙个人版将在操作系统启动的时候自动启动，否则您需要手工启动天网防火墙。
- 防火墙自定义规则重置：单击"重置"按钮，防火墙将弹出如图 9-37 所示的窗口。

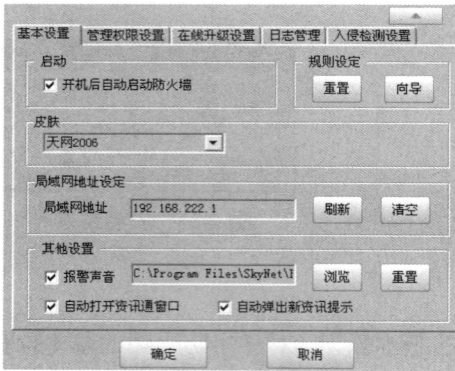

图 9-36　系统设置界面

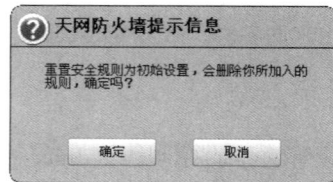

图 9-37　提示信息

单击"确定"按钮，天网防火墙将会把防火墙的安全规则全部恢复为初始设置，对安全规则的修改和加入的规则将会全部被清除掉。

- 应用程序权限设置：勾选了该选项后，如图 9-38 所示，所有的应用程序对网络的访问都默认为通行不拦截。这适合在某些特殊情况下，不需要对所有访问网络的应用程序都做审核的时候。
- 局域网地址设置：设置在局域网内的 IP 地址，如图 9-39 所示。

> 🔔 **注意**　如果机器是在局域网中使用，一定要设置好这个地址。因为防火墙将会以这个地址来区分局域网或者是 Internet 的 IP 来源。

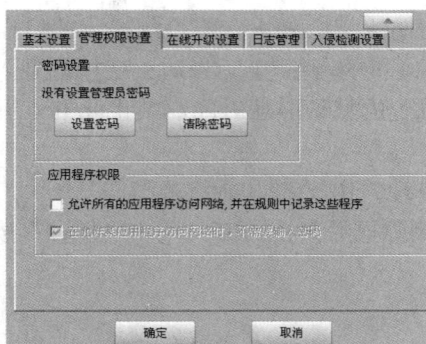

图 9-38　设置应用程序权限

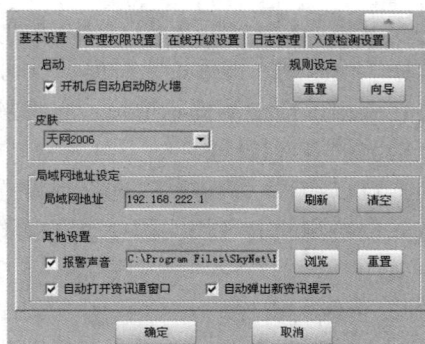

图 9-39　IP 地址设置

- 管理权限设置：允许用户设置管理员密码保护防火墙的安全设置。用户可以设置管理员密码，防止未授权用户随意改动设置、退出防火墙等，如图 9-40 所示。

初次安装防火墙时，没有设置密码。单击"设置密码"按钮，用户设置好管理员密码，确定后密码生效。用户可选择在允许某应用程序访问网络时，需要或者不需要输入密码。单击"清除密码"按钮，再输入正确的密码后，确定即可清除密码。注意，设置管理员密码后对修改安全级别等操作，也需要输入密码。

- 日志管理：用户可根据需要，设置是否自动保存日志、日志保存路径、日志大小和提示，如图 9-41 所示。

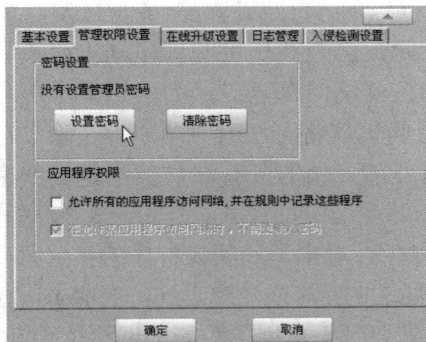

图 9-40　密码设置

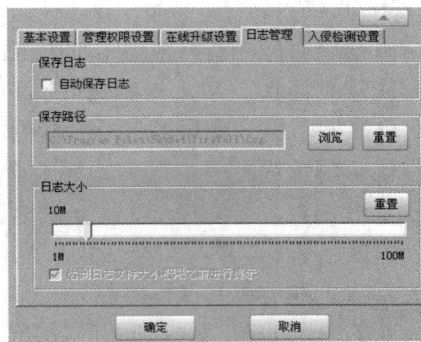

图 9-41　日志管理

选中"自动保存日志"复选框，天网防火墙将会把日志记录自动保存，默认路径为 C:\Program Files\SkyNet\FireWall\log，可以单击"浏览"按钮设定日志的保存路径。还可以通过拉动日志大小里的滑块在 1MB~100MB 之间选择保存日志的大小。

- 入侵检测设置：用户可以在这里进行入侵检测的相关设置，如图 9-42 所示。

选中"启动入侵检测功能"，在防火墙启动时入侵检测开始工作，不选则关闭入侵检测

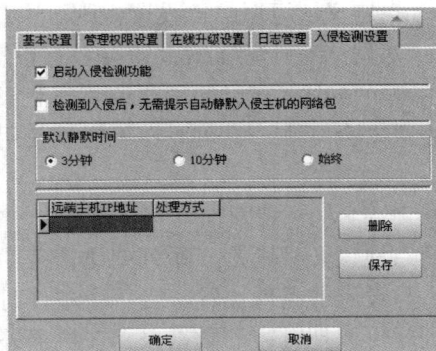

图 9-42　入侵检测设置

功能。当开启入侵检测时，检测到可疑的数据报时防火墙会弹出入侵检测提示窗口。

选中"检测到入侵后，无需提示自动静默入侵主机的网络包"，当防火墙检测到入侵时则不会在弹出入侵检测提示窗口，它将按照用户设置的默认静默时间，禁止此 IP，并记录在入侵检测的 IP 列表里。

用户可以在"默认静默时间"里设置静默 3 分钟、10 分钟和始终静默。

在入侵检测的 IP 列表框中，用户可以查看、删除已经禁止的 IP，单击"保存"按钮后删除生效。

② 安全级别设置。

天网个人版防火墙的预设安全级别分为低、中、高、扩 4 个等级，默认的安全等级为中级，其中各等级的安全设置说明如下。

- 低：所有应用程序初次访问网络时都将询问，已经被认可的程序则按照设置的相应规则运作。计算机将完全信任局域网，允许局域网内部的机器访问自己提供的各种服务（文件、打印机共享服务），但禁止因特网上的机器访问这些服务。适用于在局域网中提供服务的用户。

- 中：所有应用程序初次访问网络时都将询问，已经被认可的程序则按照设置的相应规则运作。禁止访问系统级别的服务（如 HTTP、FTP 等）。局域网内部的机器只允许访问文件、打印机共享服务。使用动态规则管理，允许授权运行的程序开放的端口服务，比如网络游戏或者视频语音电话软件提供的服务。适用于普通个人上网用户。

- 高：所有应用程序初次访问网络时都将询问，已经被认可的程序则按照设置的相应规则运作。禁止局域网内部和因特网的机器访问自己提供的网络共享服务（文件、打印机共享服务），局域网和因特网上的机器将无法看到本机器。除了已经被认可的程序打开的端口，系统会屏蔽掉向外部开放的所有端口。也是最严密的安全级别。

- 扩展：基于"中"安全级别再配合一系列专门针对木马和间谍程序的扩展规则，可以防止木马和间谍程序打开 TCP 或 UDP 端口监听甚至开放未许可的服务。根据最新的安全动态，对规则库进行升级。适用于需要频繁试用各种新的网络软件和服务，又需要对木马程序进行足够限制的用户。

- 自定义：可以自己设置规则。注意，设置规则不正确会导致无法访问网络。适用于对网络有一定了解并需要自行设置规则的用户。

用户可以根据自己的需要调整安全级别，方便实用。对于普通的个人上网用户，建议使用中级安全规则，它可以在不影响使用网络的情况下，最大限度的保护机器不受到网络攻击。

③ 自定义 IP 规则。

简单地说，规则是一系列的比较条件和一个对数据报的动作，即根据数据报的每一个部分来与设置的条件比较。当符合条件时，就可以确定对该包放行或者阻挡。通过合理设置规则就可以把有害的数据报挡在机器外。这一系列操作可以在"工具条"中完成，如图 9-43 所示。

图 9-43　自定义 IP 规则

可以通过单击上面的按钮来"增加规则"🗖，"修改规则"🗖，"删除规则"✖。由于规则判断是由上而下执行的，还可以通过单击"上移"⬆或"下移"⬇按钮调整规则的顺序，还可以"导出"📇和"导入"📇已预设和已保存的规则。当调整好顺序后，可单击"保存"🗖按钮保存所做修改。如需要删除全部 IP 规则，可单击"清空所有规则"按钮🗖删除全部 IP 规则。

规则列表框中列出了所有规则的名称、规则，所对应的数据报的方向与规则，所控制的协议、本机端口、对方地址和对方端口，以及当数据报满足本规则时所采取的策略，如图 9-44 所示。列表的左边为规则是否有效的标志，勾选表示该规则有效，否则表示无效。

单击"增加"🗖按钮或选择一条规则后单击"修改"🗖按钮，就会激活编辑窗口，如图 9-45 所示。

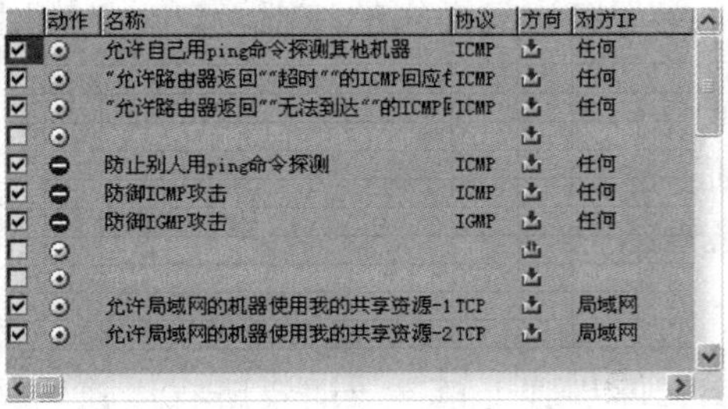

图 9-44　规则列表

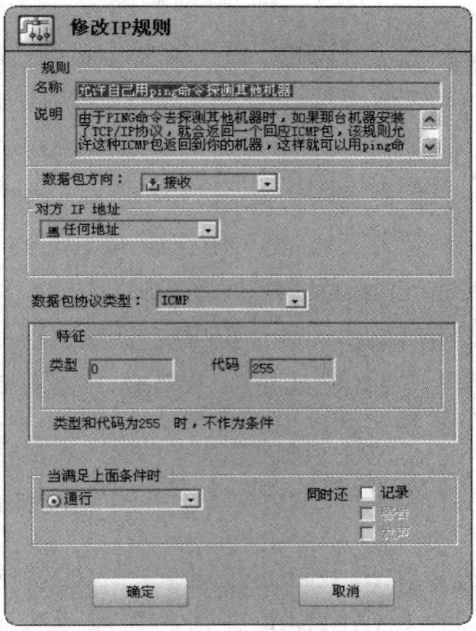

图 9-45　修改规则

首先输入规则的"名称"和"说明"，以便于查找和阅读。然后，选择该规则是对进入的数据报还是输出的数据报有效。

"对方 IP 地址"，用于确定选择数据报从哪里来或是去哪里，其中，各项说明如下。

● "任何地址"是指数据报从任何地方来，都适合本规则。
● "局域网网络地址"是指数据报来自和发向局域网。
● "指定地址"可以自己输入一个地址；"指定的网络地址"可以自己输入一个网络和掩码。

除了设置上述内容，还要设定该规则所对应的协议，其中，各项说明如下。

● "TCP"协议要填入本机的端口范围和对方的端口范围，如果只是指定一个端口，那么可以在起始端口处输入该端口；在结束处，输入同样的端口。如果不想指定任何端口，只要在起始端口都输入 0。TCP 标志比较复杂，可以查阅其他资料，如果不选择任何标志，那么将不会对标志作检查。

- "ICMP"规则要填入类型和代码。如果输入 255，表示任何类型和代码都符合本规则；"IGMP"不用填写内容。

当一个数据报满足上面的条件时，就可以对该数据报采取行动了。

- "通行"指让该数据报畅通无阻地进入或发出。
- "拦截"指让该数据报无法进入机器。
- "继续下一规则"指不对该数据报作任何处理，由该规则的下一条同协议规则来决定对该包的处理。

在执行这些规则的同时，还可以定义是否记录这次规则的处理和这次规则的处理的数据报的主要内容，并用右下角的"天网防火墙个人版"图标是否闪烁来"警告"，或发出声音提示。

建立规则时，请注意下面几点：

- 防火墙的规则检查顺序与列表顺序是一致的。
- 在局域网中，只想对局域网开放某些端口或协议（但对因特关闭）时，可对局域网的规则采用允许"局域网网络地址"的某端口、协议的数据报"通行"的规则，然后用"任何地址"的某端口、协议的规则"拦截"，就可达到目的。
- 不要滥用"记录"功能，一个定义不好的规则加上记录功能，会产生大量没有任何意义的日志，并耗费大量的内存。

（3）自定义应用程序规则。

简单地说，自定义应用程序规则是设定的应用程序访问网络的权限。自定义应用程序规则可以在"工具条"中完成，如图 9-46 所示。

图 9-46　自定义应用程序规则

可以单击上面的按钮来"增加规则"。还可以"刷新列表"和"导入"、"导出"已预设和已保存的规则。如需要删除全部应用程序规则，单击"清空所有规则"按钮删除全部应用程序规则。

应用程序规则列表中列出了所有的应用程序的名称、版本、路径等信息，如图 9-47 所示。在列表框的右边为该规则访问权限选项，勾选表示一直允许该应用程序访问网络；问号表示该应用程序每次访问网络的时候会出现询问是否让该应用程序访问网络对话框；叉表示一直禁止该应用程序访问网络。用户可以根据自己的需要单击勾、问号、叉来设定应用程序访问网络的权限。

关于新增规则的说明：

- 单击"增加规则"按钮，就会激活"增加应用程序规则"窗口，如图 9-48 所示。
- 单击"浏览"按钮，选择要添加的应用程序。
- 其他的设置参见"高级应用程序规则设置"。

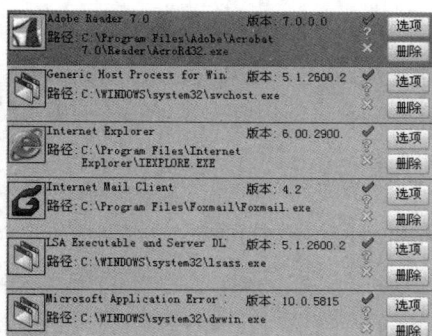

图 9-47　应用程序规则列表

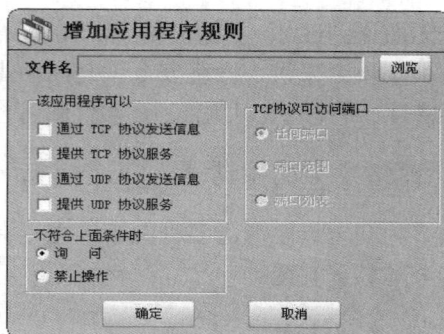

图 9-48　增加应用程序规则

4. 实训总结

（1）学习防火墙的具体应用及配置操作。

（2）结合所学知识，进一步了解防火墙的 IP 规则设置。

（3）天网防火墙配置有两方面的内容，如 IP 规则和应用程序规则。

（4）写出实训报告。

实训三　使用卡巴斯基杀毒软件查杀病毒

1. 实训目的

通过使用卡巴斯基（Kaspersky AVP）反病毒软件各项功能，掌握杀毒技巧；对比维护前机器，真正学会卡巴斯基反病毒软件的使用方法。

2. 实训内容

卡巴斯基软件的安装及设置，利用卡巴斯基软件查杀病毒。

3. 实训方法

在本机安装卡巴斯基反病毒软件，并启动进入主界面，分别进行对内存、文件、引导区及磁盘进行查毒及杀毒。

4. 实训总结

进一步熟悉卡巴斯基软件的使用方法，认真完成实训内容，记录查杀结果，并写出实训报告。

9.6　本章小结

1. 网络安全的概念

网络安全是指网络系统的硬件、软件及其系统中的数据受到保护，不受偶然的或者恶意的原因而遭到破坏、更改、泄露，系统连续可靠正常地运行，网络服务不中断。

从其本质上来讲，网络安全就是网络上的信息安全。从广义来说，凡是涉及网络上信息的保密性、完整性、可用性、真实性和可控性的相关技术与理论都是网络安全的研究领域。

2. 网络安全需要考虑的几个方面

网络的安全需要考虑多种因素，主要有 4 个方面：网络系统的安全、局域网安全、因特网安全与数据安全。

3. 网络攻击的手法

概括来说，攻击手法分 4 大类：服务拒绝攻击、利用型攻击、信息收集型攻击和假消息攻击。

4. 数据加密过程

数据加密的基本过程包括对称为明文的原来可读信息进行翻译，译成称为密文或密码的代码形式。该过程的逆过程为解密，即将该编码信息转化为其原来的形式的过程。

5. 数字签名的作用

数字签名使用强大的加密技术和公钥基础结构，能更好地保证文档的真实性、完整性和受认可性。

6. 防火墙的概念

在逻辑上，防火墙是一个分离器，一个限制器，也是一个分析器。它有效地监控了内部网和 Internet 之间的任何活动，保障了内部网络的安全。

7. 防火墙的体系结构

按体系结构可以把防火墙分为包过滤防火墙、屏蔽主机防火墙、屏蔽子网防火墙和一些防火墙结构的变体。

8. 配置防火墙的基本原则

3 个基本原则：简单实用、全面深入和内外兼顾。

9. 黑客攻击的手法

包括驱动攻击、系统漏洞、信息攻击、信息协议弱点攻击和系统管理员失误攻击。

10. 防范黑客入侵的措施

包括选用安全的口令、实施存取控制、确保数据安全、谨慎开放端口、定期分析系统日志、不断进行系统安全漏洞的升级、动态站点监控、自测系统漏洞、做好数据备份和配置好防火墙等。

11. 电子商务的安全技术

电子商务交易的安全性是人们关注和担心的问题，电子商务交易安全得不到保障，电子商务就很难应用和推广下去。电子商务的安全技术主要内容包括证书认证中心（CA 中心）和数字证书。

本章习题

1. 选择题

（1）不属于防火墙的基本特点的是（　　）。

　　A. 能够有效拦截来自外网的病毒侵袭　　B. 能够有效拦截内部机器之间的攻击
　　C. 必须位于内网与外网的唯一通道上　　D. 本身具有入侵检测报警能力
　　E. 防火墙的配置应该根据具体机构安全策略的不同而改变

（2）包过滤技术不可以过滤下列哪些特征（　　）。

　　A. 链路层的 MAC 地址　　　　　　　　B. 网络层的 IP 地址
　　C. 传输层的 TCP/UDP 端口　　　　　　D. 应用层的电子邮件地址信息
　　E. 应用层的 URL 信息

（3）DES 是对称密钥加密算法，（　　）是非对称公开密钥密码算法。

　　A. RAS　　　　　　B. IDEA　　　　　　C. HASH　　　　　　D. MD5

（4）在 DES 和 RSA 标准中，下列描述不正确的是（　　）。

　　A. DES 的加密钥=解密钥　　　　　　　B. RSA 的加密钥公开，解密钥秘密
　　C. DES 算法公开　　　　　　　　　　　D. RSA 算法不公开

（5）包过滤系统描述正确的是（　　）。

　　A. 既能识别数据报中的用户信息，也能识别数据报中的文件信息
　　B. 既不能识别数据报中的用户信息，也不能识别数据报中的文件信息
　　C. 只能识别数据报中的用户信息，不能识别数据报中的文件信息
　　D. 不能识别数据报中的用户信息，只能识别数据报中的文件信息

（6）逻辑上，防火墙是（　　）。

　　A. 过滤器　　　　　B. 限制器　　　　　C. 分析器　　　　　D. 以上皆对

（7）最简单的数据报过滤方式是按照（　　）进行过滤。

　　A. 目标地址　　　　B. 源地址　　　　　C. 服务　　　　　　D. ACK

（8）在被屏蔽主机的体系结构中，堡垒主机位于（　　），所有的外部连接都由过滤路由器路由到它上面去。

　　A. 内部网络　　　　B. 周边网络　　　　C. 外部网络　　　　D. 自由连接

2. 填空题

（1）计算机网络主要包含两个主要内容：_____、_____。

（2）配置防火墙的基本原则是_____、_____、_____。

（3）数据报过滤用在_____和_____之间，过滤系统一般是一台路由器或是一台主机。

（4）屏蔽路由器是一种根据过滤规则对数据报进行_____的路由器。

（5）常见的黑客攻击有_____、_____、_____、_____、_____等手法。

3. 问答题

（1）网络安全需要考虑哪几个方面？

（2）网络攻击模式分哪几大类？

（3）画出数据加密、解密模型示意图。

（4）防范黑客入侵的措施有哪些？

（5）在电子商务的安全技术中，何为证书认证中心？

第 10 章　常见网络故障诊断与排除

本章要点

- 掌握发生网络故障的原因。
- 掌握网络故障的诊断方法。
- 掌握网络故障的排除方法。

10.1　网络故障的分类

在网络维护中，经常会遇到各种各样的网络故障，如网上邻居打不开、连接不到 Internet 甚至网络崩溃。当网络故障出现时，需要根据平时的经验和专业知识并查阅相关资料或上网搜索相关信息，认真分析，然后才能在第一时间内解决故障，最大限度的降低因故障带来的损失。

我们可以根据网络故障的性质把网络故障分为硬件故障与软件故障，也可以根据网络故障的对象把网络故障分为线路故障、路由故障和主机故障。

10.1.1　硬件故障

硬件故障指的是设备或线路损坏、插头松动、线路受到严重电磁干扰等情况。比如，网络管理人员发现网络某条线路突然中断，首先用 ping 检查线路在网管中心这边是否连通。ping 一般一次只能检测到一端到另一端的连通性。如果连续几次 ping 都出现"Request time out"信息，表明网络不通。这时去检查端口插头是否松动，或者网络插头误接，这种情况经常是没有搞清楚网络插头规范或者没有弄清网络拓扑规划的情况下导致的。

另一种情况，比如两个路由器 Router 直接连接，这时应该让一台路由器的出口连接另一台路由器的入口，而这台路由器的入口连接另一路由器的出口才行。当然，集线设备 Hub、交换机、多路复用器也必须连接正确，否则也会导致网络中断。还有一些网络连接故障显得很隐蔽，要诊断这种故障没有什么特别好的工具，只有依靠经验丰富的网络管理人员了。

10.1.2　软件故障

软件故障中最常见的情况就是配置错误，就是指因为网络设备的配置而导致网络异常或故障。配置错误可能是路由器端口参数设定有误，或路由器路由配置错误以至于路由循环或找不到远端地址，或者是路由掩码设置错误等。比如，同样是网络中的线路故障，该线路没有流量，但又可以 ping 通线路的两端端口，这时就很有可能是路由配置错误了。遇到这种情况，我们通常用"路由跟踪程序"就是 trace route，它和 ping 类似，最大的区别在于 trace route 是把端到端的线路按线路所经过的路由器分成多段，然后以每段返回响应与延迟。如果发现在 trace route 的某一段后，两个 IP 地址循环出现；这时，一般就是线路远端把端口路由又指向了线路的近端，导致 IP 包在该线路上来回反复传递。幸好 trace route 可以检测到哪个路由器前都能正常响应，到哪个路由器就不能正常响应了。这时只需更改远端路由器端口配置，就能恢复线路正常了。

软件故障的另一类就是一些重要进程或端口关闭，以及系统的负载过高。比如，也是线路中断，没有流量，用 ping 发现线路端口不通，检查发现该端口处于 down 的状态，这就说明该端口已经关闭，因此导致故障。这时只需重新启动该端口，就可以恢复线路的连通了。还有一种常见情况是路由器的负载过高，表现为路由器 CPU 温度太高、CPU 利用率太高，以及内存剩余量太少等，如果因此影响网络服务质量，最直接也是最好的办法就是更换路由器——当然换个好点的。

10.1.3　线路故障

线路故障最常见的情况就是线路不通，诊断这种情况首先检查该线路上流量是否还存在，然后用 ping 检查线路远端的路由器端口能否响应，用 trace route 检查路由器配置是否正确，找出问题逐个解决。方法在前面已经提过，这里就不多说了。

10.1.4　路由器故障

事实上，线路故障中很多情况都涉及路由器，因此也可以把一些线路故障归结为路由器故障。检测这种故障，需要利用 MIB 变量浏览器，用它收集路由器的路由表、端口流量数据、计费数据、路由器 CPU 的温度、负载及路由器的内存余量等数据，通常情况下，网络管理系统有专门的管理进程不断地检测路由器的关键数据，并及时给出报警。这里值得注意的是，路由器 CPU 温度过高十分危险，因为这可能导致路由器的烧毁；而路由器 CPU 利用率过高和路由器内存余量太小都将直接影响到网络服务的质量。解决这种故障，只有对路由器进行升级、扩大内存等，或者重新规划网络拓扑结构。

10.1.5　主机故障

主机故障常见的现象就是主机的配置不当。像主机配置的 IP 地址与其他主机冲突，或 IP 地址根本就不在子网范围内，由此导致主机无法连通。还有一些服务设置的故障，比如 E-mail 服务器设置不当导致不能收发 E-mail，或者域名服务器设置不当将导致不能解析域名。主机故障的另一种可能是主机安全故障，如主机没有关闭其上的多余服务。而攻击者可以通过这些多余进程的正常服务或 BUG 攻击该主机，甚至得到 Administrator 的权限等。还有值得注意的一点就是，不要轻易地共享本机硬盘，因为这将导致恶意攻击者非法利用该主机的资源。发现主机故障一般比较困难，特别是别人恶意的攻击。一般可以通过监视主机的流量，或扫描主机端口和服务来防止可能的漏洞。最后提醒大家不要忘了安装防火墙，因为这是最省事也是最安全的办法。软件故障，顾名思义就是发生在软件上的网络故障，通常是只因为网络设备的配置而导致网络异常或故障。比如，说误关闭了重要的系统进程或端口，或者系统的负载过高。

10.2　网络故障解决

当网络发生故障时，需要确定正确的解决思路，把握正确排查方向，才能最快地解决故障。

在解决故障时，首先对网络故障进行诊断，必须确切地知道网络到底出现了什么故障，找到故障发生的原因，才能对症下药最终排除故障。

10.2.1　网络故障诊断

网络故障诊断应该实现 3 方面的目的：确定网络的故障点，恢复网络的正常运行；发现网络规划和配置中欠佳之处，改善和优化网络的性能；观察网络的运行状况，及时预测网络通信质量。网络故障诊断以网络原理、网络配置和网络运行的知识为基础。从故障现象出发，以网络诊断工具为手段获取诊断信息，确定网络故障点，查找问题的根源，排除故障，恢复网络正常运行。

以当前应用最广泛通过双绞线组建的星型网络为例，当出现网络故障时，通常会进行以下诊断，找出故障产生的原因，然后进行排除。

1．确定正确查线方向

如果某一台单机的网络功能失灵，而其他计算机皆能正常工作，那便是单机问题。这时，可以缩小范围，将目标限定在以下几种情况：

- 网卡设置错误。
- 从集线设备接往该计算机的接线故障或接触不良（包括两端 RJ-45 接头）。
- 计算机所连接的集线设备插槽故障。
- 断线计算机的网卡故障。

如果是部分计算机的网络功能同时失效，则可能存在以下两种可能：

- 连接这些计算机的集线设备发生了故障。
- 如果网络中级联了多台集线设备时，集线设备间的级联网线质量不佳。

2．单机故障的排除

（1）网卡设置错误。

普通网卡的驱动程序磁盘大多附有测试和设置网卡参数的程序。分别查验网卡设置的接头类型、IRQ、I/O 端口地址等参数，若有冲突，只要重新设置（有些必须调整跳线），就能使网络恢复正常。

另外，检查一下网卡驱动程序是否正常安装，以 D-link530CT+网卡为例，按出厂时间又有 A、B、C、D 四种版本，使用的驱动程序也不尽相同，假如你选错了，就有可能发生不稳定的现象。修复的方法也不难，只要找到正确的驱动程序，重新安装即可。

（2）接线故障或接触不良。

网络的第二号杀手便是电缆本身的导通问题。因此，确定电缆是否正常是相当必要的。一般可观察下列几个方面：

- 双绞线颜色和 RJ-45 接头的脚位是否相符。
- 双绞线头是否顶到 RJ-45 接头顶端，若没有，该线的接触会较差，需要再重新压接一次。
- 观察 RJ-45 侧面，金属片是否已刺入绞线中。若没有，极可能造成线路不通。
- 观察双绞线外皮去掉的位置，是否使用剥线工具时切断了绞线（绞线内铜导线已断，但外皮未断）。
- 若是看不出故障，我们可以换一条正常的网线；换上后若是正常，那么原来的网线显然就该换掉了。

（3）集线设备故障。

一般来说，集线设备损坏情况不太严重，只会影响到一两个插槽。建议你换插别的插槽试试看，一般问题就可以解决了。

（4）网卡故障。

网卡出故障的几率不大。假如从网卡的设置上找不到任何问题，那么恐怕只能怀疑到硬件上了。

- 指示灯观察。现在的网卡上多半有 Power/Tx 灯，当网卡正常且连接正常的双绞线时，只要一打开计算机电源，此灯便会亮起；在数据传输时，此灯还会闪烁。
- 更替测试。对于网卡故障，唯一能做的就是换一块并重新开机测试，很快你就能知道是否该买新的网卡了。

3. 部分网络故障的排除

（1）先检查集线设备上的指示灯。

RJ-45 插槽一般都有相对应的指示灯，观察各个集线设备的指示灯状态，假如某一个插槽在插了计算机或是串联其他集线设备后，指示灯却不亮，那么这个插槽可能就有问题了，或者通过这个插槽接出去的网线或集线设备出了故障。

（2）确定范围，找出病源。

网络上的计算机若集体断线，通常多发生在同一个集线设备下，包括这个集线设备下的分支。试想，当你从一个树状结构（多层的星型结构）的网络中弄断一条连线或是去掉一个节点后，整个完整的结构就会分解，使原本连通的各点分开。

当网络出现故障时，如何才能快速找出网络故障原因呢？学过编程的人都知道查找中的"折半查找"算法，这个算法的好处就是能不断缩小查找范围，速度越来越快！其实，查找网络故障也可以采用这种方法。

第一步：确定是硬件问题还是软件问题。

在开机状态下观察网卡指示灯颜色，如果为绿色，表明线路畅通；若为黄色，表明线路不通（不同型号网卡指示灯的状态显示不一样，平时要注意观察）。若显示不通，要用测线仪测试网线，同时检查网卡是否有问题。一般情况下，网线不通的几率很高，网卡坏的几率较小。如果排除了硬件故障，则进行第二步。

第二步：判断是否为本机问题。

不能上网一般都是本机故障引起的，个别时候可能是由于局域网交换设备或代理服务器出现了问题。确定是否本机出现问题的简便方法是询问网管和其他同事能否上网。如若判断为本机问题，请进行第三步。

第三步：确定是安全设置问题还是网卡设置问题。

执行"ping"命令，若发出的数据报得到回应，屏幕上返回的是"reply from 192.168.1.5:bytes=32 time〈10ms ttl=128"之类的信息，则问题应出在本机的相应安全设置上。当然，这些安全设置许多情况下并非人为改变，而是由于误操作或病毒引起的。这种情况下，应看一下 Windows XP 系统关于 IP 安全的相关设置，判断是否存在端口地址屏蔽等。若发出数据报无回应，则问题应该出在本机网卡的相关设置上。如果确定为网卡相关设置问题，请进行第四步。

第四步：确定是网卡驱动程序安装有问题还是 IP 相关属性设置不当。

执行"ping 127.0.0.1"命令（127.0.0.1 代表本机 IP），确定是否有回应数据报。如果有，而且在网上邻居中能看到自己，则网卡驱动一般没问题，问题焦点应集中在网卡的 IP 属性设置上。如果局域网内计算机设置为"自动获取 IP 地址"，查看一下 WINS 配置标签，注意"使用 DHCP 进行 WINS 解析"项是否被选中，如果没有，选中即可。如果局域网内计算机 TCP/IP 设置为"指定 IP 地址"，则检查重点放在 IP 地址、子网掩码、DNS、网关及 WINS 的相关设置上。这些内容与单位的局域网配置有关，请灵活掌握。如果 ping 127.0.0.1 没有回应，那么网卡驱动一定有问题。重新安装驱动，并进行相应配置。RJ-45 插槽一般都有相对应的指示灯，观察各个集线设备的指示灯状态，假如某一个插槽在插了计算机或是串联其他集线设备后，指示灯却不亮，那么这个插槽可能就有问题了，或者通过这个插槽接出去的网线或集线设备出了故障。

10.2.2　常用故障诊断工具

ping 是用于查找故障原因的基本命令，确认能否通过 IP 网络与通信对象交换信息。利用 ipconfig 命令可以让用户很方便地了解到 IP 地址的实际配置情况，如 IP 地址、网关、子网掩码、网卡的物理地址等。因此，用好这两个命令，对于了解故障情况非常重要。

1．ping 命令的使用

ping 是测试网络连接状况及信息包发送和接收状况非常有用的工具，是网络测试最常用的命令。ping 向目标主机（地址）发送一个回送请求数据报，要求目标主机收到请求后给予答复，从而判断网络的响应时间和本机是否与目标主机（地址）连通。

如果执行 ping 不成功，则可以预测故障出现在以下几个方面：网线故障，网络适配器配置不正确，IP 地址不正确。如果执行 ping 成功而网络仍无法使用，那么问题很可能出在网络系统的软件配置方面，ping 成功只能保证本机与目标主机间存在一条连通的物理路径。

（1）ping 命令的语法格式。

ping 命令的完整格式如下：

ping [-t] [-a] [-n count] [-l length] [-f] [-i ttl] [-v tos] [-r count] [-s count] [-j host-list] | [-k Host-list] [-w timeout] destination-list

（2）ping 命令的参数详解。

- -t：有这个参数时，当你 ping 一个主机时系统就不停地运行 ping 这个命令，直到你按下 Control-C。
- -a：解析主机的 NETBIOS 主机名，如果想知道你所 ping 的计算机名则要加上这个参数了，一般是在运用 ping 命令后的第一行就显示出来。
- -n count：定义用来测试所发出的测试包的个数，默认值为 4。通过这个命令可以自己定义发送的个数，对衡量网络速度很有帮助，比如想测试发送 20 个数据报的返回的平均时间为多少，最快时间为多少，最慢时间为多少就可以通过执行带有这个参数的命令获知。
- -l length：定义所发送缓冲区的数据报的大小，在默认的情况下，Windows 的 ping 发送的数据报大小为 32Byte，也可以自己定义。但有一个限制，就是最大只能发送 65500Byte，超过这个数时，对方就很有可能因接收的数据报太大而死机，所以微软公司为了解决这一安全漏洞于是限制了 ping 的数据报大小。
- -f：在数据报中发送"不要分段"标志，一般你所发送的数据报都会通过路由分段再发送给对方，加上此参数以后路由就不会再分段处理。
- -i ttl：指定 TTL 值在对方的系统里停留的时间，此参数同样是帮助检查网络运转情况。
- -v tos：将"服务类型"字段设置为"tos"指定的值。
- -r count：在"记录路由"字段中记录传出和返回数据报的路由。一般情况下，你发送的数据报是通过一个个路由才到达对方的，但到底是经过了哪些路由呢？通过此参数就可以设定你想探测经过的路由的个数，不过限制在了 9 个，也就是说，你只能跟踪到 9 个路由。
- -s count：指定"count"指定的跃点数的时间戳，此参数和-r 差不多，只是这个参数不记录数据报返回所经过的路由，最多也只记录 4 个。
- -j host-list：利用"computer-list"指定的计算机列表路由数据报。连续计算机可以被中间网关分隔 IP 允许的最大数量为 9。
- -k host-list：利用"computer-list"指定的计算机列表路由数据报。连续计算机不能被中间网关分隔 IP 允许的最大数量为 9。
- -w timeout：指定超时间隔，单位为毫秒（ms）。
- destination-list：是指要测试的主机名或 IP 地址。

2. ipconfig 命令的使用

该命令用于显示所有当前的 TCP/IP 网络配置值、刷新动态主机配置协议（DHCP）和域名系统（DNS）设置。使用不带参数的 ipconfig 可以显示所有适配器的 IP 地址、子网掩码、默认网关。

（1）ipconfig 命令的语法格式。

ipconfig [/all] [/renew [adapter] [/release [adapter] [/flushdns] [/displaydns] [/registerdns] [/showclassid adapter] [/setclassid adapter [classID][/batch filename]

（2）ipconfig 命令的参数详解。

- /all：显示所有网络适配器（网卡、拨号连接等）的完整 TCP/IP 配置信息。与不带参数的用法相比，它的信息更全更多，如 IP 是否动态分配、显示网卡的物理地址等。
- /renew：DHCP 客户端手工向服务器刷新请求；重新定义 IP，通常也是使用/flushdns 以后所必须使用的命令。例如，ipconfig /renew_all 或 ipconfig /renew N 为全部（或指定）适配器重新分配 IP 地址。此参数同样仅适用于 IP 地址非静态分配的网卡，通常和上文的 release 参数结合使用。
- /release：DHCP 客户端手工释放 IP 地址。
- （/release_all 和/release N 释放全部（或指定）适配器的由 DHCP 分配的动态 IP 地址。此参数适用于 IP 地址非静态分配的网卡，通常和下文的 renew 参数结合使用。）
- /flushdns：清除本地 DNS 缓存内容；这个命令是用来清空内存中的 DNS 列表。如果 DNS 有问题可以用这个命令进行清空。
- /displaydns：显示本地 DNS 内容。
- /registerdns：DNS 客户端手工向服务器进行注册；用了/flushdns 命令以后都需要使用这个命令，不然就无法浏览网站等需要 DNS 解析的网络连接。
- /showclassid：显示网络适配器的 DHCP 类别信息。
- /setclassid：设置网络适配器的 DHCP 类别。
- /batch 文件名：将 ipconfig 所显示信息以文本方式写入指定文件。此参数可用来备份本机的网络配置。

10.3　基于工作过程的实训任务

实训一　局域网故障常用的诊断命令及用法

1. 实训目的

掌握 ping 命令和 ipconfig 命令的使用方法。

2. 实训内容

（1）使用 ping 命令测试网络的通畅。

（2）使用 ping 命令获取计算机的 IP 地址。

（3）使用 ipconfig 命令列出本机所有的网络配置信息。

3．实训方法

（1）使用 ping 命令测试网络的通畅。

用 ping 命令来测试一下网络是否通畅，在局域网维护工作中经常使用。方法很简单，只需要在 DOS 或 Windows 下"开始"→"运行"中用 ping 命令加上所要测试的目标计算机的 IP 地址或主机名即可（目标计算机要与你所运行 ping 命令的计算机在同一网络、通过电话线或其他专线方式已连接成一个网络），其他参数可全不加。如要测试台 IP 地址为 169.254.250.171 的工作站与服务器是否已连网成功，就可以在服务器上运行 ping 169.254.250.171 即可，如图 10-1 所示。

（2）使用 ping 命令获取计算机的 IP 地址。

利用 ping 这个工具，我们可以获取对方计算机的 IP 地址。特别是在局域网中，我们经常是利用 NT 或 WIN2K 的 DHCP 动态 IP 地址服务自动为各工作站分配动态 IP 地址，这时要知道要测试计算机的 NETBIOS 名，也就是通常在"网络邻居"中看到的"计算机名"。使用 ping 命令时只要用 ping 命令加上目标计算机名即可，如果网络连接正常，则会显示所 ping 的这台机的动态 IP 地址。其实我们完全可以在互联网使用，以获取对方的动态 IP 地址，这一点比较有用。当然，先要知道对方的计算机名。例如：ping www.163.com，如图 10-2 所示。

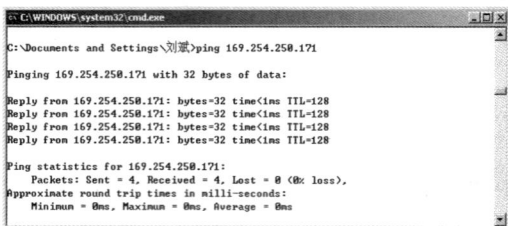

图 10-1　使用 ping 命令测试网络的通畅

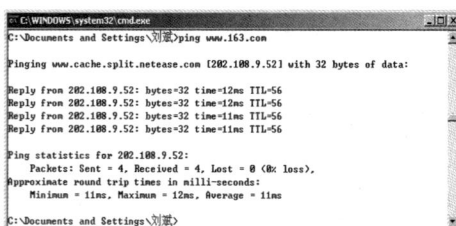

图 10-2　使用 ping 命令获取计算机的 IP 地址

（3）使用 ipconfig 命令列出本机所有的网络配置信息。

利用 ipconfig/all 命令，就可以显示与 TCP/IP 协议相关的所有细节，其中包括主机名、节点类型、是否启用 IP 路由、网卡的物理地址、默认网关等，如图 10-3 所示，非常详细地显示了 TCP/IP 协议的有关配置情况。

4．实训总结

（1）在 Windows 环境下进入命令行模式，可以单击"开始"菜单按钮，然后执行"所有程序"→"附件"→"命令提示符"命令。

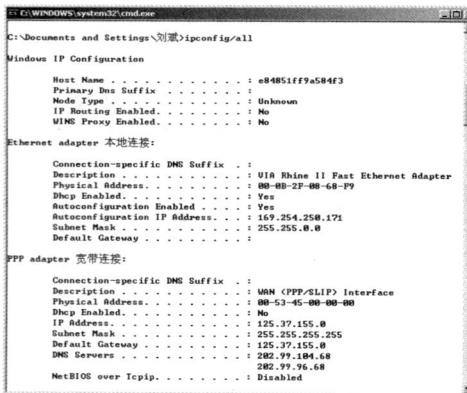

图 10-3　使用 ipconfig 命令列出本机所有的网络配置信息

（2）当使用 ping 或 ipconfig 命令时如忘记具体参数可通过参数/?查看，如 ping /?。

实训二　网络硬件故障解决

1. 实训目的

掌握网络硬件故障解决方法。

2. 实训内容

（1）网卡故障。
（2）双绞线故障。
（3）热量引起的故障。

3. 实训方法

（1）网卡故障

将网卡插入主板的 PCI 插槽中，启动计算机，Windows 系统没有提示安装网卡的驱动程序。打开"设备管理器"，发现网卡上显示错误符号。

故障分析：出现这种问题的原因主要有网卡未安装好或者网卡本身已损坏。

故障排除方案：

① 右击桌面上的"我的计算机"图标，在弹出的快捷菜单中选择"管理"命令，打开"计算机管理"窗口，切换到"设备管理器"选项卡，如图 10-4 所示。

② 右击带有错误符号的网卡，从弹出的快捷菜单中选择"卸载"命令，并确认设备删除。

③ 关闭计算机，打开机箱检查网卡安装是否正确。

④ 将网卡金手指平行其他 PCI 扩展槽，然后均匀用手将其插入，并固定好螺丝。

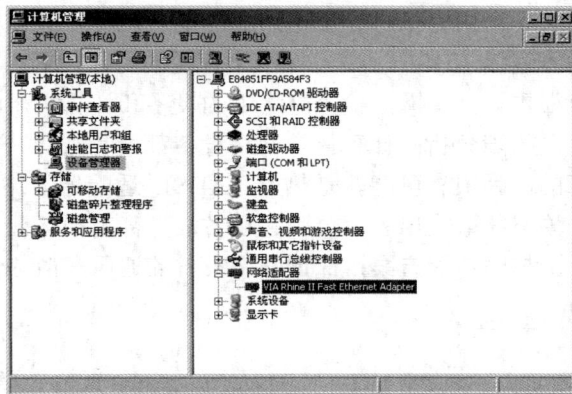

图 10-4　"计算机管理"窗口

⑤ 重新启动计算机，将驱动程序盘放入计算机，Windows 系统会提示发现新硬件，并自动安装其驱动程序。

⑥ 安装网卡驱动后，再次打开"设备管理器"窗口，如果发现网卡上仍然显示错误符号，则可以考虑更换其他 PCI 插槽重复第 4、5 步，如故障依然则表明网卡故障，而不是安装不当。此时应联系零售商，要求更换网卡。

⑦ 选择要安装的网络组件类型，如"协议"，单击"添加"按钮，弹出"选择网络协

议"对话框。在"网络协议"列表框中选中要安装的协议，例如，NetBEUI Protocol，再单击"确定"按钮，如图 10-5 所示。

（2）双绞线故障

某公司网络是小型局域网，用 ADSL 上网，然后用路由分线共享上网，有 8 台计算机，每一台计算机都是 Windows XP 系统，共处于同一个工作组内，打印机共享。

图 10-5 安装 NetBEUI Protocol 协议

可是有其中一台计算机 A 在共享的时候，想复制其他计算机共享文档中的内容，却出现"路径太深，无法复制"的问题，还有这台机器也不能够像其他计算机一样可以网络打印，所有设置都没有问题，也进行过全面的杀毒，都是出现相同的问题。

最后没有办法，只有重装系统，可是重装以后，打印机可以连接上，可是过一段时间又说检测不出来，还有以上"路径太深，无法复制"的问题仍然存在。

故障分析：由于计算机 A 和其他计算机能够通信，说明网卡和集线设备没有问题。问题很有可能出现在计算机 A 所使用双绞线的 RJ-45 水晶头脱落。原因是最初双绞线的头未顶到水晶头顶端，双绞线经过一段时间拉扯，最终导致水晶头脱落。

故障排除方案：重新制作水晶头即可解决问题。

（3）热量引起的故障

一个由若干台计算机组成的局域网中，计算机上都安装了 Windows XP 系统，通过路由器连接 ADSL 上网。在网络连通的一段时间内正常，但是过了一段时间，网络变慢，甚至根本无法上网，检查网络中的设备和计算机，没有发现病毒或配置错误。

故障分析：计算机和网络设备都没有故障，但是上网一段时间后就会出现问题，那故障的原因很有可能就是热量。ADSL 适配器、路由器等网络设备长时间使用产生的热量，如果不能散发出去，会引起设备故障甚至损坏。

故障排除方案：保证网络设备的通风和散热情况良好。

4. 实训总结

（1）安装完网卡后，硬件驱动如果不能正常安装，很有可能是网卡或者是主板接口损坏。

（2）网络组建完成后尽量不要更改计算机位置，如果需要更改，建议先将网线拔出，防止造成水晶头损坏。

（3）网络设备在使用时，应保证在良好的工作环境下；否则，会造成故障甚至损坏。

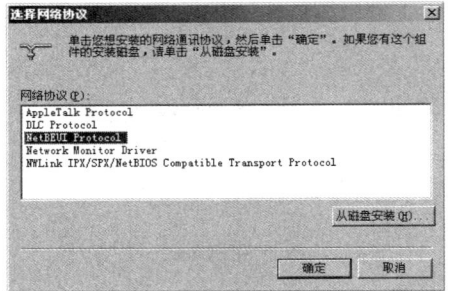

实训三　网络软件故障解决

1. 实训目的

掌握网络软件故障的解决方法。

2. 实训内容

（1）防火墙故障。

（2）更换网卡引起的故障。

（3）使用 Windows 自带的工具进行网络诊断。

（4）组策略设置错误。

（5）网络邻居访问不响应或者反应慢的问题。

（6）无法显示网上邻居中的计算机。

3. 实训方法

（1）防火墙故障

有两台计算机彼此都能使用对方的资源，但是无法 ping 通。

故障分析：由于 ping 命令使用的是 ICMP 协议，所以这种故障多数发生在对方计算机上安装了防火墙，并且屏蔽了 ICMP 协议的时候。

故障排除方案：检查计算机的防火墙软件配置，看看是否屏蔽了 ICMP 协议。

另外，在 Windows XP 系统中，内置了防火墙软件，自动屏蔽一些常用的网络功能。只要更改设置就可以解决问题，其具体操作步骤如下。

① 打开"控制面板"窗口，双击"Windows 防火墙"图标。

② 切换到"高级"选项卡，单击"网络连接设置"选项组中的"设置"按钮，如图 10-6 所示。

③ 在打开的"高级设置"窗口中，切换到"ICMP"选项卡，将"允许传入的回显请求"复选框选中，如图 10-7 所示。

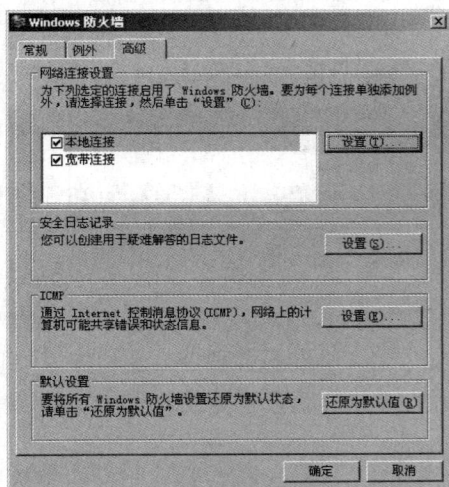

图 10-6　"Windows 防火墙"窗口

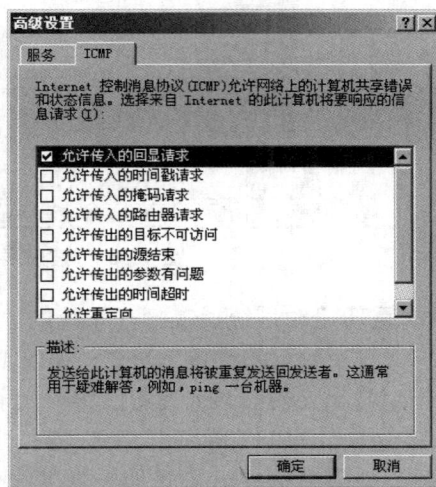

图 10-7　"高级设置"窗口选中
"允许传入的回显请示"复选框

④ 单击"确定"按钮，完成设置。

（2）更换网卡引起的故障

在网卡出了问题并重新安装了新网卡后，系统将会自动创建连接，而且这个连接将会由原来的"本地连接"变成"本地连接 2"。而"本地连接"的相关信息仍然存在于系统中。当你在"本地连接 2"中设置 IP 等相关信息时，如果这些参数与以前的"本地连接"中设置的相同，系统将会提示被其他网卡占用的信息。

故障分析：出现这种问题的原因是更换网卡后，Windows 系统还保留原来的网卡信息，自然会与新网卡的信息发生冲突。

故障排除方案：

① 单击 Windows XP 的"开始"菜单按钮，然后选择"运行"命令，在打开的"运行"对话框中输入字符串命令"regedit"，单击"确定"按钮，打开"注册表编辑"窗口；在该界面的左侧显示区域，找到注册表 HKEY_LOCAL_MACHINE\SYSTEM\ControlSet001\Control\SessionManager\Environment，检查一下对应 Environment 子键的右侧显示区域中是否存在一个名称为"DevMgr_Show_Nonpresent_Devices"的双字节值，如果不存在，可以用鼠标右键单击 Environment 子键，选择快捷菜单中的"新建"→"Dword 值"命令，如图 10-8 所示，再将新创建的 Dword 值取名为"DevMgr_Show_Nonpresent_Devices"；接下来，用鼠标双击"DevMgr_Show_Nonpresent_Devices"键值，在其后弹出的数值数据对话框中，输入数字"1"，并单击"确定"按钮，最后退出注册表编辑窗口，同时重新将 Windows XP 系统启动一下。

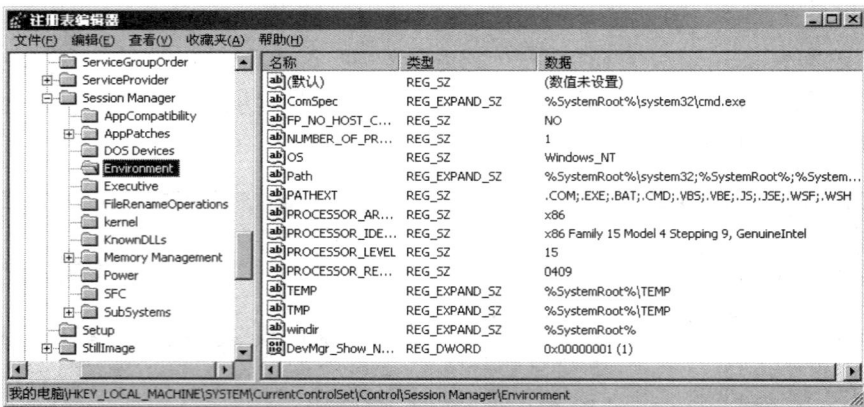

图 10-8 "注册表编辑器"窗口选择 Dword 值

② 重新启动系统后，打开系统的"设备管理器"窗口，执行该窗口菜单栏中的"查看"→"显示隐藏的设备"命令，如图 10-9 所示。这样在"设备管理器"窗口中就可以直接找到隐藏起来的旧网卡设备，将该网卡设备删除掉，并为新位置处的网卡指定好以前使用的 IP 地址，即可消除网卡冲突现象。

（3）使用 Windows 自带的工具进行网络诊断

① 单击"开始"菜单按钮，选择"程序"→"附件"→"系统工具"→"系统信息"命令，打开"系统信息"窗口。在该窗口中选择"工具"→"网络诊断"菜单命令，如图 10-10 所示。

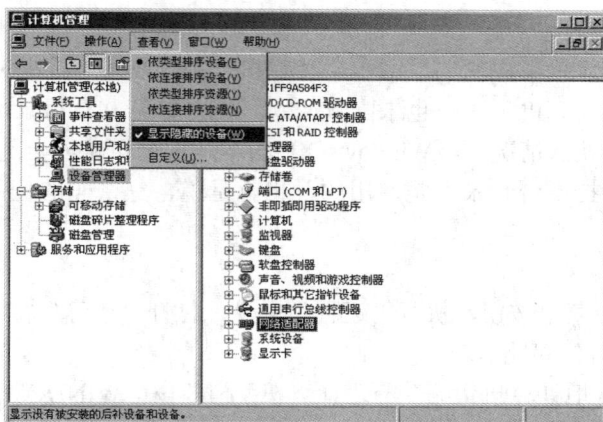

图 10-9　"计算机管理"窗口

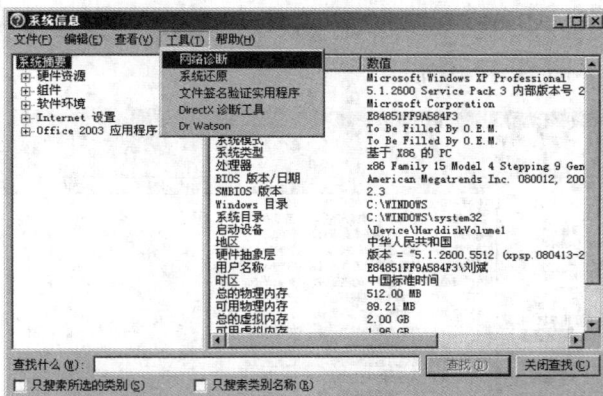

图 10-10　"系统信息"窗口

② 在打开的"帮助和支持中心"窗口中，可以通过单击功能按钮（见图 10-11）来进行各种诊断测试操作。

③ 测试结束后，可以从结果窗口中，看到"未被配置"、"启用"或者"正常"之类的诊断信息，仔细分析这些信息，就能快速查找到网络出现的故障原因，如图 10-12 所示。

图 10-11　"帮助和支持中心"窗口

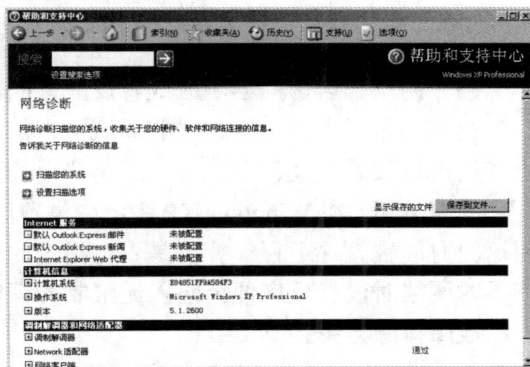

图 10-12　网络诊断结果

（4）组策略设置错误

一个由若干台计算机组成的局域网中，计算机上都安装了 Windows XP 系统，通过网上邻居可以看到其他计算机，账户也未配置密码，但是打开共享目录时提示无权访问。

故障分析：因为默认情况下，Windows XP 的本地安全策略安全选项里，"账户：使用空密码用户只能进行控制台登录"是启用的，也就是说，空密码的任何账户都不能从网络访问只能本地登录。

故障排除方案：

① 单击"开始"菜单按钮，执行"运行"命令，打开"运行"窗口。在该窗口中输入 gpedit.msc 命令，打开组策略。

② 依次展开"本地计算机策略"→"计算机配置"→"WINDOWS 设置"→"安全设置"→"本地策略"→"安全选项"，在右边栏里找到"账户：使用空白密码的本地用户只允许进行控制台登录"并设置为"禁用"；然后将"网络访问：本地账户的共享和安全模式"双击打开，将其设置更改为"仅来宾–本地用户以来宾身份验证"，这样就可以解决局域网络不能互访的问题，如图 10-13 所示。

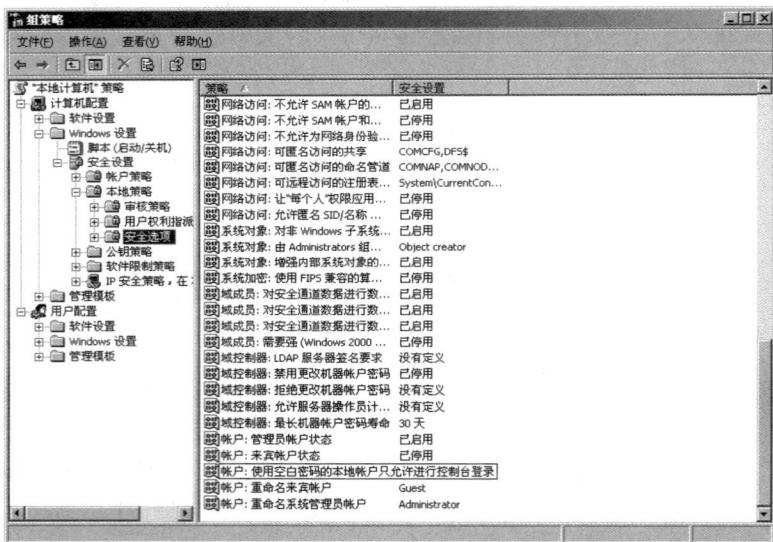

图 10-13 "组策略"窗口

（5）网络邻居访问不响应或者反应慢的问题

一个由若干台计算机组成的局域网中，计算机上都安装了 Windows XP 系统，通过网上邻居可以查看其他计算机时，总是等很长时间才访问到其他计算机。

故障分析：在 Windows XP 系统中浏览网上邻居时系统默认会延迟 30s，Windows 将使用这段时间去搜寻远程计算机是否有指定的计划任务，甚至有可能到 Internet 中搜寻。如果搜寻时网络时没有反应便会陷入无限制的等待，那么就会出现长时间延迟甚至报错的现象。

故障排除方案：

① 关掉 Windows XP 的计划任务服务（Task Scheduler）。在"控制面板"中双击"管

理工具"→"服务"图标,在"服务"窗口中双击 Task Scheduler 项,打开"Task Scheduler 的属性"对话框,单击"停止"按钮停止该项服务,再将"启动类型"设置为"手动",这样下次启动时便不会自动启动该项服务了,如图 10-14 所示。

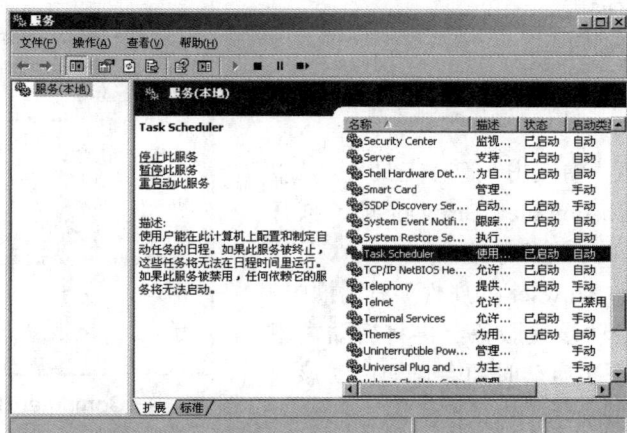

图 10-14　"服务"窗口

② 删除注册表中的两个子键。到注册表中找到主键"HKEY_LOCAL_MACHINE\SOFTWARE\Microsoft\Windows\CurrentVersion\Explorer\RemoteComputer\NameSpace",如图 10-15 所示;删除其两个子键:{2227A280-3AEA-1069-A2DE-08002B30309D}和{D6277990-4C6A-11CF-87-00AA0060F5BF}。

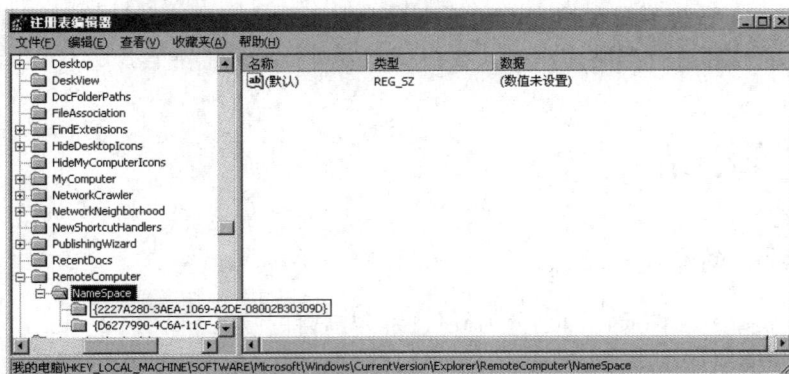

图 10-15　"注册表编辑器"窗口

其中,第一个子键决定网上邻居是否要搜索网上的打印机,甚至要到 Internet 中去搜寻,如果网络中没有共享的打印机便可删除此键;第二个子键则决定是否需要查找指定的计划任务,这是网上邻居很慢的罪魁祸首,必须将此子键删除。

(6)无法显示网上邻居中计算机

一个由若干台计算机组成的局域网中,计算机上都安装了 Windows XP 系统,通过网上邻居可以查看其他计算机时,其中一台计算机总是显示不出来,但是通过搜索或者直接输入\\计算机名或\\IP 地址,就可以访问。

故障分析：在 Windows XP 系统中的有一个"计算机浏览器服务"，它的作用是在网络上维护一个计算机更新列表，并将此列表提供给指定为浏览器的计算机。如果停止了此服务，则既不更新也不维护该列表。

故障排除方案：

启动 Windows XP 的计算机浏览器服务（Computer Browser）。

① 在"控制面板"中双击"管理工具"→"服务"命令，然后双击 Computer Browser 项，打开"Computer Browser 的属性"对话框。

② 在"Computer Browser 的属性"对话框中，单击"启动"按钮启动该项服务，再将启动类型设为"自动"，这样下次启动时便会自动启动该项服务了，如图 10-16 所示。

图 10-16　Computer Browser 的属性对话框

4. 实训总结

（1）现在很多的计算机为了保证系统安全，都安装了防火墙软件。但是即使正确安装防火墙软件后，也会导致一些网络软件不能正常工作。

（2）Windows 系统下安装过的硬件仅将硬件拆除并不是完全卸载硬件，还需要在系统中将相应的驱动程序删除。

（3）Windows 系统下很多的服务和策略为了保证系统安全，默认情况下都是关闭的。所以如果当我们需要进行网络应用时，要根据需要进行相应的配置。

10.4　本章小结

1. 网络故障的分类

按照网络故障不同性质，而划分为硬件故障与软件故障。

按照网络故障根据故障的不同对象，也可以划分线路故障、路由故障和主机故障。

2. 网络故障诊断应该实现 3 方面的目的

网络故障诊断应该实现 3 方面的目的：确定网络的故障点，恢复网络的正常运行；发现网络规划和配置中欠佳之处，改善和优化网络的性能；观察网络的运行状况，及时预测网络通信质量。

3. 查找网络故障的技巧

当网络出现故障时，如何才能快速找出网络故障原因呢，学过编程的人都知道查找中的"折半查找"算法，这个算法的好处就是能不断缩小查找范围，速度越来越快！其实，查找网络故障也可以采用这种方法。

第 1 步：确定是硬件问题还是软件问题。

第 2 步：判断是否为本机问题。

第 3 步：确定是安全设置问题还是网卡设置问题。

第 4 步：确定是网卡驱动程序安装有问题还是 IP 相关属性设置不当。

4. 常用网络命令

ping 是用于查找故障原因的基本命令，用于确认能否通过 IP 网络与通信对象交换信息。

ipconfig 命令可以让用户很方便了解到 IP 地址的实际配置情况，如 IP 地址、网关、子网掩码、网卡的物理地址等。

本章习题

1. 选择题

（1）根据故障的不同对象，网络故障不包括（　　）。

    A. 物理故障　　　　B. 线路故障　　　　C. 路由故障　　　　D. 计算机故障

（2）用 ping 命令不能检查（　　）。

    A. 本机的 TCP/IP 协议　　　　　　　　B. Internet 连接

    C. 预测网络故障　　　　　　　　　　　D. 网卡的物理地址

（3）用 ipconfig 命令不能检测（　　）。

    A. 主机名　　　　　　　　　　　　　　B. 节点类型

    C. 网卡的物理地址　　　　　　　　　　D. 与 Internet 的连接

2. 填空题

（1）根据网络故障的性质，可以把网络故障分为＿＿＿＿＿＿＿和＿＿＿＿＿＿＿。

（2）根据网络故障根据故障的不同对象，也可以划分为＿＿＿＿＿＿＿、＿＿＿＿＿＿＿和＿＿＿＿＿＿＿。

（3）ping 命令用于＿＿＿＿＿＿＿＿＿＿＿＿＿＿＿＿＿＿＿＿＿＿＿＿＿＿＿＿＿＿。

（4）ipconfig 命令用于＿＿＿＿＿＿＿＿，如＿＿＿＿＿＿＿＿＿＿＿＿＿＿＿＿＿＿。

（5）＿＿＿＿＿＿＿＿＿＿技术能把移动办公设备和非 PC 类智能设备连接起来进行数据通信。

3. 问答题

（1）在遇到网络故障时，一般采用什么方法来分析、排除故障？

（2）ping 命令和 ipconfig 命令的主要参数有哪些？